航空摄影测量外业

主编　郭学林

黄河水利出版社
·郑州·

内容提要

本书是一本比较系统、全面地介绍航空摄影测量与遥感外业的基本理论、技能与方法的教材，指出了航空摄影测量与遥感外业的所有工作任务。全书分为八章，主要内容包括航空摄影测量外业概论、影像判读、像片控制测量、影像图测图、调绘的基本知识、中小比例尺各类地形元素的调绘、大比例尺航空摄影测量外业、航外测量工作的实施。

本书涉及面广，具有较强的适应性，可作为中等职业和高职高专摄影测量与遥感专业学生的教材，或作为从事航测外业工作的初、中级技术人员参考书。

图书在版编目(CIP)数据

航空摄影测量外业/郭学林主编. —郑州：黄河水利出版社，2011.6 (2022.8 重印)

ISBN 978-7-5509-0070-7

Ⅰ.①航… Ⅱ.①郭… Ⅲ.①航空摄影测量 Ⅳ.①P231

中国版本图书馆 CIP 数据核字(2011)第 119283 号

策划编辑：陶金志　电话：0371-66025273　E-mail：838739632@qq.com

出版社：黄河水利出版社　网址：www.yrcp.com

地址：河南省郑州市顺河路黄委会综合楼 14 层　邮政编码：450003

发行单位：黄河水利出版社

发行部电话：0371-66026940、66020550、66028024、66022620(传真)

E-mail：hhslcbs@126.com

承印单位：郑州豫兴印刷有限公司

开本：787mm×1 092mm　1/16

印张：22.25

字数：541 千字

版次：2011 年 6 月第 1 版　印次：2022 年 8 月第 3 次印刷

定价：58.00 元

前　言

本书是作者根据自己多年航空摄影测量外业的教学经验、生产实践，经长期反复酝酿和讨论后，在赵仲华老师编写的《航空摄影测量外业》一书的基础上编写而成的。书中系统叙述了航空摄影测量外业的理论、方法和详细的作业过程、要求。

航空摄影测量是研究以空中摄影影像为基础测制各种比例尺地形图成图理论与方法的一门学科。其主要包括航空摄影测量和遥感测量两大部分，按测图过程分为空中摄影测量外业（一般简称航测外业）和空中摄影测量内业（一般简称航测内业）两大部分。

航测外业以其在摄影区域实地进行测量和调查、工作性质流动分散、工作环境复杂多变为主要特征；航测内业主要是在室内利用各种摄影测量仪器及数字摄影测量工作站所建立的像对立体模型进行量测、描绘，具有较好的工作环境，工作性质固定集中。航测外业与航测内业不仅具有密不可分的联系，而且具有互不相同的工作内容和工作方式，在统一的成图理论指导下协同完成测图任务。

学习航空摄影测量外业课程既要具有较系统的基础摄影测量成图理论知识，又要掌握常规地形测量的各种测量方法与技能。根据空中摄影影像识别各种地形元素的判读技术在航测外业中也占有十分重要的位置。

《航空摄影测量外业》的主要内容包括：

(1)影像判读。根据地面物体在空中摄影影像上成像的各种规律和识别标志对影像进行准确解释。包括航片判读和遥感图像判读。

(2)像片控制测量。主要介绍以 GPS 定位测量和常规地形测量等方法按规定在实地测出一定数量的像片控制点的平面坐标和高程。

(3)影像图测图。以空中摄影影像为基础，采用地形测量的方法在实地直接测图，但地物地貌的平面位置可根据影像确定。

(4)调绘。分为直接利用影像调绘和利用内业所测回放图调绘两种方法。利用影像调绘是在影像判读的基础上，按测图要求在像片上或数字影像上用图示符号表示地物和不能用等高线表示的特征地貌元素；利用内业所测回放图调绘是指在内业先测地形元素的定位点、线，按一定比例打印出图后，到野外进行定性调绘、补绘、核查。

(5)大比例尺航空摄影测量外业。主要讲述其与中小比例尺摄影测量外业相比较后，在像片控制、调绘和影像图测图方面的特点。

随着空中摄影测量成图方法在工程测量、地籍测量、城市建设测量等国民经济建设各部门中的广泛应用，空中摄影测量外业的作用和地位越来越明显，在技术、方法和设备各方面都得到了很大的发展。

鉴于 1∶10 000 比例尺测图属我国基本比例尺地形图测图之一，它应用广泛，有成熟的作业方法和成图理论，在各种比例尺地形图中具有承上启下的作用，占有十分重要的地位；但目前的生产形势是 1∶10 000 地形图测图在全国已基本完成，主要进行 1∶10 000 地形图测图更新工作和大比例尺的城镇地形、地籍测量。所以，学生必须掌握航测大比例尺测图生产的知识、技能，才能在生产岗位上发挥作用。因此，本教材仍以 1∶10 000 测图为基本内容，前六章叙述的具体技术规定和多项控制指标均是对 1∶10 000 测图而言，第七章为 1∶500、1∶1 000、1∶2 000 大比例尺摄影测量外业部分，较完整地叙述了它们的作业过程和作业特点，力求使之达到应用的程度。

本教材主要是针对中等专业学校或高职高专学校航测专业的学生编写的。在教材内容上压缩和删减了陈旧部分，增加了适应生产发展的新技术、新知识内容。在第二章增加了遥感图像的相关识别理论、遥感图像判读的基本方法；在第三章增加了“GPS 定位测量技术”一节；另外，为了适应测绘管理、提高生产质量的需要，在第八章增加了测绘产品质量评定和验收的相关知识，以增加教材的现实性与预见性。

考虑到航测外业教材的特点，书中较多地应用了图形、表格、实物像片等表达方式，在文字叙述上也力求概念清楚，定义准确，语言通俗，便于学生阅读和读者参考。

本教材共八章，具体编写分工如下：第一、三、四、六、七章由郭学林编写，第二章由薛雁明编写，第五章由陈会明编写，第八章由李晓编写。本书由郭学林担任主编，并负责统稿。全书文字录入主要由李栋杰负责。全书插图由郭学林绘制和收集。薛雁明、尚国旗对全书进行了审阅。在本书编写过程中，得到了郑州测绘学校教务处、摄影测量与遥感教学部的大力支持，也得到了测绘生产单位很多专家、同行的大力支持与帮助，在此一并表示衷心的感谢！

限于编者水平，书中错漏及不当之处在所难免，恳请读者批评指正。

编　者

2011 年 1 月

目　录

第一章　航空摄影测量外业概论

第一节　概　述

地形图测绘的目的主要是供国民经济各部门进行勘察、规划、设计和科研等使用，以及作为编制更小比例尺地形图或专题地图的基础资料。为此，对地形图的有关知识必须有更深的了解。

一、地形图的规格

（一）投影、坐标系统和高程基准

1∶5 000、1∶10 000 地形图采用高斯－克吕格投影，按 3°分带。坐标系统以前主要采用1980 西安坐标系或 1954 北京坐标系，亦可采用独立坐标系。高程系统采用 1985 国家高程基准。平面控制采用高斯－克吕格投影，按 3°分带计算平面直角坐标。当对控制网有特殊要求时，可以采用任意经度作为中央子午线的独立坐标系统，投影面亦可采用当地平均高程面。

自 2008 年 7 月 1 日起，启用 2000 国家大地坐标系，2000 国家大地坐标系是全球地心坐标系在我国的具体体现，其原点为包括海洋和大气的整个地球的质量中心。2000 国家大地坐标系与现行国家大地坐标系转换、衔接的过渡期为 8 ~ 10 年。现有各类测绘成果，在过渡期内可沿用现行国家大地坐标系，2008 年 7 月 1 日后新生产的各类测绘成果应采用 2000 国家大地坐标系。2000 国家大地坐标系采用的地球椭球参数如下：

长半轴　　$a = 6\ 378\ 137$ m

扁率　　$f = 1/298.257\ 222\ 101$

地心引力常数　　$GM = 3.986\ 004\ 418 \times 1\ 014\ \mathrm{m^3/s^2}$

自转角速度　　$\omega = 7.292\ 115 \times 10^{-5}$ rad/s

依法建立的相对独立的平面坐标系统仍可继续使用，但必须建立与 2000 国家大地坐标系的联系。控制点建立联系的方法，可通过坐标转换方法建立相对独立的平面坐标系统下控制点与 2000 国家大地坐标系的联系。相对独立的平面坐标系统下数字地形图转换，采用点对点转换法建立相对独立的平面坐标系统下数字地形图和 2000 国家大地坐标系的联系。

地形图采用的坐标系和高程基准在南图廓外的左下方用文字说明。

（二）地形图的分幅与编号

地形图的分幅与编号按《国家基本比例尺地形图分幅和编号》（GB/T 13989—92）执行。1∶5 000 ~ 1∶1 000 000 的中小比例尺地形图的分幅是按经纬线分幅的梯形分幅法。地形图的梯形分幅又称国际分幅，由国际统一规定的经线为图的东西边界，统一规定的纬线为图的南北边界。由于子午线向南北极收敛，因此整个图幅呈梯形。其划分的方法和编号随比例尺不同而不同。

每幅1∶100 000的图可划分为4幅1∶50 000的图，分别在1∶100 000的图号后面写上各自的代号A、B、C、D；再将每幅1∶50 000的图4等分，就得1∶25 000的图，分别以1、2、3、4编号；每幅1∶100 000的图，按其经差和纬差作8等分，就直接划分为64幅1∶10 000的图，以(1)、(2)、…、(64)编号。

按经纬线分幅的1∶5 000比例尺地图，是在1∶10 000图的基础上进行分幅和编号的，每幅1∶10 000的图分成4幅1∶5 000的图，并分别在1∶10 000图的图号后面写上各自的代号a、b、c、d作为编号。

在特殊情况下，如临近国境线或广阔水域地区，图幅内只有少部分陆地，可并入邻近图幅作破图廓处理。破图廓的图幅编号写在主图幅编号之后，中间用逗号分开。

(三)图廓外注记

地形图的图廓外注记内容有图号、图名、接图表、比例尺、坐标系、使用图式、规范、等高距、测图日期、测绘单位、图廓线、坐标格网、三北方向线和坡度尺等，它们分布在东、南、西、北四面图廓线外。

图号、图名注记在北图廓上方的中央，在图的北图廓左上方，画有该幅图四邻各图号(或图名)的略图，称为接图表。中间一格画有斜线的代表本图幅，四邻分别注明相应的图号(或图名)。接图表的作用是便于查找到相邻的图幅。

在每幅图南图框外的中央均注有数字比例尺，在数字比例尺下方绘出直线比例尺，其作用是便于用图解法确定图上直线的距离。

测图时间注明在南图廓左下方，用户可以根据测图时间及测区的开发情况，判断地形图的现势性。

梯形图幅的图廓是由上、下两条纬线和左、右两条经线构成的，在地形图中必须注明，以说明该图幅的位置及范围。为表示经纬度与平面直角坐标的对应关系和精度及检查与使用的方便，应绘出坐标方格网。它是平行于以投影带的中央子午线为 x 轴和以赤道为 y 轴的直线，其间隔通常是1 km，也称为公里格网。

三北方向是指真子午线北方向N、磁子午线北方向和坐标纵线北方向 $+x$，其关系图见图1-1。三个方向间的角度关系图一般绘制在中小比例尺图的东图廓线的坡度比例尺上方。

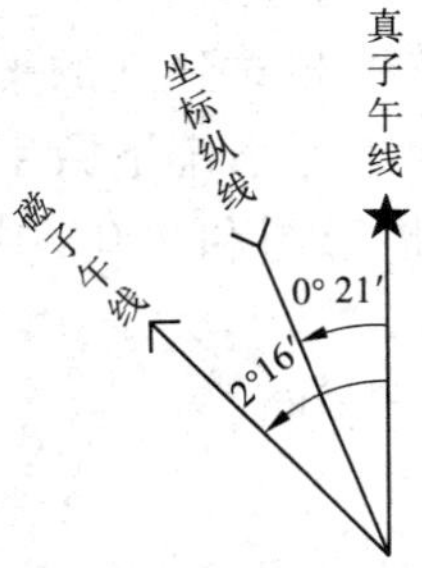

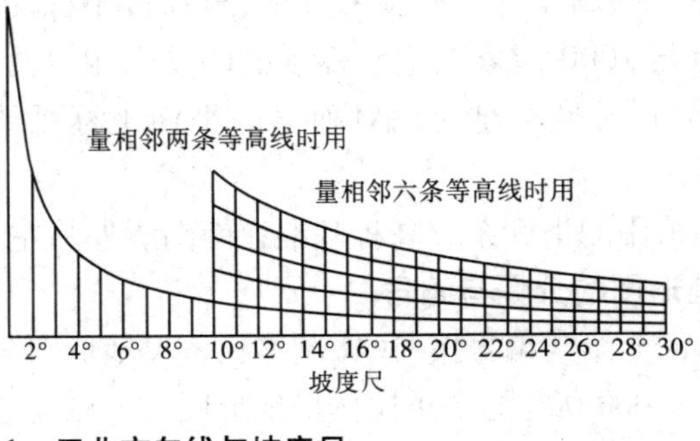

图1-1　三北方向线与坡度尺

坐标纵线偏于真子午线以西0°21′，而磁子午线偏于坐标纵线以西1°55′。利用该关系图，可对图上任一方向的真方位角、磁方位角和坐标方位角三者进行相互换算。

(四)地形类别

地形类别按图幅范围大部分的地面倾斜角和高差划分,规定见表1-1。当高差与地面倾斜角矛盾时,以地面倾斜角为准。

表1-1　地形类别划分规定

地形类别	地面倾斜角(°)	高差(m)	
		1∶5 000	1∶10 000
平地	<2	<20	<20
丘陵地	2~6	20~150	20~150
山地	6~25	150~300	150~500
高山地	>25	>300	>500

(五)基本等高距

基本等高距依据地形类别划分,规定见表1-2。一幅图内一般采用一种基本等高距。当基本等高线不能显示地貌特征时,应加测间曲线,必要时可再加测助曲线。

表1-2　基本等高距的划分

地形类别	基本等高距(m)	
	1∶5 000	1∶10 000
平地	1.0	1.0
丘陵地	2.5	2.5
山地	5.0	5.0
高山地	5.0	10.0

(六)高程注记密度

高程注记点应选在明显地物点和地形特征点上,其密度为图上每100 cm^2 内,平地、丘陵地10~20个,山地、高山地及地形特征点稀少地区8~15个。等高线注记图上每100 cm^2 内1~3个。

(七)地形图的符号及注记

地形图的符号和注记规格按《国家基本比例尺地图图式第2部分:1∶5 000　1∶10 000 地形图图式》(GB/T 20257.2—2006)执行。

二、地形图的内容

地形图精确、详尽地反映了地表面的物体和现象,内容多而复杂,但总的来说,一幅地形图,它的基本内容包括数学要素、自然地理要素、社会经济要素和注记整饰要素四个部分。地形图的内容示意如图1-2所示。

(一)数学要素

数学要素即地图的数学基础,地形图上的所有内容都是建立在地图的数学基础之上的,它在地图中起控制(或骨架)作用,能保证地图具有必要的精确度。数学要素在地形图上主

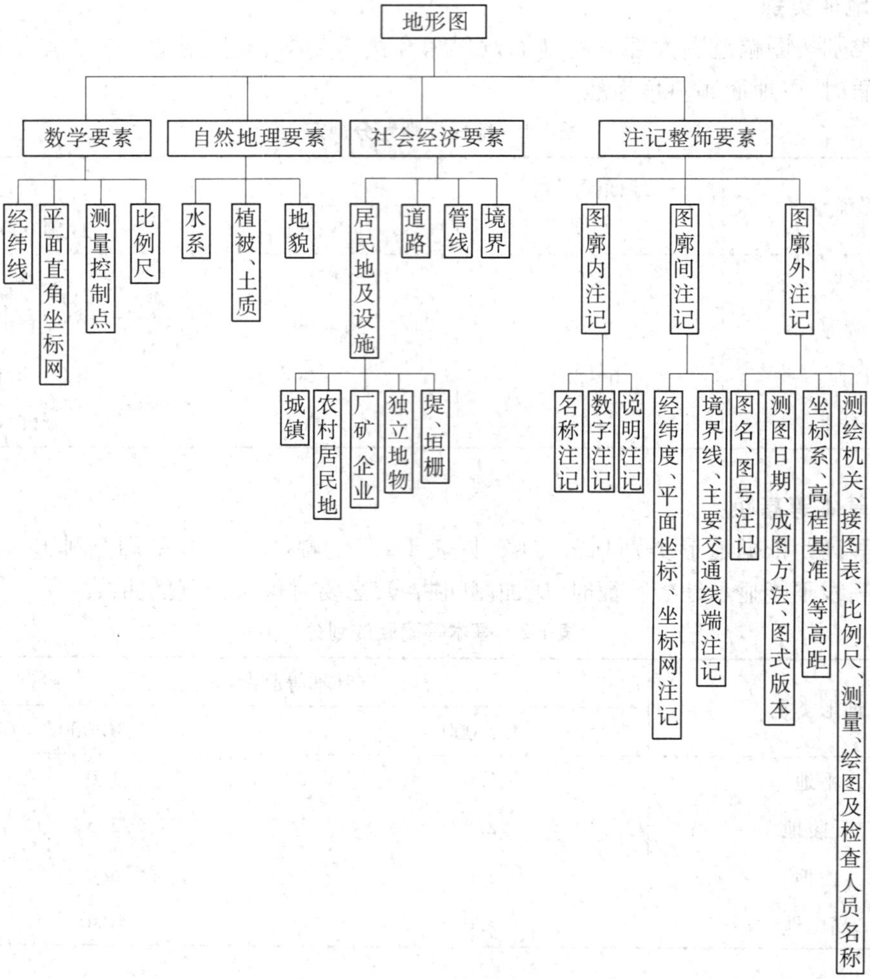

图 1-2　地形图的内容示意

要是指以下内容。

1. 地理坐标网(经纬线)

地形图统一采用高斯投影(1:1 000 000 地形图比例,它采用等角圆锥投影),通过这种地形投影,将地球椭球面上的经纬线转换到平面上,从而构成按一定经纬度间隔表示的经纬线,用以确定地球表面上任一点的地理坐标(经纬度)。大比例尺地形图的内图廓线,就是按统一规定的经纬线构成的,所以内图廓线划定了图幅的地理位置和范围,即地理坐标网是地图的控制基础。

2. 平面直角坐标网

平面直角坐标网是由纵横坐标线构成的,纵坐标线平行于投影带的中央经线,横坐标线平行于赤道。在大比例尺地形图上,坐标线供展绘控制点、指示目标和图上量算等使用。

3. 测量控制点

测量控制点是地图上的三角点、埋石点、水准点等。这些点都是用来控制地形图内容的平面、高程位置和精度的。

4. 比例尺

比例尺标志着地形图缩小的倍数,即图上长度与实地长度(水平距离)之比。例如,1∶2 000即表示图上1个单位长度,在实地上就是2 000个单位长度。比例尺在地形图上的表达形式,有数字比例尺和直线比例尺两种,在测图或图上量距时,是离不开比例尺的。

(二)自然地理要素

自然地理要素反映地区的自然现状,即地理景观(地表自然景色)和自然条件。它包括:

水系——江、河、湖、海、水库、运河、沟渠、井、泉等。

地貌——地表起伏现状,有平原、丘陵、山地、高山、冰川、盆地、沙漠等。

植被、土质——森林、灌木林、草地、农作物、沼泽地、沙砾地、盐碱地等。

(三)社会经济要素

社会经济要素是指人类社会活动的成果,如地区的政治、经济、文化和交通等情况,它包括:

居民地及设施——城市、集镇、村庄、独立住房、工厂、学校及农林牧渔场,堤、垣栅(围墙、城墙)和宝塔、烟囱、纪念碑(塔)、水塔、塔形建筑物、无线电杆(塔)等独立地物。

道路——铁路、公路、大车路、乡村路、小路等。

境界——国界、省界(直辖市、自治区)、市界、自治州、省辖市界、地区界、县界、自治县、旗、乡界等。

管线——输油(气)等各种管道和电力线、通信线。

(四)注记整饰要素

注记整饰要素是指图廓内的各种注记、图廓外的注记和图形。它有助于读图、用图,并且用来提高地形图的表现力和使用价值。

(五)地形图内容分布

1. 地形图图廓间主要内容

地形图图廓间主要内容:四个图廓角的平面坐标(纵坐标x、横坐标y),表示该幅图所在具体位置及范围大小;坐标格网线,以图上10 cm为间隔,以某一图廓角为准,各自纵横划分,主要是为手工绘图的展点和检查精度及点位的查找应用提供方便。

2. 地形图图廓内部内容

图廓内部内容主要是各类地物、地貌的符号和地理名称、文字、数字说明注记等。

3. 地形图图廓外部内容

图号、图名注记在北图廓上方的中央,比例尺注记在南图廓下方中央,测图时间(日期)、成图方法、地形图采用的坐标系和高程基准、等高距、图式符号版本注在南图廓左下方,接图表在北图廓左上方表示,测绘机关(测图单位)在图廓左(西)侧下方纵向注记,测量绘图及检查人员姓名在南图廓右下方表示。

三、地形图的精度

根据测图范围的大小、图幅的大小和表示内容的详略等不同情况,测图选用的比例尺有大有小。相同大小的图幅,比例尺越大,地图上所表示的范围越小,图内表示的内容越详细,精度越高;比例尺越小,地图上所表示的范围越大,图内表示的内容越简略,精度越低。

(一)比例尺精度

1. 比例尺精度的定义

确定测图比例尺的主要因素是在图上需要表示的最小地物有多大,点的平面位置或两点距离要精确到什么程度。为此就需要知道比例尺精度,通常人眼能分辨的图上两点间的最小距离是0.1 mm,对 1∶M 比例尺的地形图,对应的实地水平距离为 0.1M mm。对于1∶10 000比例尺的地形图,小于 0.1 m×10 000 =1 m 的实地水平距离在图上是分辨不出来的。因此,把地形图上 0.1 mm 所能代表的实地水平距离(0.1M mm)称为比例尺精度。

2. 比例尺精度的作用

根据比例尺精度,不但可以按照比例尺确定地面上碎部点位时的量距应精确到什么程度,而且可以按照量距的规定精度来确定测图比例尺。例如:测绘 1∶1 000 比例尺的地形图时,地面上量距的精度为 0.1 mm×1 000 =0.1 m;要求在图上能表示出 0.5 m 的精度,则所用的测图比例尺为 0.1 mm/0.5 m =1/5 000。各种比例尺地形图的比例尺精度及用途见表 1-3。

表 1-3　各种比例尺地形图的比例尺精度及用途

比例尺	比例尺精度(m)	用途
1∶10 000	1.0	城市规划设计、城市总体规划、厂址选择、区域位置、方案比较等
1∶5 000	0.50	城市规划设计、城市总体规划、厂址选择、区域位置、方案比较等
1∶2 000	0.20	城市详细规划和工程项目的初步设计
1∶1 000	0.10	城市详细规划、管理、地下人防工程的竣工图、工程项目的施工图设计等
1∶500	0.05	城市详细规划、管理、地下人防工程的竣工图、工程项目的施工图设计等

(二)地形图精度

地形图精度就是地形图的精确度,即地形图的误差大小,是衡量地形图质量的重要标志之一,它与地图投影、比例尺、制作方法和工艺有关。通常用地图上某一地物点或地物轮廓点的平面和高程位置偏离其真实位置的平均误差来衡量。地形图上各种要素的误差主要由以下几方面引起:获取的数据误差,投影的误差,展绘地图数学基础的误差,地形图内容的编辑和综合取舍误差,输出打印产生的误差,印刷造成的误差和图纸伸缩造成的误差。这些误差难以避免。在地形图生产过程中,一般对每一生产工序都进行误差控制,以便达到地形图的精度要求。当展绘地图数学基础时,展点允许误差为 ±0.1 mm,边长误差≤ ±0.2 mm,对角线误差≤ ±0.3 mm;内容转绘误差 < ±0.2 mm;描绘误差 < ±0.2 mm;印刷套印误差≤ ±0.3 mm等。因存在地形图误差,故在地形图上进行量算时,对量测的数据必须考虑地图的各项误差。

1. 碎部点的误差要求

对 1∶10 000 比例尺的地形图,规范规定,图上地物点对附近野外控制点的平面位置中误差,平地、丘陵地不超过 ±0.50 mm,山地、高山地不超过 ±0.75 mm。高程注记点和等高线对野外控制点的高程中误差不得大于表 1-4 的规定。

表 1-4　高程注记点和等高线对野外控制点的高程中误差允许值　（单位:m）

项目		成图比例尺							
		1:5 000				1:10 000			
地形类别		平地	丘陵地	山地	高山地	平地	丘陵地	山地	高山地
高程中误差	高程注记点	0.35	1.2	2.5	3.0	0.35	1.2	2.5	4.0
	等高线	0.5	1.5	3.0（地形变换点）	4.0（地形变换点）	0.5	1.5	3.0（地形变换点）	6.0（地形变换点）

地形图上山地、高山地的等高线在实地不能直接找到衡量其高程精度的相应位置时，等高线的高程中误差可按式(1-1)计算，当计算值小于表 1-4 的规定时，则按表 1-4 的规定。

$$m_n = \pm (a + b\tan\alpha) \tag{1-1}$$

式中　m_n——等高线高程中误差，m；

a——高程注记点的高程中误差，m；

b——地物点的平面位置中误差，m；

α——检查点附近的地面倾斜角，(°)。

特殊困难地区(大面积的森林、沙漠、戈壁、沼泽等)地物点的平面位置中误差按上述规定放宽 0.5 倍，高程中误差按表 1-4 的规定相应放宽 0.5 倍。

2. 对已知点的误差要求

高级地形控制点对于国家等级三角点的平面位置中误差不超过图上 ±0.05 mm。像片平面和平高控制点对于附近国家等级三角点或高级地形控制点的平面位置中误差不超过图上 ±0.1 mm。

高级地形控制点、像片高程控制点对于附近水准点或三角点的高程中误差，平地、丘陵地、山地均不超过 1/10 基本等高距(高山地按山地要求)。

一般规定 2 倍中误差为最大误差。

四、地形图的获取方法

目前，地形图测绘除采取常规地形测量方法外，摄影测量是另一种主要方法，而航空摄影测量是摄影测量中采用最多的一种方式。与常规地形测量比较，采用航空摄影测量测制地形图不仅速度快，而且成本低，数字化程度高，作业条件好。随着国家经济建设的发展和科学技术水平的提高，航测成图方法不仅用于测制 1:10 000、1:25 000、1:100 000 等国家基本比例尺地形图，而且还是大比例尺(1:2 000、1:1 000、1:500)、大面积地形、地籍测绘的主要方法。

常规地形测量，是指用经纬仪、水准仪、平板仪和全站仪、GPS 定位系统及微机等设备在实地直接对地面进行测量绘制地形图的方法。其分为白纸测图和内外业一体化数字测图。白纸测图已基本不用，内外业一体化数字测图被广泛应用于测区面积不大的各种测绘项目，精度高，但工作量大，成本高。航空摄影测量主要应用摄影技术，以飞机作为主要载体，在载体上安装传感器对地面进行摄影，利用摄影像片提供的丰富地面信息在室内进行量测获取地形图。两者之间在原理和方法上都有很大区别,但并不是说航空摄影测量与常规地形测量之间无任何联系,恰恰相反,在整个成图过程中,它们之间还有许多共同之处。应该说,航空摄影测量是以常规地形测量为基础加上航空摄影技术发展起来的一门科学技术,没有地形测量牢固的基础知识,就不可能学好航空摄影测量。

航测法成图和常规方法测图的最终目的都是获取地形图。因此,在进行航测外业测量时,对测图基础、规格方面的要求与相应比例尺常规方法测图的要求相同。

航空摄影测量中常用到的地形测量知识有:控制点的联测方法及各项技术要求,各种地形测量仪器的正确使用,地貌的测绘方法与等高线的基本原理,地物的综合取舍原则及图式符号的运用,地物、地貌的图层设置与管理,地形原图的图形编辑与整饰。在学习本课程时必须十分注意这些问题。

五、航测成图过程

针对不同的地形情况,航空摄影测量主要有综合法、立测法两种成图作业方法。熟悉航测成图作业过程非常重要,根据成图过程及各工序之间的关系,在具体作业时只要我们按照相应规范、图式的各项要求去实施就能完成好测图任务。

(一)综合法成图

综合法成图指用航空摄影测量和常规测量相结合测制地形图的方法,主要适用于高程精度要求较高的情况。

综合法又包括固定比例尺像片图测图、自由比例尺像片图测图和单张像片测图三种方法,但是常用的是固定比例尺像片图测图。

固定比例尺像片图测图是指用与成图比例尺相等的像片平面图或正射影像图片作图底,外业用常规地形测量的方法测绘地貌,并对照实地判读像片影像,在像片上描绘地物、地貌的测图方法。很明显,实现固定比例尺像片图测图的关键是获取具有与成图比例尺相等的影像平面图。

目前,获取影像平面图的主要方法是:外业根据需要在实地测定一定数量的像片控制点,内业对具有中心投影性质的航摄像片采用微分纠正的方法获取正射投影性质的影像平面图。

对于综合法成图主要采用固定比例尺像片图测图,其作业过程如图 1-3(a)、(b)所示。

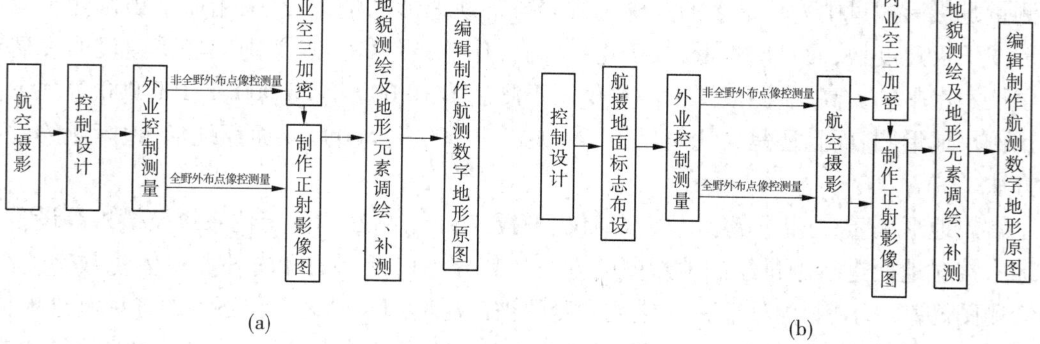

(a)　　　　(b)

图 1-3　航测综合法成图过程

（二）立测法成图

立测法成图是指内业根据航测成图的基本原理，利用具有一定重叠度的航摄像片，在立体测图设备上或数字摄影测量系统中，根据一定数量的已知像片控制点，建立一个比例一定和确定其在大地坐标系中的空间位置和方向的立体模型，然后在模型上以正射投影方式，参照事先获取的外业调绘资料（也可利用内业测图后回放的线划图进行调绘），按规定进行地物、地貌测绘，获得数字地形图（DLG）的方法。立测法成图作业过程可由图 1-4（a）、（b）表示。

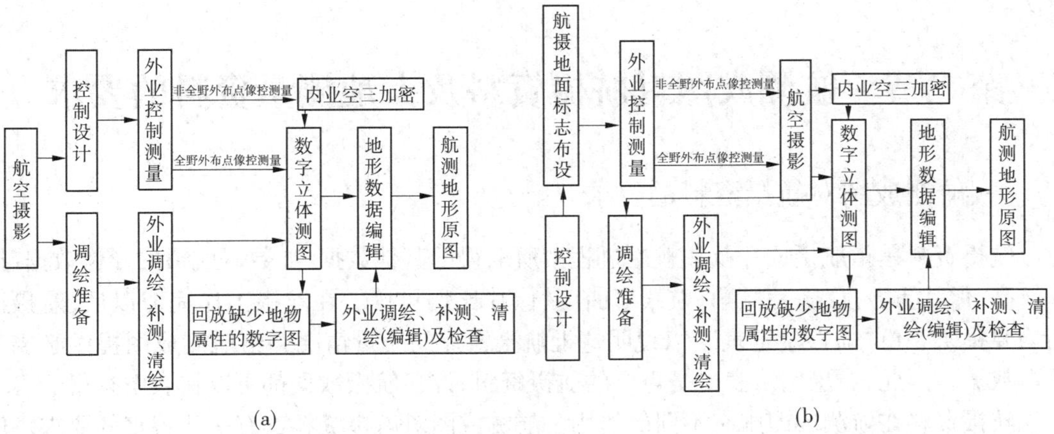

图 1-4　航测立测法成图过程

由此可见，无论是综合法还是立测法，在其成图过程中都必须首先进行航外控制测量，获取必要的控制点，才能进行正射影像图片的制作和测图工作。但为了减少野外测定控制点的工作量，生产中又采用了内业加密控制点的作业方法。这种方法只需要在航外控制测量中测定少量控制点，内业利用数字模拟计算形式建立航线或区域模型，然后以外业控制点为基础对模型进行绝对定向和误差改正，从模型上量测纠正和立体测图所需要的像片控制点的坐标和高程。加密所得的控制点又称为加密点。

从上述情况可以看出，内业纠正或测图所需要的控制点可以用两种方法获得：一是全部由野外测定，称为全野外布点方案；另一种是少量由野外测定，多数由内业加密取得，称为非全野外布点方案。

很明显，航外控制测量的基本任务是：在实地测定一定数量且符合规范要求的精度较高的控制点以满足内业加密、纠正或测图的需要，为航测成图提供可靠的基础数据。

由于航外测量控制点是航测成图的基础，因此具有十分重要的作用。不难明白，一旦航外控制点出现错误，将会给整个成图带来十分严重的影响。因此，航外测量人员必须认真负责，严格细致地工作，遵守规范规定，树立“质量第一”的思想，为内业提供可靠的优质成果，这样才能保证最后成图的质量。

航测内业的“纠正”或模型“绝对定向”对像片控制点的需求实质就是用空间前方交会（空中三角测量）的方法求解像片的方位元素，以确定像片、摄影中心、地面三者之间的相对位置关系，即确定摄影机或传感器的空间位置和姿态，此法已使用 60 年之久。如果所有航摄像片的方位元素已知，航测外业的地面控制测量工作就基本可以取消。近年，GPS 定位技术在动态摄影导航及精确定位上的应用研究（机载 GPS 接收机用于空中三角测量）已基本成熟，航测外业的地面控制工作量变小甚至不做地面控制，摄影测量的几何定位自动化将为时不远。例如，采用目前我国引入的航空定位导航姿态测量系统（IMU/DGPS）进行辅助航空摄影测量，机载 IMU（Intertial Measurement Unit，惯导测量仪）采用先进的光纤陀螺系统，结合 DGPS（差分 GPS）测量来直接测定航片的外方位元素，省去了传统航空摄影测量成图中外业地面控制工序。

航测方法成图过程中，另一个不可缺少的工作是解决地物、地貌的表示问题，即如何把地物、地貌的影像转化为以地形图图式符号来表达的形式。通常采用判读、调绘的方法解决。

第二节　航测成图对航摄资料及大地测量资料的要求

一、航测成图对航摄资料的要求

航摄资料是指航摄像片及在航摄过程中所取得的其他数据，如数码航摄的影像数据、摄影航高、像片重叠度、像片倾角、航线弯曲度、像片比例尺等。在航摄工作完成以后，航摄部门均要提供一份“航摄鉴定表”，以说明这批航摄像片的质量情况并给航测成图提供必要的基本数据。因此，航摄鉴定表也是重要的航摄资料，许多航摄数据都可以在表中查得。

航摄资料在航测成图中有不同的作用。航测成图对航摄资料都有一些特定的要求。航摄资料不全或者不符合航测成图的要求就会影响航测成图质量或者给成图作业带来困难。因此，在接收航摄资料时都必须按照航空摄影规范的有关规定进行检查，如发现质量问题，则应根据情况采取补救措施。

（一）航测成图对航摄像片摄影质量的要求

航摄像片是航测成图最基本的资料。航测成图的工作主要是通过航摄像片进行的，航摄像片的质量直接影响到成图的精度和速度。为此有关部门制定了航空摄影规范，作为使用部门接收航摄资料、检查质量的标准。航测成图对航摄像片的影像质量有以下要求：

（1）航摄像片的目视质量应达到影像清晰、色调一致、反差适中、灰雾小，这样才能在航外控制、调绘和航内加密、测图中准确地进行刺点、判读，获得清晰的立体模型，提高像点测量精度，保证测图质量。航空摄影像片（立体像对）如图 1-5 所示。

图 1-5　航空摄影像片（立体像对）

（2）要求航摄像片不应有云影、雪影和阴影的影响。云层在像片上的构像形成云影；雪影是指地面上暂时性积雪，在航摄像片上所呈现的亮白色影像；阴影是指高出地面的物体在日光照射下投射到地面上的阴暗部分在航摄像片上的构像。云影、雪影、阴影遮盖了地面的真实面貌,不能用航测方法测图,即使采取其他方法补救,也必然费时费工,影响成图精度。因此,为避免云影,要求尽量在无云的天气进行摄影;为避免雪影,应在积雪融化后摄影;为减少阴影,应在阴影最小的时间进行摄影。

(3)航摄像片不应有斑点、擦痕、折伤及药膜损伤等损坏影像的现象,重要地物的影像被损坏严重影响测图精度。

(4)要求摄影标志清晰可辨。摄影标志是指人为设置的附加物件在像片上的影像。一般包括圆水准器、时钟、框标、压平框、像片号等在像片上的影像。这些标志给使用像片提供了方便,有些标志则在成图过程中发挥重要作用。

像片索引图也是一种像片资料。它是把若干幅图的航摄像片按地物、地貌影像重叠拼接,经复照缩小所制成的像片图。利用像片索引图可以了解航线连接情况,查找像片,了解测区一般面貌并作为简单的计划图。

(二)航测成图对航摄像片现势性的要求

航摄像片的现势性是指进入测区作业时,实地情况与摄影时比较发生变化的程度。一般情况下,实际作业时间与像片摄影时间总存在着一段时间差,在这段时间内,地面情况已经发生了不同程度的变化。原有地物有的已被破坏,像片上有影像但实地再也找不到它们的踪迹;有的地物虽然存在但却改变了模样;有的地物则是摄影后新建成的,地面上存在但像片上没有影像,称为新增地物。应当说,地貌也存在着类似的变化,但一般情况下地貌变化速度很慢,急剧变化的情况较少,可不考虑。根据规范规定,测区的地物、地貌都应按实际作业时的情况表示。于是,对于已破坏且不存在的地貌,应判明情况不再表示或按改变后的情况表示,对于新增地物则应按实地情况补测。因此,作业时间与摄影时间相距越远,地面变化越大,则像片判读越困难,补测工作量增大。补测工作不仅难度大,速度慢,而且质量也难以保证,这种像片被认为现势性差。

像片摄影时间距作业时间越近,对作业越有利,作业质量也越好,这种像片被认为现势性好。一般认为时间差达到两年(较大城镇达到一年)以上的航摄像片就难以保证作业质量,对于这样的像片应根据具体情况采取补救措施,如重新摄影,或增加作业工天、改变作业方法等。当然,像片能不能用或能用的程度如何主要还是根据实地变化情况才能作出决定。地面情况(主要指地物)变化的速度与地物分布有关,与当地经济状况有关,地物密集的平坦地区变化快,丘陵地、山地变化慢,人烟稀少地区变化更慢。

(三)航测成图对飞行质量的要求

由于外界条件和飞机性能的影响,航空摄影不可能按照理想情况进行,这样就可能使所摄的航摄像片产生像片倾斜、航线弯曲、像片重叠度过大或过小、航摄比例尺不一致等情况,影响航测成图质量。这些都属于飞行质量问题,因此必须根据飞行的可能和航测成图的需要满足下列要求。

1.像片倾角的要求

像片倾角是指航空摄影时像片平面与水平面之间的夹角。从航摄像片的几何特性中知道:倾斜像片相对于同一摄站的水平像片会产生像点位移和方向偏差,从而影响成图质量;同时,像片倾角过大,仪器处理会产生困难。因此,要求像片倾角一般不大于2°,个别最大不超过3°。

2. 航摄比例尺的要求

航摄比例尺的选择存在着满足成图精度要求和提高经济效益之间的矛盾。比例尺大则刺点准确,点位置测得精度高,也有利于提高航测外业调绘质量,但很显然这时航线数和像片数增多,工作量增大,经济效益降低;反之,经济效益好而测图质量又难以保证。因此,在航测外业规范中,在保证成图质量的前提下,综合考虑各种因素的影响,规定了航摄比例尺的范围,供选择航摄比例尺时参考,具体规定见表1-5。

表1-5　航摄比例尺的选择

成图比例尺	摄影比例尺	像幅(cm×cm)	影像地面分辨率(m)
1:10 000	1:10 000~1:25 000 1:25 000~1:35 000	18×18 23×23	0.8~1.6
1:5 000	1:8 000~1:12 000 1:15 000~1:20 000	18×18 23×23	0.4~0.8
1:2 000	1:6 000~1:8 000	23×23	0.2

具体选择航摄比例尺应考虑的主要因素分述如下。

1)按成图的高程精度要求选择

实践证明,航摄成图中平面位置精度一般均高于高程精度,即如果高程精度能满足测图精度要求,则平面精度也能满足测图精度要求。因此,在选择航摄比例尺时,大都从满足高程精度的角度去考虑。

2)根据不同的成图方法选择

航测成图方法一般可分为综合法和立测法。综合法是在实地测定高程,提高了测图的高程精度,因此可以选择较小的航摄比例尺,如1:10 000测图航摄比例尺的选择范围为1:18 000~1:40 000。

3)根据图面综合取舍的需要选择

像片比例尺或模型比例尺过小,地物细部轮廓的表现则不充分,必然影响到图面综合取舍的质量。对于航摄外业调绘,由于影像过分的小于相应的符号尺寸,给像片清绘带来困难,甚至无法清绘。上述情况虽然可以采取一定的保证措施,例如航测外业采用放大像片调绘,内业采用高放大率光学观察等办法,但由于像片影像分辨率有限,仍然会影响到图面综合取舍的精度。

4)按像片判读的要求选择

像片判读就是指根据影像特征去判读相应地物的作业过程。像片判读是像片调绘的基础。像片判读既与航摄像片的分辨率和清晰度有关,又与人眼的分辨率有关。

航摄像片的分辨率是指像片对地面微小物体的构像能力,清晰度是指像片影像边缘轮廓的清晰程度。显然航摄像片的分辨率和清晰度是像片判读的重要条件,它必须与人眼的分辨率(即人眼对微小物体的分辨能力)相适应。

试验证明,人眼在明视距离内对物体构像的分辨率为0.08~0.10 mm或为5~6线对/mm,因此航摄像片的分辨率应不低于上述要求。但航摄像片是由航摄底片转印而来的,在转印过程中影像的分辨率将要降低40%~50%,因此要使航摄像片达到最佳分辨效果,航摄原始底片影像的分辨率应不低于8~10线对/mm。在1:10 000比例尺成图时,要求对地面最小物体的构像能力应不低于2~3 m,因此提供判读用的航摄像片比例尺应不小于1∶20 000~1∶30 000。

应当指出:一般航摄像片的分辨率均比人眼的分辨率高,因此如果用未经放大的航摄像片进行判读,可配4~5倍的立体判读仪,这样就能充分发挥航摄像片的影像潜力,判别出地面微小地物。显然将航摄底片放大2~3倍晒印成放大像片,同样可以达到较好的观察效果。

3. 航高差的限制

航空摄影时由于飞机受外界条件影响,不可能保持同一高度水平飞行,每一张像片摄影航高都不一样,航高之差称为航高差。航高的改变意味着航摄比例尺在变化,试验证明,当相邻像片摄影比例尺相差较大时,就会影响立体观察和量测精度。因此,规范要求:相邻摄站的航高差不大于30 m,一条航线最大航高和最小航高之差不超过50 m;分区实际航高不应超出预定航高的5%。实际航高是指摄影时实际达到的飞行高度,严格来讲,航高是航摄瞬间摄影机镜头中心到过地面某点的水平面(高程基准面)的垂直距离,是相对航高;绝对航高是指航摄瞬间摄影机镜头中心到大地水准面的垂直距离,和相对航高的差值即为基准面的高程;预定(计划)航高是指摄影前计划飞行的高度,它是根据所选择的航摄比例尺决定的。

4. 像片重叠度的要求

在航摄成图中必须用航摄像片建立立体模型,在模型上进行量测或测图,为此要求相邻像片间有一定重叠范围。所谓重叠就是在相邻摄站摄影时,同一地面分别在相邻像片上构像,相邻像片间具有共同影像的现象。像片重叠如图1-6所示。

从图1-6上可以看出,摄影基线的长度决定着像片重叠度的大小,若控制了摄影基线的长度,相邻像片就能得到规定的像片重叠。同样道理,若控制相邻航线之间的间距,就能得到相邻航线间的像片重叠。

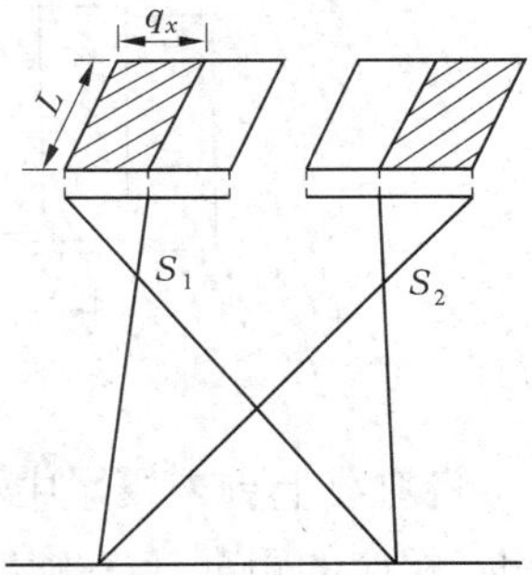

图1-6　像片重叠

在航测成图中为进行立体模型之间的连接,还要求同一航线隔号像片之间有一定的重叠度,这样地面上某些部分就要同时在三张像片上构像,这就是所谓三片重叠;如果考虑相邻航线间的重叠情况,地面上某些部分就有可能在相邻六张像片上构像,称为六片重叠。控制点若选在六片重叠部分,则将得到多次模型量测而提高精度。

像片重叠的大小以重叠度表示。重叠部分长度与像幅长度之比的百分数称为重叠度。设q_x、q_y分别表示航向和旁向重叠部分的像片长度,L表示像幅长度,p_x、p_y分别表示航向和旁向的重叠度,则:

$$\left.\begin{aligned} p_x &= \frac{q_x}{L} \times 100\% \\ p_y &= \frac{q_y}{L} \times 100\% \end{aligned}\right\} \tag{1-2}$$

根据航测成图的需要,一般要求航向重叠度为60%~65%,最小不小于56%;旁向重叠度为30%~35%,最小不小于13%。规范规定的最小重叠度是按个别情况考虑的,在这种情况下航向和旁向要在规定的重叠度范围内选出控制点已十分困难,因此仅满足最小重叠度的像对只能是极少数,并且不应有绝对漏洞。

应该注意的是,地面起伏会引起重叠度的变化,如图 1-7 所示。以地形低的地方为准则重叠度大,以地形高的地方为准则重叠度小。因此,检查重叠度是否满足要求时,应以重叠部分最高地形为准;否则,就可能产生航摄漏洞。

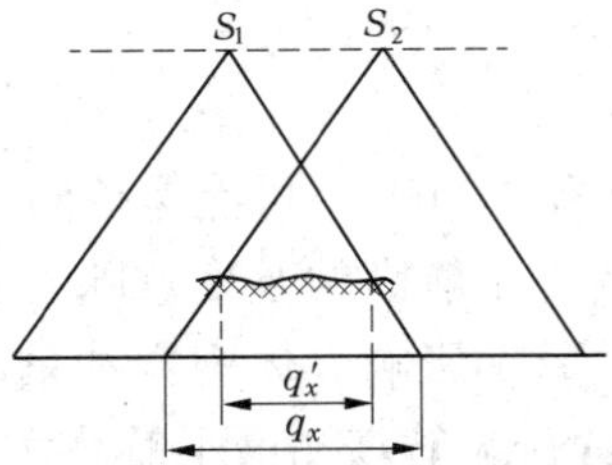

图 1-7　地面起伏会引起重叠度的变化

航摄漏洞是指航向或旁向像片重叠度小于最小重叠度的要求,不能保证在像片规定的范围内进行立体测图的部分。如果属于航摄漏洞的部分虽不能进行立体测图,但在单张像片应用范围内还有地面影像,可采用单张像片测图进行补救的,称为航摄相对漏洞;否则,称为绝对漏洞。绝对漏洞只能采用常规地形测量方法进行补救。

5. 航线弯曲度的限制

航空摄影时,不能保证飞机始终在一条直线上飞行,航线上各摄影中心不在一条直线上,如图 1-8 所示。飞机飞行的航迹线为一条曲线,这就叫航线弯曲。

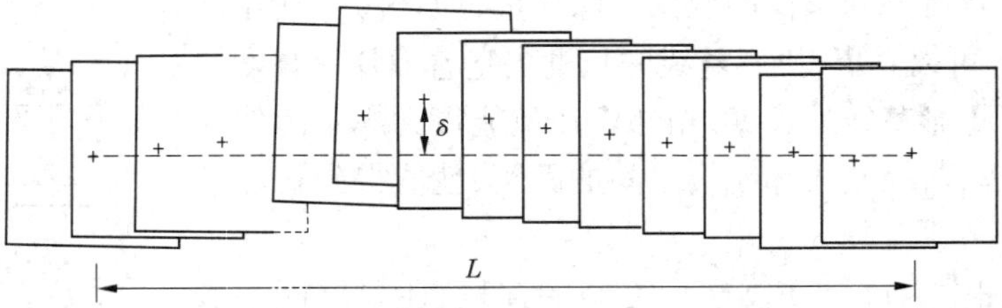

图 1-8　航线弯曲

将航线上首末摄影中心用直线连接,该距离为 L;以离开这条连线距离最大的摄影中心为准,相应的距离为 δ;则航线弯曲度 e 为:

$$e = \frac{\delta}{L} \times 100\% \tag{1-3}$$

航线弯曲度反映了航线弯曲的程度,航线弯曲度过大,说明飞行质量差,航向和旁向的重叠都会受到一定影响,给作业带来一定困难。因此,规范规,定航线弯曲度一般不大于 3%。

6. 旋偏角的限制

相邻两像主点的连线称为像片基线。像片基线与航向框标线之间的夹角称为航摄像片的旋偏角。旋偏角过大像片偏转,会使航向和旁向的重叠不正常。同一像对或相邻航线间两端重叠度相差较大,给相对定向和模型连接带来困难并影响精度。因此,规范规定,航摄像片的旋偏角一般不大于 6°,最大不超过 8°(不得连续三片);航高小于 1 200 m 时,一般不大于 7°,最大不大于 10°(不得连续三片)。像片旋偏角如图 1-9 所示。

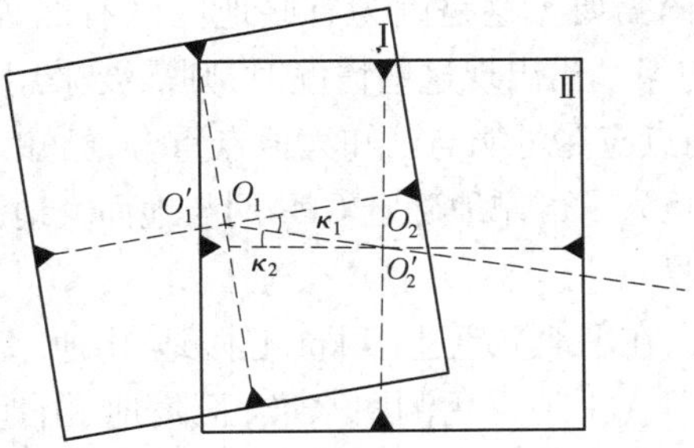

图 1-9　像片旋偏角

对目前已普遍使用的数码航空摄影影像,由于是采用数字传感器获取的数字影像,其影像清晰、色彩丰富、逼真、分辨率高(12 μm),且一次摄影可以同时获取灰度、彩红外、真彩色等多种影像。但由于数码影像(DMC 影像)与光学影像成像的几何原理不同,是非严格的中心投影,其像幅较小(16 cm×9 cm),与光学影像差别较大,其摄影要求也不尽相同。因数码影像自身优势,现已广泛应用于生产实践中。

二、航测成图对大地测量资料的要求

大地测量资料是指全国性各级大地点和地区性各级大地点的平面、高程成果,同时也包括相应的点之记、布网图、路线图、成果的计算说明和技术总结等。航测成图对大地测量资料的要求主要是指对大地点成果精度和对大地点分布密度的要求。同时也应指出,上述属于大地测量资料范围的其他附件在分析和使用大地成果时也有十分重要的作用。

(一)对大地点成果精度的要求

规范规定,国家大地点(包括国家等级的三角点、导线点、水准点)是 1∶10 000 测图的平面和高程起算依据,也就是航测成图要求国家大地点为航外控制测量提供起算数据,达到起算数据的精度。所谓起算数据精度,是指起算数据本身的误差应该对航外控制点计算结果影响极小,为此要求起算数据的中误差值一般不大于航外控制点所规定的中误差的 1/4 ~ 1/5,最大不超过 1/2(主要是指小三角点)。

目前,我国国家三角锁网、精密导线网,在最不利的情况下,相对点位中误差最低不超过 ±0.2 m;各等级水准路线中最弱点相对于高一级水准高差的全中误差不超过图上 ±45 mm。

根据像片平面及高程控制点的精度要求,不难知道国家等级的三角点、导线点、水准点均能达到起算数据的精度,满足 1∶10 000 成图要求。但对于地区性的大地点,要仔细查明其施测年代、作业依据、坐标及高程系统、成果精度,慎重使用。

(二)对大地点分布密度的要求

航测成图不仅要求大地点有较高的精度,而且要求按一定密度布设。大地点如果没有足够的密度,不仅给航外控制测量带来困难,增加工作量,而且还会影响精度。一个测区如果大地点稀少,必然会感到施测方案的制定受到制约。因此,特提出以下要求。

1. 平面控制点分布密度

1∶10 000 测图主要以国家三、四等三角点为基本控制点,我国的三等三角点平均边长为 8 km,四等三角点平均边长为 4 km,每个三角点控制的范围大约是平均边长的平方。因此,我国三、四等三角点的密度完全可以满足 1∶10 000 测图的需要,但实际测图时仍有不少地区三角点密度不能满足测图需要。这是因为有些地区没有四等三角网,三角点的破坏也十分严重,三角点的分布不均匀。当出现这些情况时,则需要采用 GPS 定位技术进行测区的高级地形控制测量,但 GPS 网点应尽可能与已知大地点重合,已知大地点一般不少于 3 个,并且在 GPS 网中分布均匀。这是为了可靠地确定 GPS 网与地面大地网之间的坐标转换参数。

2. 高程控制点分布密度

四等以上水准路线间距,在平地不超过 20 km,丘陵地、山地、高山地可根据情况适当放宽。

航外高程控制测量一般在平地采用测图水准,丘陵地、山地、高山地采用电磁波测距高程导线或三角高程导线。测图水准允许的导线全长为 20 km,电磁波测距高程导线全长规定平地不超过 14 km,丘陵地规定为 25 km,山地、高山地规定为 40 km。由此可见,规范规定的四等以上水准路线间距为 20 km 的分布密度,由于自然及人为因素的破坏,一般尚不能满足航外控制点高程联测的需要。在实际生产作业时,平地、丘陵地通常需要加密等外水准,等外水准附合路线全长规定为 40 km,山地、高山地又常常利用电磁波测距高程导线。因此,规范规定的水准路线分布密度基本上保证测图需要,个别地区如果联测高程仍有困难,则可在三等水准的基础上加密四等水准进行补救。

第三节　航摄像片的基本特性

一、地面上的点、线在像片上的构像规律

地面上的点在像片上的构像规律,主要是指由于摄影比例尺小,地面上某些形体较小的地物,如三角点、水井、小土堆、窑、小坑、道路交叉点、小土地庙、独立石等在像片上的构像规律。地面上的线在像片上的构像规律,是指地面上的现状地物,如地埂、道路(包括铁路、公路、机耕路、小路)、小溪、人工沟渠、房屋的轮廓线、山脊线、合水线、围墙,以及突出于地面上的细小地物,如烟囱、水塔、电线杆、无线电杆等在像片上的构像规律。地面上的线在像片上的构像规律,包括地面上的两条相交直线。一组与摄影方向线平行、斜交、垂直的直线,一组与像片面或地面垂直的直线在像片上的构像规律。

这部分内容在基础摄影测量教材中已有详细介绍,不再重复。掌握这些规律对于理解后面将要讲到的地面目标影像的判读特征,掌握判读方法和提高判读水平都有重要意义。

(一)像片倾斜引起的像点位移

在像片判读中对像片倾斜引起的像点位移规律应有明确认识,这对理解和处理像片判读中的某些问题是有帮助的。

像片倾斜引起的像点位移可按等比线分为两部分:包含像主点的部分,地面点在像片上的构像产生向着等角点方向的位移;包含像底点的部分,产生的位移背离等角点方向。在主纵线上产生的位移最大,在等比线上则不会产生位移。由于像片倾斜所产生的像点位移发生在以等角点为中心的辐射线上,且离等角点越远位移越大,因此像片边缘的像点位移较大,地物构像变形也大。像点位移示意如图 1-10 所示。

倾斜误差的实用计算公式如下:

$$\delta_\alpha = \frac{r_c^2}{f}\sin\varphi_c\sin\alpha \tag{1-4}$$

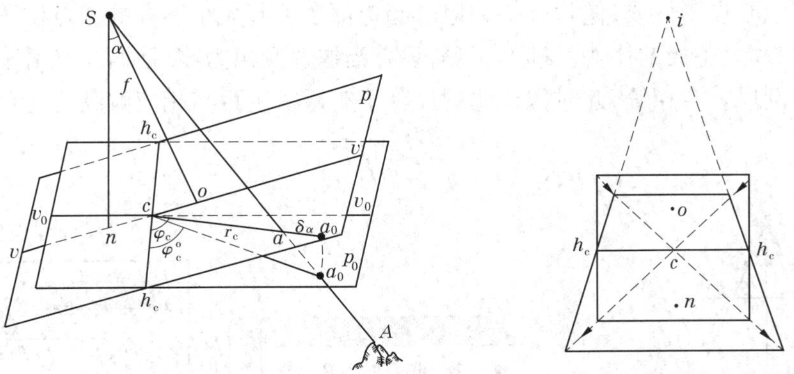

(a)像点倾斜位移　　　　(b)像点倾斜误差变化规律

图 1-10　像点位移示意

式中　δ_α——倾斜误差；

r_c——等角点至像点的辐射距离；

f——航摄仪主距；

α——像片倾斜角；

φ_c——辐射线与等比线的夹角。

根据倾斜误差的特性，在求算航摄比例尺时一般选取过像主点（代替等角点）且互相垂直对称的两条线段进行量测，以抵消倾斜误差的影响。应当指出，由于像片倾斜角最大不超过3°，由此引起的像点位移很小，尤其是对于局部地物图形产生的相对位移更小，不会对像片判读产生明显的影响，因此一般可不考虑。

（二）地形起伏和地物高度引起的像点位移

由于中心投影的关系，地物点在像片上的构像与该地面点在基准面上的正射投影点在像片上的构像之间存在着因地形起伏引起的像点位移，称为投影差，如图 1-11 所示。

投影差计算的使用公式如下：

$$\delta_h = r\frac{\Delta h}{H_n} \tag{1-5}$$

式中　δ_h——地物高度引起的像点移位；

r——地物点在像片上的构像点至像底点的辐射距离；

Δh——地物相对于基准面的高差；

H_n——相对于基准面的摄影航高。

显然上述公式完全可以用于地物高度所引起的投影差的计算。例如，在像片调绘时为了确定高层楼房（或其他高层建筑物）的基脚位置或者在像片上量取投影差计算地物顶点相对于基准面的高度，都可以使上述原理和公式得到有效的应用。如图 1-12 所示为楼房在像片上的构像及利用投影差确定房基脚位置的示意图。

实际作业中因为像片倾角很小，在量取数据 r 时可用像主点位置代替像底点。

二、航摄像片的应用

（一）航摄像片比例尺的应用

地形图是采用正射投影方式以规定比例尺获取的，图上每一处的比例尺均相等，而航摄像片由于具有中心投影性质,像片倾斜和地形起伏都会引起大小不等的像点位移。因此,严格地讲,航摄像片上各处的比例尺都不相等,只有当像片倾角为零、地面又绝对平坦时,航摄像片各处的比例尺才会相等,此时像片比例尺等于航摄机主距与相应航高之比:

$$\frac{1}{m}=\frac{f}{H} \tag{1-6}$$

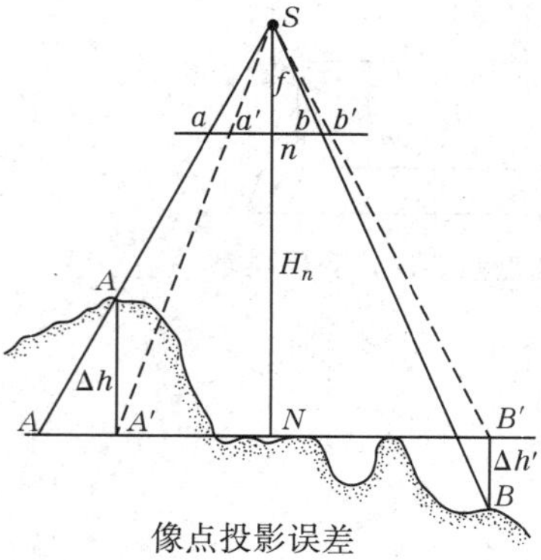

图 1-11　投影差示意

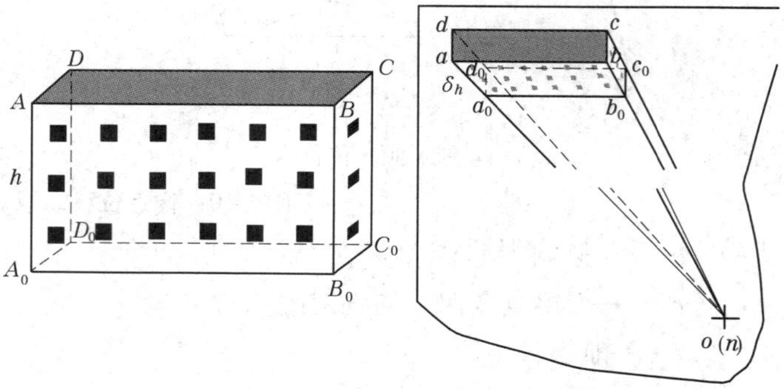

图 1-12　利用投影差确定房基脚位置

虽然从理论上讲航摄像片不可能有统一的准确比例尺,但当像片倾斜角很小,地面起伏不大(或局部相对高差不大)时,计算像片的平均比例尺或局部范围的像片比例尺仍有重要的应用价值。此时,由于像片比例尺变化引起的误差还能满足测图或像片判读的精度要求。

在像片判读中常应用像片比例尺计算出某些结果来判定地物的大小、形状或地物之间的关系和其他性质。在补测新增地物时也需要用像片比例尺进行实地量测距离与像片上相应长度之间的换算,以确定新增地物的位置。

在平坦地区可采用大致对称于像主点且互相垂直的两条线段求算像片平均比例尺;在起伏较大的地区,可在地形变化不大的局部范围求算像片比例尺或采用计算绝对航高的办法求算局部范围的像片比例尺。这些内容将在第五章中详细讲述。

(二)航摄像对的立体观察

航摄像对的立体观察与量测是航空摄影测量的理论基础。观察单张航空像片地面物体的构像没有远近高低之分,这种观察称为平面观察。如果采用具有一定重叠度的两张航摄像片(称为立体像对)进行立体观察,观察者就会产生强烈的空间感觉,地面的起伏形态和地物的高低层次都十分清楚。对地物尤其是突出于地面的地物,如房屋、烟囱、水塔、土堆、窑等进行判读十分有利。

在立体观察时,如果两张像片按不同的位置摆放会产生不同的立体效应,一般可分为正立体、反立体和零立体三种情况。将两张像片的重叠部分向内安放所观察到的立体效应称为正立体,这时立体模型与摄影地面完全相似,无论是航向或旁向都可以在像对重叠部分建立立体模型。正立体是进行立体观察的主要方式。如果将两张像片重叠部分向外安放,在立体观察时,与正立体比较恰好得到与地面高低起伏位置相反的效果,河谷突起,高山下陷,这种现象称为反立体。由于人们的视觉习惯,对沟谷、洼地特别是狭长细小的负向地貌进行反立体观察会感到立体效果更好,更有利于进行准确的判读。

在正常观察立体的情况下,如果将两张像片按同一方向分别旋转 90°,此时左右视差为零，观察者所见到的立体为一平面影像，这种效果称为零立体。观察零立体虽无纵深感觉，但由于两张像片影像的细部产生互补作用，观察者会感到比观察单张像片的影像更加清楚。因此，零立体可用于地物的转绘和同名像点的转刺。

用肉眼直接观察立体的方法，在像片判读特别是进行野外像片判读时十分方便。掌握肉眼直接看立体这项技能的关键是要改变平常看物体的视觉习惯。观察立体像对时要求每只眼睛各看一张像片，然后将视线沿所注视的同名像点向前延伸，使同名像点的影像在延长线上相交(即重和)在一起，当同名像点重合时观察者便会产生立体感觉。图 1-13 是一个正反立体效应图片，供大家练习肉眼看立体。

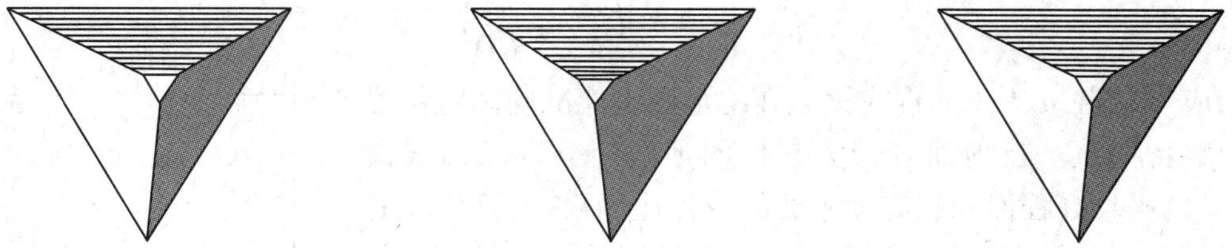

(a)正立体　　(b)反立体

图 1-13　正反立体效应

练习肉眼看立体可在立体像对的两张像片之间竖放一张纸片，人为地将两只眼睛的视线分开(即分像)，迫使每只眼睛只能看到一张像片的影像；同时，同名像点之间的距离应小于眼基线长；经反复练习，在看好立体后同名像点之间的距离可适当加大。

肉眼直接看到的立体不具有放大作用，对细部的观察不如用立体镜好；同时，长时间看立体会产生疲劳感觉，这是它的缺点。

(三)航摄像片的量测

1. 量测像点之间的实地距离

在像片判读中有些地物需要进行必要的尺寸注记或需要根据尺寸大小确定地物的性质或类别，在室内判读条件下有些地物的判读更直接依赖于尺寸的量测。在平面上量测像点之间的实地距离可按下式计算：

$$D = dM$$

式中　D——像点之间的实地距离；

d——像片上像点之间的长度；

M——像片比例尺分母。

显然 d 可在像片上准确量出，关键是如何确定 M。在本教材后面将介绍在实地测定像片比例尺的方法，显然这些方法不适合室内判读条件，下面介绍适合于室内判读条件的两种方法：

(1)利用像主点的航高确定像片比例尺。

根据摄影曝光瞬间记录的摄影中心至像主点附近地面的航高，像片像主点附近地面的像片比例尺可以简单求得，即$\frac{1}{m}=\frac{f}{H}$。由于目前测定航高的精度比较高，因此用它来计算像片比例尺完全可以满足像片判读量测某些地物尺寸的要求。如果地面平坦，像片的倾斜角不大，此方法确定的像片比例尺可代替像片平均比例尺。

如果地面起伏较大，需要量测地物所在位置的像片比例尺，这时可在地形图上较精确地标定像主点和需要量测的地物点的位置，从图上判定像主点和地物点之间的高差，从而计算出地物点处的相对航高，计算地物点处的像片比例尺。

（2）利用地形图计算像片比例尺。

平坦地区可直接根据像片上某线段的量测值与地形图上量得的相应线段的实际长度之比来确定像片比例尺。如图 1-14 所示，在像片上选择大致对称于像主点且相互垂直的两条线段 ab、cd，同时精确量取线段的长度，然后在地形图上判出相应线段的准确位置并量算出相对应的实地距离 AB、CD，则像片比例尺：

$$\frac{1}{M} = \frac{1}{2}\left(\frac{ab}{AB} + \frac{cd}{CD}\right) \tag{1-7}$$

应当指出：a、b、c、d 都应该是在地形图上能准确确定位置的地物特征点。在地面有较大起伏的地区应分别求出线段 ab、cd 的平均高程面和相应高程面的像片比例尺，计算像片的绝对航高，然后利用绝对航高计算需要量测的地物附近的像片比例尺。

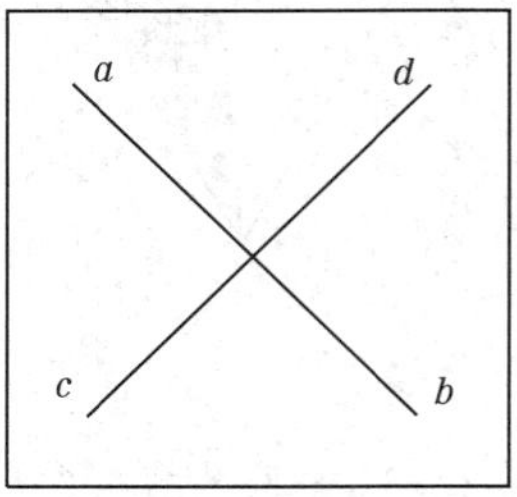

图 1-14　利用两条垂直线段求比例尺

其计算方法如下：

①计算线段 ab 在 A、B 平均高程面上的比例尺：

$$\frac{1}{m_1} = \frac{ab}{AB} = \frac{f}{H_1} \tag{1-8}$$

②计算线段 cd 在 C、D 平均高程面上的比例尺：

$$\frac{1}{m_2} = \frac{cd}{CD} = \frac{f}{H_2} \tag{1-9}$$

式中　ab、cd——像片上量测的长度；

AB、CD——地形图上量测所得相应线段的实地距离；

f——航摄仪主距。

所以，由上式可分别算出相对于平均高程面的航高：$H_1 = m_1 f$；$H_2 = m_2 f$。

③设 A、B、C、D 在地形图上所查取的高程分别为 A_A、A_B、A_C、A_D，则由地面点 A、B、C、D 可分别计算出平均高程面的高程：

$$A_1 = \frac{1}{2}(A_A + A_B)$$

$$A_2 = \frac{1}{2}(A_C + A_D)$$

④像片的绝对航高可由下式计算：

$$H_0 = \frac{1}{2}[(H_1 + A_1) + (H_2 + A_2)]$$

⑤像片上任意位置地物点处的像片比例尺：

$$\frac{1}{m_i} = \frac{f}{H_0 - A_i} \tag{1-10}$$

式中　A_i——在地形图上量取的地物点处的高程。

2. 量测地物高度

在像片判读中可采用简易的视差量测工具，在中心投影的航摄像片上立体量测近似的左右视差较，计算某些突出于地面的地物的概略高度，作为判定地物性质的参考数据。

第四节　航测成图方法的选择

地形类别是指对地表形态所规定的分类标准和分类名称。制定这些规定是为了便于根据不同地形类别确定不同的成图精度要求。

根据地形类别划分规定可以看出，高差和坡度既有联系又有区别，当地面为等倾斜情况时，坡度与高差一致，但实际情况往往比较复杂，如石山地区，按高差属丘陵地，但坡度很大，高程测量精度只能达到山地要求，黄土高原的冲沟也有类似情况。也就是说，测绘等高线的精度与地面坡度有更密切的关系，划分地形类别时应以地面倾斜角为主。

地形类别是根据用图部门对不同地形条件下测制地形图的精度要求划分的，因此地形类别不同对成图精度要求也不同。例如，1∶10 000 成图，规范要求等高线对最近的野外高程控制点的高程中误差：平地、丘陵地、山地、高山地分别不超过 0.5 m、1.5 m、3 m、6 m。地形类别不同，对相应的加密点、高程注记点、等高线的高程精度要求也不一样。由此可以看出，地形类别的划分实质上是成图精度的划分，而不同的成图精度又要求有与之相适应的成图方法和测图仪器，它们之间有着十分密切的关系。

成图方法主要根据地形类别和成图精度的不同要求进行选择，一般情况下，平坦地区采用综合法成图，起伏地区采用立测法成图。如果用图单位对成图精度的要求与地形类别不相适应，则应以成图精度为准，根据实际情况选择成图方法，尽量满足用图单位需要。就成图精度而言，一般可以认为，综合法的成图精度较高，立测法的成图精度则与系统和像点量测精度有关。

立测法已从过去的模拟仪器测图发展到目前的数字摄影测量系统测图，数字摄影测量系统测图由于精度高，适应性强，操作方便，在实际生产中已占主导地位。其适用于各种地形类别，也适用于多种比例尺地形图测图。因此，以往划分成图方法的概念已有所突破。

成图方法除根据地形类别和成图精度进行选择外，还必须从航摄资料、仪器设备、图纸用途、用图时间、生产成本、任务衔接与平衡等实际情况出发进行选择。

复习题

1. 与常规地形测量比较，航空摄影测量有哪些优点？是否也有不足之处？
2. 试述航空摄影测量和常规地形测量之间的主要区别和联系。
3. 在航空摄影测量中常用到的地形测量知识有哪些？
4. 什么是综合法成图？什么是立测法成图？
5. 航测成图对航摄像片摄影质量和飞行质量有哪些要求？
6. 航摄像片的现势性对航外测量有何影响？
7. 什么叫像片重叠？何谓航向重叠、旁向重叠、三片重叠、六片重叠？
8. 什么是重叠度？像片重叠度如何计算？检查像片重叠度时应注意什么问题？
9. 什么是航摄漏洞、相对漏洞、绝对漏洞？
10. 什么是航线弯曲？航线弯曲度如何计算？什么是旋偏角？旋偏角有什么影响？

11. 航测成图对大地点成果的精度有什么要求？为什么目前我国大地点成果的精度能满足 1∶10 000 航测成图的要求？

12. 航测成图对大地点分布密度有什么要求？大地点密度不够会有什么影响？如何补救？

13. 地面上的点、线在航摄像片上构像有哪些规律？

14. 像片倾斜引起的像点位移有哪些规律？这些规律应用于外业测定像片比例尺时有什么作用？

15. 什么是投影差？投影差在外业调绘中有什么影响？

16. 航摄像片比例尺在像片判读中有什么作用？

17. 立体判读的方法用于判读哪些地物最有利？

18. 立体观察时，由于两张像片摆放的位置不同会产生哪些不同的立体效应？正立体效应在像片判读中有什么作用？肉眼看立体有什么优点和缺点？如何练习肉眼看立体？

19. 在中心投影的像片上量测像点之间的实地距离有哪几种方法？试述量测的基本原理。

20. 什么是航摄像片影像的反差？影像反差过大或过小对像片判读有何影响？

21. 我国的地形类别是如何划分的？划分地形类别有什么作用？

22. 选择成图方法的一般原则是什么？其他应考虑的因素有哪些？

第二章　影像判读

第一节　概　述

一、影像判读概念

影像判读是进行像片控制选点和像片调绘的基础，即进行这些工作必须首先掌握根据影像对相应地物的辨认定性和定位。可以说，影像判读是进行像片控制选点和像片调绘工作的一项基本技术。但影像判读绝不仅仅用于航测成图中的像片调绘，在众多学科领域和军事上，它还有更重要、更广泛的用途。

根据地物的波谱特性、空间特征、时间特征和成像规律，对提供了丰富地面信息的影像，识别出与影像相应的地物类别、特性和某些要素，或者测算某种数据指标，为地形图测制或为其他专业部门需要提供必要的要素，这一作业过程称为影像判读。

影像判读所指的像片不只是航摄像片，也可以是航天像片、地面摄影像片或其他特殊摄影像片，既可以是黑白像片，也可以是彩色像片、红外像片、多光谱像片、微波像片等。

二、判读分类

（一）根据判读的目的分类

根据判读的目的不同，影像判读可分为地形判读和专业判读。地形判读主要是指航空摄影测量在测制地形图过程中所进行的判读，其判读目的是通过像片影像获取测图所需要的各类地形要素。专业判读是为解决某些部门专业需要所进行的带有选择性的判读，其判读目的是通过像片影像获取本专业所需的各类要素。

（二）根据判读的方法分类

根据判读的方法不同，影像判读又可分为目视判读和电子计算机判读。

1. 目视判读

目视判读是指判读人员主要依靠自身的知识和经验及所掌握的其他资料与观察设备，在室内或者与实地对照去识别像片影像的过程。

目视判读又可进一步分为野外判读和室内判读。

1）野外判读

野外判读就是把像片带到所摄地区，主要根据实地地物、地貌的分布状况和各种特征，与像片影像相对照进行识别的方法，即在实地识别出像片影像所表示的地物、地貌元素的性质和范围等，常用于完成像片控制点的刺点和像片调绘工作。在很长时间内航测成图中的像片调绘工作都是采取这种判读方式。它的优点是判读方法简单，易于掌握，判读效果稳定可靠；缺点是野外工作量大，效率低。在目前条件下，野外判读在生产中仍占有十分重要的地位。

2)室内判读

室内判读主要是根据物体在像片上的成像规律和可供判读的各种影像特征及可能收集到的各种信息资料,采取平面、立体观察和影像放大、图像处理等技术,并与野外调绘的“典型样片”比较,进行推理分析,脱离实地所进行的判读。

(1)进行室内判读应充分利用以下资料:

①判读的辅助资料。收集和利用各种专业有关资料,是判读过程中必不可少的内容。判读前应充分收集有关的数据和信息资料,例如从农、林、城建、环保、交通、电力、行政管理、地名办公室等部门收集各种图表和文字说明资料。

②判读样片。由于各种不同地区所含的地物信息十分丰富、复杂,在判读过程中,常常必须借助于判读样片进行对比来认识各种地物、地貌。

(2)室内像片的判读方法。一般要先了解像片比例尺和摄影的时间、季节,然后利用地物在像片上的形状、大小、色调、阴影、相关位置等判读特征,综合分析来识别地物、地貌。如像片比例尺确定地物的大小、位置;摄影季节对水系的判读,对植被的调绘;摄影时间对正确利用阴影特征等均有很大帮助。像片判读一般应遵循从全面到局部、从大到小、从已知到未知、从易到难、循序渐进的原则。判读中对地物的分析和推理方法可归纳为如下几条:

①直判法。对像片上呈现的某些特征明确的影像,通过直接观察确定其性质,用直判法直接判读地物,主要取决于判读员的经验和对地物特征的了解。

②对比法。是将像片上待判别的影像与已知地物影像或标准航片上的影像进行比较,以判定该地物的性质。标准航空像片是预先选定的典型样片,像片上地物性质是已知的。

③邻比法。在同一张像片或同一地段像片上,比较各种地物的特点,以确定影像的内容。

④推理法。利用各种地物的特点和相互之间的关系,以推理和逻辑方法进行判读,推理法判读一般主要考虑地物存在的条件和位置及相互关系、人类活动的规律及自然运动的规律等内容。

此外,地物的数据特征是可以通过仪器量测计算求得的。例如,用立体量测仪或立体镜及视差杆等简单仪器可以量测物体的高差,利用密度计可以测定地物色调、反差等,这些措施都有利于对像片的判读。

室内判读的主要优点是能充分利用像片影像信息,发挥已有的各种图件资料、仪器设备的作用,减少野外工作量,改善工作环境,提高工作效率。毫无疑问,室内判读是发展方向,但室内判读对判读人员自身的素质要求较高,判读的准确率只能达到85%左右。因此,室内判读还必须和野外判读结合起来,这就是所谓的室内外综合判读法。

2. 电子计算机判读

电子计算机判读又称为电子计算机模式识别(pattern recognition)。它是借助于电子计算机对图形和影像进行处理、分析和理解,以识别各种模式的目标和对象的技术,也就是根据识别对象的某些特征,对识别对象进行自动分类和判定。显然,电子计算机判读也是室内判读。

目前,像片判读的主要方法是目视判读,本章重点介绍这种判读的方法和特点。

第二节 地面目标在航摄像片上的判读特征

航摄像片是由空中沿着与地面近似垂直方向进行摄影所取得的。像片影像所记录的是地物顶部和部分侧面(突出于地面的物体)的图形,加之像片影像与实际地物之间的比例相差很大,影像比实际地物小几千倍甚至几万倍,如果用通常的习惯去看像片,以像片影像去识别地物就比较困难。因此,为了在航摄像片上根据影像识别地物,必须熟悉地面物体在像片上构像的各种特征,如形状、大小、色调、阴影、相关位置、纹理、图案结构、色彩、活动等特征,这些特征又称为地面目标影像的判读特征。

一、形状特征

形状是指物体外轮廓所包围的空间形态。航摄像片上地面物体的形状是物体的俯视图形。根据形状特征识别地物应注意以下问题:

(1)由于航摄像片倾斜角很小,在平地不突出于地面的物体,如运动场、稻田等在像片上影像的形状与实际地物的形状基本相似,如图 2-1 所示。

图 2-1 平地平面地物影像立体像对

(2)突出于地面的物体位于倾斜坡面上,如山坡上的地物,由于投影差的影响,使面向主点的倾斜面及其地物被拉长;背向主点的倾斜面及其地物被压短;位于其他方向的倾斜面及其地物也将根据投影差的变化规律而产生不同情况的变形,见图 2-2。突出于地面而具

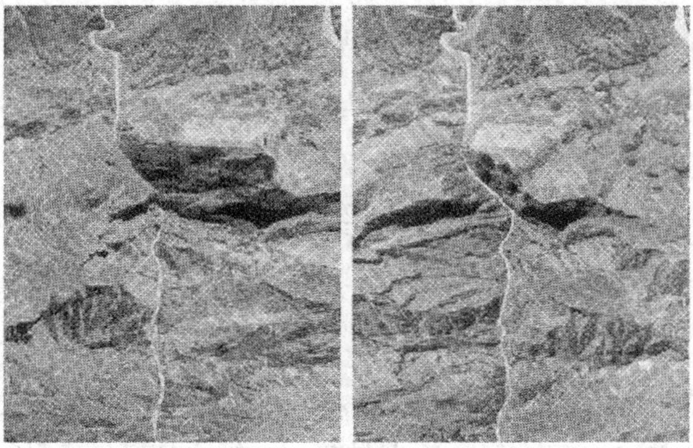

图 2-2 山坡变形立体像对影像

有一定空间高度的物体,如烟囱、水塔等,由于受投影差的影响,其构像形状随地物在像片上所处的位置而变化,见图2-3。地物位于像主(底)点附近,不论空间高度如何,在像片上的构像都是地物顶部的正射投影图形,如图2-3中①所示;地物位于像主(底)点以外,在像片上的构像由顶部图形和侧面图形两部分组成,顶部图形产生变形(对于较小的地物这种变形不明显),面向像主点的侧面则随离开像主点的距离大小而变化:离开像主点的距离越大构像越大,且地物顶部的构像总是朝着离开像主点的方向移位,如图2-3中②、③所示。

(3)由于像片比例较小,某些小地物的构像形状变得比较简单,甚至消失,如长方形的小水池其构像变成一个小圆点,这时就不能从形状上去识别地物了。

(4)同一地物在相邻像片上的构像由于投影差的大小、方向不同,其形状也不一样。

(5)对于突出于地面的物体,通过立体观察可以看到物体的空间形状,从更有利的空间状态去识别地物。

一般情况下,地面上地物的形状千差万别,它们在像片上构像的形状也各不相同。地物的形状不仅是描绘地物的重要依据,在一定程度上还能反映出地物的某些性质。因此,形状特征是判读地物的重要标志。

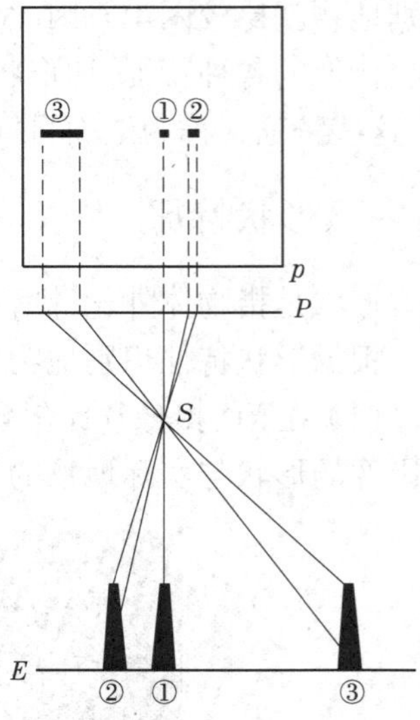

图2-3　高出地面物体的投影差

二、大小特征

大小特征是指地物在像片上构像所表现出的轮廓尺寸。精确量测出地物构像的尺寸,根据像片比例就能计算出地物的实际大小。地面许多地物都可以用大小特征来判定,如体育场与篮球场、公路与小路、大房屋与小房屋、大水库与小池塘等,其大小都有明显区别。

在航摄像片上,平坦地区的地物,与其相应构像之间,由于像片倾角很小,基本上可以认为它们存在着统一的比例关系,即实地大的物体在像片上的构像仍然大;在起伏大的地区,像片上各处的比例尺不一样,因而同样大小的地物,处在高处的比处在低处的在像片上构像要大。

地形图上许多地物必须按规定尺寸分级表示,如依比例尺、不依比例尺和半依比例尺表示的房屋,双线沟渠与单线沟渠,双线冲沟与单线冲沟等,可以简单地量测影像尺寸,根据地物大小进行区分。

应该指出:地物构像尺寸大小不仅取决于地物大小和像片比例尺,还与像片倾斜、地形起伏、地物形状及其亮度等因素有关,与其背景形成较大反差的线状地物,如道路在像片上的构像宽度一般都超过按比例尺计算的实际宽度。

在实际判读中因像片倾斜角一般不大于2°,因此对像片倾角引起的地物大小变化可不予考虑。

三、色调特征

地面物体呈现出各种自然色彩,但在黑白像片上只能见到由黑到白深浅程度不同的物体影像,像片上反映出的这种黑白层次称为色调。一般情况下,不同的地物在像片上就会形成不同的色调。在可见光范围摄影,凡物体本身为深色调,则在像片上的影像色调无疑较深;凡物体本身为浅色调或白色,其影像色调也就较浅。因此,判读人员使用同一地区同一时间获取的像片,相对来讲,色调的变化是可以比较的。千差万别的色调变化反映了地物元素的不同特征,因此影像色调不仅是重要的而且是很有潜力的判读特征。色调的深浅用灰度来表示。为了判读时有一个统一的描述尺度,航空像片的影像色调一般分为10个灰阶,即白、灰白、淡灰、浅灰、灰、暗灰、深灰、淡黑、浅黑、黑。

表2-1所列为物体原色与像片上影像色调之间的近似关系,判读人员在判读时可参考。

表2-1　物体原色与像片上影像色调之间的近似关系

物体原色		像片上影像色调	
彩色物体	消色物体	灰阶	色调
	白	1	白
淡黄	灰白	2	灰白
黄、黄褐色	淡灰	3	淡灰
深黄、橙黄、浅红、淡红	浅灰	4	浅灰
红色、蓝色	灰	5	灰
深红、紫红、淡绿	暗灰	6	暗灰
绿色、紫色	深灰	7	深灰
深绿	淡黑	8	淡黑
墨绿	浅黑	9	浅黑
	黑	10	黑

(一)影响地物影像色调的因素

1. 物体表面的照度

地物表面照度就是指其表面受光量的多少。照度分为直射照度和散射照度。阳光直接投射到物体表面的光量,取决于阳光照射方向与物体表面的角度(入射角)。一般情况下,阳光与地物受光面的角度越大,受光量越大,其影像色调越浅。若为直角,色调发白;反之,受光量越小,色调越暗。当物体表面已无阳光直接照射,而只有散射光,色调就更深。

2. 物体的亮度

人眼感觉到的物体明亮程度称为物体的亮度,越明亮的物体在航摄像片上的构像色调越浅。景物中所有物体的亮度取决于它们所受的照度和对光的反射能力,因此地物对光的反射能力也是决定影像色调的重要因素。其值用亮度系数γ来衡量,亮度系数越大,对光的反射能力越强。表2-2是常见地物的亮度系数。

3. 地物的含水量

对于同样的物体,由于含水量不同,其影像色调不同。因为水能吸收光线,水分越多,吸收光线越多,影像色调就越暗,例如同一块旱地、同一条小路,在干燥时摄影的色调就比潮湿时摄影的色调淡。

4. 摄影季节

不同地区的植被景观随着季节的变迁,会有明显的变化,其影像色调也会有所不同。如我国北方阔叶树在春季时多为浅绿色,夏季时为深绿色,秋季时开始变黄,其影像将分别为浅灰、深灰、灰白色调。

表 2-2　常见地物的亮度系数

地物名称	亮度系数 γ	地物名称	亮度系数 γ
绿色草地	0.06～0.07	干燥的沙土壤	0.13
绿色的庄稼	0.055	潮湿的沙土壤	0.06
成熟的黄色庄稼	0.15	干燥的土壤	0.15
收割后的田地	0.10	潮湿的土壤	0.06
针叶树林	0.04	干燥的公路面	0.32
夏季阔叶树林	0.05	潮湿的公路面	0.11
秋季黄色阔叶树林	0.15	干燥的圆石路面	0.20
成熟的黄色庄稼	0.34	潮湿的圆石路面	0.07
雪地	0.9～1.0	红砖	0.20

注：成熟的黄色庄稼在垂直方向时 γ 值为 0.15，在倾斜方向时 γ 值为 0.34。

5. 地物表面粗糙程度

地面物体按其表面的粗糙程度分为平滑和粗糙两种表面。物体表面的情况决定着光的反射性质。平滑的表面反射光线的方向性很强，主要产生镜面反射，其影像色调与摄影机所处的位置和所接收的反射光线多少有关。如果反射光线恰好对准摄影机镜头，地物在像片上的影像呈亮白色；如果不是这种情况，地物在像片上构像的色调则为暗色调。粗糙的表面则产生漫反射，此时地物在像片上构像的色调与摄影机镜头位置无关，主要取决于地物自身的亮度系数。

（二）水域的色调特征

水域在像片上构像的色调情况比较复杂，它不仅与水的深浅、水底物质性质有关，还与摄影机与水面的相对位置有关（水对光线的反射方向），也与水中悬浮物的性质、悬浮物多少、颗粒大小等因素有关。图 2-4 为不同情况下水的成像色调。

四、阴影特征

高出地面的物体在阳光照射下进行摄影时，在像片上会形成三部分影像，如图 2-5（a）所示。图 2-5（a）中 A 是受阳光直接照射的部分，由其自身的色调形成的影像；图中 B 未受阳光直接照射，但有较强的散射光照射所形成的影像，称为本影；图中 C 由于建筑物的遮挡，阳光不能直接照射到地面，而只有微弱散射光照射，在建筑物背后的地面上所形成的阴暗区，即建筑物的影子，称为阴影或落影。

图 2-5（b）为航摄像片上建筑物阴影的构像。像片判读时阴影反映了地物的侧面形状，阴影和本影有助于增强立体感，对突出于地面的物体有重要的判读意义。特别是对于俯视面积较小而空间高度较大的独立地物，如烟囱、水塔、井架等，仅根据它们顶部的构像形状是很难识别的，利用阴影进行判读则十分容易，而且可以确定其准确位置。

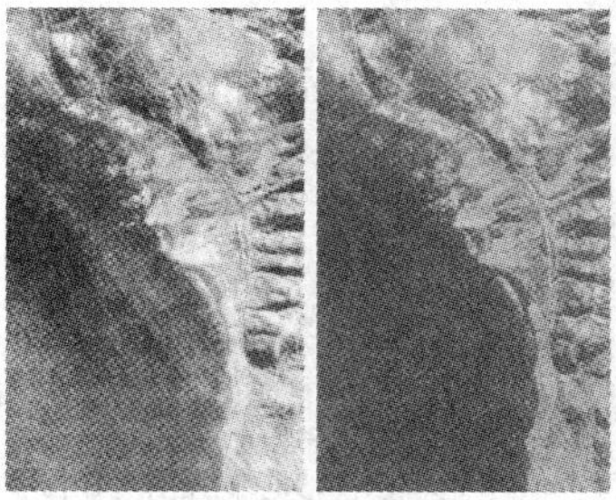

(a)清澈浅水区水底地形立体影像

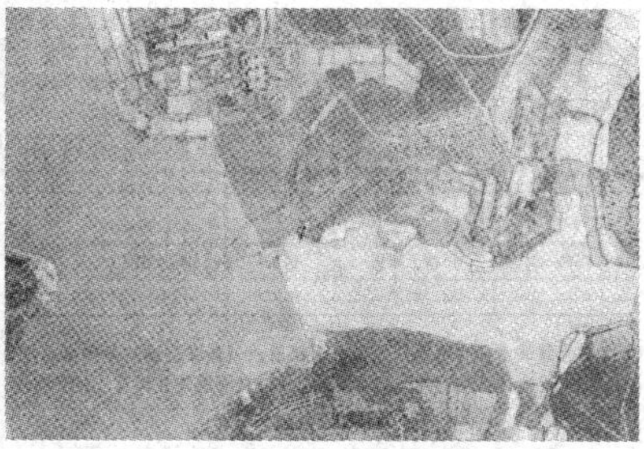

(b)水体含沙量不同影像色调不同

(c)水面反射光进入镜头时的影像

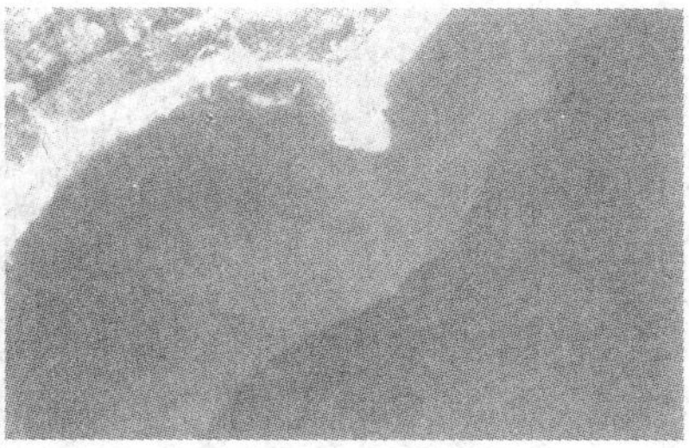

(d)水域不同深浅的影像

图 2-4　不同情况下水的成像色调

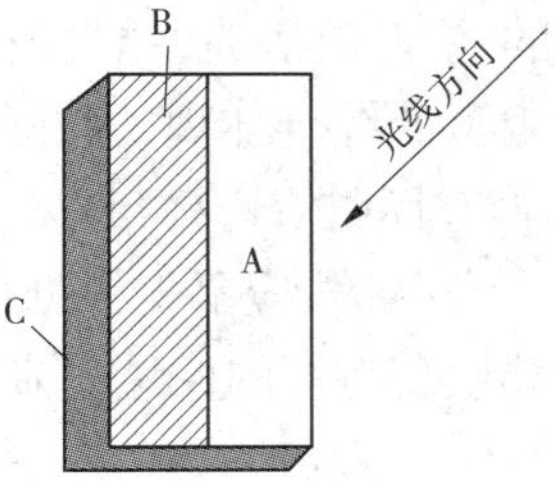

(a)

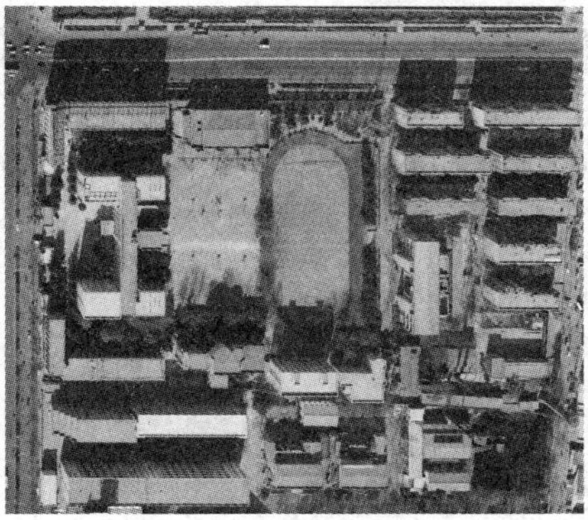

(b)

图 2-5　阴影构像特征

应当注意，在同一张像片上阴影具有方向一致的特点；在相邻像片上如果不是航区分界线（或不同时间补飞的航摄像片），阴影的方向也基本保持不变。突出于地面的物体在像片上的构像方向则与物体在像片上的位置有关，如图 2-6所示。一般情况下阴影与构像成一定角度相交；当阴影与地物构像方向一致时，则阴影与地物构像重叠。

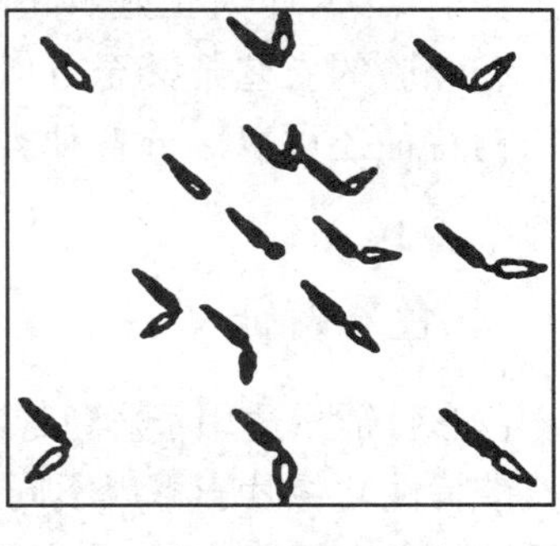

图 2-6　阴影方向一致特征

利用阴影特征进行判读时，一般情况下不能以阴影的大小作为判定地物大小或高低的标准。因为物体阴影的大小不仅与物体自身形状大小有关，同时还与阳光照射的角度和地面坡度有关。阳光入射的角度大，阴影小；反之则大。在其他条件相同的情况下，地面坡度大，阴影大；反之则小。

在像片判读时阴影也有不利的方面。由于阴影色调较深，使处在阴影中的地物变得模糊不清，甚至完全被遮盖，从而给判读带来困难或错误。

五、相关位置特征（位置布局特征）

相关位置特征是地物的环境位置、空间位置配置关系在像片上的反映。一种地物的产生、存在和发展总是与其他地物互相联系、互相依存、相互制约，地物之间的这种相关性质称为相关特征。以此为基础进行推理分析，就可以解释一些难以判读的影像，例如：铁路、公路与小溪、沟谷的交叉处一般总是有桥梁或涵洞；采石场与石灰窑，学校与运动场，铁路与火车站，火车站与站房、站台、信号灯等都有不可分割的联系。若由一种地物识别出来另一种地物，根据它们之间的联系规律就比较容易判定。

在像片判读时像片上总有些地物可以直接识别出来，利用这些已经识别的地物，根据它们和周围地物的关系就可以找到某些影像不清或构像很小、不易发现的重要地物，从而判定它们的位置和性质。例如，草原、沙漠中发现有几条小路通向同一个点状地物，就判定这里可能有水源。

六、纹理特征

细小的地物，如一根草、一株棉、一颗树在航摄像片上很难成像或即使成像也没有明显的形状可供判读，但成片分部的细小地物在像片上成像可以造成有规律的重复，使影像在平滑程度、颗粒大小、色调深浅、花纹变化等方面表示出明显的规律，这就是纹理特征。纹理特征是地物成群分布时的形状、大小、性质、阴影、分布密度等因素的综合体现，因此每一种地物都有自己独特的纹理特征。利用纹理特征可以区分阔叶树林与针叶林，树林与草地，稻田与棉花地，菜地与旱地，树林与灌木林、竹林等。利用纹理特征进行判读时，应事先根据样片和所收集的其他资料，熟悉各种地物的纹理情况。图 2-7 为表现地物纹理特征的像片立体影像。

七、图案结构特征

如果说纹理特征是指地物成群分布时无规律的积聚所表现出的群体特征，那么地物有规律的分布所表现出的群体特征就称为图案结构特征。例如，经济林与树林都是由众多的树木组成的，但它们的空间排列形状有明显差别，天然生长的树林的分布状况是自然选择的结果，而人工栽种的经济林则是经过人工规划的，其行距、株距都有一定的尺寸。有经验的农艺师甚至可以根据图案结构的微小差异区分各种经济林的性质，利用图案结构特征还可以区分各种类型的沙地、居民地等地物。图 2-8 是图案结构特征的像片影像。

八、色彩特征

色彩特征只适用于彩色像片。在彩色像片上各种不同物体反射不同波长的能量（地物的波谱特性），像片影像以不同颜色反映物体特征。判读时不仅可以从彩色色调而且可以从不同颜色去区分地物，因此具有更好的判读效果。但由于在高空摄影的天然彩色像片效果较差，成本也较高，故在地物判读中很少使用。

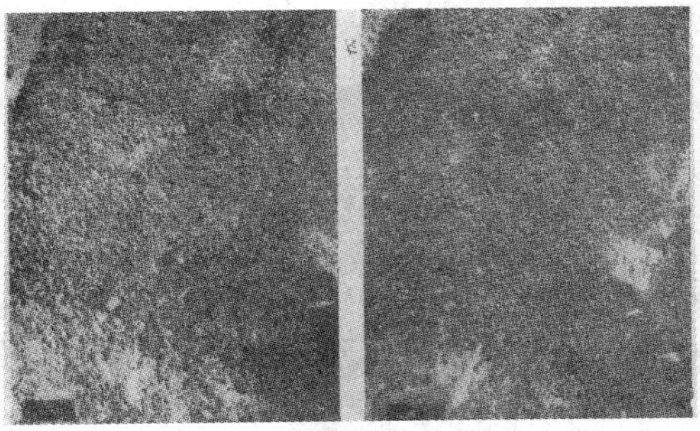

(a)阔叶林

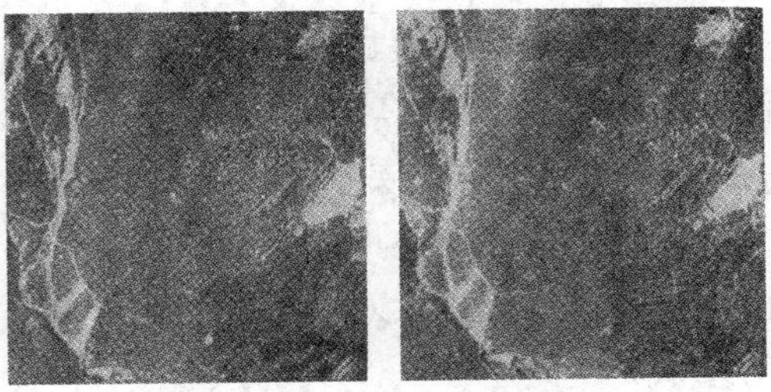

(b)坟地

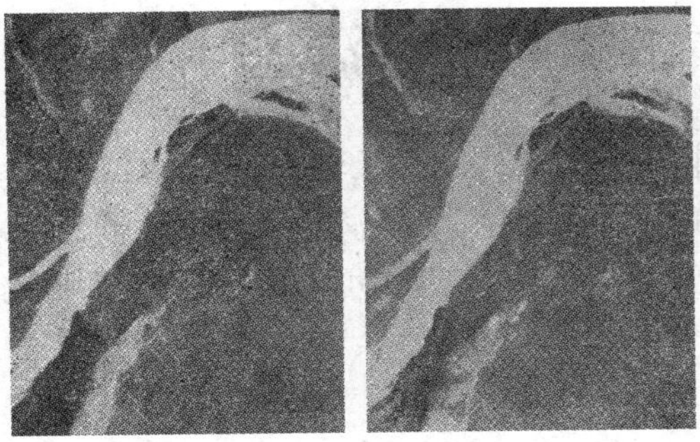

(c)草地

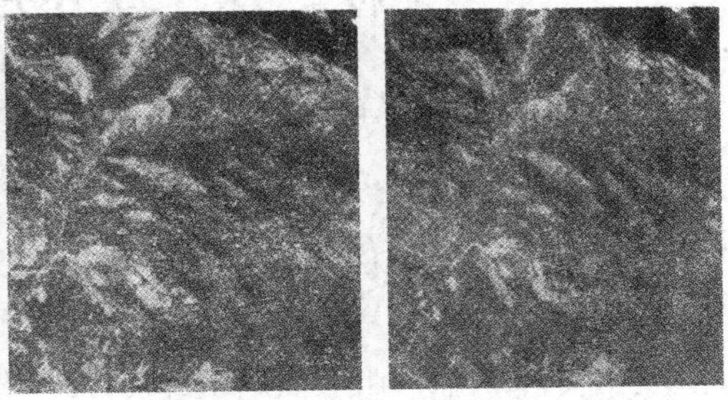

(d)灌木林

(e)菜地

(f)旱地

图 2-7　地物纹理特征的像片立体影像

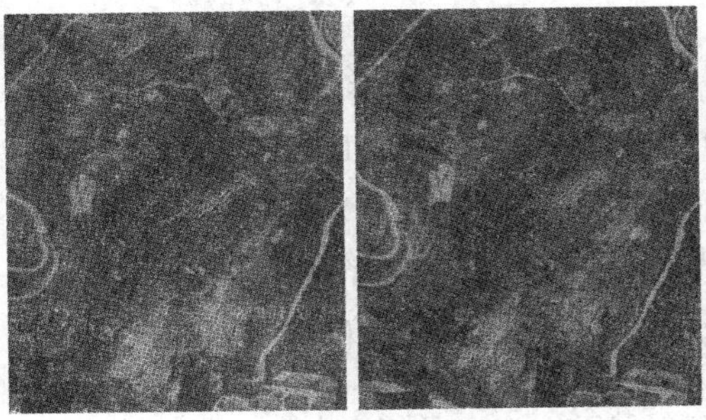

(a)山坡上的柑橘种植地

(b)果树种植地

图 2-8　图案结构特征的像片影像

九、活动特征

活动特征是指判读目标的活动所形成的征候在像片上的反映。工厂生产时烟囱排烟、大河流中船舶行驶时的浪花、坦克在地面活动后留下的履带痕迹、污水向河流中的排放量等，都是目标活动的征候，是判读的重要依据。

对地物进行判读不可能只用一种特征，只有根据实际情况综合运用上述各种判读特征才能取得较满意的判读效果。应当指出，只有具备丰富的经验和渊博的知识才能表现出较高的判读水平。

第三节 野外判读的经验和方法

到实地判读时，对于初学者最好选择地物比较简单、像片比例尺较大的航摄像片进行练习。因为像片比例尺大，判读特征在像片上就表现得比较明显；地物简单，判读比较容易，对掌握基本判读方法有利。以后像片比例尺可以逐步由大到小，地物可由简到繁，逐渐提高判读技术。

一、选好判读时的站立位置

判读时，判读人员要选好立足点，选在易判的明显地物点上，尽可能站在判读范围内比较高的地方。这样，看到的范围大，总貌特征比较明显，容易确定像片方位和自己在像片上所处的位置。当目标不易判定时，不要停在一个点上，要及时变动位置，从不同角度判读目标。

二、确定像片方位

确定像片方位就是将像片的方向与实地的方位联系起来，使它们基本一致，这也叫像片定向。像片定向时，首先要判读出判读人员所在的位置，然后与周围明显突出的目标相对照，旋转像片，使之与实地方位一致，易于找到对应关系。像片定向后再进行详细的判读就比较容易了。

三、判读地物、地貌元素

像片判读最终的目的是判读航测成图所需要的地物、地貌元素，在像片定向后即可进行。此时应注意掌握“由远到近、由易到难、由总貌到碎部（由大到小）、逐步推移”的方法，先判明显地物，再判不明显地物，寻找判读目标的准确位置。

由远到近：远处范围大，总貌清楚，容易弄清大的明显地物之间的关系，从而迅速地在像片上找到它们的具体位置；近是指靠近判读目标。由远到近就是先判读远处大的明显目标的位置，再推向近处，寻找判读目标的准确位置。

由易到难：就是先抓住容易判定的特征地形，迅速找到它们在像片上的具体位置，作为判读其他地物的突破口，以此为基础，向周围扩展开去，找出较难判定的目标的准确位置。

由总貌到碎部：一个地区、大的河流、村庄、山岭、铁路、公路、森林等主要明显的地物，构成这一地区地形的总貌，总貌描绘了这一地区地形的轮廓，清晰、突出，给人以很深的印象，在像片上也最容易判定。在判定总貌的基础上，再缩小到某一范围去判定某一目标的位置就比较容易了。

逐步推移:这是判读中常使用的方法。假设第一个地物已经判出,则紧靠着第二个地物不难判定;第二个地物已经判出,则紧靠着的第三个地物也就容易判定了。如此逐步推移下去,一定可以准确判出所需要判读的目标。

四、走路过程中的判读

全野外判读,更多的时候是在走路过程中进行的,边走边判读,判读人员应时时掌握自己在像片上的相应位置,随时将判定的地物在像片上标明,并对判读结果采用相关位置特征进行检核,才能收到良好的效果。若是在地物密集的地区,到处都分布着需要判读的目标,这时就应注意采用"看、听、想、记"相结合的方法进行。

看:就是边走边看,留心周围需要判读的目标。一旦发现目标,立即判读、对照、记录。

听:就是用耳朵寻找需要判读的目标,如听见汽车、火车叫就一定有公路或铁路,听见流水声就可能有落差较大的水流或其他水源,听见放炮的爆炸声就可能有采石场或工程施工现场等。

想:就是边走边思索、分析。例如,想一想现在在像片上什么位置?下面该往哪里走?想一想还有什么目标需要判读?是否有遗漏?想一想是否有需要量注数据的地物等?这样才能达到全野外判读的要求,不至于回到家才发现问题,又跑回来补,造成窝工。

记:就是要记住走过地方的特征,判读过的地物的形状、位置、方向等特点。这样,就可以在清绘时检查记录的正确性,修正和补充记录的不足;而实际判读时,许多地物往往不要记录而全凭记忆在清绘时绘出,如铁路、公路、树林、大的桥梁、大面积的旱地、水稻田,甚至比较明显的乡村路、小路等。判读人员应培养自己职业记忆的能力。

五、勤看立体,随时检核

看立体是帮助判读的重要手段,立体模型下的地物显得更清楚、生动,对比感更强。许多从平面影像上难辨认的地物,在立体影像下却很清楚,尤其是对于地形起伏、投影差较大及阴影中的地物和地物繁杂的地区更重要,以防错判。

应当指出,由于地物众多,地形千变万化,判读中出现错判的事时有发生,因此在判读过程中要经常进行检查,从多方面推判,直到确认无误为止。

总之,野外判读是一项复杂、细致、责任重大、技术性很强的工作,要求从事这项工作的专业人员,不但要有很好的技术水平,而且要有优良的思想素质,才能有效地完成这项工作任务。

第四节　各类地形元素的航摄影像判读

航摄像片包含丰富的地表信息,全面反映了所摄地区的真实情况。本节根据航摄像片的影像特征、构像规律,介绍水体、地貌、植被与土壤、居民地与道路等各种元素的辨认与判读方法。

一、水体判读

水体判读的主要依据是影像的色调和形状特征。水体影像的色调深浅变化较大,它与水体深浅、浑浊程度、水面悬浮物以及拍摄瞬间的光照条件有关。

(一)河流判读

在航空像片上,河流常表现为界限明显、自然弯曲、宽窄不一的带状。河流上常有堤坝、桥梁、船舶和码头等人工建筑物,这些均可以作为分析判读河流的辅助依据。平原或高原地区的河流一般弯曲较大,色调暗而均匀。山区河流往往弯曲较小,流速较大,色调相对较浅,特别在急流浅滩处,浪花四溅,就可能出现白或灰白的色调。通过立体观察、直接量测等辅助手段,还可以在航空像片上对河流流向、河宽以及是否通航等情况进行判读。图 2-9 为河流在像片上的构像。

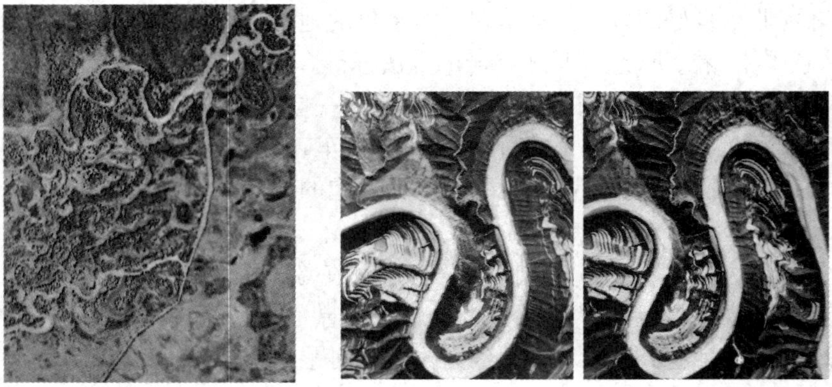

(a)河漫滩河流航摄影像　　(b)深切、河曲河流立体像对

图 2-9　河流在像片上的构像

(二)湖泊判读

湖泊在像片上一般表现为均匀的深色调,其湖岸线呈自然弯曲的闭合曲线,轮廓较为明显。但当湖泊中生有水草和其他植物时,边界一般变得模糊,色调也较紊乱。

二、地貌判读

地貌判读主要运用图形、色调和阴影等判读标志。地貌影像的图形包括平面轮廓、图案以及地表高低起伏的特征。色调和阴影则可以帮助观察分析各种地貌形态,或者地貌的侧面影像及其物质组成方面的信息。各种不同的水系往往与不同的地质构造、岩石类型、地貌类型有关,可以为地貌判读提供依据,所以水系判读是研究地貌及其分析形成原因的一个重要基础。

(一)地貌形态判读

陆地地貌可分为山地、丘陵、盆地、高原、平原等主要类型。这些地貌形态规模较大,分布范围广,一般在小比例尺航空像片,或在像片略图上即可进行判读。

山地、丘陵可以通过阳光下向阳坡与阴坡的亮度值大小、色调深浅的不同进行判读;山峰、山脊、谷地、地形切割程度、山体的坡度大小、山的高低、山体的形态等造成山地影像的色调变化,即可根据影像色调差异变化的快慢及各种影像的反映是否明显等来进行判读;盆地的影像特征是四周被山地、高原或丘陵所围,中间则呈低平的盆状地形,图 2-10 为喀斯特盆地与石峰;平原影像的主要特征是地面平坦,色调均匀,多分布有耕地农田、居民地和道路等;高原是顶面比较平坦的宽阔高地,一般影像色调较浅,且较均匀,高原被沟谷切割的部分影像色调有深有浅(沟谷分布走向不同所致),阴影呈带状,特别是在西北黄土高原地区这种影像特征更为典型。

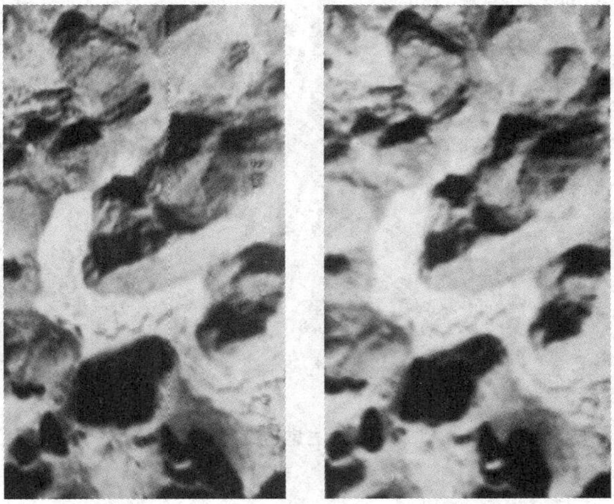

图 2-10 喀斯特盆地与石峰立体像对

(二)流水地貌判读

地表流水是地貌的主要外力作用之一,由于地表流水的侵蚀、搬运和沉积,使地面上形成各种各样的侵蚀沟谷等流水地貌。流水地貌分布广,其影像特征随着气候条件、地域环境、地势高低、植被类型以及人类活动的特点而有所不同。因此,应结合各种地理环境因素进行具体判读和分析。

流水地貌判读的内容有沟谷、河漫滩和阶地、河床、冲积滩和洪积扇等。图 2-11 为冲积扇立体影像。

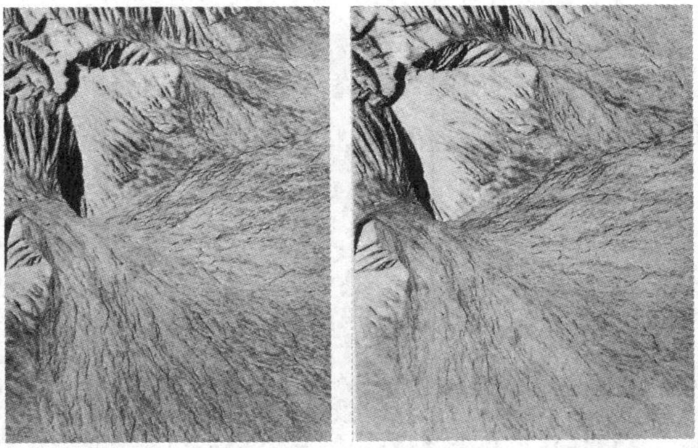

图 2-11 冲积扇立体影像

(三)黄土地貌判读

黄土地貌是指在第四纪堆积的黄土地层上发育的地貌类型。在我国以黄河中游地区黄土高原最为典型。黄土由于质地均匀一致、结构疏松、垂直节理发育等特点,形成了黄土地貌独特的景观,其特点是地形破碎、沟谷密集、形态多样。在航空像片上呈现出一种在均匀浅灰色调上的密集树枝状图案,如图 2-12 所示。

黄土地貌的形态较为特殊,它以沟谷与沟间地为主要地貌形态,沟间地可以从形态上分

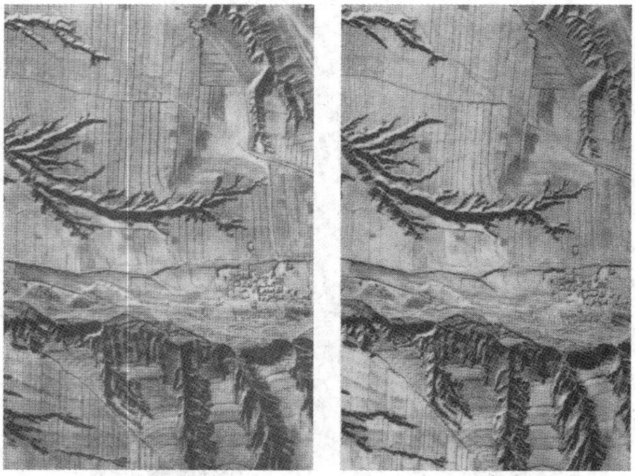

图 2-12 黄土地貌立体像对

为塬、梁、峁等类型。黄土地貌的判读应从黄土地貌独特的形态出发，结合航空像片上影像的色调、阴影及其图案的表现，特别是结合在立体镜下的观察来进行。在黄土斜坡上常挖有可居住的窑洞，村庄成立体型，这也是判读黄土地貌的重要标志。

在判读时，可充分利用小比例尺航片或像片略图，先从整体上阐明沟谷及沟间地的分布、沟谷分布密度及其平面形态等，然后逐步地对单个地貌形态进行研究和分类。

（四）喀斯特地貌判读

喀斯特地貌发育在碳酸盐岩等可溶性岩石广泛分布地区。我国喀斯特地貌分布广泛，以广西、贵州和云南最为普遍。喀斯特地貌的特点是微地貌特别发育，正负地形互相交替，地形显得杂乱无序。在喀斯特地貌区，常有孤峰和峰林、溶蚀漏斗、落水洞、溶蚀洼地、溶蚀盆地、伏流、盲谷等独特的地貌形态。根据影像中分布的各种呈圆形和椭圆形的漏斗，其间填充着色调较浅的松散沉积物，分布的孤峰、峰林和溶蚀洼地等所构成黑白色调交替、杂乱的图案，以及喀斯特地貌常见的伏流和盲谷都是判读喀斯特地貌的重要标志。如图 2-13 所示为喀斯特地貌的立体影像。

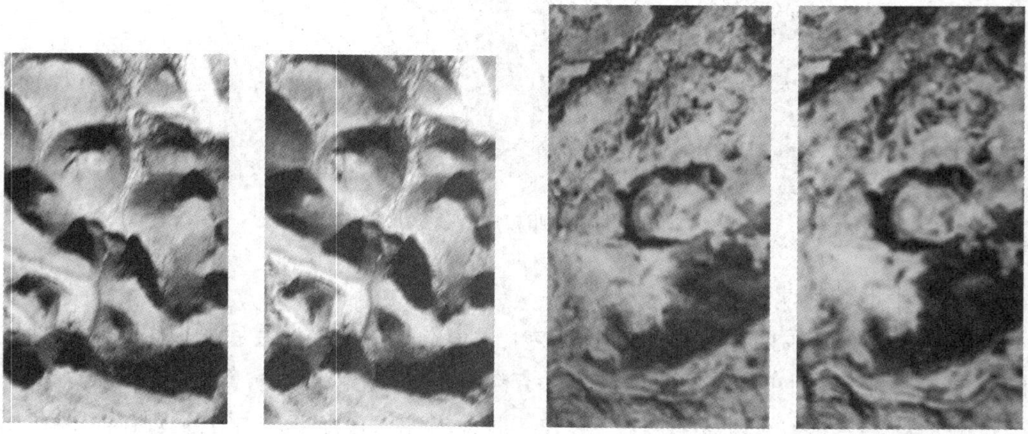

(a)峰林

(b)碟状漏斗

图 2-13 喀斯特地貌的立体影像

(五)风成地貌判读

我国西北地区分布有大片沙漠和砾漠的干旱荒漠区。由于风的侵蚀搬运和堆积形成了地貌类型。砾漠即戈壁滩,其特点是地表比较平坦,几乎完全被砾石和石块所覆盖,居民地很少。所以,在像片上表现为均一的浅色调,夹杂着一些稀疏的蒿草所形成的黑色斑点。

沙漠在像片上也表现为均匀的浅色调。沙漠上多分布着各种类型的沙丘。在判读沙丘时,首先辨认出活动沙丘和固定沙丘。活动沙丘色调浅,峰脊线尖锐、清晰,平面形状比较规则;固定沙丘则生长有植物,色调较暗,峰顶浑圆,平面形态较为紊乱。随着所处的自然条件不同,沙丘又可分为新月形沙丘、金字塔状沙丘、沙垄、穹状沙地、蜂窝状沙丘以及灌草丛沙丘等,如图 2-14 所示。新月形沙丘由单向风造成,其形似新月,向风坡长而缓,背风坡短而

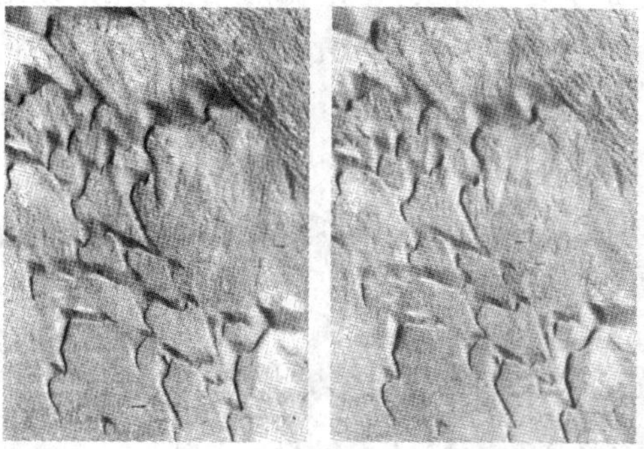

(a)新月形沙丘立体影像

(b)金字塔状沙丘立体影像

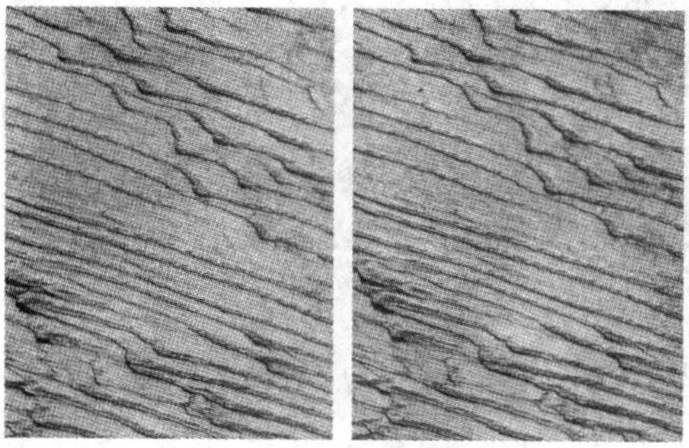

(c)沙垄立体影像

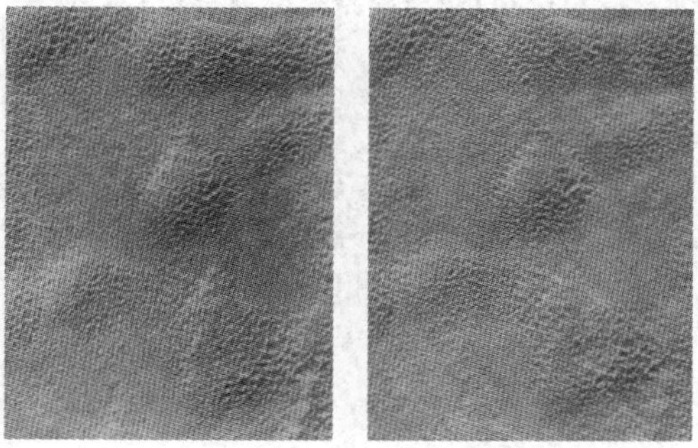

(d)穹状沙地立体影像

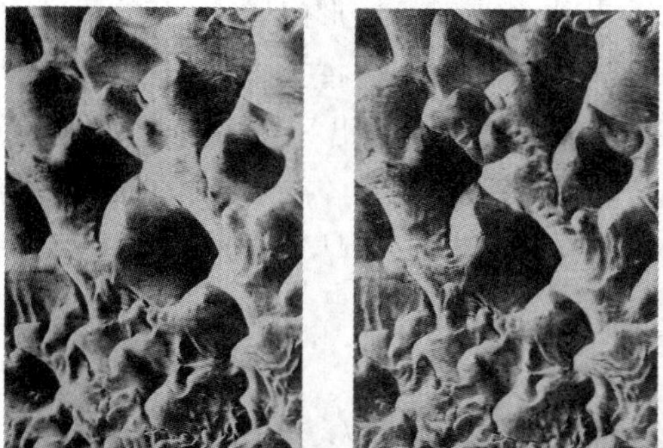

(e)蜂窝状沙丘

(f)灌草丛沙丘

图 2-14　风成地貌

陡，两面不对称，色调也不一致。金字塔状沙丘呈角锥状。蜂窝状沙丘呈盾形或圆形，丘间为碟状洼地，起伏和缓。有时新月形沙丘相互连接而形成横向沙垄，其排列方向垂直于主导风向，而且两坡不对称。纵向沙垄平行于风向，横断面常呈梯形或三角形，往往若干条平行排列。

（六）冰川地貌判读

我国西部的高山地区，广泛分布着现代冰川和冰川地貌，这在航摄像片上可清楚地判读出来。常年积雪和冰川在像片上为白色。现代冰川在像片上可看出移动痕迹。冰川谷的横剖面为U形，谷底缓平而宽阔，谷坡陡。在支冰川注入主冰川时，往往形成悬谷。冰川谷的纵剖面没有河谷那样平缓。当冰川后退以后，冰川谷侧面会形成长垄状冰碛，在冰川终端形成终碛。终碛在像片上容易辨认，常常形成冰碛堤横截主谷成弧形，弧形凸向下游，在终碛后边常有冰碛湖或沼泽化地区。冰斗出现在冰川上游的雪线附近，是冰雪挖蚀洼地，其特点是三面陡崖峭壁，只有一个开口朝向冰川下游。在冰斗与冰斗之间往往形成锯齿状山脊和角峰。冰川地貌的这些特征，一般在立体镜下观察得很清楚，如图2-15所示。

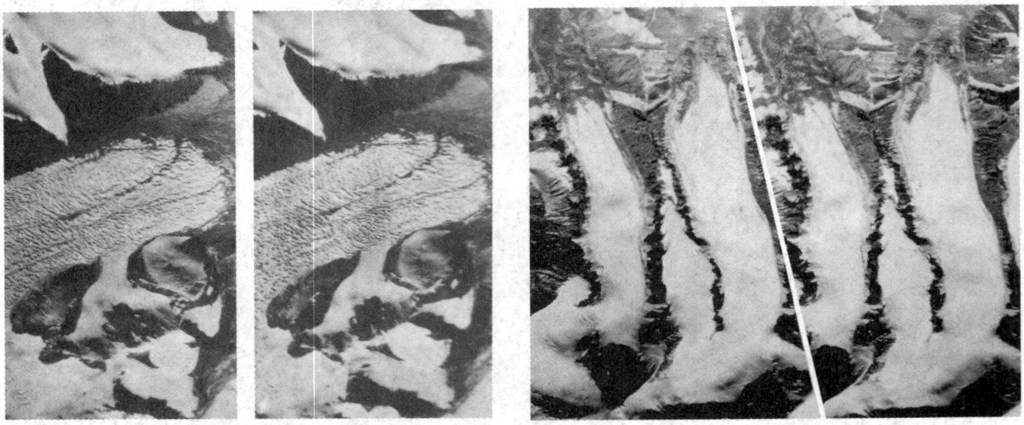

(a)冰川舌　　(b)支冰川

图2-15　冰川地貌立体影像

（七）火山地貌判读

火山是由熔岩或火山碎屑岩构成的锥状地形，其影像一般呈锥形山体，具有放射状水系或冲沟。年青火山能保持完整的火山口，有时积水形成火山口湖。古火山经长期侵蚀破坏，一般仍能表现出残留的环状山形的影像，如图2-16所示。火山常沿一定方向成群出现，反映了断裂的延伸方向。火山喷出熔岩形成的熔岩台地，色调比较均匀。色调的深浅多与熔岩性质有关，酸性熔岩台地色调较浅，表面多为崎岖的渣块状；基性熔岩台地色调较深，表面光滑，有时由绳状流动构造。

三、植被和土壤判读

（一）植被判读

植被判读中，形状、色调、大小、阴影及图案等是主要的判读标志。由于植被是随季节而变化的，所以判读标志也是变化的和不稳定的。就以植被的色调来说，随着季节的不同，色

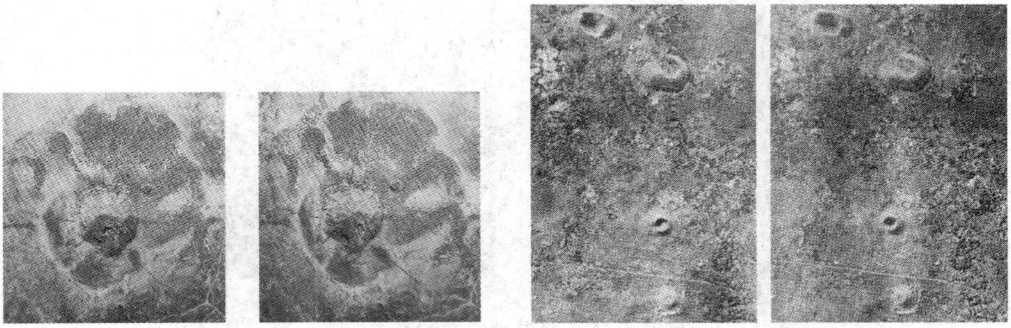

(a)火山口　　　　　(b)火山群

图 2-16　火山地貌立体影像

调有显著变化。常绿树终年常青，影像色调变化不大，而草植物和落叶树则夏绿秋黄，影像色调夏深而秋浅。另外，落叶树的树冠和阴影形状，随着季节的不同，也有相应的变化。所以，在进行判读时，应注意植被的物候特征。图 2-17 为植被影像。

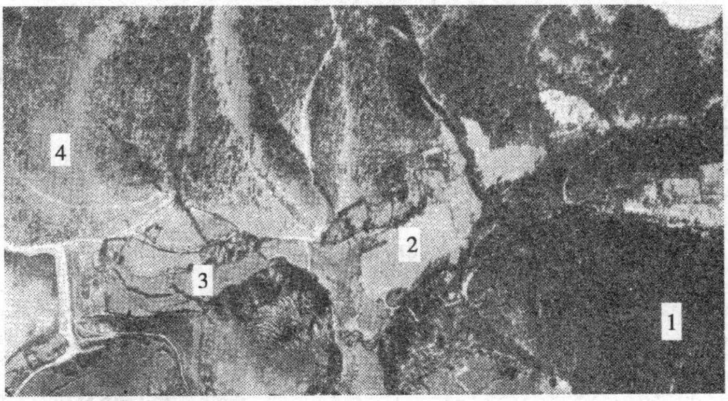

1—成林；2—旱地；3—稻田；4—草地

图 2-17　植被影像

（二）土壤判读

土壤判读是根据航空像片上所反映出的影像特征，确定各种土壤类型、形状和分布范围，为土壤调查制图和土壤利用改良提供所需要的资料。

土壤没有一定的几何形状，且往往被植被覆盖，使之不能直接反映在像片上，即使是裸露土壤，像片上反映的也只是土壤的表面，而不是土壤的垂直剖面，所以在像片上直接判读土壤比较困难。但由于不同土壤类型具有不同的物理性状和化学成分以及不同的光谱特性，另外任何现象都与周围环境有着密切联系，因此我们仍可以通过自然环境分析，间接地识别和分析土壤，进行判读。如图 2-18 所示为盐碱地的立体影像，图中发白的为盐碱地的特征影像。

土壤类型判读主要利用色调和图案两个标志。土壤色调的深浅与土壤有机质含量、土壤湿度大小和质地粗细有关。有机质含量高、湿度大、质地细的土壤，色调较深；反之，色调较浅。不同的土壤类型，其影像的图案不尽相同，例如可利用不同影像图案特征把菜园、稻田和旱地分开。在进行土壤判读时，要全面分析影像特征，充分利用各种判读标志，相互补

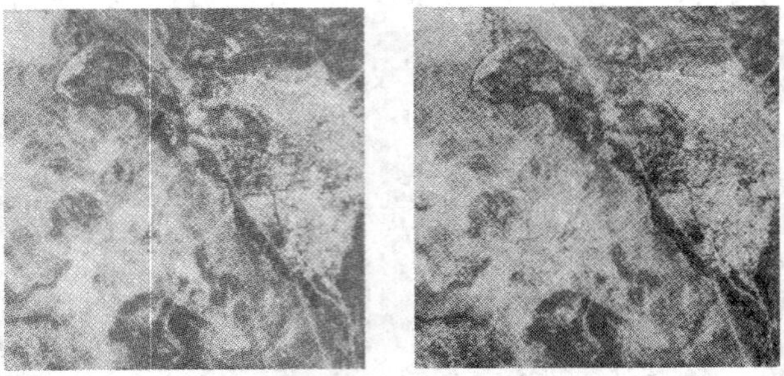

图 2-18　盐碱地的立体影像

充，相互对照，才能取得较好的判读效果。

四、居民地与道路的判读

（一）居民地判读

居民地常分为城市、集镇和乡村三种类型，在各种比例尺的航空像片上一般都较容易识别。城市的特点是面积大，房屋周密，除有广大居住区分布外，还有工厂、商业区、学校、公园等建筑。城市大都位于交通道路的交会点，有的位于江、河、湖、海之畔，亦有码头和桥梁等建筑与之配套，这些标志在像片上反映得都较清楚。

集镇一般分布在公路和铁路沿线，通常都有车站等建筑物。集镇面积比城市小，街道窄且不太规则，尚未形成一定的平面图形结构。集镇也有一些工厂和学校，而且往往有几条主要大街形成商业区，周围有农田和菜地分布，如图 2-19 所示。

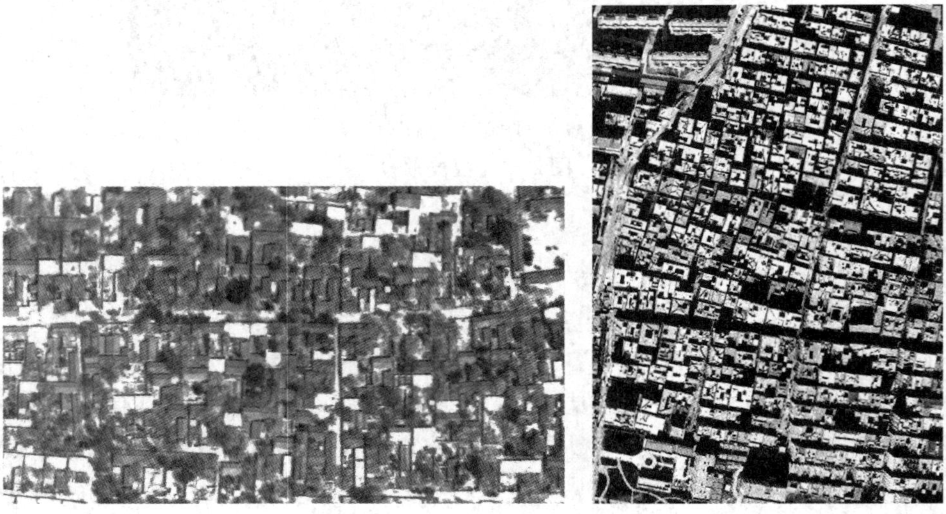

(a)　　(b)

图 2-19　集镇的航摄影像

（二）道路判读

道路可分为铁路、公路、乡村大路和小路。在像片上可以根据路面宽度、色调和形状进行判读。

铁路在航空像片上一般为深灰色调，呈线状延伸，转弯较平滑均匀。铁路沿线有停车站、水塔等附属建筑，与其他道路相交时，无论公路或大路一般为近似垂直交叉通过铁路。单轨铁路和双轨铁路一般可以用量算路基的办法区分出来。

公路与铁路的影像图形相似，均为线状，但公路转弯较急，曲率半径小，与乡村大路相交不一定成直角。公路影像的色调从浅灰到深灰，差别很大，这是由于路面材料不同造成的。简易公路多为砂石路面，色调较浅；沥青路面一般为深灰色。公路的级别可根据线形的平顺程度，路面的色调、宽窄，与其他公路相交时是否采用立体交叉，路上的防护设施，桥梁隧道的规模等来进行判读。

乡村道路的影像多为浅灰色或白色的线条，宽窄不一，边缘往往不清晰。乡村大路，在经过规划的地区多为直线或折线状，在山区则多为曲线。农村小路比大路窄，影像常为浅色的细线。图 2-20 为道路影像。

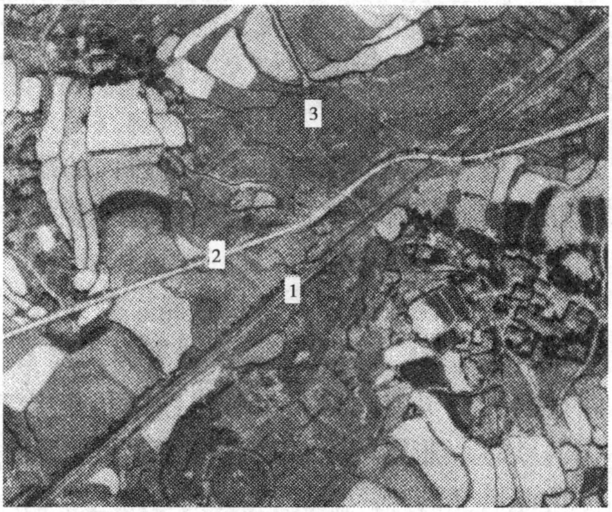

1—铁路；2—公路；3—小路

图 2-20　道路影像

第五节　遥感图像的判读

一、遥感技术基本知识

“遥感”一词产生于 20 世纪 60 年代初期，遥感技术是在 20 世纪 70 年代初迅速发展起来的一门新技术。它综合了空间技术、无线电子技术、光学技术和计算机技术等的最新成就，利用光学、电子学、电子光学的传感器，不与被测物体直接接触，在高空或远距离处，就可接收物体辐射或反射的电磁波信息，经过分析或各种信息处理，从中取得对了解目标有用的信息。

（一）遥感的概念

遥感现象是自然界广泛存在一种现象。例如：人眼之所以能够看见和识别各种物体，是因为物体反射（或发射）的可见光经过人眼的光学系统水晶体成像于视网膜的感觉细胞，并经光化学反应刺激视神经，进而传到大脑，来感知和记忆各种物体；蝙蝠不仅能够向外发射 25 000～70 000 Hz 的强超声波，而且能接收这些超声波的反射回波，所以蝙蝠在漆黑的环境也可判明障碍物的性质和距离、方位，以致能自由快速地飞翔，即使是透明的玻璃也不会碰撞，它也能用此方法来觅食；狗能够嗅出 100 万种物体的气味，加以训练可以用来破案和找矿。

上述现象形式各异，但其共性却都是含有“遥远”“感知”的含义，即广义的遥感（Remote Sensing）。狭义的遥感特指通过传感器这类对电磁波敏感的仪器，在远离（几千米到几百千米，甚至上千千米）地球和非接触地表物体条件下探测地表各类地物，获取其反射、辐射或散射的电磁波信息，并进行提取、处理、分析、测量，进而判定地表目标地物的性质及加以应用，实现这个过程的各种技术手段的总称称为遥感技术。遥感工作过程见图 2-21。

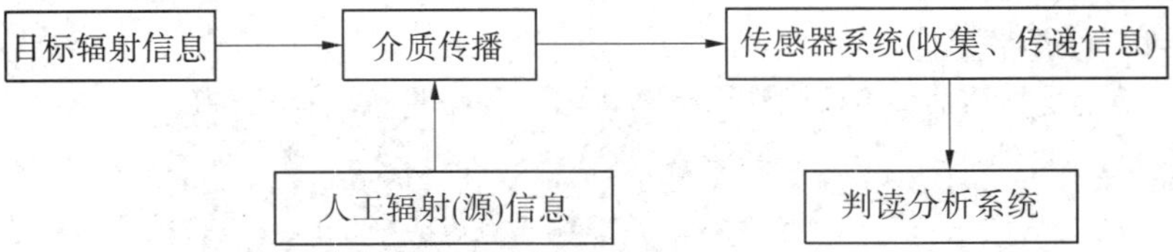

图 2-21　遥感工作过程

（二）遥感的分类

遥感的分类方法有许多种。

按传感器的运载工具或遥感平台的不同，可以分为地面遥感、航空遥感和航天遥感三大类。地面遥感是将传感器设置在地面平台上，平台可以是车载、船载、手提、固定或活动的高架平台等；航空遥感是以飞机、飞艇、气球等作为传感器的运载工具；航天遥感则是以卫星、飞船、空间站或火箭等作为传感器的运载工具。

按照传感器所选用的能源广义地可分为电磁波遥感、声学遥感、物理场遥感。电磁波遥感是利用各种物体反射（包括透射、散射、吸收、折射）、发射电磁波的不同特性去进行遥感的。根据传感器的电磁波工作波段，它又分为紫外遥感（0.05～0.38 μm）、可见光遥感（0.38～0.76 μm）、红外遥感（0.76～1 000 μm）、微波遥感（1 mm～10 m）和多波段遥感等。声学遥感是利用各种物体反射、发射声波的不同特性去进行遥感的。物理场遥感是利用物体在物理场中产生异常现象去进行遥感的。目前所说的遥感，一般是指电磁波遥感。因此，摄影及空中摄影等航测技术都属于广义的遥感范畴。

按被探测的目标对象或应用领域的不同，可分为资源遥感、环境遥感、农业遥感、林业遥感、地质遥感、气象遥感、海洋遥感和水文遥感。

遥感的观测对象主要是地球表层的各类地物，也包括大气、海洋和地下矿藏中的不同成分。地球表层中的各类地物都具有两种特征：一是空间几何特征，二是物理、化学、生物的属性特征。

目前，遥感技术的分类如图 2-22 所示。首先按传感器记录方式分为图像方式和非图像方式两大类；然后根据传感器工作方式的不同，把图像方式和非图像方式分别分为被动方式和主动方式两种。

主动方式遥感是指传感器本身对地物发射电磁波，然后用传感器接收地物反射的回波，来了解物体性质的方法。这种方法不依赖太阳作为辐射能源,可以昼夜工作,所以称为主动遥感。

被动方式遥感是指传感器本身不发射电磁波信号,而是利用传感器直接接收目标地物辐射或反射的电磁波,以获取地物的信息,进一步了解物体性质的方法。

- 遥感技术
  - 图像方式
    - 被动方式
      - 摄影法
        - 宽波段摄影
        - 多波段摄影
      - 扫描法
        - 光学机械扫描(多波段扫描仪)
        - 电子束扫描
        - CCD
    - 主动方式
      - 侧视雷达
      - 激光雷达
  - 非图像方式(主动方式和被动方式)
    - 雷达高度计
    - 雷达散射计
    - 微波辐射计
    - 红外辐射计

图 2-22 遥感技术分类

(三)遥感技术系统

遥感技术系统由遥感平台、遥感仪器、图像接收处理和分析判读应用四部分组成,如图 2-23所示。

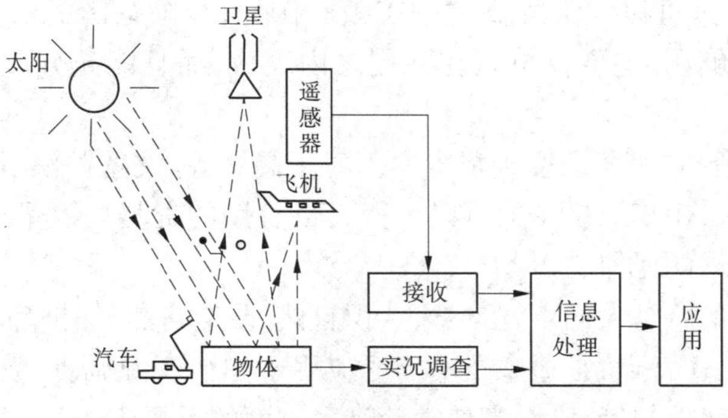

图 2-23 遥感技术系统的组成

空间信息采集系统主要包括遥感平台和传感器两部分。按照遥感平台的种类,遥感技术可分为航天遥感、航空遥感和地面遥感。由人造卫星或宇宙飞船作为运载工具的叫航天遥感;由飞机或气球作为运载工具的称航空遥感;以汽车、船只作为运载工具或有人直接操作,在地面进行量测的统称为地面遥感。显然遥感平台的运行状态会直接影响传感器的工作性能和信息获取的精确性。传感器是接收、记录被测目标的辐射、反射与散射信息并发送至地面接收站的设备。传感器是整个遥感技术系统的核心,体现着遥感技术的水平。目前,常用的传感器包括遥感摄影机、光机扫描仪、推扫式扫描仪、成像光谱仪和成像雷达。按其特点,传感器分为摄影、扫描、雷达等几种类型。

遥感技术是在电磁波理论的基础上发展起来的,其基本原理就是:地面上的物体由于受到太阳的电磁辐射以及地物本身具有反射、发射、投射、吸收电磁辐射的性能,所以当获得地物电磁辐射的特征后,即可识别出地物的属性和状况,这就是遥感技术的实质。

大家熟悉的黑白航空像片，它能客观地记录和反映可见光范围内人类活动和自然景观的全貌，具有真实性、直观性、时间性、影像和地物相似性的特点，而各种现代传感器，能够获得比黑白像片更多的信息。例如：利用多波段或多光谱遥感仪器，可以同时取得同一地区的多波段或多光谱图像，利用这些图像能够大大提高识别地物的能力；工作在微波波段的侧视雷达，就能在夜间或有云雾的情况下探测到可见光波段探测不到的目标。1987 年 5 月，我国利用机载红外扫描仪，探测到大兴安岭的烟火、残火、暗火 200 多处，为赴前线指挥部的决策提供了及时、准确的信息。1997 年夏天，长江中下游地区特大洪水灾害情况进行了精确、及时的分析，为国务院指挥部抗洪救灾提供了决策依据。

此外，航天遥感信息还有如下特点：

（1）探测范围大。一张 ERTS 图像的覆盖面积等于 185 km × 185 km，这为人们大范围客观地研究各种自然现象及其规律提供了十分有利的条件，如环境气象的分析与预测、农业优产及灾害分析、国土资源调查等。扩大了人们的视野，提高了对各种现象间相互联系的认识，克服了地面工作的局限性。

（2）资料新颖，现势性强，能迅速反映自然现象的动态变化。由于卫星不停地绕地球运转，重复地获得最新颖、最现势的情报资料，可以及时监测和发现各种自然现象的异常变化规律。如掌握植物的生长变化、冰雪的消融、云量和降水的变化情况，为水文监测、病虫害防治、粮食估产、洪水预报等提供科学依据。

（3）成图迅速。由于卫星离地面较远，卫星摄影接近正射投影，从而可将卫星像片作为正射投影像片使用，这可以大大提高成图工效。例如，全国范围的像片镶嵌图仅需 500 ~ 600 张 ERTS 像片就够了，这不仅可以在几周之内完成，而且能充分反映地物、地貌的现势性。

（4）收集、获取资料方便，不受地形限制。对于高冰雪、戈壁沙漠、海洋等一般方法不能获得有关资料的地区，用于卫星图像可以获得大量有用的资料。卫星还可以不受任何政治地理的限制，遥感地球的任何一角。

由此可见，遥感信息是人们了解自然、认识自然、改造自然、保护环境和资源的重要信息之源。遥感信息的上述特点，是遥感技术广泛应用于国土资源调查、农业生产和环境监测、城乡规划、交通规划建设与管理、军事侦察等许多方面的重要原因。

遥感应用技术的发展已经逐步地从利用单一波段的遥感资料进行分析、应用，向利用多平台、多波段、多光谱、多时相的遥感资料进行综合分析、应用发展；从对各种事物与过程表面现象的描述，向对其内在规律的探测发展；从为各部门的常规管理提供基础资料，向为科学现代化管理建立各种信息数据库和地理信息系统发展。实践证明，遥感信息应用技术已经显示出它的明显效益和巨大潜力。

（四）遥感物理基础

遥感技术是建立在物体电磁波辐射理论基础上的。由于不同物体具有各自的电磁波反射或辐射特性，才可能应用遥感技术探测和研究远距离的物体。理解并掌握地物的电磁波发射、反射、散射特性，电磁波的传输特性，大气层对电磁波传播的影响是正确解释遥感数据的基础。

1. 电磁波及电磁辐射

根据麦斯韦尔电磁波场理论，电和磁是紧密联系着的两种运动形式。变化的电场在周围空间产生磁场，而变化的磁场在周围空间又能产生电场。在一定的条件下，形成交变电磁场，并以波的形式向外传播，即为电磁波。

电磁场在空间的直接传播称为电磁辐射。1887 年德国物理学家赫兹由两个带电小球的火花放电试验，证实了电磁场在空间的直接传播，验证了电磁辐射的存在。装载在遥感平台上的传感器系统，接收来自地表及大气层的电磁辐射，经过成像仪器，形成遥感影像。

2. 电磁波谱

由于产生电磁波的波源不同，因此电磁波的波长变化范围很大，但波长不同的各种电磁波，它们在空间的传播速度 c 都是相等的，根据 $c=\lambda v$ 可知波长与频率成反比关系，即波长长的频率低，波长短的频率高。根据电磁波的波长和频率排列成的图表叫做电磁波谱图，如图 2-24 所示。在电磁波谱中，从最短的波长、最高的频率到最长的波长、最低的频率，依次为宇宙射线、γ 射线、X 射线、紫外线、可见光、红外线、微波和无线电波。各种电磁波由于其波长不同，其性质也有很大的差别。

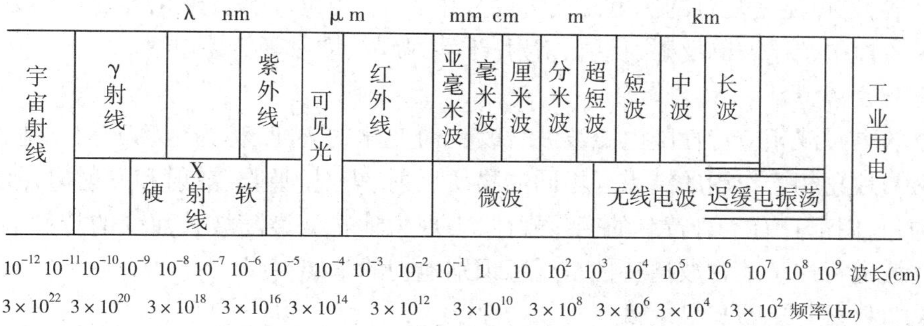

图 2-24　电磁波谱图

电磁波谱中各段电磁波具有以下特性：

宇宙射线：这是来自天体具有很大能量和贯穿能力很强的电磁波，目前还无法用人工产生，在遥感技术上还未得到应用。

γ 射线：是能量很高的波段。航空物探放射性测量所记录的就是由含放射性元素的矿物所辐射出来的射线。

X 射线：波长为 0.03 μm～50 Å（1 Å $=10^{-8}$ cm）的电磁波，又被称为伦琴射线。它的能量很大，穿透能力也很强，在医学上常用 X 光作人体透视。因为 X 射线能被大气层全部吸收，所以不能用于遥感工作。

紫外线：波长为 0.01～0.38 μm。波长小于 0.28 μm 的紫外线，在通过大气层时被其他成分吸收。只有波长为 0.28～0.38 μm 的紫外线部分能穿过大气层，但散射严重，只有部分投射到底面，可以作为遥感的辐射源，称为摄影紫外。

可见光：是人们的眼睛可以看得到的电磁波段，在电磁波谱中只占有相当狭窄的一部分。可见光的波长为 0.38～0.76 μm，可以用棱镜分为紫、蓝、青、绿、黄、橙、红七色光。这个波段可以用于摄影、扫描等各种方式成像，是遥感技术最常用的波段。可见光波段的遥感技术最为成熟，且仍有很大的潜力。当前分辨能力好的遥感资料，仍然在可见光波段的范围内。

红外线：波段尚可细分为近红外波段（波长 0.76～3.0 μm）、中红外波段（波长

3 ~ 6 μm)、远红外波段(波长 6 ~ 15 μm)、超远红外波段(波长 15 ~ 1 000 μm)。近红外是地球表层反射太阳的红外辐射，故又称反射红外。其中，靠近可见光红外的波长在中、远红外是地表物体发射的红外线，故又称热红外。热红外只能用扫描方式经过光电信号的转换才能成像，红外波段是一个很有发展潜力的遥感波段。

微波：波长为 1 mm ~ 1 m 的无线电波。微波是一个频率很高的波段，同时也是一个频率很宽的波段。在应用中通常又将微波划分为毫米波(1 ~ 10 mm)、厘米波(1 ~ 10 cm)、分米波(10 ~ 100 cm)、米波(> 100 cm)几个波段。微波的波长较长，能穿透云雾且不受天气、昼夜的影响，可以用主动或被动方式成像，因此在遥感技术应用方面前景广阔。

在遥感技术中，可以采用的电磁波谱段在紫外线、可见光、红外线到微波这样一个范围，其中又以可见光这个波段应用最多，技术最为成熟。

3. 电磁辐射的传播

电磁辐射通过不同的介质时，其强度、波长、相位、传播方向等将发生变化，这些变化可能是单一的，也可能是复合的。电磁波可以采用频率、相位、能量、极化等物理参数来描述。电磁波在传播中遵循波的反射、折射、衍射、干涉、吸收、散射等传播规律。

4. 地物波谱特性

地物的电磁波相应特性随电磁波波长改变而变化的规律，称为地物波谱。地物波谱是电磁辐射与地物相互作用的结果。不同的物质反射、折射、吸收、散射和发射电磁波的能量是不同的，它们都具有本身特有的变化规律，表现为地物波谱随波长而变的特性，这些特性叫做地物波谱特性。地物波谱特性是遥感识别地物的基础。

5. 太阳辐射与地物反射波谱

被动遥感的辐射源主要来自与我们人类最密切相关的两个星球，即太阳和地球。其中，太阳是最主要的辐射源。

1) 太阳辐射

太阳辐射指太阳发出的电磁波辐射，习惯上称为太阳光。太阳辐射在从近紫外到中红外这一波段区间内能量最集中而且相对来说最稳定，太阳强度变化最小。太阳辐射接近于温度为 6 150 K 的黑体辐射，太阳的电磁辐射主要集中在波长较短的部分，即从紫外线、可见光到近红外区段。太阳最大辐射的对应波长 $\lambda_{日max} = 0.47\ \mu m$。就遥感而言，被动遥感主要利用可见光、红外波段等稳定辐射，而主动遥感则利用微波，使太阳活动对遥感的影响减至最小。

2) 地物反射

物体对电磁波的反射有镜面反射、漫反射、方向反射三种形式，如图 2-25 所示。太阳光通过大气层射到地球表面，地物会发生反射作用。物体对电磁波谱的反射能力用反射率表示。物体的反射辐射通量与入射辐射通量之比称为反射率，它是在理想的漫反射体的情况下，在整个电磁波长的反射率。实际上，由于物体固有的结构特点，对于不同波长的电磁波会有选择性的反射，例如绿色植物的叶子由上表皮、叶绿素颗粒组成的栅栏组织和多孔薄壁细胞组织构成。入射到叶子上的太阳辐射透过上表皮，蓝、红光辐射能被叶绿素吸收进行光合作用；绿光也吸收一大部分，但仍反射一部分，所以叶子呈现绿色；而近红外线可以穿透叶绿素，被多孔薄壁细胞组织所反射。因此，在近红外波段上形成强反射。

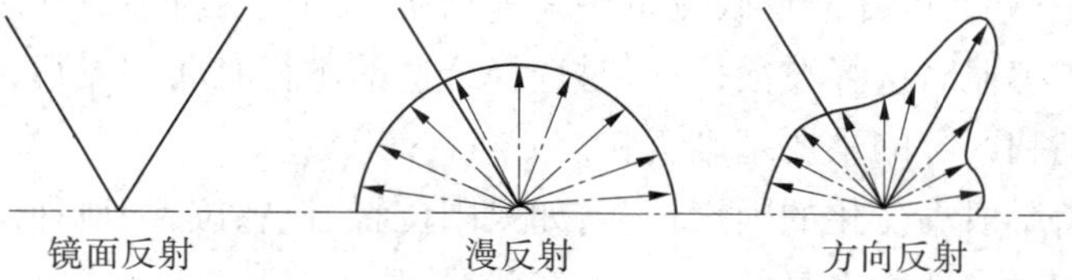

图 2-25　物体对电磁波的几种反射形式

3）地物反射波谱

物体反射率随波长变化而改变的特性我们称为地物反射波谱特性。从紫外线、可见光至近红外，传感器接收的主要是来自地物反射太阳辐射的能量，因此在这一波长范围内的地物波谱研究，主要是研究地物的反射波谱。地物波谱曲线的形态很不相同。除不同地物反射率不同外，同种地物在不同的内部和外部条件下反射率也不同。一般说来，反射率随波长的变化，有规律可循，从而为遥感影像的判读提供依据。

将地物的光谱反射率与波长的关系在直角坐标系中描绘出的曲线称为地物反射光谱特性曲线，如图 2-26、图 2-27 所示是几种地物和植物的反射光谱特性曲线。

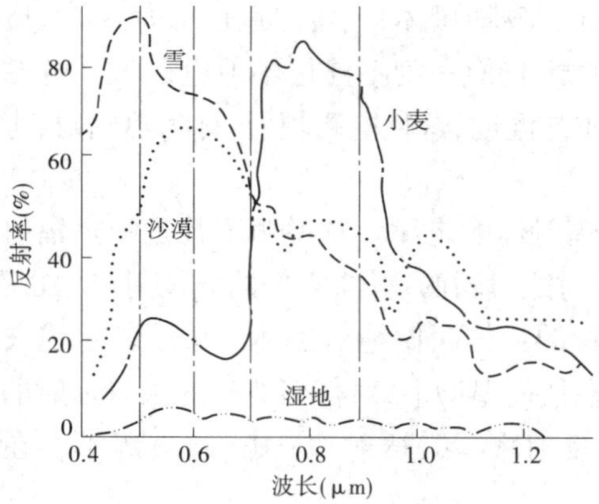

图 2-26　几种地物的反射光谱特性曲线

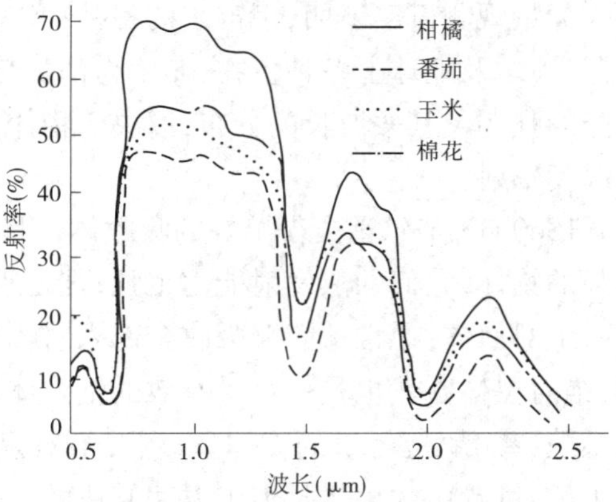

图 2-27　几种植物的反射光谱特性曲线

从图 2-26 可以看出，雪的反射光谱和太阳光谱最相似，在蓝光 0.49 μm 附近有个峰值，随着波长增加，反射率逐渐降低。沙漠的反射率在橙光 0.6 μm 附近为峰值，但在长波范围里比雪的反射率强，看起来呈黄色。湿地在图 2-26 中的波长范围反射均较弱，色调发暗灰。小麦叶子的反射光谱和太阳的光谱有很大差别，在绿色波长处有一个反射峰值，而在红外部分 0.7～0.9 μm 附近有一个强峰值。

同类地物的反射光谱特性曲线形状相似，在某些波长光谱反射率很接近，甚至一样，但在另一些波长处差别仍很大。图 2-27 绘出了同属植物的柑橘、番茄、玉米和棉花四种地物的反射光谱特性曲线。它们在 0.6～0.7 μm 之间差别很小，而其他波长处光谱反射率有差别，特别在 0.75～1.25 μm 之间差别较大。

地物反射波谱特性可通过实验室测量和野外测量两种方式进行。实验室测量是在某种限定的条件下进行的，所以其测量结果与实际状况有差别，所测得的数据一般仅作为参考。野外测量一般分为地面测量和航空测量两种，由于在野外地物反射波谱特性的测量是在实际的自然条件下进行的，因此能反映测量瞬间地物实际的反射特性。在多光谱遥感中，这些测量数据是设计传感器时选择波段，飞行时选择合适的飞行时间和飞行方向，以及自动分类中地物属性的识别和区分的重要基础资料。

影响地物光谱反射率变化的因素较多，如太阳位置、传感位置、地理位置、地形、季节、气候变化、地面湿度变化、地物本身的变异、大气状况等。

为了减少太阳高度角和方位角引起的反射率变化影响，遥感的卫星轨道大多设计在同一个地方时间通过当地上空，但由于季节的变化和地理经、纬度的变化，造成太阳高度角的变化是不可避免的。一般空间遥感的传感器大部分设计成垂直指向地面，这样影响也就较小，但由于卫星姿态会引起传感器指向偏离垂直方向，仍会造成反射率的变化。不同的地理位置，太阳高度角和方位角不同。地理景观不同会引起反射率变化，还有海拔不同，大气透明度改变也会造成反射率变化。

地物本身的变异如植物的病虫害将使反射率发生较大变化，这可帮助对植物（如森林）病虫害的调查研究，又如土壤的含水量也直接影响土壤的光谱反射率，这可用于国土资源的调查及分析。

6. 物体的发射辐射（热辐射）

大量观测事实证明，宇宙中的各种物体，如太阳、各种星体、一定厚度的大气层、人造飞行器、地球及地球上各种生物、非生物都是热辐射源，它们一刻不停地辐射电磁波。电磁辐射能的强弱及其按波长的分布，取决于物体的性质与温度，这种电磁辐射，称为热辐射，也称为温度辐射。

1860 年，基尔霍夫得出好的吸收体也是好的辐射体的定律。它说明了凡是吸热辐射能力强的物体，它们的热发射能力也强；凡是吸热辐射能力弱的物体，它们的热发射能力也弱。

绝对黑体：通常把能够吸收全部入射辐射能量的物体叫做绝对黑体。按照基尔霍夫定律，绝对黑体必然也是一个最有效的辐射体。即在任何温度下，对任何波长的入射辐射的吸收系数（率）恒等于 1 的物体。显然，绝对黑体的反射率 = 0，透射率 = 0。自然界不存在绝对黑体，试验中的黑体是人工方法制成的。

灰体：发射率 = 常数 < 1，即灰体的发射率始终小于 1 且不随波长变化（反过来说，物体对各种波长的吸收率小于 1，又近似地为一常数）。

地表物体自身热辐射：观测表明，地球辐射接近于温度为 300 K 的黑体辐射。地球最大辐射的对应波长 $\lambda_{地max}=9.66\ \mu m$，地球自身的辐射主要集中在波长较长的部分，即 6 μm 以上的热红外区段。在这一区段太阳辐射的影响几乎可以忽略不计，因此可以只考虑地表物体自身的热辐射。

（五）大气对电磁辐射的影响

1. 大气的吸收与散射

太阳辐射有时习惯称做太阳光，太阳光通过地球大气照射到地面，经过地面物体反射又返回，再经过大气到达航空或航天遥感平台，被安装在平台上的传感器接收。这时传感器探测到的地表辐射强度与太阳辐射到达地球大气上空时的辐射强度相比，已有了很大的变化，这种变化主要受大气主要成分影响。大气主要成分可分为两类：气体分子和其他微粒。它们对电磁辐射具有吸收与散射作用。

1）大气吸收作用

太阳辐射穿过大气层时，大气分子对电磁波的某些波段有吸收作用，吸收作用使辐射能量变成分子的内能，引起这些波段的太阳辐射强度衰减。

2）大气散射作用

大气中的粒子与细小微粒如烟、尘埃、雾霾、小水滴及气溶胶等对大气具有散射的作用使在原传播方向上的辐射强度减弱，增加了向其他各个方向的辐射。我们把辐射在传播过程中遇到小微粒而使传播方向改变，并向各个方向散开的物理现象，称为散射。散射现象的实质是电磁波传输中遇到大气微粒产生的一种衍射现象，大气散射有以下三种情况：

（1）瑞利散射。当大气中粒子的直径小于波长 1/10 或更小时发生的散射。

（2）米氏散射。当大气中粒子的直径大于波长 1/10 到与辐射的波长相当时发生的散射。

（3）无选择性散射。当大气中粒子的直径大于波长时发生的散射。这种散射的特点是散射强度与波长无关，任何波长的散射强度相同，因此称为无选择性散射。

2. 大气折射和透射

（1）大气折射现象。电磁波穿过大气层时，除吸收和散射两种影响以外，还会产生传播方向的改变，产生折射现象。大气的折射率与大气圈层的大气密度直接相关。

（2）大气透射现象。太阳电磁辐射经过大气到达地面时，可见光和近红外波段电磁辐射被云层或其他粒子反射的比例约占 30%，散射约占 22%，大气吸收约占 17%，透过大气到达地面的能量仅占入射总能量的 31%。反射、散射和吸收作用共同衰减了辐射强度，剩余部分即为透过的部分。剩余强度越高，透过率越高。对遥感传感器而言，透过率高的波段，才对遥感有意义。

3. 辐射传输

辐射传输是电磁辐射与不同介质相互作用的复杂过程。无论是在航空还是在航天遥感平台上所载哪种传感器，所接收的电磁辐射都包括来自地面的辐射和来自大气的辐射。在可见光与近红外波段，传感器观测方向的目标反射辐射经大气散射和吸收之后进入传感器视场，这一部分经过大气衰减的能量中含有目标信息。但由于太阳入射辐射中，有一部分能量在未到达地面之前就被大气散射和吸收了，其中有一部分散射能量进入了传感器视场，这一部分能量（通常称为程辐射）中不含有任何目标信息。另外，由于周围环境的存在，入射到环境表面的辐射被其反射后有一部分经过大气散射后而进入传感器视场，另一部分又被大气反射到目标表面，再被目标表面反射和大气透过进入传感器视场。这样，传感器对地观测获取的信息中，既包括了目标地物信息，也包括了部分大气信息和地物周围环境的信息，这直接影响到遥感图像判读和定量分析。

二、遥感图像的判读

本章前面介绍的判读技术，所处理的对象主要是航空摄影获取的全色黑白航片，解决的是电磁波谱段中可见光波段的遥感判读问题，这也是目前航空、航天遥感中应用最为普遍、技术最为成熟的一部分。航测判读实质上就是航空遥感判读。为避免重复，本节主要讨论除可见光波段全色黑白航片外其余的遥感图像判读问题。

遥感的主要目的之一就是地物识别。目视判读运用了判读者的综合知识，对遥感对象进行分析、识别。目视判读是许多遥感应用项目的先遣工作，是遥感应用的基础。

（一）遥感图像目视判读基础知识

1. 遥感图像目标地物特征

遥感影像包括航空影像和卫星影像。常用的航空影像以航空像片为主，常用的卫星影像以 TM 和 SPOT 图像为主。把这些图像放大来看，它们都是由一行行、一列列的像元构成的。像元是遥感影像中最基本的单元，有时也把像元称为像素。各个像元按照行列方式排列，构成一个点阵，宏观上表现为一幅遥感图像。遥感图像目视判读的目的是从遥感图像中获取需要的地学专题信息，它需要解决的问题是判读出遥感图像中有哪些地物，它们分布在哪里，并对其数量特征给予粗略的估计。因此，我们必须掌握遥感图像目标地物特征。概括说来，目标地物特征包括色、形、位三大类。色是指目标地物在遥感影像上呈现的颜色特征。形是指目标地物在遥感影像上表现的形状特征。位是指目标地物在遥感影像上的空间位置特征。

地面各种目标地物在遥感图像中存在着不同的色、形、位的差异，构成了可供识别的目标地物特征。目视判读人员依据目标地物的特征，作为分析、判读、理解和识别遥感图像的基础。

2. 目视判读的认知基础

遥感图像知觉形成的客观条件：试验证明，色调完全一致或者颜色完全相同的图像是不能产生图像知觉的，这如同我们翻看一张清洁的白纸一样。目视判读遥感图像时，只有在遥感图像上存在着颜色差异或者色调的差异，并且这种差异能为判读者视觉所感受时，才有可能将地物目标与背景区别开。

3. 目视判读方法

遥感影像目视判读方法是指根据遥感影像目视判读标志和判读经验，识别目标地物的办法与技巧。

遥感扫描影像判读要遵循的原则是：先图外、后图内，先整体、后局部，勤对比、多分析。“先图外、后图内”是指遥感扫描影像判读时，首先要了解影像图框外提供的各种信息，它包括以下内容：图像覆盖的区域及其所处的地理位置、影像比例尺、影像重叠符号、影像注记、影像灰阶等。了解图外相关信息后，对影像作认真观察，观察应遵循“先整体、后局部”的原则，对判读的影像作整体的观察，了解各种地理环境要素在空间上的联系，综合分析目标地物与周围环境的关系。鉴于多光谱扫描影像可以同时获取多个波段的扫描图像，因此必须遵循“勤对比、多分析”的判读原则，在判读过程中进行多个波段对比、不同时相对比、不同地物的对比与分析等。

根据目视判读实践，一般认为卫星影像判读比航空像片判读难度更大，因此熟悉地物在不同波段的光谱特性，了解地物在不同空间分辨率影像上的表现，以及在不同假彩色合成影像上的表现，熟练掌握扫描影像判读标志与判读方法，对于提高目视判读水平是很有帮助的。

下面是几种常用的目视判读方法：

（1）直接判读法。根据遥感影像目视判读直接标志，直接确定目标地物属性与范围的一种方法。

(2)对比分析法。包括同类地物对比分析法、空间对比分析法和时相动态对比法。同类地物对比分析法是在同一景遥感影像图上,由已知地物推出未知目标地物的方法。如不同卫星的图像、不同季节的卫片、不同成像方式的图像,以及与航空遥感图像进行对比,从而提高判读的效果。当觉得卫星图像比例尺太小时,可进行局部放大,深入仔细地判读。

(3)信息覆合法。利用透明专题图或者透明地形图与遥感图像重合,建立地形要素与影像之间的关系。根据专题图或者地形图提供的多种辅助信息,识别遥感图像上目标地物的方法。例如,熟悉水系的形态及其分布特征,土壤类型判读,了解各居民点分布的地理位置以及各种地貌的影像特征等。例如,TM影像图,覆盖的区域大,影像上土壤特征表现不明显,为了提高土壤类型判读精度,可以使用信息覆合法,利用植被类型图增加辅助信息。

(4)综合推理法。综合考虑遥感图像的多种判读特征,结合生活常识,分析、推断某种目标地物的方法。

(5)地理相关分析法。根据地理环境中各种地理要素之间的相互依存、相互制约的关系,借助专业知识,分析推断某种地理要素性质、类型、状况与分布的方法。即参照有关地形、地貌、地质等资料,结合遥感图像进行判读。从线形构造、环状构造、水系分析等方面着手,根据已知的判读标志,判读未知地段的情况。

(6)在进行卫星图像判读过程中,为了提高判读效果,可进一步采取影像增强的手段。一般采用光学增强,或在计算机图像处理系统上进行增强。

(7)立体观察。单张像片只能研究物体的平面位置,立体像对可构成立体模型来解求地面物体的空间位置。单眼观察景物时,使人感觉到的仅是景物的中心构像,好像一张像片一样,得不到景物的立体构像,不能正确判断景物的远近、高低。要形成人造立体视觉,必须满足立体观察的条件。

4. 目视判读基本程序与步骤

遥感影像目视判读是一项认真细致的工作,判读人员必须遵循一定的行之有效的基本程序与步骤,才能够更好地完成判读任务。

一般认为,遥感图像目视判读分为五个阶段:收集与分析有关资料、遥感图像的增强处理、遥感图像的判读、野外验证与补判、资料成果整理等。

遥感图像反映的是地球表层信息,由于地理环境的综合性和区域性特点,以及受大气吸收与散射影响等,遥感影像有时存在同质异谱或异质同谱现象,使得遥感图像目视判读存在着一定的不确定性和多解性。为了提高目视判读质量,需要认真做好目视判读前的准备工作。明确判读任务与要求、收集与分析有关资料、选择合适波段与恰当时相的遥感影像。

(1)收集与分析有关资料。针对工作任务的性质、目的,收集各种资料,如卫星图像资料、航空遥感资料、地形图、地质图、航磁资料、勘探化验资料、既有工程建筑资料等。对收集到的资料进行系统的研究分析后,制定详细的工作计划。

(2)遥感图像的增强处理。卫星图像的应用,主要依据图像资料进行判读,以获得所需的信息。因此,应采用多种图像处理手段,以提高判读效果。通常将光学图像处理和计算机图像处理等手段结合使用,如光学图像处理的彩色合成、密度分割,计算机图像处理的彩色增强、反差增强、比值增强、滤波增强等。在缺乏仪器的情况下,也可采用染印法、分层曝光法等手段进行彩色合成,或采用局部放大方法等进行处理。

(3)遥感图像的判读。①初步判读与判读区的野外考察:初步判读的主要任务是掌握判读区域特点,确立典型判读样区,建立目视判读标志,探索判读方法,为全面判读奠定基础。②室内详细判读:初步判读与判读区的野外考察,奠定了室内判读的基础。建立遥感影像判读标志后,就可以在室内进行详细判读了。

(4)野外验证与补判。室内目视判读的初步结果,需要进行野外验证,以检验目视判读的质量和判读精度。对于详细判读中出现的疑难点及难以判读的地方,则需要在野外验证过程中补充判读。

(5)资料成果整理。

(二)常见的遥感扫描影像类型与主要特点

遥感扫描影像的类型,是由遥感平台上携带的传感器决定的,传感器按其工作的波段分为可见光、红外和微波三大类。目前,遥感传感器主要有框幅式摄影机、缝隙摄影机、全景摄影机、多光谱摄影机、红外扫描仪、专题绘图仪 TM、RBV、HRV、合成孔径雷达等。常见的遥感扫描影像类型包括以下几种。

1. MSS 影像

(1)MSS 影像为多光谱扫描仪(Multi Spectral Scanner)获取的影像,它具有 4 个波段,2 个波段为可见光波段,2 个波段为近红外波段。1 ~ 3 颗陆地卫星(Landsat)上,返束光导管(RBV)摄像机获取的 3 个波段摄影像片分别称为第 1、2、3 波段,多光谱扫描仪获取的扫描影像按顺序分别被命名为第 4、5、6、7 波段。此外,第 3 颗陆地卫星上还提供热红外波段影像,这个波段被称为第 8 波段,热红外波段使用不久,就因仪器操作上的问题而被关闭了,因此第 3 颗陆地卫星提供的热红外波段影像并不多。第 4、5 颗地球卫星上多光谱扫描仪获取的 4 个波段扫描影像重新被分别命名为第 1、2、3、4 波段。在 MSS 影像中,灰度又按照一定的区间归并为 16 级灰阶,同时每幅遥感影像下部也曝光产生一个灰阶尺,灰阶尺由白—灰白—淡灰—浅灰—灰—暗灰—浅黑—黑等多个灰阶组成。像元的亮度值为 0 时,影像上像元的灰阶为黑色;像元的亮度值为 63 时,影像上像元灰阶为白色;像元值从 0 向 63 增加时,其灰阶也按照一定分级规则由黑转白。由于影像复制时像元灰阶与灰度尺受到同样因素的影响,这样判读者可以利用灰度尺来衡量像元的灰阶。

(2)MSS 各个波段的应用范围。MSS 第 4 波段为绿色波段,对水体有一定的透射能力,在清洁的水体中透射深度可达 10 ~ 20 m,可以判读浅水地形和近海海水泥沙。由于植被波谱在绿色波段有一个次反射峰,可以探测健康植被在绿色波段的反射率。第 5 波段为红色波段,该波段可反映河口区海水团涌入淡水的情况,对海水中的泥沙流、河流中的悬浮物质及河水浑浊度有明显反映,可区分沼泽地和沙地,可以利用植物绿色素吸收率进行植物分类。此外,该波段可用于城市研究,对道路、大型建筑工地、砂砾场和采矿区反映明显,在红色波段各类岩石反射更容易穿过大气层被传感器接收,也可用于地质研究。第 6 波段为近红外波段,植被在此波段有强烈反射峰,可区分健康植被与病虫害植被,水体在此波段上具有强烈吸收作用,水体呈暗黑色,含水量大的土壤为深色调,含水量少的土壤色调较浅,水体与湿地反映明显。第 7 波段也为近红外波段,植被在此波段有强烈反射峰,可用来测定生物量和监测作物长势,水体吸收率高,水体和湿地色调更深,海陆界线清晰,第 7 波段可用于地质研究,确定大型地质体的边界,区分规模较大的构造形迹或岩体。第 8 波段为热红外波段,可以监测地物热辐射与水体的热污染,根据岩石与矿物的热辐射特性可以区分一些岩石与矿物。

2. TM 图像

TM 图像为专题绘图仪 TM(Thematic Mapper)获取的遥感图像。从第 4 颗陆地卫星起，陆地卫星增加了专题绘图仪 TM。TM 在光谱分辨率、辐射分辨率和地面分辨率方面都比 MSS 有较大改进。在光谱分辨率方面，它采用 7 个波段来记录目标地物信息，与 MSS 相比，它增加了 3 个新波段，1 个为蓝色(蓝绿)波段，1 个为短波红外波段，1 个为热红外波段。根据 MSS 数据使用的经验与光谱适用范围研究结果，TM 在波长范围与光谱位置上都作了调整。在辐射分辨率方面，TM 采用双向扫描，改进了辐射测量精度，目标地物模拟信号经过模/数转换，以 256 级辐射亮度来描述不同地物的光谱特性，一些在 MSS 中无法探测出的地物电磁辐射的细小变化，现在可以在 TM 波段内观测到。在地面分辨率方面，TM 瞬间视场角对应的地面分辨率为 30 m(第 6 波段除外)。1999 年 4 月 15 日发射的第 7 颗陆地卫星，又增加了分辨率为 15 m 的全色波段(PAN 波段)图像，并把第 6 波段的图像分辨率从 120 m 提高到 60 m。

TM 图像主要应用于对植被和土壤含水量等的检测，效果更好。因为 TM 比 MSS 增加了 4 个波段，在波段宽度设计上更具有针对性，TM 图像比起 MSS 图像应用范围更广。

3. SPOT 图像

从法国 1986 年 2 月 22 日发射第 1 颗 SPOT 地球观测卫星起，到目前已经发射了 5 颗 SPOT 卫星。SPOT 卫星上搭载了 2 台相同的高分辨率传感器，传感器使用了 CCD(Charge Coupled Device)线性阵列探测器和推扫式扫描技术(HRV)，提高了 SPOT 影像的质量。

SPOT－5A 卫星于 2002 年 5 月 3 日晚上由阿里亚娜 4 型火箭送入太空。它与前 4 颗 SPOT 卫星相比，具有以下两个突出特点：

(1)更高的地面分辨率。利用 2 台高分辨率几何成像仪，把 2 个 5 m 分辨率图像相叠加，把全色图像分辨率提高到 2.5 m。

(2)利用高分辨率立体成像仪(HRS)分别从前后视不同角度对目标物观测，获取同一地区的立体图像。它能同时获取 2 幅图像，因此可用于制作更为精确的地形图和高程图。这与前 4 颗 SPOT 卫星立体观测不同，前 4 颗采用旁向成像方式。

此外，SPOT－5A 卫星携带了植被－2 相机，几乎每天可实现全球覆盖，提供宽成像带(覆盖 60 km×60 km，或在双侧探测器模式时，覆盖为 60 km×120 km)图像。

SPOT 图像主要应用领域：SPOT－5A 卫星上的主要遥感设备是 2 台高分辨率几何成像仪(HRVIR)，其工作谱段有 4 个，主要任务是监测自然资源分布，特别是监测农业、林业和矿产资源，观测植被生长状态与农田含水量等项，对农作物进行估产，了解城市建设与城市土地利用状况等。

4. 高空间分辨率遥感影像

1998 年开始，国际上几个对地观测技术公司注意到高空间分辨率卫星图像具有广阔的市场前景，陆续发射了几颗新型商用遥感卫星，它们的分辨率较之以往的商用遥感卫星都有很大的提高，统称为高分辨率遥感卫星。卫星发射后，这些公司开始提供商用高分辨率卫星图像。这些图像具有以下主要特征：影像具有空间分辨率高、地物形态清晰的特点，便于目视判读。影像具有较高的制图精度，例如遥感图像空间分辨率达到 1 m，能够满足 1∶10 000 比例尺测图精度要求。影像在旁向为中心投影，在航向为正射投影，其变形规律与航空像片不同。

典型的高分辨率遥感影像主要有Space Imaging公司的IKONOS卫星图像和Earth-watch公司的Quick Bird卫星图像及俄罗斯TsSKB-Progress公司的Resurs－DK1卫星。Space Imaging公司的IKONOS卫星在1999年9月24日发射。卫星高度为680 km,同时采集1 m分辨率的全色图像和4 m分辨率的多光谱图像,地面扫描带的宽度为11～13 km。Space Imaging公司提供三种图像数据产品:1 m分辨率的全色图像,4 m分辨率的多波段图像和1 m分辨率的全色增强图像。Earth-watch公司的Quick Bird卫星采用推扫式成像,其成像模式,单景为16.5 km×16.5 km,条带为16.5 km×165 km,重访周期1～6 d。Resurs－DK1卫星于2006年6月15日发射,轨道高度362～604 km,可同时拍摄全色和多光谱影像数据,其黑白图像分辨率为0.9～1.7 m,彩色图像分辨率为1.5～2.0 m,侧视角度±30°,图像幅宽28.3(最低点)～47.2(最高点) km,每天轨道数15条,目标重访周期5～7 d,波谱范围是1 m黑白波段为0.58～0.8 μm,1.5～2 m多波段为0.5～0.6 μm、0.6～0.7 μm、0.7～0.8 μm,1 d内可拍摄70万 km^2 的面积,经正射处理后的精度可满足1∶5 000测图要求。

图2-28所示是由IKONOS卫星和Quick Bird卫星所获取的几张高分辨率遥感影像(参见77页)。

5. 高光谱遥感图像

高光谱技术是近几年迅速发展起来的一种新型遥感技术。它是将二维成像技术与高光谱技术(地物光谱技术)结合在一起的三维遥感技术,对目标地物成像时,也对组成每个地物的像元经过色散形成几十个乃至几百个窄波段进行光谱覆盖,形成同一地区几十个乃至几百个高光谱遥感图像。高光谱遥感图像是一种三维立体图像,可反映地物的空间信息和光谱信息,其数据量庞大。

高光谱遥感的特点是光谱分辨率高,但其庞大数据量给图像进一步处理带来了困难,因此有必要对其进行有效压缩处理。对于高光谱像片的判读一般可采取假彩色合成法和比较判读法等两种方法。

其他常见遥感影像有:印度遥感卫星IRS－1C获取的WIFS影像(空间分辨率达5.8 m),俄罗斯通过和平号、联盟号空间站利用1 m和3 m主距的摄影机拍摄2 m和0.5 m分辨率的航天像片,中国资源卫星获取的遥感影像等。

(三)卫星遥感图像的特征

卫星遥感图像与航空像片都是由电磁波的辐射而记录的地面信息,因此前面所述的对航摄像片判读的一些方法和判读标志一般均可以应用于卫星遥感像片判读中。但卫星遥感图像与航空像片之间也有许多不同之处,如卫星遥感图像在中纬地带由于重叠度不足,尚不能对卫片进行立体观察(如陆地卫星MSS成像),所以只能依据平面图像进行判读。至于卫星图像具有的宏观特征、多波段特征、动态特征、透视信息特征等,则是卫星遥感图像本身所具有的特点。

1. 宏观特征

一张卫星图像约34 000 km^2 的范围,地貌景观、构造单元、岩类分布、水系类型在卫星像片上均能清晰地反映出来。若同时将几张卫星像片镶嵌起来,则能超宏观地观察各种区域地质、地貌、地质构造等情况,如山区与平原的分布、山间盆地的形态、水系格局的变化等情况,在卫星图像上均可一目了然地予以区分。由于水系在卫星图像上反映十分明显,因此对水系特征类型的分析，能获取更加丰富的信息。根据水系与地貌、水系与水系之间的相互关系，则能提供更多的地表情况。所以，卫星图像的宏观特征为判读提供了丰富的资料。

2. 多波段特征

目前，常用的多波段扫描（MSS）卫星图像，每幅卫星图像共有 4 个波段（MSS4 波长为 0.5～0.64 μm、MSS5 波长为 0.6～0.7 μm、MSS6 波长为 0.7～0.8 μm、MSS7 波长为 0.8～1.1 μm）组成。即同一地物景象由 4 个不同波段分别扫描成 4 幅不同的影像。每幅卫星图像有2 340×3 240≈800 万个像元。MSS 记录了 4 个波段，由于每 27 s 即可收到 800×4≈3 200 万个像元。由此可知，卫星图像的信息量是相当丰富的，它记录了地面上各种地物的影像特征。

另外，卫星图像的多波段特征，不仅记录了地物的几何特征，而且还记录了它们不同波段的物理特性。如 MSS4 对水下地貌和泥沙的搬运情况有明显的反映；MSS5 对地质体及不同岩体的分布显示清晰；MSS6 及 MSS7 对水体的反映甚为清楚，哪怕是小的水塘都能有所显示。同时，多波段图像的另一个特点是，可以把几个波段合成假彩色图像，从而具有更多的信息特征。所以，卫星图像不但信息丰富，而且应用手段也相当多，因此具有良好的判读效果。

3. 动态特征

由于陆地卫星不停地围绕着地球运转，并重复对全球表面进行拍摄，因此无论是一年四季，或者是阴、晴、雨、雪天气，均能获取新的图像资料。这不但可以对同一地区的自然景观进行动态变化的监测，而且还能掌握植物的生长情况、冰雪的消融、云量的多少、降水的变化等，从而为气象、水文、洪水预报等提供科学依据，并且对火山爆发的监测、地震灾害的调查提供有用的信息。

此外，由于卫星图像具有连续成像的特征，因而利用不同年份、不同季节、不同太阳高度角、不同气象条件下所成的图像，进行对比分析，则能获得更加丰富的信息，从而进一步提高判读效果。

4. 透视信息特征

自从信息图像出现之后，从宏观判读过程中发现许多透视信息。如地表松散堆积，土壤、植被等掩盖的下伏岩体和地质构造，在卫星图像上呈现出各种透视信息，甚至某些覆盖之下的构造形迹也能有所显示。又如从空中考古的实践证明，3 000 年前有人工挖掘的隐伏的壕堑均能在航空像片上有所显示。地下构造之所以能反映到地表，可能是电磁辐射信息传递的结果，也可能是隐伏的岩体和构造由于其岩体含水的不同而间接地显示出来。虽然目前由于卫片透视信息形成的机制还是一个尚待研究的课题，但透视信息是客观存在的事实。应用透视信息这个判读标志，能够进一步识别许多隐伏的浅层地面物体，是相当有用的一个判读标志。随着实践的增多和研究的深入，卫片透视信息的成因机制终将会揭露出来。

（四）影响卫星遥感图像判读的因素

在卫星遥感图像判读过程中，不同的判读人员对同一地区的判读结果往往有很大的出入。造成这种情况的原因很多，除选用图像的种类、工作方法、对地区的熟悉情况、理论基础水平、判读经验外，还有许多自然因素和人类活动的影响因素。

1. 测区的影响因素

在卫星图像成像过程中，有时某些地区具有清晰的影像显示，但有时影像则不甚清晰，从而对判读的效果有不同影响。造成这种情况的因素很多,如卫星成像的时间、季节、气候、太阳照射角等。

2. 植被

植被常能遮掩地表的实况,对判读工作甚为不利,尤其是在森林覆盖地区判读效果更差。我国南方地区由于植被发育较好,对判读工作造成了一定的困难,尤其是当应用假彩色卫星图像进行判读时,植被的色彩常常掩盖了地表的其他情况。

3. 云雾

云层不但能掩盖大面积地表的实况,而且云团的阴影往往也遮盖一些地物。如果是雾天成像,常使图像模糊不清,影响判读效果。

4. 冰雪

冬季在高山和高纬度地带,常因冰雪覆盖而掩盖了地表的自然景观,以致影响判读效果。

5. 人类活动

人类活动破坏了自然景观的原来状况,对判读是甚为不利的。如耕田的开辟改变了地表的原来状况,水库的修建淹没了地表,工程建筑破坏了自然景观,植树造林也给判读带来许多不利因素。

(五)遥感扫描影像特征和判读标志

目前,经常使用的遥感扫描影像具有以下特征:多中心投影、像框扭动变形、信息量丰富、动态观测等特点。

遥感扫描影像判读标志主要包括以下几种。

1. 色调与颜色

色调与颜色是扫描图像判读的基本标志。对于中低分辨率的扫描影像来说,图像中色调与颜色更是一个重要的判读标志。由于扫描图像多数为多光谱影像,同一地区多光谱扫描图像中的相同地物,在不同波段的图像上可能会呈现不同色调,组合可以有不同的颜色,这是因为同一种地物在可见光和近红外波段上具有不同的反射率,它们在单波段扫描影像中表现为不同的色调。

2. 阴影

在多光谱图像中,阴影是电磁波被地物遮挡后在该地物背光面形成的黑色调区域。在扫描影像中陡峭的山峰背面往往形成阴影,阴影的出现给山区的扫描影像增加了立体感,同时也造成阴影覆盖区地物信息的丢失。

3. 形状

目标地物的形状在不同空间分辨率的扫描图像上表现特点不同。在中低分辨率扫描影像上,地物的形状特征是经过自然综合概括的外部轮廓,它忽略了地物外形的细节,突出表现了目标物体宏观几何形状特征,如山脉的走向、水系的形态特征等。在中高分辨率扫描影像上,可以看到地物较为详细的形状特征。但线状地物(如道路和河流)的宽度经常被夸大。在高分辨率扫描影像上,可以看到地物具有的形态特征的更多细节,如飞机场内的飞机与停机坪等。

4. 纹理

在不同空间分辨率的扫描图像上纹理揭示的对象不同。在中低分辨率扫描影像上,地物的纹理特征反映了自然景观中的内部结构,如沙漠中流动沙丘的分布特点和排列方式。

在中高分辨率扫描影像上，纹理可揭示目标地物的细部结构或物体内部成分。

5. 大小

同一地物在不同空间分辨率的扫描图像上表现出尺寸大小不同。在低空间分辨率的扫描图像上该地物尺寸小，在高空间分辨率的扫描图像上该地物尺寸大。图像判读中，必须结合图像的空间分辨率（或比例尺）来认识地物大小。

6. 位置

根据目标地物在扫描图像上的位置可以进行空间分析。制作规范的扫描图像（如MSS、TM）提供了两种形式的位置，一种是在图像周围边框上标注的地理位置，另一种是目标地物与周围地理环境的相对位置。

7. 图型与相关布局

在高空间分辨率的扫描图像上经常使用，对识别人造地物很有帮助，例如对城市街区和火车站等进行识别。

（六）几种遥感图像的判读

遥感技术的发展，提供了多种遥感摄影像片。经常可以见到的遥感摄影像片包括以下几种。

1. 单波段图像的判读

（1）MSS4 单波段图像，波长为 0.5 ~ 0.6 μm，属蓝绿光波段。对水体有一定的透视能力，能探测到水下地形和大地的地质构造轮廓。透视深度一般可达 10 ~ 20 cm，水质清澈时，甚至可达 100 m。对于河口及沿岸的泥沙流有一定的显示能力，对于水体的浑浊度、沙地、沙洲等能够识别；对于陆地的地层岩性、植物的分布等有明显的反映，对于水体污染的判读效果较好，尤其对金属和化学污染的研究具有特别好的作用。

对蓝、绿、黄色地物一般呈浅色调，随着红色成分的增加而变暗色，水体色调最浅。

（2）MSS5 单波段图像，波长为 0.6 ~ 0.7 μm，属橙红光波段。对水体有大约 2 m 的透视深度，特别对水体的浑浊度、泥沙流的状况有明显的反映。尤其因为叶绿素吸收带处于该波段的位置上，所以对植物研究有特殊的作用。植被在该图像上具有较暗的色调。一般常绿针叶林、油松、白皮松等显示黑色或深黑色，云杉林呈深灰色，都为块状、带状分布；落叶阔叶林如杨、桦、栎等呈深灰或灰黑，针阔混交林呈黑色或淡黑色等，边界不规则疏林地呈灰色或淡灰色的片状，边界模糊；灌丛林地呈灰色或灰黑色；疏林草地呈灰色或深灰色，色调均匀；山地草甸呈灰色调，绒毛状；而被砍伐的树木、伪装的树枝、病树，有较高的反射率，所以有较浅的色调。

橙、红色的地物一般呈浅色调，随着绿色成分的增加而变暗色。该波段可提供较丰富的信息，为可见光最佳波段。

（3）MSS6 单波段图像，波长为 0.7 ~ 0.8 μm，属可见光中的红光与近红外波段。对水体和湿地反映特别清楚，因为水体对红外线具有强烈的吸收作用，水系和水体轮廓在该波段图像上图像清晰，呈黑色调。对含水藻和不含水藻的水田容易区分。

（4）MSS7 单波段图像，波长为 0.8 ~ 1.1 μm，属近红外波段，故与 MSS6 图像有很多相似之处。但它更具有红外图像的特点，即水体对红外波段具有强烈的吸收能力，所以水体在该波段的图像更加深黑，泥沙含量多的水体也呈黑色，水陆界限表现得十分明显，该波段对植物生长情况也有明显的反映，生长茂盛的阔叶树具有很强的反射率，所以具有明亮的浅色调,而针叶树则差一些,色调略微深一些,病树则具有较浅的色调,对识别军事伪装很有作用。另外,对海洋的温度、海水研究也有较好的效果。该波段图像最易反映地貌、地质、水和水系结构。

一般来说,为了研究水文泥沙状况,需要采用 MSS4 和 MSS5 两个波段的图像。要研究水力资源的分布和储蓄量可以运用 MSS7 或 MSS6 图像。如研究地质构造,至少要用 MSS5 和 MSS7 两个波段的图像;如果要研究农作物或植被生长情况,至少要用 MSS5 和 MSS7 或 MSS6 两个波段的图像。

(5)TM1 单波段图像,波长为 0.45 ~ 0.52 μm,属蓝光波段。对水体穿透力强,易于调查水质、水深,沿海水流和泥沙情况。对叶绿素与叶绿素浓度反映敏感。对区分干燥的土壤及茂密的植物效果也较好。

(6)TM2 单波段图像,波长为 0.52 ~ 0.60 μm,属绿光波段。与 MSS4(波长为 0.5 ~ 0.60 μm,属于蓝绿光波段)相关性很大,对健康茂密植物反射敏感,对水的穿透力较强,一般能穿透 10 ~ 20 m,清澈的水穿透更深。水体在图像上接近灰色,可评价植物的生长活力,区分林型、树种,反映水下地形。如图 2-29(a)所示是武汉市的 TM2 单波段图像。

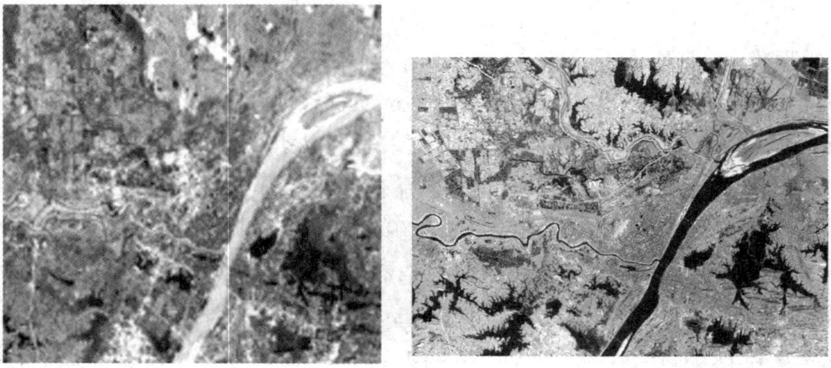

(a)TM2图像　　(b)TM5图像

图 2-29　武汉市单波段图像

(7)TM3 单波段图像,波长为 0.63 ~ 0.69 μm,属红光波段。与 MSS5 相关性很大。为叶绿素的主要吸收波段。根据它对植物叶绿素吸收的能力可判断植物健康情况,也用于区分植物的种类与植物覆盖度。还广泛用于地貌、岩性、土壤、植被、水中泥沙流等方面。其信息量大,为可见光最佳波段。

TM2、TM3 波段比 MSS4、MSS5 波段区间稍窄,主要是为了提高对植物光谱变化探测的灵敏度,更集中地反映出叶绿素在绿光波段的次反射和红光波段的吸收率,可用于植物分类。

(8)TM4 单波段图像,波长为 0.76 ~ 0.90 μm,属近红外波段。包括了 MSS6 和 MSS7 的一部分,此波段避开了小于 0.76 μm 出现叶绿素陡坡效应的坡面和大于 0.90 μm 可能发生的水分子吸收光谱带,使之更集中地反映植物在近红外波段的强反射,植物茂密时在图像上呈白色调。对绿色植物类别差异最敏感(受植物细胞结构控制),为植物通用波段。常用于生物量调查,作物长势测定。可以显示出水体的细微变化和水域范围。

(9)TM5 单波段图像,波长为 1.55 ~ 1.75 μm,属近红外波段。处于水的吸收带(0.4 ~

0.9 μm)内,故对含水量反映敏感,用于土壤湿度、植物含水量调查、水分状况研究、作物长势分析等,从而提高了区分不同作物类型的能力。易于区分云与雪。对岩性和土壤类型的判定也有一定作用。如图2-29(b)所示是武汉市的TM5单波段图像,水体在图像上接近黑色。长江、汉江在TM5波段图像的构像色调与TM2波段图像有明显的区别。

(10)TM6单波段图像,波长为10.4~12.5 μm,属热红外波段。对热异常敏感,可以根据地表发射辐射的差别,区分农、林覆盖类型;辨别表面温度、水体、岩石;检测与人类活动有关的热特征;进行水体温度变化测图。

(11)TM7单波段图像,波长为2.08~2.35 μm,属近红外波段。此波段是依据地质上的需要而设置的。处于水的强吸收带,水体在图像上呈黑色。可用于区分主要岩石类型、岩石的水热蚀变,探测与交代岩石有关的黏土矿物等。

图2-30为黄河中下游流域的TM影像(参见77页)。

(12)SPOT1单波段图像,波长为0.50~0.59 μm,属蓝绿光波段。是植物叶绿素反射的次高峰,对植被识别有利,对水体有一定的穿透深度,一般能穿透10~20 m,并能探测水的浑浊度。

(13)SPOT2单波段图像,波长为0.61~0.68 μm,属红光波段。位于叶绿素吸收带,与MSS5和TM3类同,为可见光最佳波段,用于识别作物、裸露土壤和岩石的表面状况。

(14)SPOT3单波段图像,波长为0.79~0.89 μm,属近红外波段。能很好地穿透大气层,植物在此波段处于高反射峰,而水体几乎是无反射,植物在图像上表现得特别明亮,水体则为黑色。

2. 多波段遥感图像判读

多光谱遥感(也称多波段或多谱段遥感)是指利用多通道传感器,把地面上物体辐射的电磁波信息分成若干个较窄的波谱段,通过不同波段的同步摄影或扫描(接收和记录),取得同一地物的不同波段的影像特征,从而获得大量地面信息的技术。

多光谱像片是地物按一定比例尺缩小了的综合影像图。它能够真实客观地、全面地反映地表面的自然景观。这些自然景观在像片上表现为色调、形态、大小、位置、阴影、图形结构以及它们之间的组合特征等。这些影像特征,能够帮助我们判读地面物体自然现象,并能表明它们的特点和性质。因此,把这些影像特征称为判读标志。多光谱像片显示景物的光谱特征比单波段强得多,它能表示出景物在不同光谱段的反射率变化。

在多光谱像片上,通过灰度的变化,反映了各种地物的反射波谱特性。由于相同的物体其物质成分和结构相同,具有相同的波谱特性,而不同的物体其物质成分和结构不同,则其波谱特性也不相同。所以,应用地物电磁波波谱特性的差异,可鉴别出各种地物的属性。这就是多光谱遥感的物理基础。我国摄制的多光谱航空像片,选用了4个波段,即①波长为0.7~1.0 μm的近红外波段,②波长为0.6~0.7 μm的可见光红光波段,③波长为0.5~0.6 μm的绿光波段,④波长为0.4~0.5 μm的蓝光波段。图2-31是SPOT卫星对武汉市拍摄的全色图像与多光谱图像的比较(参见78页),图2-32是IKONOS拍摄的北京城区4M地面分辨率的多光谱影像(参见78页)。

多波段图像判读主要是利用图像的光谱特性来区分物体的,具有如下特点:

(1)判读标志是按波段建立的,尤其是色调这一标志随波段变化十分明显。表2-3是以不同颜色的人工地物与自然物体为例说明在各个不同波段范围内色调变化的一般规律。

判读标志可分为两种，即直接判读标志和间接判读标志。①直接判读标志，是地物本身的属性在图像上的直接反映，如色调和色彩、形状、大小、阴影、图像结构等。方法是将几个波段进行假彩色合成。假彩色合成像片上的颜色表示了各波段亮度值在合成图像上所占的比率，这样就可以直接在一张假彩色像片上进行判读。判读方法与航摄像片基本一致。②间接判读标志，即使用比较判读的方法，将多光谱图像与各种地物的光谱反射特性（影像特征）数据联系起来，达到正确判读目标地物的属性和类型。

表 2-3 还说明物体波谱特性与多光谱图像灰度之间的关系：植物在绿波段和近红外波段都有反射峰值，而近红外波段反射特别强烈。因此，在绿波段图像上呈灰色调，在近红外波段图像上呈白色，而其他波段色调都较深。绿色建筑物虽与植物颜色一致，在绿波段上也有反射峰值，但在近红外波段却无反射峰值，这就是可以用红外波段图像判读军事伪装的原因。

表 2-3　不同颜色的人工地物与自然地物在各个不同波段范围内色调变化的情况

波段	物体性质						
	红房顶	绿色建筑	柏油路	水泥路	城市住宅区（树、草、房屋）	郊区大部分植物	水
蓝波段	灰	深灰	浅灰	白	暗灰	暗灰	浅灰
绿波段	灰	灰	灰	白	灰	灰	灰
红波段	白	深灰	深灰	灰	暗灰	暗灰	深灰
近红外波段	灰	深灰	深灰	灰	白	白	浅黑
中红外波段	暗灰	深灰	深灰	暗灰	深灰	深灰	黑

人工地物的色调与用材有关，现代城市用了大量水泥、柏油，绿波段上有强反射率，图像色调较浅；城市用水较多，其上空气体中水分含量大，因水分对红外线的吸收作用强，而使城市在红外波段图像上色调较深。

水体的反射率随波长的增加而降低，图像色调也逐渐变深。但水体的反射性能与水中成分有关，应视水体情况分别考虑。

（2）判读方法主要靠各级波段图像对比分析，充分顾及地物波谱特性与图像灰度的关系。

（3）可作彩色合成处理，以颜色来反映物体波谱特性差别，大大提高人眼的辨别能力而增强判读性能。

如果用 MSS7、MSS5、MSS4 以红、绿、蓝通道进行波段组合（即组合波段色调的排列次序 MSS7 为红、MSS5 为绿、MSS4 为蓝，以下相同）合成所谓标准假彩色图像，则植物为红色调，水体为青、蓝色调，裸露的干燥土壤、岩石则为白色或其他色调。

如果用 TM4、TM2、TM3 波段组合合成图像，类似于彩色红外图像和 MSS7、MSS5、MSS4 波段合成的图像，有利于植物分类和水体的判别。TM3、TM2、TM1 波段合成图像似天然真彩色，但图像多平淡，色调灰暗，彩色不饱和，信息量相对减少。TM7、TM4、TM3 波段组合的图像显示市容街道和公园水体清楚，图像接近天然真彩色。若研究地质构造环境，可选取 TM7、TM5、TM4 波段组合。研究植物分类用 TM5、TM4、TM1 组合。总之，根据各种不同的需要，针对地物波谱特性的特点以及波段间的相关性，进行综合分析以达到最佳的波段组合。

SPOT 的 3 个波段与 MSS 的 4、5、7 波段相似，但波长区间都不超过 0.9 μm。这是为了避免大气中水汽引起的相应调制作用及探测器电子扩散产生的模糊作用，借以提高图像质量而设置的，SPOT 图像地面分辨率高，定位精度好，图像判读能力优于 MSS 和 TM 图像。

判读实例：如图 2-33 所示为可见光和近红外光两个波段的多光谱像片。取其中草、水泥、沥青、土壤四种地物来说明多光谱判读的有效性。假定仅用一张可见光像片并且仅用色调（注意暂不用空间特性）来判断，则草和沥青无法区分，水泥和土壤的色调也十分接近；又假定仅用一张红外像片，则草与水泥的色调又十分相近，无法区分，沥青和土壤的色调也比较接近。可见仅用单张像片易混类，另外确定图像的类别也把握不大（如果不考虑空间特征）。现在使用多光谱像片，最简单的是使用两个波段，即将刚才两张像片放在一起比较判读，并且与地物的反射波谱特性曲线联系起来分析。首先我们可以量测这四种地物在两张像片上的黑度（如果是数字影像数据取它们的亮度值），绘出如图 2-34 的波谱相应特性曲线，发现这四种地物的相应曲线各不相同，可以肯定是四种不同的地物，这样已完成了对这四个目标的分类。然后与四种地物的反射波谱特性曲线比较，见图 2-35，看它们在两个波段中的变化趋势。*A* 与草，*B* 与水泥，*C* 与土壤，*D* 与沥青最相应，因此可以确定 *A* 为草，*B* 为水泥，*C* 为土壤，*D* 为沥青。从图 2-33 上看出，在可见光波段（全色片）上水泥和土壤、草和沥青的灰度分别比较接近，在红外片上草与水泥、土壤与沥青的灰度分别比较接近，是符合影像上的实际情况的。

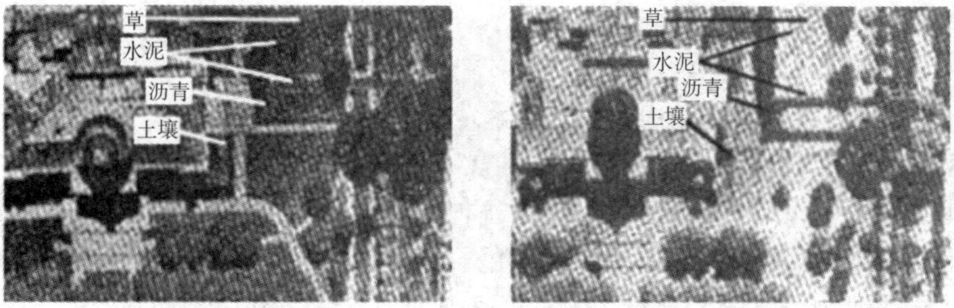

(a)全色片 (b)红外片

图 2-33 两个波段的多光谱像片

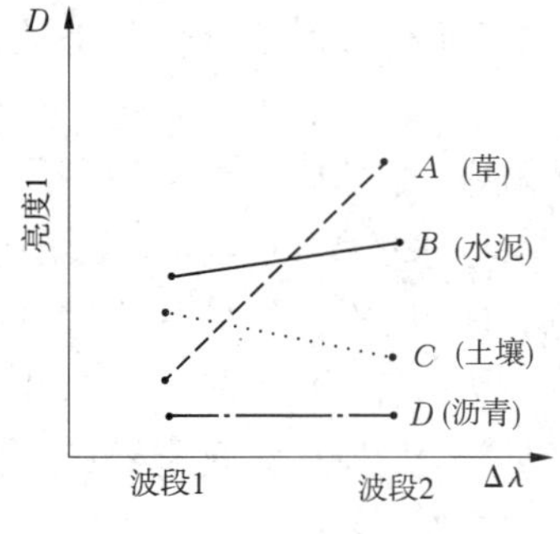

图 2-34 四种地物的波谱相应特性曲线

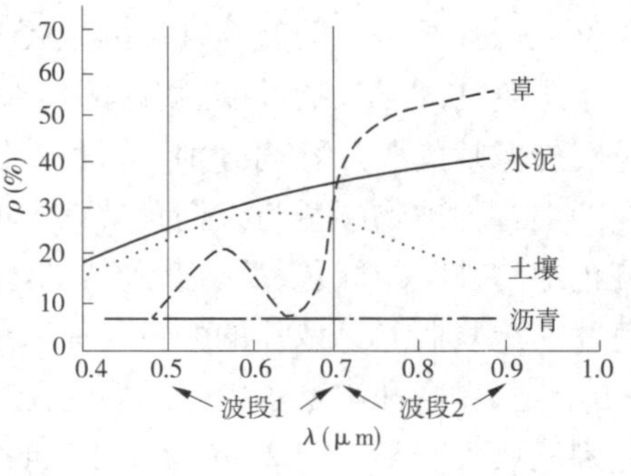

图 2-35 几种地物的反射光谱特性曲线

3. 红外遥感图像的判读

红外遥感图像是利用电磁波谱中的红外波段成像的。根据波长和能量的不同，可分为近红外、中红外、远红外和超远红外，在遥感技术中应用的红外波段主要是近红外、中红外、远红外三部分。

1)近红外像片的判读

近红外又称反射红外,可以是乳胶感光,亦称摄影红外。对于摄影红外来说,其成像原理和一般的航空摄影相似,即接收地物反射的近红外线电磁波,通过滤光镜使胶片感光成像,其遥感图像包括黑白红外像片和彩色红外像片两种。

(1)黑白红外像片。

感光乳剂中加入增感剂,使感光范围由可见光扩展到近红外波段。由于植被类型在近红外波段具有较高的光谱反射率,采用红色滤光片对红外像片胶片曝光后,可以增强目标地物与背景的反差,在不同植被之间增加反差。在黑白红外像片上看到的地物色调,与人们日常熟悉的真实景物不同,它的明暗色调是由地物在近红外波段反射率强弱所决定的。

黑白红外像片上地物色调深浅的解释不同于黑白全色像片。在黑白全色像片上茂密植被的颜色为暗灰色,在黑白红外像片上为浅灰色,这是因为植物的叶子在近红外具有强烈反射。各种植被类型或植物处在不同的生长阶段或受不同环境的影响,其近红外线反射强度不同,在黑白红外像片上表现的明暗程度也不同,根据像片色调差异可以区分出不同的植被类型。

物体在近红外波段反射率的高低决定了在黑白红外像片上影像色调的深浅,例如水体在近红外波段具有高的吸收率,很低的反射率,因此在黑白红外像片上呈现深灰色或灰黑色。同样是道路,水泥路面反射率高、影像色调浅,沥青路面反射率低、影像色调深。农田土壤含水量的多少,可以通过影像色调的深浅反映出来:含水量多,影像色调呈现暗灰色;含水量少,影像色调呈现灰白色。

(2)彩色红外像片。

彩色红外像片上的影像,是由可见光(绿光和红光)和近红外光共同形成的,因而这种像片不仅保持了红外胶片在传递不可见光信息方面的特点,扩大了人们的视域,而且能将全色黑白红外像片显示不出来的景物细节,以各种色彩清晰地反映出来,所以像片的信息量大大增加。此外,彩色红外像片是以象征性的色彩表现地物的影像,而在黑白像片上主要是以灰度的变化显示地物信息的。无论地物的颜色如何,在黑白像片上均只显示为不同等级的灰阶,所以使目视判读受到很大限制。彩色影像使人眼分辨率大大提高,因而信息量比黑白影像丰富得多。

彩色红外像片与全色的航片判读的主要不同点在于颜色特征。彩色红外像片上的颜色主要取决于彩色红外胶片的性能、物体的反射辐射特性以及摄影、洗印加工等条件。

彩色红外像片的胶片乳剂分别对绿色、红色和近红外光敏感,经过显影洗印后获得的彩色红外像片上各种地物颜色与人们日常熟悉的真实景物不同,原来的绿色地物被赋予蓝色,原来的红色地物被赋予绿色,反射红外线的地物被赋予红色。所以,彩色红外片是假彩色片或伪彩色片。这些假彩色像片的颜色与原来景物的色彩不一致,但往往比真彩色像片更鲜艳,层次更清楚,提高和丰富了信息的表达能力,使影像清晰易辨,尤其是对具有绿色背景的地物进行判读更为有利。图 2-36 为长江三峡流域的彩色红外图像(参见 78 页),图 2-37 为武汉市武昌区部分的彩色红外立体像对(参见 79 页)。

地面物体在彩色红外像片上的颜色,实际上是随着各种物体反射红光、绿光和红外线的多少而变化,形成了不同的颜色和深浅的差别。此外,摄影时间、季节、镜头位置、滤光镜、胶片、药液配制以及技术操作等因素都会引起彩色红外像片颜色的变化,使之偏红或者偏绿。

彩色红外遥感在植被、水体、地质、土壤等方面的判读有较好的效果。

植被:在彩色红外像片上,植物的叶子因强烈反射红外线而呈现色彩非常突出的红色。因此,利用彩色红外像片判读植被具有特殊的效果。但各种植被类型或植物处在不同的生长阶段或受不同环境的影响,其光谱特性不同,因而在彩色红外像片上红色的深浅程度不同,如正常生长的针叶林颜色为红色到品红色,枯萎的植被呈现暗红色,即将枯死的植被呈现青色。根据这一特点,利用红外遥感技术区分植被的种类,甚至于农林病虫害,比全色黑白片容易得多。

水体:具有强烈吸收红外线的能力,所以水体在彩色红外像片上也有突出的表现。水体污染、所含悬浮物质(如泥沙)和水的深浅等因素都影响它的反射光谱特性,从而影响其像片上的色彩,根据这些色彩上的差异,可详细对水体进行判读。例如富营养化的水体呈现棕褐色至暗红色,含有泥沙或淤泥的水体呈现青色至浅蓝色,清洁的浅水呈青蓝色,水体很深并且洁净时呈现深蓝到暗黑色。因此,可根据彩色红外像片上水体从浅蓝至深蓝乃至黑色的变化,粗略估计水深。

彩色红外像片表现力好,色彩丰富,立体感强,在判读地质体和地质现象方面有显著效果。对不同岩类来说,反映出的色彩和形态特征也是不同的。此外,不良地质现象,如泥石流、岩溶、洪积扇、崩塌、滑坡等在像片上都有不同程度的反映,其中以泥石流、岩溶、洪积扇最为清晰。

彩色红外像片具有一些不同于彩色像片的特点,除广泛应用到农业土地资源调查和森林资源调查、洪水灾害评估外,也可以应用在军事方面,例如探测伪装的军事设施。地球表面的各种地物,诸如土地、森林、农作物、房屋、道路、河流,它们在可见光与近红外波段都以自身的特有规律反射电磁波,因此它们具有不同的光谱特征。正常生长的植物在近红外波段具有较高的反射率,采用绿色植物进行伪装的物体,其光谱特征与植被不同,例如用植物枝叶伪装的目标地物在近红外像片上呈紫红色,披盖绿色伪装物的目标地物在像片中呈蓝色,而正常的植被呈现红色。因此,根据地物的光谱特征,容易区分出彩色红外像片上正常生长的植物和用植物伪装的目标地物。

判读彩色红外像片,可以按照以下步骤进行:

①认真了解彩色红外像片感光材料的特性和成像原理;

②熟悉各种地物在可见光和近红外光波段的反射光谱特性;

③建立地物的反射光谱特性与彩色红外像片中地物假彩色的对应关系;

④建立彩色红外像片其他判读标志;

⑤遵循遥感判读步骤与方法对彩色红外像片进行判读。

表2-4所列为部分地表物遥感彩色红外影像的参考判读标志(参见79页)。

图2-38为部分植被、土质的彩色红外像片(参见79页),图2-39为铁路、公路的彩色红外像片(参见81页),图2-40为水库、堤坝的彩色红外像片(参见81页),图2-41为几种水体的彩色红外像片(参见81页)。

2)热红外图像的判读

组成物质的分子热运动产生中、远红外线,所以又叫热红外,热红外遥感图像是采用扫描手段成像的。

地物具有反射、透射和发射电磁辐射的能力。热红外探测仪器接收的能量不是物体的实际温度，而是辐射温度 $T_h = \varepsilon T$。传感器透过3.5～5.5 mm 和8～14 mm 区间上的大气窗口，探测地物表面发射的电磁辐射，地物本身具有热辐射特性，热红外像片记录了地物热辐射。因此，热红外图像的辐射特性主要反映在物体温度和发射性能上。这点不同于可见光和近红外遥感。一般情况下，温度变化情况在图像上反映得更直观。温度高的物体显示为亮色调，温度低的物体显示为暗色调。也有温度差别不大时，由于发射率的影响，温度高的物体可能或出现冷色调（暗），温度低的物体可能出现暖色调。总之，一般地物白天受太阳辐射影响，温度较高，呈暖色调；夜间物质散热，温度较低，呈冷色调。各种地物热辐射强度不同，在像片上具有不同的色调和形状构像，这是我们识别热红外像片地物类型的重要标志，热红外图像的判读，仍然是依据像片的图像要素或特征形状、大小、阴影、周围环境（包括位置、布局）和色调等标志。

（1）形状和大小。

热红外探测器检测到物体温度与背景温度存在差异时，就能在影像上构成物体的热分布形状。其位置与形状在热红外图像与全色像片中是相似的，但是热红外图像具有内在的几何变形。除沿飞行方向的主纵线外，其比例尺随主纵线的远近而变化。离主纵线越远的物体变形越大。形状虽然表现了目标在图像上的轮廓，但是发热目标呈现的并不是它们真实的形状，而是点状或延展扩散状亮斑。即地物的形状和热辐射特性影响物体在热红外像片上的尺寸，当高温目标物体与背景具有明显热辐射差异时，它的热扩散就越强，图像与目标在形状和大小方面的差别也越大，这被称为光晕效应。即使很小的物体，如正在运转的发动机、高温喷气管、较小的火源，都可以在热红外像片上表现出来，面积较大的热源，如炼钢车间、冷却池等，往往呈现为轮廓不规则的片状。由于高温物体向外辐射，因此它在影像中的大小往往比实际尺寸要大。风能使点热源在图上产生比原物大几倍的图像，也能使小的点热源消失，还会使高温热源在背风面的轮廓模糊。因此，在热红外图像上形状和大小这一判读标志，只能表现温度分布的形状和大小，如果地面物体具有相同的辐射温度，在热红外图像上为同一色调，这种色调在图像上集合而成的形状并不反映某一物体的真实形状和大小，因此在判读上应该引起注意。

（2）阴影。

阴影在热红外图像上的表现与常规图像相似，和全色像片上见到的阴影区的面积大致相同。热红外影像上的阴影是目标地物与背景之间辐射差异造成的，由于太阳照射情况改变后，温度不会立即变化，因此阴影也不会马上消失。这就是热红外图像阴影的特点，人们称这种阴影为热阴影。在多数情况下，热红外图像上所反映的阴影，称为热阴影，如热红外图像中飞机已经飞离，图像上仍留有飞机的影子，这就是热阴影。全色像片上所见到的云阴影，只要太阳被云遮住便会马上出现，但热阴影通常在太阳被云遮住后一段时间才会出现。热阴影形成与消失的快慢是由阴影区域物体的物理属性（比热、热传导系数、密度等）及当时的气象条件而定的。比热大的物体，其热阴影形成与消失均比较慢；反之则快。

（3）色调。

色调是地物亮度、温度的构像。热红外图像的色调是判读的关键指标，判读热红外像片时，要细致区分影像色调的差异。影像的不同灰度、色调的深浅反映地面物体热辐射能力的差异，这是与全色像片的主要区别。热红外图像只提供地面物体表明的亮度温度信息，并不直接表示物体内部的热结构和热传导的过程。图像色调反映地面物体热辐射（自身反射或反射辐射)能量的状况。图像上的黑暗区、深色调表示热辐射弱(物体表面温度较低),为冷色调;明亮区、浅色调表示热辐射强(物体表面温度较高),为暖色调。

金属、木材、路面、土壤、草地、树木和水面等都是经常遇到的目标。这些目标的色调,在夜间的热红外图像上变化很大,每种目标的色调都随着它们的使用状态、气象情况及物理特性的不同而不同。下面简单介绍这些目标反映的色调:

①金属表面。在正常条件下,放在室外的金属薄片(不热的),在夜间热红外图像上呈黑色,这是因为金属自身辐射红外线的能力远比其他物质低,虽然金属表面是很好的反射体,能够强烈地反射来自天空的辐射能,但是夜间天空中辐射能的强度是很弱的(特别是晴朗之夜),因此它反射出来的能量是很弱的。

根据这些标志可对不同地物的热红外影像进行判读。

②道路路面。在夜间热红外图像上呈现为浅灰到白色(温度十分高时)。这是因为路面的辐射能力强,同时它和地面有良好的热接触,而地面本身就是一个恒定的热源,又因为路面的热容量很大,它能将白天从太阳那里吸收来的一部分热量储存起来在夜间辐射。这一规律对水泥、沥青和一切黑色的路面都是适用的。

③土壤。在正常的条件下(包括各种泥土、沙和石),在夜间热红外图像上呈淡灰色,这是由于地面的热容量大。

热红外影像上土壤含水量不同,其色调也不同。在午夜后拍摄的热红外影像中,土壤含水量高,呈现灰色或灰白色调,土壤含水量低呈现暗灰色或深灰色,这因为水体的热容量大,经过白天阳光照射,使土壤在夜间都具有高的辐射能力的缘故。

土壤是在地形、气候等多种成分因素的综合作用下形成的。在遥感影像上,不同的土壤类型的特征不如水体、植被等要素明显,而且土壤的性状主要表现在剖面上,而不是在土壤的表面。土壤判读主要通过综合分析,并依靠间接判读标志进行。

土壤的光谱特征:地表植被稀少的情况下,土壤的光谱曲线与其机理组成和颜色密切相关。土壤表面有植被覆盖时,覆盖度小于15%,光谱特征与裸土相似;覆盖度为15%~70%,表现为混合光谱。

④岩石。一般裸露的岩石白天受到太阳暴晒,在夜间的热红外像片上呈淡灰色,例如玄武岩往往呈灰色至灰白色,花岗岩呈灰色至暗灰色,这是由于岩石的热容量较大,夜晚有较高的热红外辐射能力所致。

⑤草地。在夜间热红外图像上呈现黑色(很冷)调或暗灰色调。草的株体太小,从地面或者太阳辐射里取得的热量很小,储藏热量的可能性也小,地面增温时它也随之增温。晚上随着地面辐射加强,它很快把自身热量辐射掉而冷却,逐渐形成晚上近地面层空气温度比地面以上数尺处的气温为低的夜间逆温现象。

⑥树木。在夜间热红外图像上呈现为中灰到浅灰的色调。树的枝干高大,白天由于树叶吸收红外线(大于2 μm)及树叶表面存在水汽的蒸腾作用,降低了树叶表面温度,使树叶的温度比周围裸露地面温度低,在白天热红外图像上呈暗灰至灰黑色调;晚上,储有大量热量并且有很高发射率的树和地面都进行辐射,夜间气温的逆温现象却使树吸收热量升高温度,使树冠在夜间热红外图像上呈灰色调,有时呈灰白色,这是因为树林覆盖下的地面热辐射使树冠增温。

⑦水面。正常条件下与其他物体热学特性不同,它具有比热大、热惯性大、对红外线几

乎是完全吸收、自身辐射发射率高等特点。白天升温速度比其他物体慢,温度低于周围物体的温度,因此水体在白天获取的热红外图像上会显出冷信息,色调呈现暗色调;相反,在夜间由于水体自身发射辐射强于周围地物,水降温速度慢,因此在夜间获取的图像上显示暖信息,而色调发亮(呈浅灰到白色)。午夜以后获取的河流、湖泊等水体的热红外像片,影像呈浅灰色至灰白色。

另外,街道、场地及房屋建筑,白天在热红外图像上也呈现暖色调;夜晚,由于街道散热比较慢呈暖色调而房屋建筑呈冷色调。

图 2-42(a)、(b)为 MODIS(是美国 EOS - AM1 系列卫星的主要探测器)白天和夜间摄取的两张热红外图像。图 2-42(c)为 TM6 武汉市的白天热红外图像。

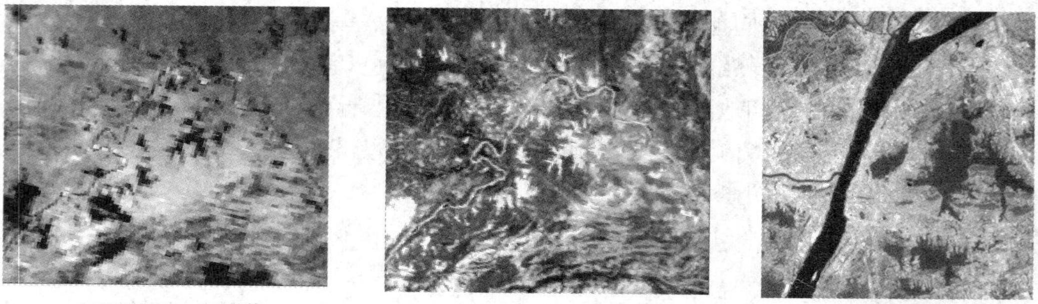

(a)MODIS11:00图像　(b)MODIS00:00图像　(c)TM6武汉市白天图像

图 2-42　热红外图像

图 2-43 为 1982 年 9 月白天和夜间摄取的新疆塔里木地区的两张热红外图像。图 2-43(a)为 13:00 成像,被风沙淹没的河床呈暖色调;而 04:00 获取的夜间影像见图 2-43(b),呈冷色调;有水的河流白天呈冷色调,夜间呈暖色调,树林白天、夜间都呈冷色调。这里强调冷热的相对比较,实际上是白天、夜间水温变化较小,而土壤温度变化较大。图 2-43 显示出了土壤与水一天中辐射温度变化的一般情景。水温虽然夜间比白天也要低一点,但白天土壤比水热得多,而夜间土壤比水的温度更低。

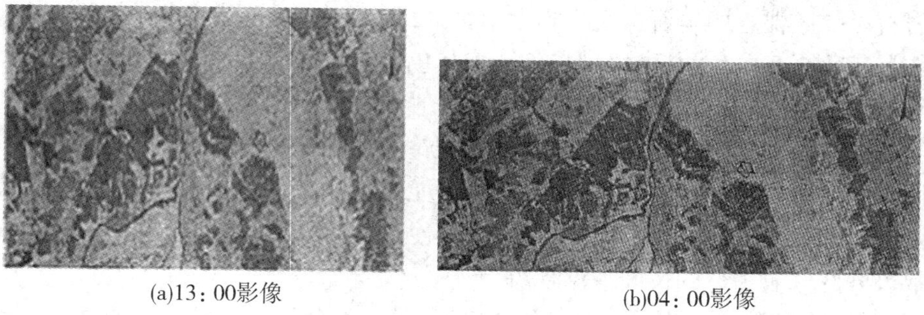

(a)13: 00影像　(b)04: 00影像

图 2-43　塔里木地区的热红外图像

图 2-44(a)为我国黄海和东海地区的气象卫星(NOAA)热红外图像(参见 83 页),其中①为山东半岛;②为黄海冷水舌;③为台湾海峡暖流;④为辽东半岛;⑤为海冰;⑥为云。该图像是在 1978 年 1 月 14 日 19 时获取的。冬天气温较低,该影像为负像,温度高的显得“暗”,温度低的显得“亮”。图 2-44(b)是将(a)图像经密度分割后输出的伪彩色图像。在

这个图像上暖流和冷水海流的边界和流向都显示得十分清楚。长江口外和朝鲜半岛西南端有两个暗红色的舌状,称冷水舌,这里形成海洋锋面,鱼群往往在这里洄游,是很好的海洋渔场。

4.微波影像的判读

微波遥感图像是利用电磁波谱中微波波段经扫描成像而成的。微波遥感一般分为被动与主动两类。被动微波遥感是用仪器接收自然物体和人工物体自身所发射的微波。由于不同的物质它们所发射的微波是不一样的,因此可以根据它们的特征来识别物体的特性。主动微波遥感是用人工方法向目标物发射某一波长的微波讯号,用仪器接收目标物反射的回波,根据它们反射回来的微波特征不同,来识别物体。微波遥感采用的波长范围为1 mm~100 cm,它可以穿透云雾和大气降水,具有分辨率高、视域广、成像面积大的特点。

微波遥感与光学遥感的方法不同,它是利用电子学的方法进行遥感的。正因为它发射微波可以人为控制,其探测的方式就可以根据实际需要进行设计,从而获得最佳效果。成像雷达是微波遥感的主要传感器,分为真实孔径雷达RAR(Real Aperture Radar)与合成孔径雷达SAR(Synthetic Aperture Radar)。SAR图像是利用航空、航天遥感平台搭载合成孔径侧视雷达接收主动发射的微波回波,获取地球表层微波影像的。侧视雷达图像的特征与全色像片类同,只是其含义不同而已,其判读标志主要是形态特征和色调。

1)形状与大小

形状是指雷达回波显示的轮廓线,即具有比较固定周界限的空间形式。物体在雷达图像上的形状一般来说与地物本身的形状是相似的,人造地物一般都具有规则的几何形状,如铁路、公路、水渠在雷达图像上仍是线状,盐田、稻田、耕地仍呈现明显的格状,容易与天然目标区分。尽管许多景观组成不规则的轮廓,但根据它们的形状仍可以判读出许多地质地貌特征,如冲积扇、河漫滩、火山锥、褶皱和断层等;还有很多目标,特别是一些较小但后向散射系数很大的物体,其影像形状与实际形状相差很大,例如:平顶房屋在雷达图像上往往是细条状,这是因为在雷达图像上成像的可能仅仅是其边墙,而房顶的回波较弱,没有影像;高压输电线塔和油田的抽油机在雷达图像上都是亮白点,与实物的形状差别很大,但从形状上它们是无法区分的;一些体积较大的物体,如大型储油罐、车间等在雷达图像上的形状只是其边界形状,从视觉上看与实物形态并不相似。

大小是图像上目标影响的尺寸。在带有自动增益调整器的雷达站,它接收的雷达图像阈反差是最高的能够识别图像上大小为0.12~0.16 mm的实心目标和宽度为0.02~0.03 mm的线状目标,对于小目标,因闪烁效果的作用,在图像上呈现亮点,其大小远大于实际尺寸。

2)色调与色调结构

色调是地物反射到雷达接收器上电磁波强度的记录。色调是雷达图像最重要的影响因素。随强度的大小,色调呈深浅不同的灰色。回波的能量大小受许多因素的影响,侧视雷达图像上色调的高低,与可见光、近红外及热红外图像都不同。

地物的电特性影响雷达图像色调,一切物体的电特性量度都是复合介电常数。这个参数是各种不同物质的反射率和导电率的一种指标。雷达图像对介电常数高的物体非常敏感,一般金属物体导电率很高,反射雷达波很强,在雷达图像上有明晰的浅色调图像,如金属桥梁、铁轨等。而多数动态的目标也都属于该类物体,因此在雷达图像上能非常容易地获得车辆、战船、飞机等重要目标的位置、数量。如果已建立了它们的后向散射模型,则可识别其型号。水的介电常数为80,对雷达波反射也较强,地面物体不同的含水量将反映出不同的反射强度。含有不同矿物的岩石，有不同的介电常数，在雷达影像上能显示出来。当然地物的电特性应与其他引起色调变化的因素结合起来分析，如水面很平坦，造成镜面反射，反射波很弱。

地物表面类型是确定后向反射波振幅的主要因素，因而也是确定图像色调的主要因素。地物表面类型是由雷达波段和地物表面起伏高差之间的关系而定的，见表2-5。例如，地面起伏高差$\Delta h=0.96$ cm，对K波段而言为粗糙，对X波段而言为中间类型，对L波段则为平滑。所以，雷达图像判读之前，要了解图像的成像波段以及其他一些成像参数。

表2-5　不同雷达波段的粗糙度量级

表面类型	K波段(1 cm)	X波段(1 cm)	L波段(1 cm)
平滑	$\Delta h<0.05$	$\Delta h<0.17$	$\Delta h<1.41$
中间类型	$0.05\leqslant\Delta h\leqslant0.18$	$0.17\leqslant\Delta h\leqslant0.96$	$1.41\leqslant\Delta h\leqslant8.04$
粗糙	$\Delta h>0.18$	$\Delta h>0.96$	$\Delta h>8.04$

雷达图像能很好地显示地表的粗糙度，地物表面粗糙度不同，影像色调也有很大差别。如平坦的地面、平滑的公路、飞机跑道、避风港内静止的水面等，对于雷达的微波形成镜面反射，后向反射波几乎没有，在图像上形成黑色调。而有波浪的海水面、翻耕后的农田等粗糙的表面，入射的微波向各个方向散射，后向反射波比较强(回波的能量较大)，图像上的色调则按粗糙程度加大逐渐变浅。

地面地物微小起伏如果小于雷达波波长，则可看成镜面，镜面反射雷达波很少返回到雷达接收机中，因此显得很暗；当地面微小起伏大于或等于发射波长时会产生漫反射，雷达接收机接收的信号比镜面反射强。另外一种称为角隅反射，其反射波强度更大。

相邻雷达回波之间的色调密度之比为对比度，即反差。反差越大，分辨或发现目标的可能性越大。当反差<0.06时，无论怎样放大目标尺寸都不能发现目标，只有在实心目标尺寸大于0.07 mm、现状目标大于0.03 mm的情况下，增大反差才能发现目标。

雷达图像的色调结构是某一群体的各个要素图像的组合，这些要素的图像因土壤、植被、地表温度状况以及地貌要素形状的差异而有所不同。色调结构反映群体要素的相互位置、性质和彼此间隔值的特点，以及它们的几何特征和介电特征。表2-6列出了几种人文目标在雷达图像上的结构特征。

表2-6　几种人文目标在雷达图像上的结构特征

目标	反射强度	雷达图像结构特征
城市	极高强度	由街区、街道和广场形成的方格网
郊区	中等强度	由街区、街道形成的方格网
新建公路	较低强度	线状，中等曲率
公路	较低强度	线状，可能有急转弯的路段，其色调略有别于周围地面
高压输电线	极高强度	金属杆塔形成的规则的浅色虚线
铁路	极高强度	线状，曲率缓和
桥梁、渡口	极高强度	浅色短线段

续表 2-6

目标	反射强度	雷达图像结构特征
机场、跑道、机场建筑物	机场、跑道低强度，建筑物中强度	机场，中深色；X 形跑道，深色；建筑物，浅色
工业目标	极高强度	具有明显界限的浅色面积
农业用地	各种强度（由强到弱）	通常呈矩形面积

雷达图像色调结构的性质和全色像片一样，主要由地面目标的外形特征和地面目标成像的详细程度来确定。

雷达图像覆盖地面面积大，比例尺小，能获取其他技术手段难以获得或根本不能获得的必要信息，易于调查地面特殊界线的主要形状和总的特征。又因图像比例尺小，解像力低（与全色航空像片比较），不能在图像上发现小的地面碎部，常常给图像相对地理坐标系的定向和联测带来困难。

3）侧视雷达图像的几何特性

雷达图像的几何特性表现为目标物构像的形态特征或图形特征，它们是雷达图像判读的重要标志。不同物体的形态特征，在侧视雷达图像上显得十分清楚。

雷达图像的几何特性，是斜距投影，因此图像的变形与其他图像不同，如图 2-45 所示。它对空间特征判读的影响表现在两个方面：

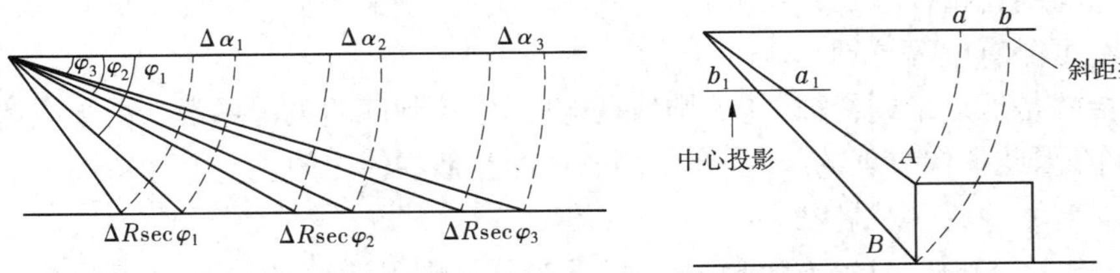

图 2-45　侧视雷达图像的几何特性

第一个是比例尺失真，即离飞机远的影像比例尺大，反之比例尺小。这与全景像片正好相反。

第二个是地形起伏引起的投影差变化与中心投影像片的位移方向相反。在判读时应注意，高山往往向飞机方向倾斜。如果获取立体像对，按常规方法观察立体，将是一个反立体，如图 2-46 所示。

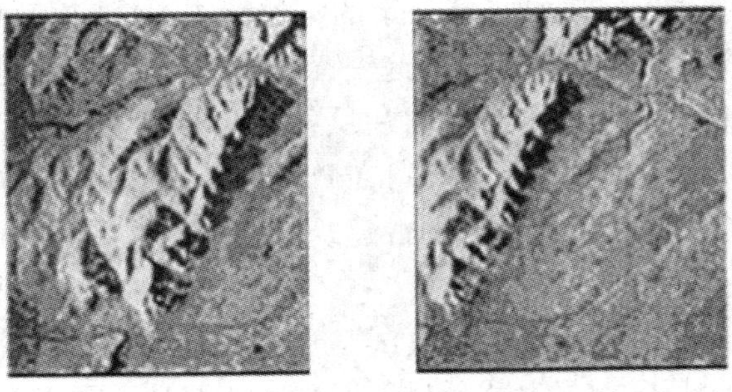

图 2-46　SAR 立体像对

4）阴影

由于地形起伏和坡向不同，造成雷达波入射地面单元的角度不同。朝向飞机方向的坡面反射强烈，朝天顶方向就要弱些，背向飞机方向反射雷达波很弱，甚至没回波。没回波的地区称为雷达盲区。

阴影是因地形起伏、雷达波不能到达的地区无反射回波（即无后向反射波被天线接收）形成的，在图像上呈深色调。雷达阴影的长度与地形起伏的高度有关，同时又与飞行高度、隆起地物、飞机的距离等因素有关，同样高度的山地，离飞机越近阴影越长，而飞行高度越高时，阴影越短。雷达阴影总是处于垂直飞行航线方向，当航线的高度和方向适宜时，可使整个测区的阴影一致。阴影的存在增强了图像的立体感，但是在地面高差较大的地方，雷达阴影会掩盖部分地面的信息，因此需要有相反天线指向的航线，以获得阴影区的图像。

5）纹理

纹理是指雷达图像上色调变化的周期性和随机性的现象。雷达图像上有三种纹理特征：微细纹理、中等纹理和大纹理。

微细纹理是大多数系统固有的，是随机性的，而不是相对平滑地区植被引起的。

中等纹理是由若干分辨单元空间排列的不均匀性或者更多的分辨单元横跨了若干微细纹理单元而产生的。很多情况下，它的组成与植物群落内的结构、个体的分布有关。这种分布不是任意的组合，它们大部分是与土壤条件和作物品种竞争有关。旱地在雷达图像上呈灰黑色调，在此灰黑色调的图像里，能见到很细的线状纹理，它们是由不同灰度的线平行排列而成的。这与棉花植株呈长垄状分布，行间距大的排列格局是一致的。高粱、玉米、豆类以及果园都有可能有中等纹理。

大纹理指的是地形结构特征，它的排列是地质、地貌判读的关键要素。由于图像纹理取决于色调分布，因此图像纹理的外观，在不同图像的类似物体之间基本上保持不变。

6）侧视雷达图像的其他特征

（1）微波对云层和树木的穿透能力较强，是对其他图像判读的最有效的补充。图像判读的物质基础是遥感图像，其他遥感图像的获取都会受到大气和天气的影响，在对图像要求现势性较高的情况下，由于天气的原因，往往不能及时得到其他图像，此时，只能用雷达图像进行判读，以获取最新的战场信息或灾情信息。

如图2-47所示是在赤道附近热带地区（印度尼西亚）的侧视雷达图像，全年绝大部分时间有浓厚的云层，地面由森林覆盖，但由于雷达能穿过云层和树木，得到的是地面图像，火山迹象明显，好似喷发后刚歇息下来。

（2）微波在物体内会产生体散射，有一定的穿透能力，且波长越长其穿透能力越强，因此能将地下的一些状况反映出来。微波的这一特性对位于地下或浅水下的目标探测是十分有利的。微波能穿透干燥的沙子，触及基岩后反射回来。例如，在沙层底下的干涸河谷、河流、阶地、断层和其他崎岖不平的地形等均可在微波遥感图像上清晰显示出。雷达像片上的许多地质特征有助于在该地区寻找地下的古建筑、古河道、地下水资源、石油以及对浅水地貌的探查，地下管道探测等。

如图2-48所示是美国航天飞机第二次试飞时获取的撒哈拉沙漠地区的雷达像片。发现雷达波能穿透干燥的沙子，触及基岩后反射回来。从照片上可以看出掩藏在地表底下的古代地形特征。雷达波透过沙漠揭开了几千年来掩埋在地下的自然景物。雷达在苏丹北部拍摄的这张照片揭示了沙层底下沉睡着(在 3 000 万～4 000 万年以前形成的)的像尼罗河一样宽广(约 14.5 km 宽)的巨大的干涸河谷(见图 2-48 中 A)。此外,图像还显示出纵横交错的河流、扇形的冲积特征、阶地、断层和其他崎岖不平的地形。雷达像片上还有其他特征看起来像湖泊或洼地(见图 2-48 中 D),古代的干涸湖或洼地,可能有人类居住过。在沙漠上部考察,曾发现过大约 20 万年前古代人类的制造品,使"人类居住"的假设变得可信。一个网状的固定水系成了较大的地理特征(见图 2-48 中 B);一条似乎是沿构造带形成的干涸河床(见图 2-48 中 C);一条干涸河的水系,面积扩展到几英里(见图 2-48 中 E)。

雷达像片上的许多地质特征有助于在沙漠地区寻找石油和水源。

图 2-47　印度尼西亚某地的侧视雷达像片

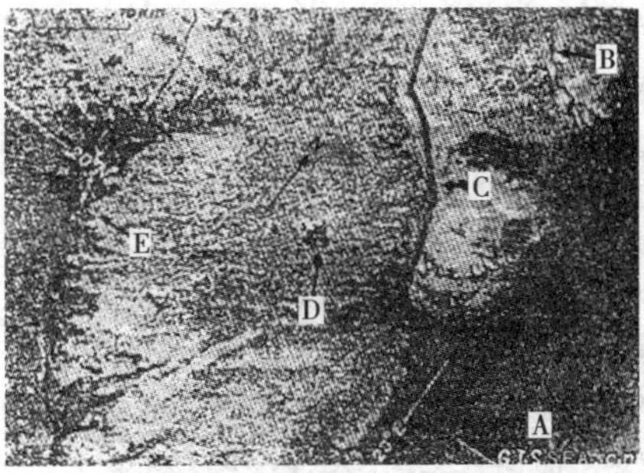

图 2-48　撒哈拉沙漠地区的雷达像片

(3)阴影特征。由于高于地面的物体遮挡,使雷达波(探测脉冲)不能到达的地段无反射回波形成的黑(深)色调影像。雷达图像阴影的形成与背向天线一面的地形坡度和探测角有关,背向天线的本影能增强图像的立体感,对目识判读是很有利的。但是,在地面高差较大的地方,雷达阴影会掩盖部分地面的信息,一部分区域不能成像,不但会造成地物丢失,也会影响立体观察效果,另外对雷达图像的辐射校正也非常不利。因此,需要有相反天线指向的航线,以获得阴影区的图像。

由于雷达图像的判读特征与其他图像相差较大,因此用雷达图像判读必然有其独到的优势,当然也会存在一些缺陷。

7)雷达图像判读存在的缺陷

(1)与摄影图像和 CCD 图像相比,雷达图像的分辨率还比较低。目前,星载的合成孔径侧视雷达的地面分辨率一般都为 15～30 m,如 ERS－1SAR 的地面分辨率为 26 m,Radarsat SAR 的地面分辨率是 25 m×28 m,ERS－2SAR 的地面分辨率也只能达到 10～15 m。这样的分辨率对地形判读或军事侦察是远远不够的。

(2)严重的图像噪声(雷达图像斑点)降低了雷达图像的可判性。雷达图像斑点是由雷达成像机理决定的,是 SAR 成像时,通过对景区相干波照射和对目标后向散射信号的相干检波来获得方位向的高分辨率,图像某点的灰度有地面单元的后向散射信号的相干总和决定。地表通常由许多随机分布的散射面组成,这种随机性散射通过相干检波以后,可能会出现相干增强,从而产生斑点。因此,斑点是 SAR 系统相干信号处理产生的结果,而不是地表本身的特征。

(3)判读比较困难。由于 SAR 成像机理复杂,图像色调与实际目标相差甚远,因此在判读时对各种判读特征的运用显得比较困难。另外,图像色调主要取决于目标的后向散射系数,而影响后向散射系数的因素很多,因此目标在雷达图像上的色调难以把握。

8)典型目标的微波图像判读

(1)居民地。

在侧视雷达(SAR)图像上,居民地是比较容易识别的目标之一。居民地主要由房屋、街道及居民地内或外围的树木组成,这些物体都具有强烈的体散射特征。地表与房屋的墙能组成角反射器,不同高度的房屋也是强反射体,沥青房顶也有较强的后向散射能力,居民地内的树木的体散射能力显著,因此居民地在SAR图像上一般呈现亮白色。由于居民地的后向散射系数极大,因此对一般的居民地来说,很难在SAR图像上识别其街道分布,这是SAR图像在居民地判读时非常不利的一面。如图2-49所示为武汉市的侧视雷达图像,如图2-50所示为平原地区密集居民地侧视雷达图像,图像中的灰白色调为居民地的影像。

图2-49　武汉市的侧视雷达图像

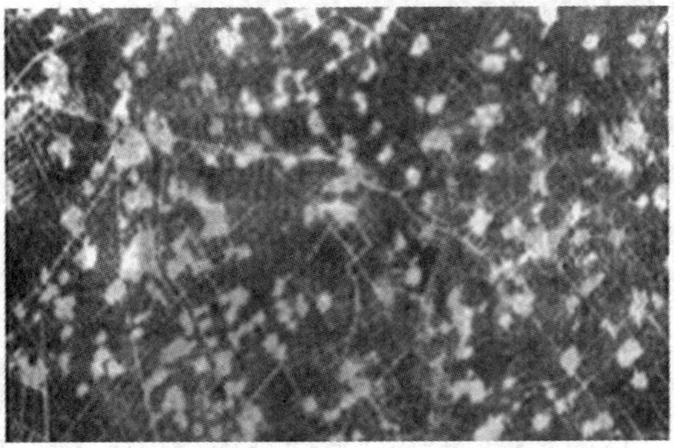

图2-50　平原地区密集居民地侧视雷达图像

(2)交通运输设施。

公路、铁路和水渠在形状上都是线性地物,在雷达图像上可形成比较明显的条带影像,但是它们的色调则往往有较大的区别。

决定公路在雷达图像上色调的因素有很多,如公路的材料、公路的地势、公路两边是否有行树、探测角度、探测波波长及极化方式都对其色调有一定的影响。一般来说,沥青路面比水泥路面的后向散射系数更高,因此沥青公路的色调较浅,在合适的照射角度下呈现浅灰或白色。有行树的公路往往是亮白色,在雷达图像上非常明显。没有行树的公路往往是深色调影像。L波段比其他波段对公路有更好的表现能力。没有行树的山区公路会出现断续的白线或黑带,城市或大居民地内的较宽的街道,由于两边房屋的强回波且自身后向散射较弱而出现深灰色调。

铁路在雷达图像上一般是亮白或灰白色调。这主要是由于铁轨的复介电常数高,本身的后向散射系数较大,另外铁路路基较宽,其上的碎石和枕木构成了较为粗糙的表面,并且与路基、铁轨在一定程度上构成二面角反射器。但是如果只有铁轨本身的后向散射起作用,而没有其他的强反射,由于铁轨本身较细,后向散射能力仍较弱,这时铁路的色调将成为深色或深灰色。

沟渠和河流在雷达图像上的色调一般是中间黑,两边或一边有亮线。水体对微波的后向散射能力很弱,因此在雷达图像上是黑色调,亮线是由两边的岸形成的。

桥梁与道路相连通过河流或沟壑,本身特征十分明显。另外,桥梁的色调多是浅色调,与其背景反差较大,因此在雷达图像上桥梁极易识别。

(3)输电线。

高压输电线是地形图上表示的内容之一。由于雷达图像的分辨率低,一般杆支撑线路在雷达图像上不易识别。目前,330 kV 和 550 kV 的高压输电线路都采用高大的钢质塔架作为支撑体,而这些塔架具有强烈的体散射特征,往往在雷达图像上有所表现。图 2-51 中有几排较规则的白点,它们就是钢质塔架的影像,它们的连线即是高压输电线路的走向。

(4)机场。

机场在雷达图像上最明显的特征是黑色调的跑道。图 2-52(a)是一个紧靠山脚的机场 SAR 图像,在图上可清楚地看到该机场的跑道、停机坪,还有山洞内的飞机洞库,机场边没有候机楼的大型建筑物,所以是一个主要军用机场。

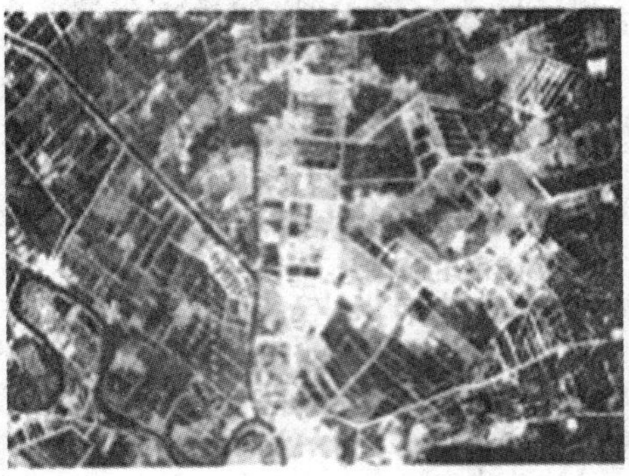

图 2-51　天津宁河的 SAR 图像

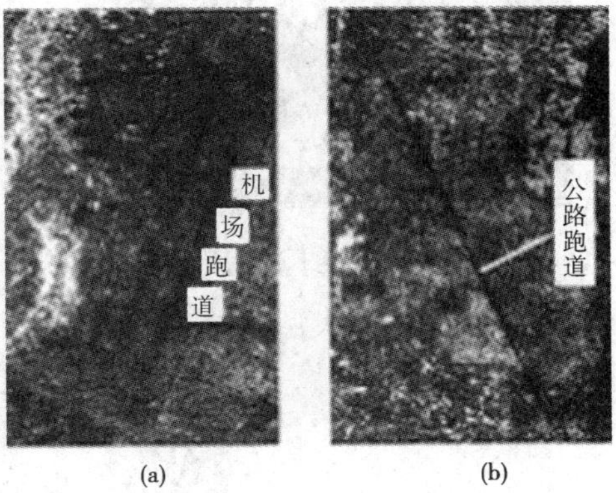

图 2-52　机场跑道与公路跑道

为了应急需要,有时在平坦地区的公路上也修筑跑道,供飞机降落和起飞,这样的路段称为公路跑道。与一般公路相比,公路跑道有明显的特征:一是公路跑道平直;二是公路跑道比其他路段明显加宽;三是跑道为混凝土路面,色调明显比沥青路面要深,如图 2-52(b)所示。

(5)码头、船舶。

在雷达图像上识别码头的主要特征有:

①位置特征,即码头都位于海边或河边;

②较为明显的棱线,供货船停靠或货场的边线都比较平直,且有外凸,如图 2-53 所示。

③雷达图像上的船只影像比较明显,成群停靠的船只也是特征之一,如图 2-54 所示。

图 2-53　码头

图 2-54　水中船只

(6)工业设施。

没有散热塔的火力发电厂,在雷达图像上识别有一定的困难,但根据主厂房、储煤场、煤码头等可判定其是一个火力发电厂,如图 2-55 所示。

油田内的抽油机和外露的输油管都是金属结构,成群的白点或白斑及白线是油田的主要判读特征,如图 2-56 所示。

图 2-55　火电厂的储煤场

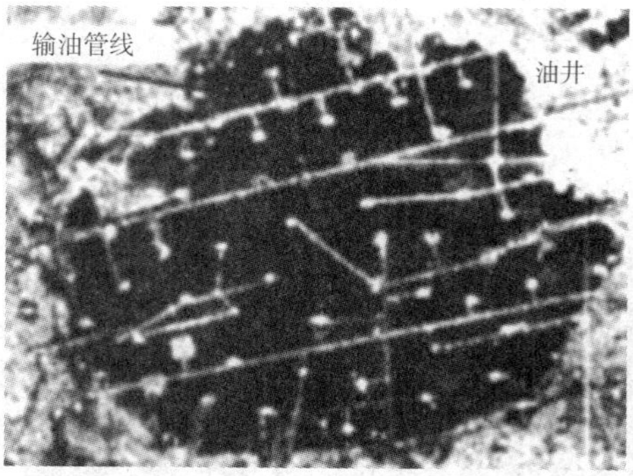

图 2-56　被水淹没的油田

油库一般由多个大型储油罐组成。这些油罐有较明显的体散射特征。由于雷达成像的特殊性,柱状油罐的影像一般表达其边界情况,如图 2-57 所示。

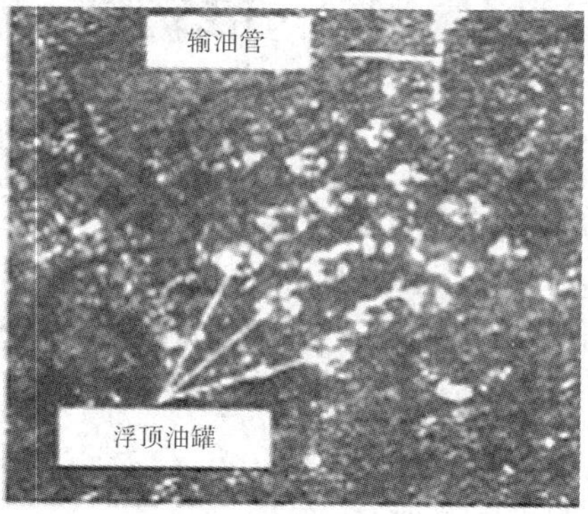

图 2-57　储油罐

(七)遥感图像的地貌判读运用

应用卫星图像对地貌的判读与航空像片不同之处是航空像片比例尺大,而且可以进行立体像对的观察,因此航片对于微地貌的细部具有良好的判读效果。卫星图像由于其宏观特征,可对区域地貌景观反映得较为清楚,因此应用卫星像片研究大的地貌类型,如山地、丘陵、平原、盆地、河流、湖泊、浅海、沙漠、冰雪等,具有一定的优越性。此外,对动态地貌的分析,如河流的变迁、河口三角洲的演变、泥沙的运行、泥石流的分布、冰雪的消融等,均具有较好的判读效果。

图 2-58 分别是哈萨克斯坦阿拉海 1973 年 5 月 29 日、1987 年 8 月 19 日、2000 年 7 月 29 日的卫星影像(参见 83 页)。30 多年来,由于灌溉用水的大量增加,使得阿拉海来水量减少了 75%,阿拉海日益干涸,海岸线 30 多年间至少减少了 120 km,而水深更是降低了 16 m。

应用卫星图像判读,各种地貌景观一目了然,从而有利于分析各地貌单元之间的相互关系。对一般可见光成像来说,采用低太阳高度角(10:00、16:00)成像的卫星图像,对判读最为有利。在使用卫星图像对地貌进行判读时,还应当与航片结合起来,以获得更好的判读效果。

1. 地形类型的判读

山地与平原在卫星图像上有明显的区别,尤其是山区的分布范围,在卫星图像上一目了然,而山间盆地则有显著轮廓。从山区来看,不管是高山、低山,还是丘陵,都能在卫星图像上得到良好的区分。对于平原地区,则可应用卫星图像的宏观特征区分各种地貌的形态及其分布范围。如洪积、冲积平原的分布,以及平原地区不同地貌形态的区分,均能从卫星图像上清楚地识别。

应用不同年份、不同季节、不同波段、不同太阳高度角的卫星图像判读,还可了解山区与平原自然景观的变化情况,如植被的变化、耕田的分布、冰雪的覆盖、土壤的含水情况、人类活动对地貌的改变等变化,从而更有利于对各种地貌情况的分析与研究。

图 2-59 分别为 Landsat2、Landsat7 拍摄,表现了 1975 ~ 2000 年森林砍伐引起的森林面积的急剧减少(参见 83 页)。20 世纪 70 年代世界大豆价格的上涨引起了玻利维亚种植大豆的高潮,到 80 年代初,大豆便成为了玻利维亚最主要的经济作物,到 1988 年玻利维亚大豆产量达到 15 万 t。源源不断的国际市场需求成就了玻利维亚大豆种植者的热情,于是大片的森林砍伐后改为种植大豆,可以看到随着时间的变化,矩形的大豆种植面积的扩大。

由于卫星图像宏观特征显著,对地形的判读主要是从卫星图像的平面图形特征、影像的色调及纹形、水系特征等方面进行分析的。

2. 流水地貌的判读

由于水流在卫星图像上显示较为明显,因此应用图像对河流的形态、河曲的演变、河流阶地的分布,以及三角洲、洪积扇、大型冲沟等进行分析,具有显著的判读效果。应用不同波段的卫星图像,研究河流的动力过程效果也很好。应用不同时期成像的卫星图像进行对比分析,可以研究侵蚀和堆积的变化规律,如古河道在卫星图像上显示的甚为清晰。另外,利用耕地沿河道分布的特征,可作为间接判读古河道形态的标志。

图 2-60 分别是密西西比三角洲 1973 年 1 月 16 日、2003 年 1 月 6 日的卫星影像(参见 84 页)。最为明显的变化是左下角湿地面积的快速减少,而湿地是好多鱼类和陆地生物的共同栖息地,湿地的减少直接威胁到这些生物的生存。形成三角洲消失与减少的最主要原因是人类活动的影响,由于大量修筑大坝,使河水来沙量逐年减少,而密西西比三角洲是一个下沉的海湾,下沉的速度超过堆积,因此导致三角洲逐年消失。

3. 风成地貌的判读

应用卫星图像研究风成地貌,具有很大的优越性。如对沙漠的分布范围、沙漠的类型、沙漠的动态变化等,均有较好的效果。尤其对那些交通困难、人烟稀少的地区,应用卫星图像判读更具有重要意义。如图 2-61 所示为罗布泊地区的风成地貌(参见 84 页),图中有一个像“大耳朵”样的地貌特征。如图 2-62 所示是塔克拉玛干沙漠在卫片上的成像(参见 84 页),像沙的海洋。

活动沙丘具有较高的反射强度,所以在卫星图像上一般呈现浅色调。沙丘中的暗斑可能是地下水埋藏浅的地区。应用不同时期的卫星图像进行对比分析,是研究沙漠动态变化的有效手段。

4. 黄土地貌的判读

黄土地貌，由于植被稀疏，表现在卫星图像上的色调呈现浅而均一。此外，树枝状的水系纹形为判读黄土地区景观的主要特征。

保持较好的黄土塬，其影像色调为浅白色，但黄土塬边缘的冲沟，则呈现深色调。同时，从黄土塬边缘冲沟的发育情况，也可判读黄土塬遭受破坏的程度。有时，可以观察到黄土塬被不断地侵蚀切割，使其变得越来越窄，结果被侵蚀成黄土梁，最后黄土梁又被断成孤立的黄土峁。这种从黄土塬至黄土梁、峁的发展变化过程，在卫星图像上均有极好的反映。应用不同时期的卫星图像对比判读，则可了解黄土塬遭受破坏的变化速度。

复习题

1. 什么是像片判读？像片判读应用于哪些专业部门？

2. 什么是野外像片判读、室内像片判读？它们各有哪些优缺点？

3. 什么是形状特征？根据形状特征去判读地物应注意哪些问题？

4. 什么是大小特征？影响地物构像尺寸大小的因素有哪些？

5. 什么是色调特征？为什么说色调特征是像片判读中最重要、最有潜力的判读特征？

6. 影响色调特征的因素有哪些？

7. 什么是色彩特征？为什么目前用于像片判读的一般都是黑白像片，而不是彩色像片？

8. 什么是阴影？阴影在像片上构像有什么规律？阴影在像片判读中有哪些有利和不利的作用？

9. 什么是纹理特征？哪些地物适合于用纹理特征去进行判读？

10. 什么是图案特征？哪些地物适合于用图案特征去进行判读？

11. 什么是相关特征？相关特征在像片判读中有什么作用？

12. 试述野外判读的一般方法和注意事项。

13. 像片判读常用的立体观察设备有哪几种？它们各有什么特点？

14. 什么是遥感？遥感技术系统一般由哪几部分组成？

15. 什么是主动式遥感、被动式遥感？

16. 卫星遥感信息有哪些特点？

17. 遥感图像目视判读依据哪些影像特征和判读标志？

18. 简述遥感图像判读的一般过程。

(a)IKONOS影像(台湾)

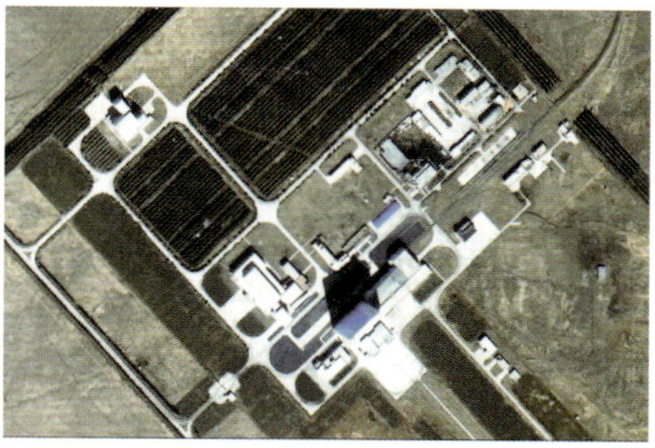

(b)IKONOS影像(甘肃酒泉)

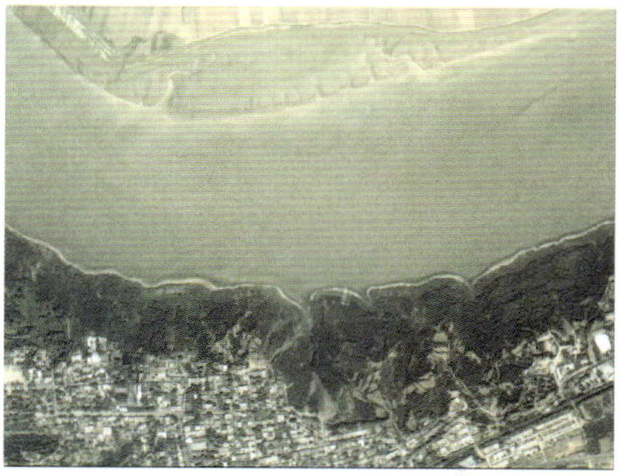

(c)Quick Bird影像(河南三门峡)

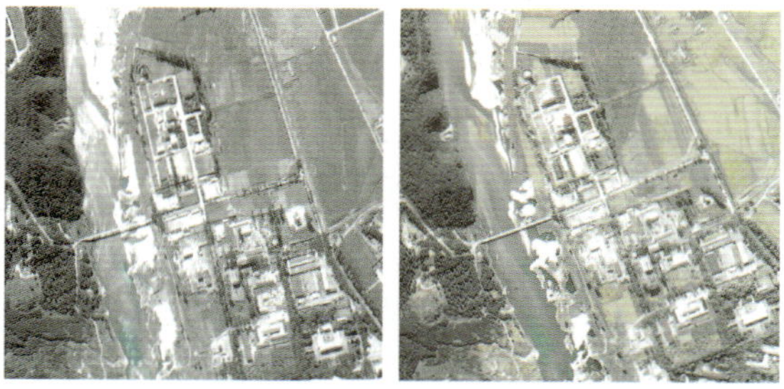

(d)Quick Bird影像(2005年9月朝鲜核电站)

图 2-28　高分辨率遥感影像

图 2-30　黄河中下游流域的 TM 影像

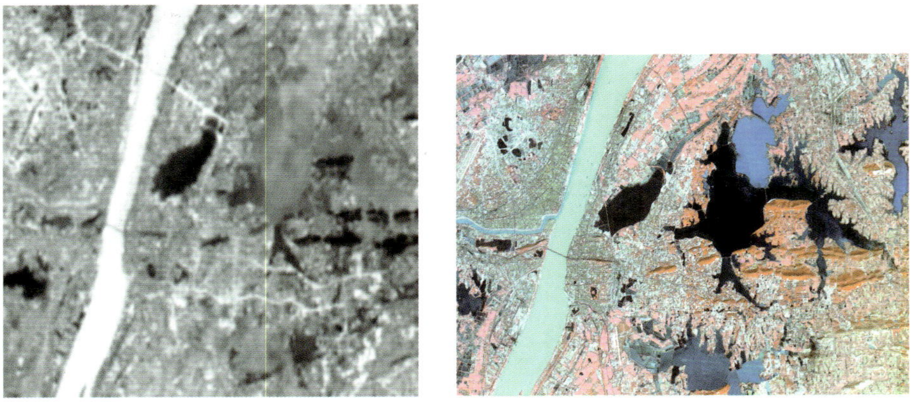

(a)SPOT全色图像　　(b)SPOT多光谱图像

图 2-31　SPOT 卫星对武汉市拍摄的全色图像与多光谱图像的比较

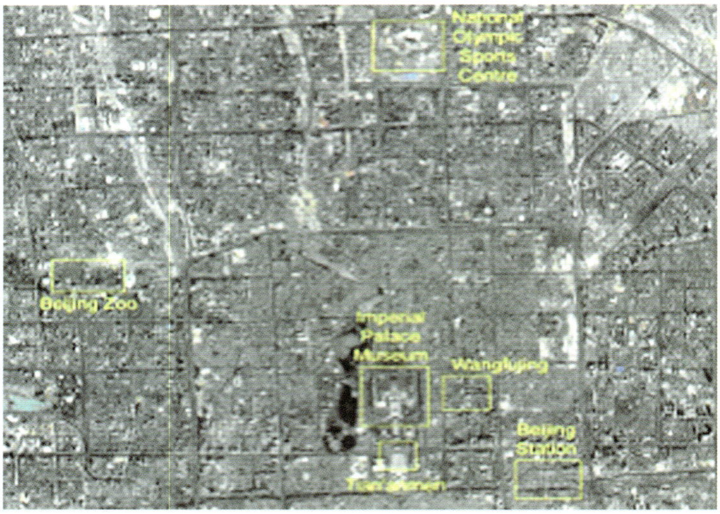

图 2-32　IKONOS 拍摄北京城区 4M 地面分辨率的多光谱影像

图 2-36　长江三峡流域的彩色红外图像

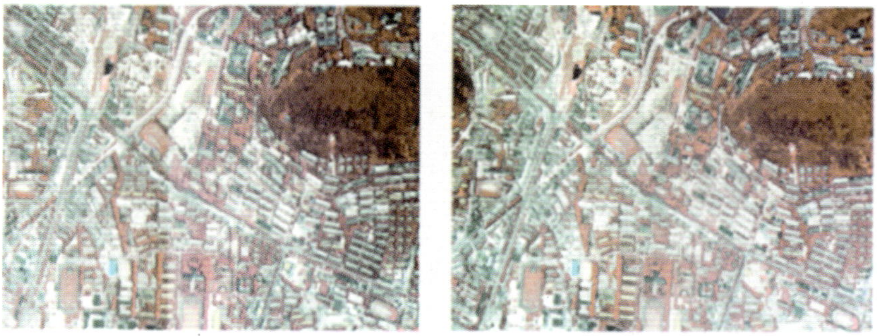

图 2-37　武汉市武昌区部分的彩色红外立体像对

表 2-4　部分地物遥感彩色红外影像的参考判读标志

编码	地表组成	地貌实况	影像特征					TM 影像	照片
			色调	形状	阴影	纹理结构	其他		
D1	石质	山区	橘红	面状	暗紫	光滑			
D2	土石质	土石山区	暗红	片状	暗灰	光滑		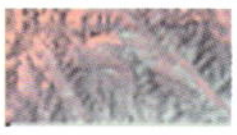	
D3	土质	丘陵沟壑区	灰白	树枝	暗褐色	条纹状			
D4	沙质	沙流	白色	面状	无	斑纹			
D8	居民地	居民地	青灰	块状	灰色	块状		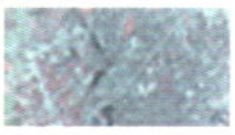	
D9	水体	黄河河道	蓝灰	酱状	无	光滑		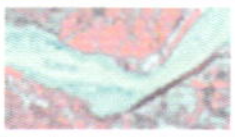	

(a)灌丛草地

(b)牧草地

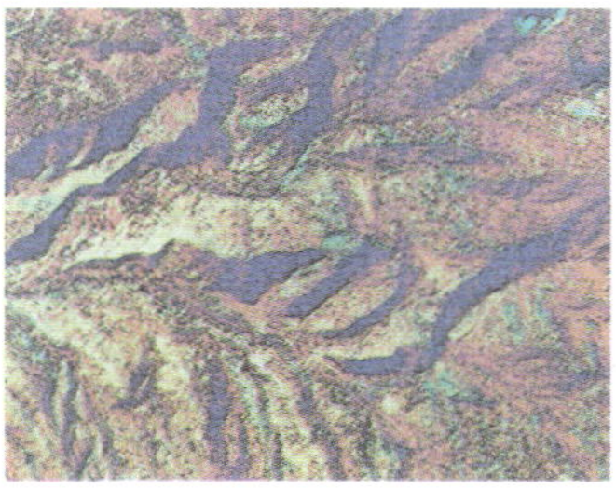

(c)疏林、草地

(d)森林(针阔混交林)

图 2-38　部分植被、土质的彩色红外像片

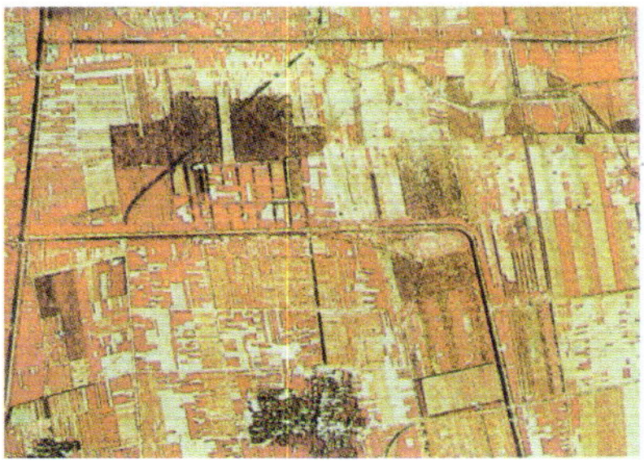

(e)灌木林

(f)果园

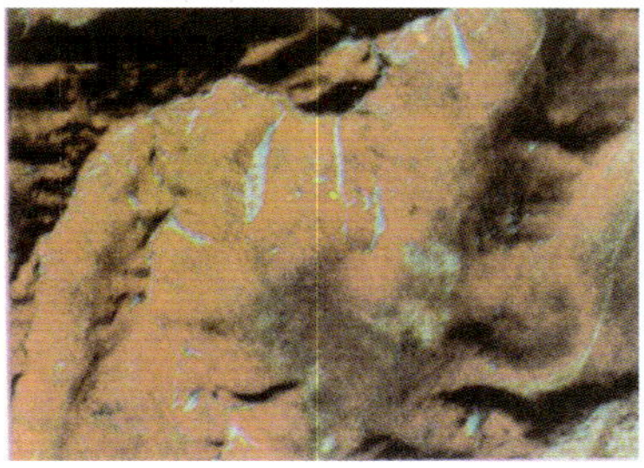

(g)幼林、草地

(h)草荒地

(i)滨海盐渍地与滩涂

(j)沙荒地、沙化荒地

(k)裸岩

(l)滨海盐土生荒地

续图 2-38

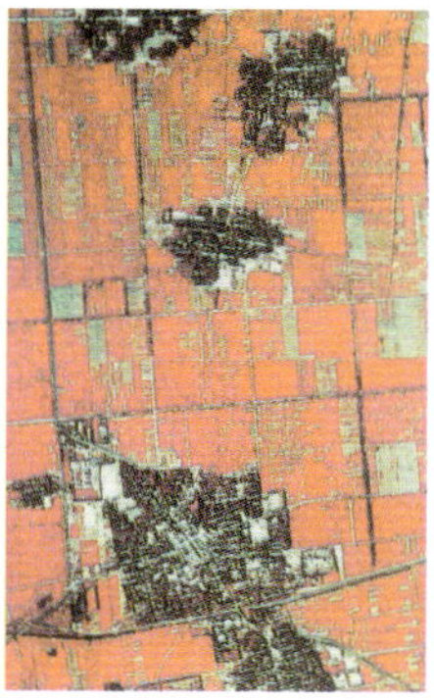

(m)农村居民点和农田

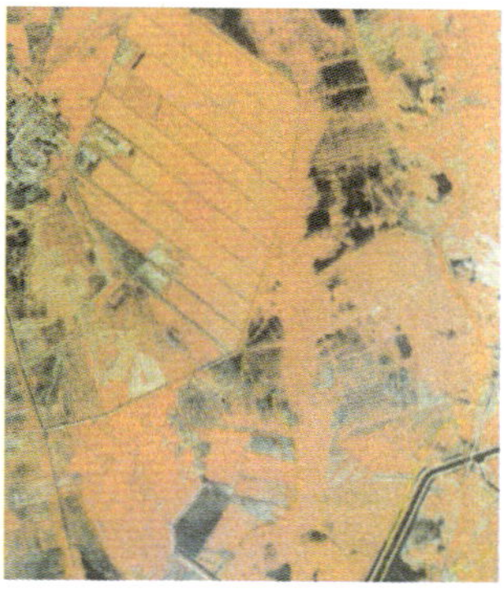

(n)滨海沼泽洼地

(o)疏林地

续图 2-38

图 2-39　铁路、公路的彩色红外像片

图 2-40　水库、堤坝的彩色红外像片

(a)河流、河滩地

(b)古河道

(c)河道决口扇形地

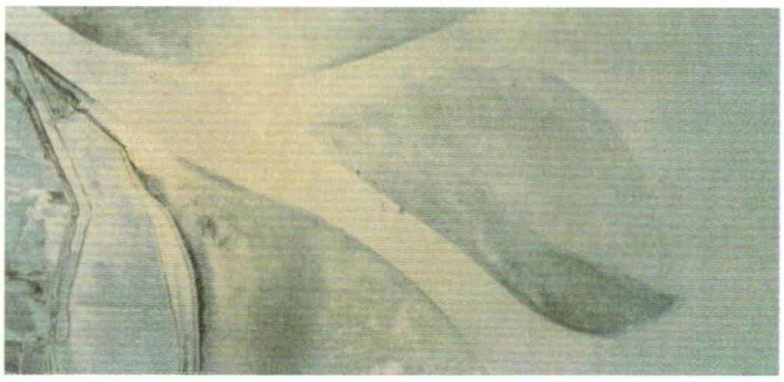

(d)河口沙洲

图 2-41　几种水体的彩色红外像片

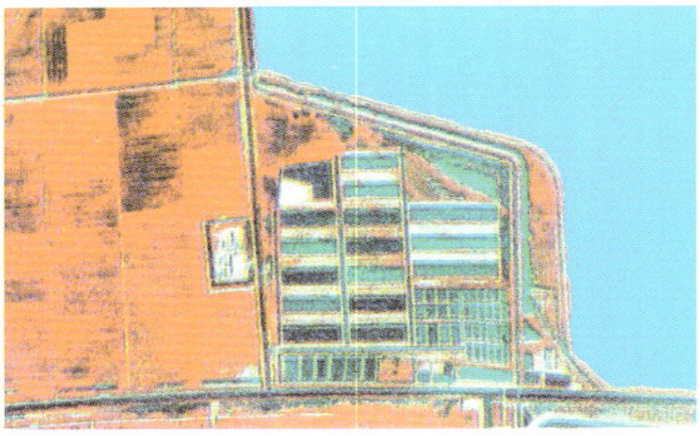

(e)海滨养殖场

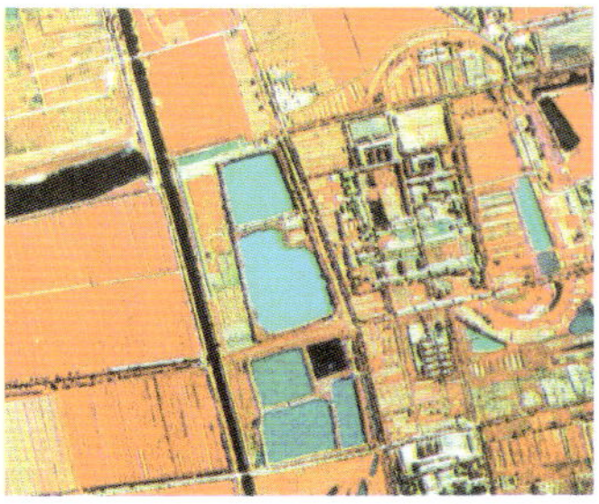

(f)鱼塘

(g)坑塘

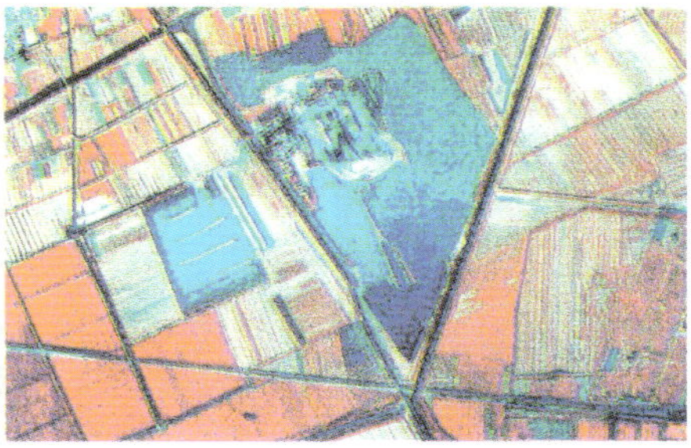

(h)砖厂坑塘

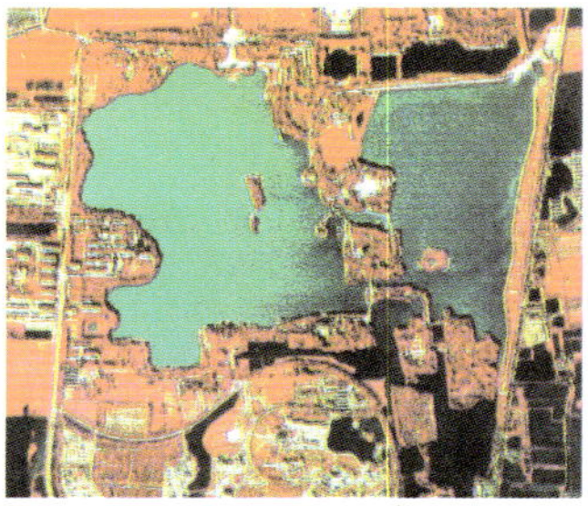

(i)园林水面

(j)积水坑(洼地)

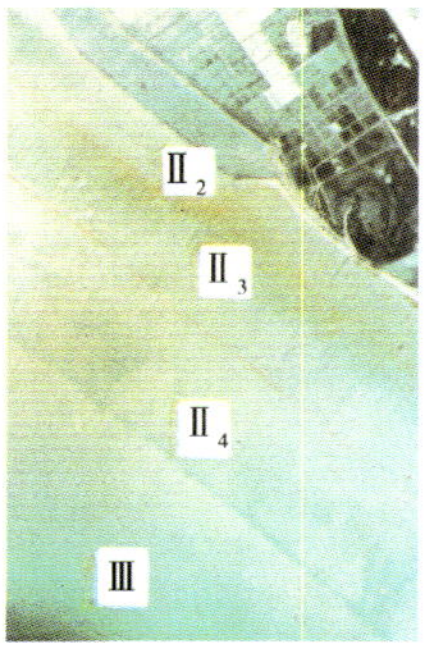

(k)蛏头沽海滩

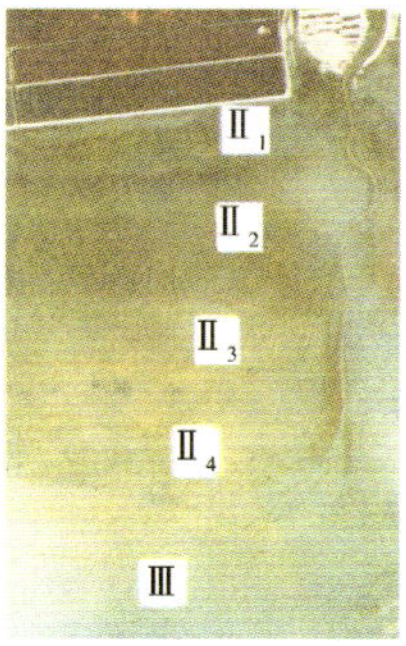

(l)涧河口海滩、水下浅滩

续图 2-41

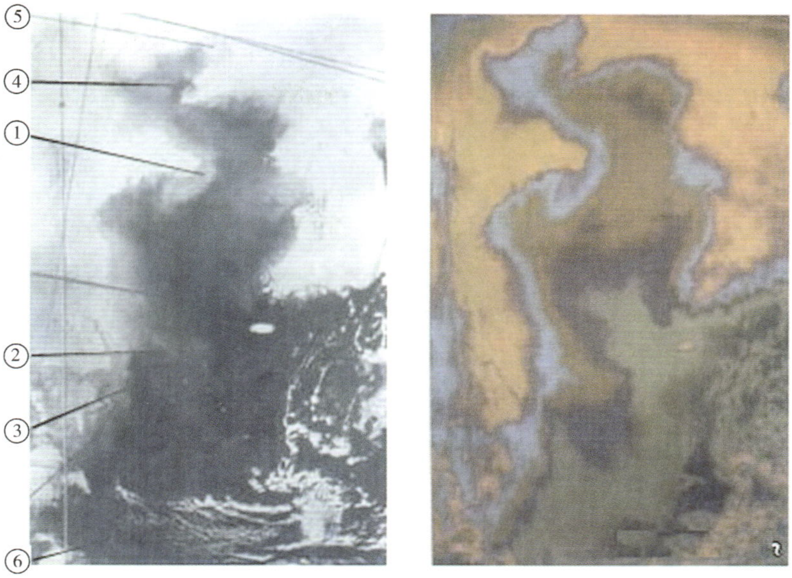

(a)热红外图像　　(b)密度分割后的伪彩色图像

图 2-44　黄海和东海的气象卫星图像

(a)1973年5月29日　　(b)1987年8月19日　　(c)2000年7月29日

图 2-58　哈萨克斯坦阿拉海的干涸变化

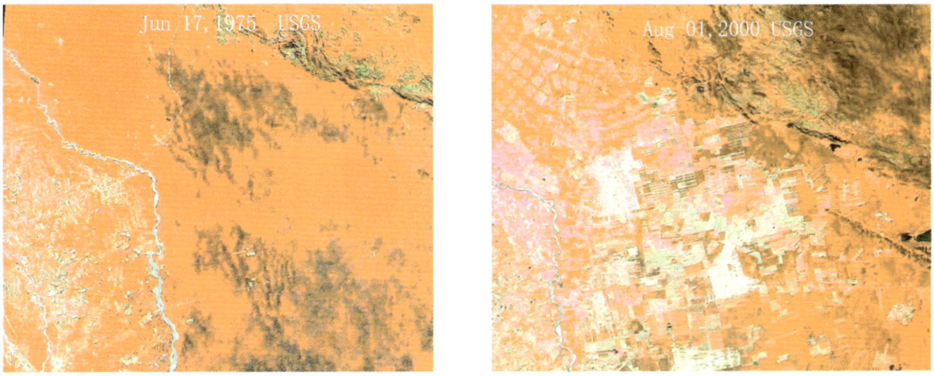

图 2-59　植被分布及面积的变化

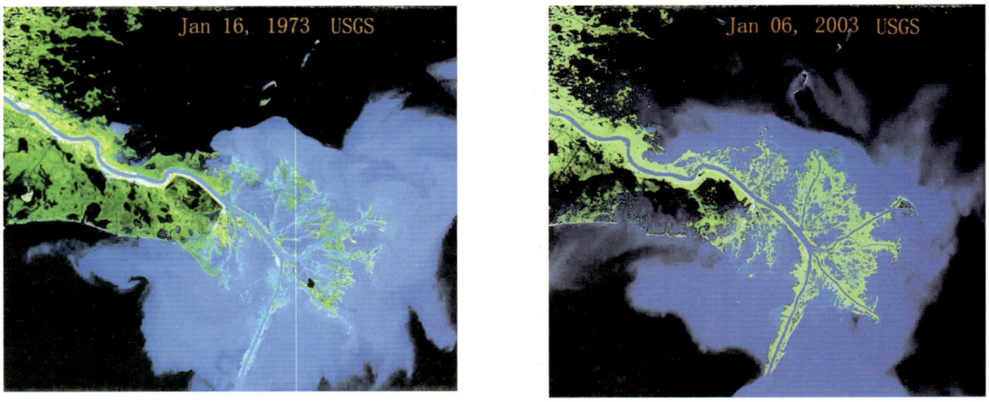

(a)1973年1月16日　　(b)2003年1月6日

图 2-60　密西西比三角洲湿地面积的变化

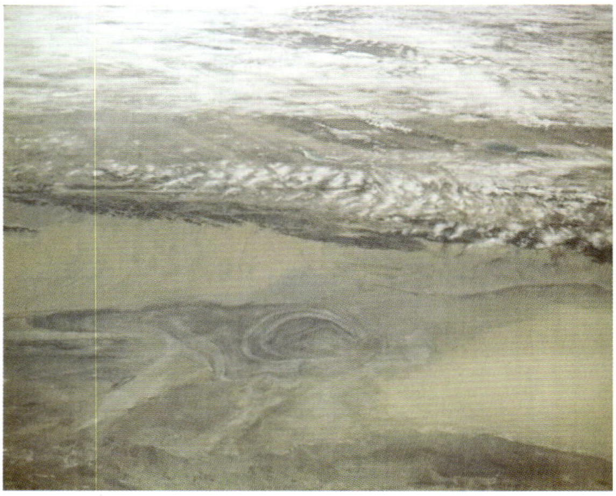

图 2-61　罗布泊地区的风成地貌

图 2-62　塔克拉玛干沙漠

第三章　像片控制测量

航测外业的像片控制测量是以测区 5″以上电磁波测距导线或 GPS 定位 E 级以上的平面控制点和等外水准以上的高程控制点为基础，采用地形控制测量的方法，联测出在像片的规定范围内选定的明显地物点（称为像片控制点）的大地坐标或高程，在实地把点位准确刺到像片上并在室内进行整饰的整个作业过程。目前，航测的成图方法主要是综合法和立测法。综合法测图中的“影像纠正”及立测法中的“绝对定向”，在作业时都必须有控制点才能工作；内业加密也需要一定数量的控制点，而这些控制点正是由航外的像片控制测量提供的。

所以说，航外控制测量的目的就是为内业成图和加密提供一定数量并符合规范要求、精度较高的控制点。鉴于 1∶10 000 比例尺测图属于我国基本比例尺地形图测图之一，本章只讲述 1∶10 000 测图像片控制点的布设。

第一节　像片控制点的布设

一、像片控制点的分类

像片控制点是指符合航测成图各项要求的测量控制点，简称像控点，分为下列三种：

（1）平面控制点，野外只需测定点的平面坐标，简称平面点。

（2）高程控制点，野外只需测定点的高程，简称高程点。

（3）平高控制点，野外需同时测定点的平面坐标和高程，简称平高点。

在生产中为了方便地确认控制点的性质，一般用 P 代表平面点，G 代表高程点，N 代表平高点，V 代表等外水准点。插图中以○表示平面点，⊙表示平高点，●表示高程点，⊗表示水准点，□表示像主点。另外，引点及支导线点的编号采用在本点编号和点名后加注数字的形式表示。例如，P17－1，其中 P17 为本点编号，1 表示引出点的序号。

同一幅图或同一区域内，像片控制点应按从左到右、从上到下的顺序统一安排，有次序地进行编号，以方便查找和记忆。同一类点在同一图幅或同一布点区内不得同号；利用邻幅或邻区的控制点时仍用原编号，但应注明邻图幅图号，如 N17[18－(20)]。后面括号内数字为邻图幅图号简写。

二、像片控制点布设的基本原则

（1）像片控制点的布设必须满足布点方案的要求，一般按图幅布设，也可以按航线或采用区域网布设。

（2）位于不同成图方法的图幅之间的控制点，或位于不同航线、不同航区分界处的像片控制点，应分别满足不同成图方法的图幅或不同航线和航区各自测图的要求，否则应分别布点。

(3)在野外选刺像片控制点,不论是平面点、高程点或平高点,都应该选刺在明显目标点上。

(4)当图幅内地形复杂,需采用不同成图方法布点时,一幅图内一般不超过两种布点方案,每种布点方案所包括的像对范围相对集中,可能时应尽量按航线布点,以便于航测内业作业。

(5)像片控制点的布设,应尽量使内业作业所用的平面点和高程点合二为一,即布设成平高点。

三、像片控制点布设的基本要求

1.目标条件要求

(1)像片控制点布设时,选用的像片控制点点位目标影像应清晰,易于判刺和立体量测。如选在交角良好(30°~150°)的细小线状地物交点、明显地物拐角点;对数字影像应选在不大于3×3像素(指原始影像)的点状地物中心,同时应是高程起伏较小、常年相对固定且易于准确定位和量测的地方;弧形地物及阴影等不得作为选点目标。

(2)高程控制点点位目标应选在高程起伏较小的地方,以线状地物交点和平山头为宜;狭沟、尖锐和高程起伏较大的斜坡等,均不宜作为选点目标。

(3)当目标与其他像片位置条件发生矛盾时,应着重考虑目标条件。

2.像片位置条件要求

像片控制点的布设不仅和布点方案有关,而且必须考虑航测成图的特点,即考虑在航测成图过程中像点的量测精度,绝对定向和各类误差改正对像片控制点的具体点位要求。为此,规范规定,航外像片控制点应满足下列位置条件要求:

(1)航外像片控制点一般应布设在航向及旁向六片或五片重叠范围内,如图3-1(a)、(c)所示。六片或五片重叠范围内选点应理解为一般情况下控制点应选在六片重叠范围内,如果选点有困难也可以选在五片重叠范围内,而且同一控制点在每张像片上的点位都能准确辨认、转刺和量测,符合刺点目标的要求及其他规定。这样内业加密或测图定向时可增加量测次数,提高量测精度。

(2)像片控制点距离像片上各类标志应大于1 mm。这条规定是为了保证不影响立体观察,因为在接近压平线和各类标志进行立体观测时,测标不能准确地切准目标,影响量测精度。

(3)像片控制点应选在旁向重叠中线附近,如图3-1(b)所示,离开方位线的距离应大于3 cm(18 cm×18 cm像幅)或4.5 cm(23 cm×23 cm像幅)。当旁向重叠过大时,离开方位线的距离应大于2 cm(18 cm×18 cm像幅)或3 cm(23 cm×23 cm像幅)。否则应分别布点。此规定是为了保证航线模型连接,同时相邻两条航线共用同一控制点也可以减少野外工作量。提高航线网旁向倾斜和鞍形扭曲两种模型变形的改正精度。

因航线旁向重叠较小需分别布点时,控制范围所裂开的垂直距离不得大于2 cm,否则应分别布点,如图3-2(b)所示。根据内业测图理论和实践可知,内业加密应在像片控制点所包围的范围内进行,超出这个范围愈远成图精度愈低。为了保证像片控制点能有效地控制测绘面积,超出控制点作业范围一般不能大于1 cm,如果上、下航线各超出1 cm,则最大为2 cm,这就是裂开的最大垂直距离。

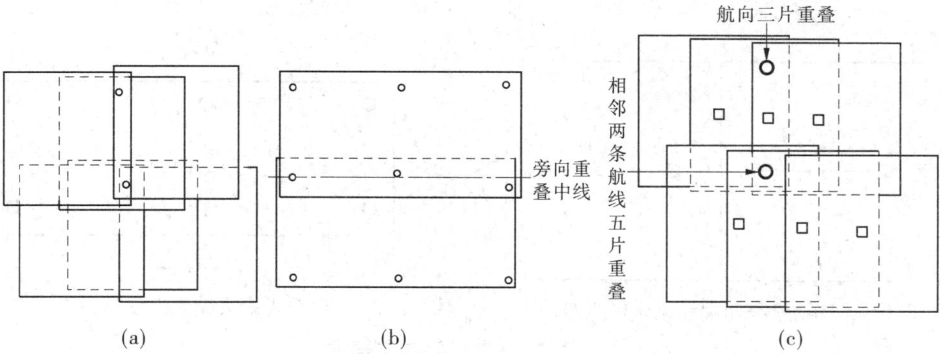

图 3-1　像片控制点选点位置

(4)距像片边缘不得小于 1.5 cm(23 cm×23 cm 像幅),如图 3-2(a)所示。因为像片边缘存在着较大的各种影像误差,清晰度也较低,不能保证立体量测精度;但在航测成图中平面精度优于高程精度,航向模型连接优于旁向。因为综合法测图高程全部由外业测定,所以规范规定,综合法测图时控制点距航向边缘的距离可以放宽。但应注意,在航测成图中平面精度优于高程精度,且航向模型连接精度优于旁向模型。

(5)全野外布点时,用于立体测图的四个定向点点位偏离通过像主点且垂直于方位线的直线不大于 1 cm,最大不大于 1.5 cm,构成的图形尽量呈矩形,如图 3-3 所示。

(6)区域网布点时,区域网四周控制点要能控制测绘面积。

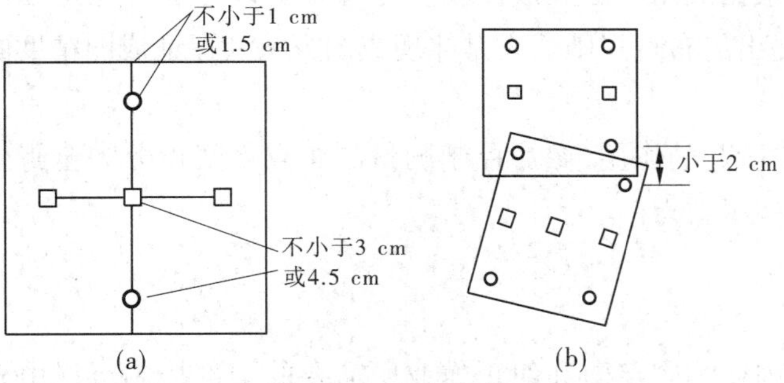

图 3-2　像片控制点选点位置要求

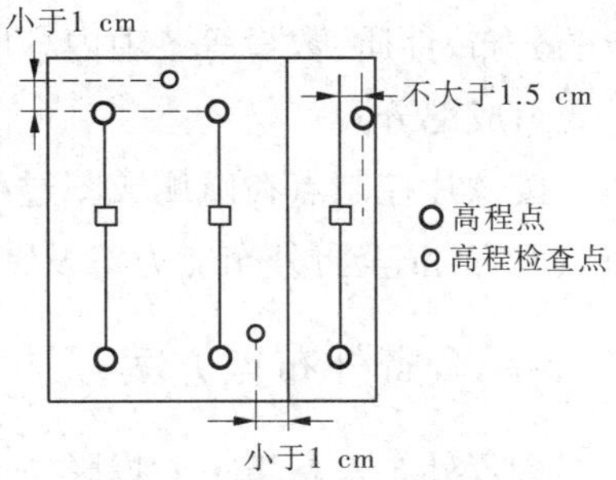

图 3-3　全野外立体测图布点

(7)按航线网布点时,航线两端的控制点应分别布设在图廓线所在的像对内,每端上、下两像片控制点最好选在通过像主点且垂直于方位线的直线上,左右偏离不大于一条基线(18 cm×18 cm 像幅)或半条基线(23 cm×23 cm 像幅),如图 3-4(a)所示;航线中央的像片控制点应尽量选在两端像片控制点的中间,左右偏离不超过一条基线,如图 3-4(b)所示。

航线两端的像片控制点限制在图廓线所在的像对内是为了方便按图幅作业,限制像片控制点在航线上的分布位置是为了保证航线模型定向和模型变形的改正精度。航线模型变形和像对模型变形的规律一样。因此,航线两端四角的像片控制点要求尽量呈矩形分布,航线中央的像片控制点应有利于控制抛物线弯曲改正。

(8)自由图边处的像片控制点应布设在图廓线以外,这是因为对自由图边必须有更严格的要求,以保证与以后测图的相邻图幅接边时不发生问题。

(9)当采用一张中心像片覆盖一幅图的方法作业时,像片控制点距离图廓点、图廓线不

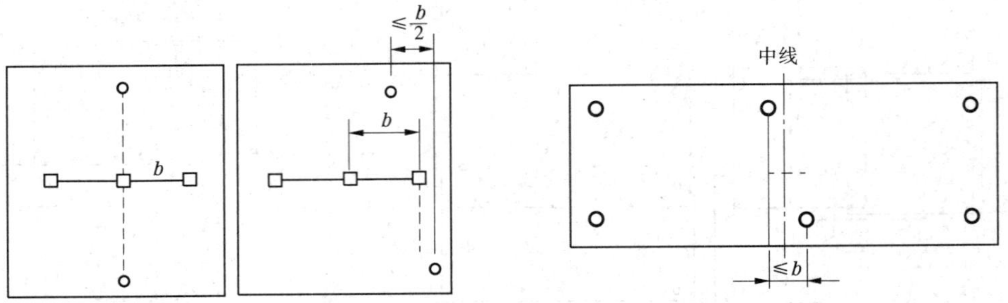

(a)航线两端控制点的布设　　(b)航线中央控制点的布设

图 3-4　航线网布点要求

大于 1 cm,最大不得大于 1.25 cm(图板上不大于 5 cm)。

(10)位于不同布点方案间的像片控制点,应确保高精度的布点方案能控制其相应面积,并尽量公用,否则应按不同要求分别布点。这是因为布点方案与成图方法和地形类别有关,精度要求也不一样,只有这样才能保证不降低高精度图幅的成图精度要求。一般平坦地区比丘陵地区的布点精度高,丘陵地区比山地的布点精度高。

第二节　像片控制测量的布点方案

像片控制测量的布点方案,是指根据成图方法和成图精度在像片上确定航外像片控制点的分布、性质、数量等各项内容所提出的布点规则。它是体现成图方法和保证成图精度的重要组成部分。

按像片控制点在航测成图过程中所起的作用,像片控制测量的布点方案可分为全野外布点方案、非全野外布点方案及特殊情况布点。

一、全野外布点方案

全野外布点是指正射投影作业、内业测图定向和纠正作业所需要的全部控制点均由外业测定的布点方案。这种布点方案精度较高,但外业工作量很大,只在少数情况下采用。

全野外布点方案按成图方法不同,一般分为综合法全野外布点方案和立测法(全能法)全野外布点方案。

(一)综合法全野外布点方案

1.综合法全野外布点方案的适用情况

(1)航摄像片比例尺较小,而成图比例尺较大,内业加密无法保证成图精度时;

(2)用图部门对成图精度要求较高,采用内业加密不能满足用图部门需要时;

(3)由于用图时间紧,而航测外业在人力、物力、时间等方面又具有较快提供用图条件时;

(4)由于设备限制,航测内业暂时无法进行加密工作时;

(5)由于像主点落水或其他特殊情况,内业不能保证相对定向和模型连接精度时。

综合法测图主要采用固定比例尺像片图测图,是指用与成图比例尺相等的像片平面图或正射影像图作为图底，在实地进行地貌测绘、新增地物补测和根据影像调绘地物，最终获得地形原图。像片平面图的制作，主要是消除由于中心投影方式获取的像片上存在的倾斜误差、投影误差，及进行比例尺的统一，目前主要由内业在数字高程模型上，以微分纠正（主要是光学微分纠正技术和数字微分纠正技术）的方法得到具有正射投影性质的影像图。纠正的基本原理就是将中心投影性质的倾斜像片转变为具有规定比例尺的正射像片。

2. 综合法全野外布点方案的特点

（1）以航摄像片的影像为基础；

（2）地物、地貌都在实地调绘、测定；

（3）必须经过像片纠正确定地物、地貌的平面位置。

由此可见，由航摄像片纠正获得地物、地貌的平面位置，在具有平面影像的图底上进行测图，这是综合法测图与白纸测图的主要区别。

微分纠正的思想：根据投影差的特性知道投影差的大小是随地面点的高低而变化的，地面点的高低是以高程或高差来描述的，高程不同的点航高也不同，如图 3-5 所示，要得到统一比例的投影，就要使投影高度与航高相适应$\left(\frac{1}{M}=\frac{Z_i}{H_i}\right)$，也就是要知道各地面点的高程数据信息，为此必须首先建立与地面相似的立体几何模型或数字高程模型，然后在模型上获取（采集）高程数据。这种以立体像对建立地面立体模型为基础，将中心投影的像片变成消除倾斜误差和投影误差的正射投影像片的技术，即微分纠正，也称正射投影技术。进行微分纠正所用的控制点也可叫纠正点，实际上是建立高程模型必需的绝对定向点。

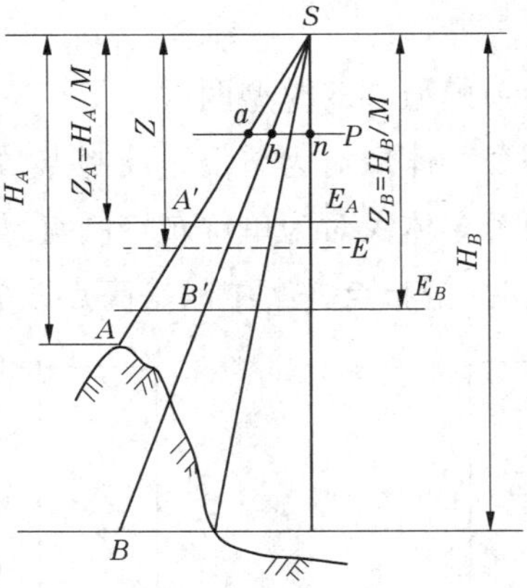

图 3-5 微分纠正原理示意

从控制测量的角度来说，在综合测图过程中，若内业纠正所需的全部控制点均由外业测定，则这种控制布点方案就称为综合法全野外布点方案。

综合法全野外布点方案就是上述纠正点全部由外业测定的布点方案，而过去采用的主要是针对平坦地区进行的，以摄影过程几何反转为原理的单张像片纠正方法，已基本不用。在此不再赘述，其布点方案由立测法代替。

（二）立测法（全能法）全野外布点方案

无论是过去的模拟测图，还是现在的数字测图、正射影像制作，对于以航摄像片（像对）

为基础的测图原理和作业过程，以及对航测外业控制测量的要求，基本是一致的，必须经过以下三个过程：

(1)内定向。作用是确定摄影中心与像片之间的相对位置，换种说法就是用于恢复摄影瞬间摄影光束的形状。

(2)相对定向。用于恢复同一条航线上相邻航摄像片在摄影时的相对方位，消除上下视差，实现同名光线对对相交，建立一个与地面相似的立体模型。

以上两步不需野外控制点。

(3)绝对定向。在相对定向的基础上恢复像对立体模型在大地坐标系中的方位，并按照测图要求确定模型的比例尺(即模型大小)。

确定模型大小至少需要两个已知平面位置的控制点，据此两点可求出其实地距离 D，如果在相对立体模型上量出相应点的长度 d，则模型比例尺为：$\frac{1}{M}=\frac{d}{D}$。

模型大小确定后，就可以根据需要获取各种比例尺的地形图及其他图件。

实际生产时，为了进行检查及提高精度，一般在模型的四个角附近各布设一个平面控制点。

大小确定后的模型仍是倾斜的，需要进行置平，可把倾斜分解为航向及旁向两个方向进行置平，为此需要在模型的三个角上各有一个已知高程的控制点才可实现模型置平。实际生产作业中为了减小模型的变形，有效控制测绘范围，提高精度，在模型的第四个角上还需一个高程控制点。

确定模型大小和模型置平所需两种性质的控制点可以合并为四个平高控制点，分别布设在测绘面积的四个角附近。

立测法测图布点方案分为单模型和双模型两种。

单模型布点方案是指以一个立体像对为单位布控制点，如图 3-6 所示。

双模型布点方案是指以两个立体像对为单位布控制点，如图 3-7 所示。

当只进行高程全野外布点时，把布点方案中的平高点改为高程点即可。

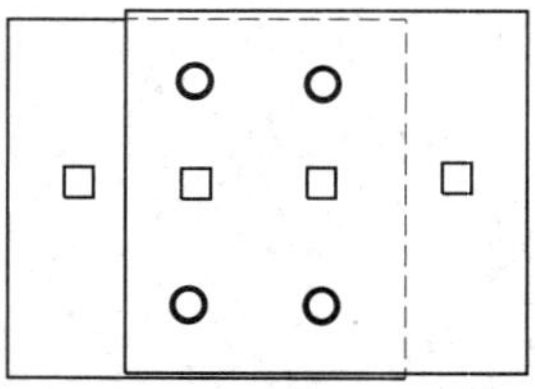
图 3-6　单模型布点方案

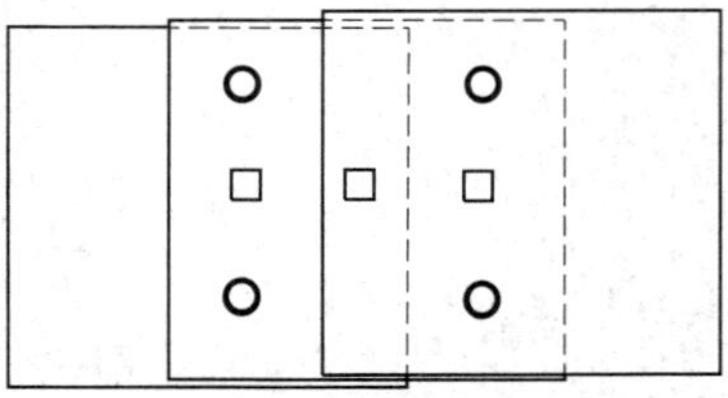
图 3-7　双模型布点方案

二、非全野外布点方案

非全野外布点是指正射投影作业、内业测图定向作业所需要的像片控制点主要由内业采用电算加密所得，野外只测定少量的控制点作为内业加密的基础。这种布点方案可以减少大量的野外工作量，提高作业效率，充分利用航空摄影测量的优势，实现数字化、自动化操作，是现在生产部门主要采用的一种布点方案。但作为加密基础的外业控制点必须精度高、位置准确、成果可靠，而且应满足不同加密方法提出的各项要求。按构网方式不同，该布点方案可分为区域网布点和单航线布点两种方案。非全野外布点方案是我们要掌握的主要内容。规范中根据地形类别和像幅大小列出了非全野外各种布点方案。在选择布点方案时主要应考虑地形类别、成图方法和成图精度，但也要考虑其他方面的实际情况，如航摄比例尺、航摄像片的质量情况、测区的地形条件、仪器设备及技术条件、内外业任务的平衡情况等，这样才能选出较好的布点方案。

所谓加密，是指在控制点稀少、不能满足测图定向和纠正的情况下，内业采用某些仪器和计算手段，通过对立体模型的测量，精确地测算另一部分像片控制点，以满足测图定向和纠正的需要。目前，加密的方法主要是解析法空中三角测量，又称电算加密。

（一）航线网布点

利用空中三角测量的原理，可以在立体模型上量测得到模型点对应地面点的坐标（空间位置），这一测量过程采用共线条件方程通过解析计算的方式可以实现，即解析法空中三角测量。

从建立一个大小和方位符合要求的单一立体模型中可以想到，对航线上已经相对定向后的模型进行连接，可以建立整条航线与地面相似的立体模型，然后利用在航线模型两端一定数量的已知控制点进行绝对定向，此时的模型与地面之间建立了一一对应的比例关系，然后在测图或纠正所需要的模型位置点上进行量测就可得到这些点的地面坐标，若精度满足要求，这些位置上的点就不用野外测量了，这样得到的点就是内业加密控制点。

如果以数字计算的形式实现上述过程，就可以建立整条航线的数字化立体模型。以单张像片或像对为基础计算其外方位元素或相对方位元素，模型连接以相邻像对模型中同一摄站航高相等为原则，进行模型比例尺统一，此时得到的整条航线的数字化模型方位还是自由的。再采用三维线性变换进行绝对定向，将自由航线模型相对地面坐标系作三个角度（Φ,Ω,κ）旋转，并对模型坐标进行比例缩放（λ），然后进行平移（即加入模型（摄测）坐标原点在大地坐标系中的坐标值（X_0,Y_0,Z_0）），这种变换在数学上称为空间相似变换。

解析法空中三角测量加密过程中影响精度的因素主要有像点坐标量测误差、像片伸缩变形、摄影机物镜的光学畸变、摄影时的大气折光、地球曲率等，各种系统误差和偶然误差的残差会产生非线性积累和系统性积累，自由航线模型利用两端的已知控制点进行绝对定向后，模型仍存在不同程度的变形，使得模型上的量测精度降低，因此必须对模型进行非线性误差改正。

根据非线性误差存在的规律，采用的解算数学模型为：

$$\left.\begin{aligned}\Delta X &= A_0 + A_1X + A_2Y + A_3X^2 + A_4XY\\ \Delta Y &= B_0 + B_1X + B_2Y + B_3X^2 + B_4XY\\ \Delta Z &= C_0 + C_1X + C_2Y + C_3X^2 + C_4XY\end{aligned}\right\} \tag{3-1}$$

式中　X,Y——控制点或加密点经绝对定向后的地面摄测坐标；

A_i,B_i,C_i——特定参数，$i=0,1,2,3,4$；

$\Delta X,\Delta Y,\Delta Z$——加密点相应坐标改正数。

方程式中有15个待定参数，因此至少需要5个已知平高控制点才能求解出。为此采用航线网加密时，应在航线模型两端四个角附近布设平高控制点，以进行航向及旁向的鞍形扭曲改正，同时也满足了绝对定向对点的要求，在航线模型的中间部位至少布设一个平高控制点，以进行航线模型的抛物线弯曲改正。

这就是单航线5点法布点的原因，但是点位如果出错，缺乏检核条件，实际作业中布设6个点，布点特别困难时才能用5点法。

航线网布点的基本原则是在每条航线上布设6个平高点或5个平高点，即所谓的5点法和6点法，如图3-8、图3-9所示。

6点法主要用于山地和高山地，在每条航线的首、中、末各布设一对平高点。

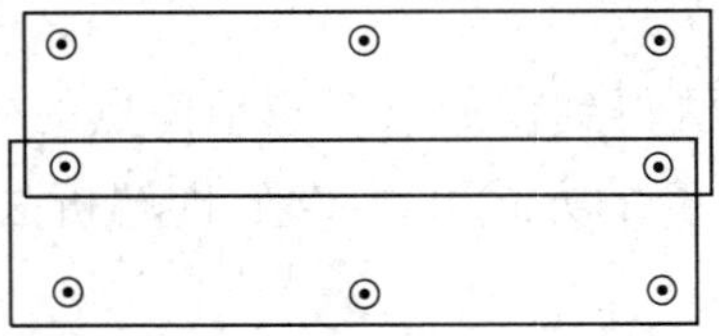

图3-8　航线网5点法布点

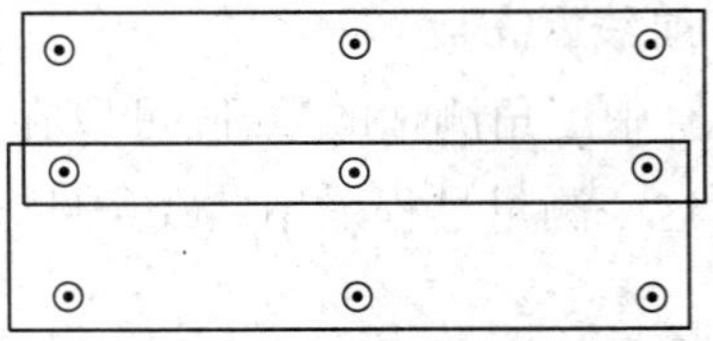

图3-9　航线网6点法布点

5点法主要用于平地、丘陵地，在每条航线的首末各布设一对平高点，航线中部布设一个平高点。

（二）区域网布点

根据解析法空中三角测量原理，在包括若干条航线、若干图幅的大范围内建立相互连接的区域立体模型，通过平差计算确定各加密点的地面坐标。即区域网加密就是若干条航线为一个区域的加密，这种加密方法具有精度高、需要野外控制点少、野外工作量小的优点，因此该布点方案广泛应用于大面积航测成图中。

区域网布点的基本原则：平高控制点按网的周边布设，周边6点法、周边8点法和周边多点法布设三种情况；高程控制点则采用网状布点。区域网的划分一般按图廓线整齐划分，亦可根据航摄分区、地形条件等情况划分，力求网的图形呈方形或矩形。区域网的大小和像片控制点间的跨度主要依据成图精度、航摄资料条件以及对系统误差的处理等因素确定。

航线网解析法空中三角测量的平面精度估算公式：

$$m_s = 0.28Km_q\sqrt{n^3 + 2n + 46} \tag{3-2}$$

航线网解析法空中三角测量的高程精度估算公式：

$$m_h = \pm 0.088m_q\frac{H}{b}\sqrt{n^3 + 23n + 100} \tag{3-3}$$

式中　m_s——空三加密点（连接点）的平面中误差，mm；

m_h——空三加密点（连接点）的高程中误差，m；

K——像片放大成图倍数；

H——相对航高，m；

b——像片基线长度，mm；

m_q——视差量测的单位权中误差，mm；

n——航线方向相邻控制点间的间隔像片基线数。

1. 平高控制点的布设

(1)当采用一张中心像片覆盖一幅图的方法作业时：区域网范围在16幅图以内采用周边6点法布设，如图3-10所示；在16幅图以上（含16幅），48幅图以内则采用周边8点法布设，如图3-11所示；在48幅图以上（含48幅），则采用周边多点法布设平高点，如图3-12所示。旁向控制点的跨度要求：平地、丘陵地不大于2条航线，山地、高山地不大于3条航线。航向两相邻控制点间的跨度按式(3-2)进行估算，也可按表3-1～表3-3查取。此要求是为了限制误差积累，提高加密精度。

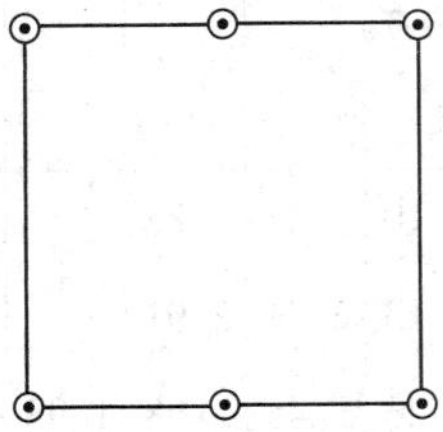

图3-10　6点法

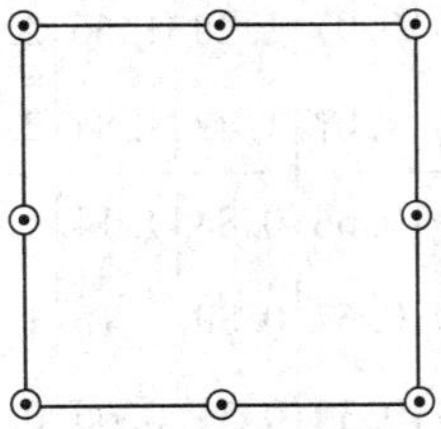

图3-11　8点法

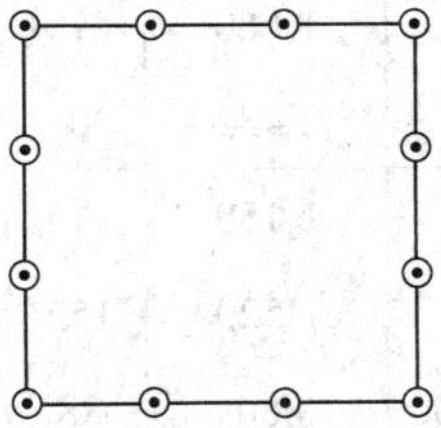

图3-12　多点法

表3-1　1:10 000航线网跨度限制

$1/M_{像}$	控制点	平地		丘陵地		山地		高山地	
		基线数	跨度(km)	基线数	跨度(km)	基线数	跨度(km)	基线数	跨度(km)
1:10 000	平/高	13	8.4						
1:12 000	平/高	11	8.6	11/6	8.6/4.7				
1:15 000	平/高	10	9.8	10/4	9.8/3.9	13/9	12.7/8.8	13/13	12.7/12.7
1:20 000	平/高	8	10.4	8	10.4	10/7	13.0/9.1	10/10	13.0/13.0
1:25 000	平/高	7	11.4	7	11.4	9/5	14.6/8.1	9/8	14.6/13.0
1:30 000	平/高	5	12.8	5	12.8	7/4	17.8/10.2	7/7	17.8/17.8
1:35 000	平/高	5	14.9	5	14.9	6/3	17.8/8.9	6/6	17.8/17.8

表3-2　航线网平面加密精度估算

基线数 n	$\sqrt{n^3+2n+46}$	m_s			基线数 n	$\sqrt{n^3+2n+46}$	m_s		
		$K=1$	$K=1.5$	$K=3.5$			$K=1$	$K=1.5$	$K=3.5$
2	7.6	0.04	0.06	0.14	18	76.9	0.43	0.64	1.50
4	10.9	0.06	0.09	0.21	19	83.3	0.47	0.70	1.64
6	16.5	0.09	0.14	0.32	20	89.9	0.50	0.75	1.75
8	23.9	0.13	0.20	0.46	21	96.7	0.54	0.80	1.89
9	28.2	0.16	0.24	0.56	22	103.6	0.58	0.87	2.03
10	32.6	0.18	0.27	0.63	23	110.7	0.62	0.93	
11	37.4	0.21	0.32	0.74	24	118.0	0.67	1.00	
12	42.4	0.24	0.36	0.84	25	125.4	0.70	1.05	
13	47.6	0.27	0.40	0.94	26	132.9	0.74	1.11	
14	53.0	0.30	0.45	1.05	27	140.7	0.79	1.18	
15	58.7	0.33	0.50	1.16	28	148.5	0.83	1.24	
16	64.6	0.36	0.54	1.26	29	156.5	0.88	1.32	
17	70.7	0.40	0.60	1.40	30	164.6	0.92	1.38	

注：本表按式(3-2)计算，式中 $m_q=0.020$ mm。估算精度为相邻航线加密结果取中数后的精度。当采用单航线加密时，须将估算值乘以$\sqrt{2}$倍。

表 3-3　航线网高程加密精度估算

像片比例尺	航高 H（m）	焦距 f_k（mm）	像片基线数 n											
			2	4	6	8	10	12	14	16	18	20	22	24
1:5 000	920	115(小)	0.30	0.40	0.53	0.71	0.91	1.15	1.41	1.69	1.99	2.30	2.64	2.98
	1 216	152(大)	0.31	0.40	0.53	0.72	0.92	1.16	1.42	1.71	2.01	2.33	2.67	3.03
	704	88(大)	0.18	0.23	0.31	0.41	0.53	0.67	0.82	0.98	1.16	1.35	1.55	1.75
	1 680	210(小)	0.56	0.73	0.97	1.28	1.66	2.09	2.56	3.07				
	2 432	304(大)	0.62	0.80	1.07	1.42	1.84	2.31	2.83					
1: 10 000	1 150	115(小)	0.39	0.50	0.66	0.88	1.14	1.43	1.75	2.10	2.48	2.88		
	1 520	152(大)	0.39	0.50	0.67	0.89	1.15	1.44	1.77	2.13	2.51	2.91		
	880	88(大)	0.23	0.29	0.39	0.51	0.66	0.84	1.02	1.23	1.45	1.68	1.93	2.19
	2 100	210(小)	0.70	0.90	1.21	1.60	2.07	2.61	3.20					
	3 040	304(大)	0.78	1.01	1.34	1.78	2.30	2.89						
1:15 000	1 725	115(小)	0.58	0.75	0.99	1.32	1.70	2.14	2.63	3.16				
	2 280	152(大)	0.58	0.76	1.00	1.33	1.72	2.16	2.66	3.19				
	1 320	88(大)	0.34	0.44	0.58	0.77	1.00	1.25	1.54	1.85	2.18	2.53	2.90	
	3 150	210(大)	0.81	1.04	1.39	1.84	2.38	2.99						
	4 560	304(大)	1.17	1.51	2.01	2.66								
1:20 000	2 300	115(小)	0.77	1.00	1.33	1.76	2.27	2.86						
	3 040	152(大)	0.78	1.01	1.34	1.78	2.30	2.89						
	1 760	88(大)	0.45	0.58	0.78	1.03	1.33	1.67	2.05	2.46	2.90			
	4 200	210(大)	1.08	1.39	1.85	2.45	3.17							
	6 080	304(大)	1.56	2.01	2.68									
1:30 000	3 450	115(小)	1.16	1.49	1.99	2.30	2.63	3.00						
	4 560	152(大)	1.17	1.51	2.01	2.32	2.66	3.04						
	2 640	88(大)	0.68	0.87	1.16	1.34	1.54	1.75	1.99	2.24	2.51	2.78	3.08	
	6 300	210(大)	1.61	2.09	2.78	3.21								
1:35 000	4 025	115(小)	1.35	1.74	2.32	2.68	3.07							
	5 320	152(大)	1.37	1.76	2.35	2.71	3.11							
	3 080	88(大)	0.79	1.02	1.36	1.56	1.80	2.05	2.32	2.62	2.92	3.25		
	7 350	210(大)	1.89	2.43	3.24									

注：本表按式(3-3)计算，式中 $m_q=0.020$ mm，(小)$b=65$ mm，(大)$b=85$ mm。估算精度同航线网平面加密。

(2)当有2条以上航线覆盖一幅图时，平地、丘陵地以4幅图为一个区域，采用周边6点法布设平高点，区域网在 4 幅图以上的采用周边 8 点法布设平高点，如图 3-13(a)、(b)所示；山地、高山地以 6 幅图为一个区域的，采用周边 6 点法布设平高点，如图 3-14 所示，6 幅图以上的，采用周边 8 点法布设平高点，如图 3-11 所示。旁向控制点间的跨度，要求平地、丘陵地不大于 3 条航线，高山地不大于 4 条航线；航向两相邻控制点间的跨度按式(3-2)进行估算，也可按表 3-2 查取。

2. 高程控制点的布设

高程控制点采用网状布点法。一般在平高点布设基础上，于区域网中垂直航向布设 3 排、4 排，最多不超过 5 排高程控制点，如图 3-15 ~ 图 3-17 所示。航线两端应有一对高程点，航向相邻两排高程控制点间的跨度按式(3-2)进行估算，也可按表 3-2 查取。

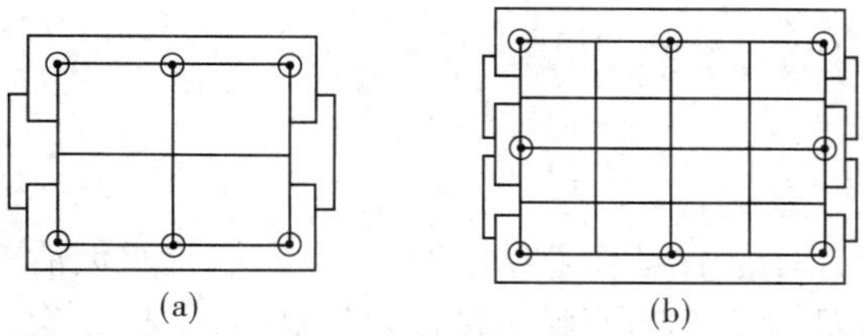

图 3-13　平地、丘陵地的布点

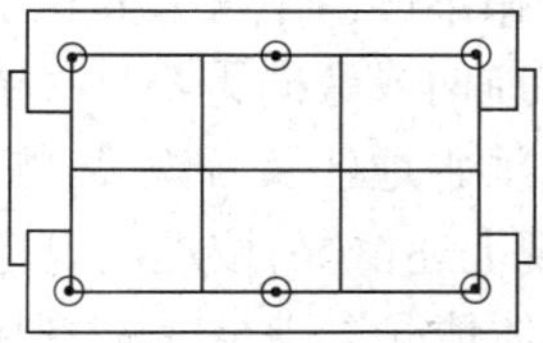
图 3-14　山地、高山地的布点

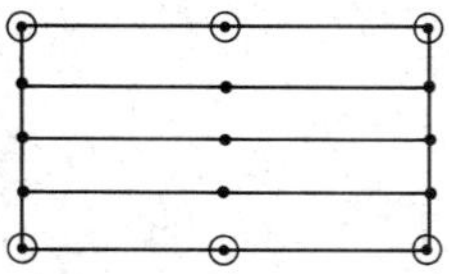
图 3-15　3 排高程点

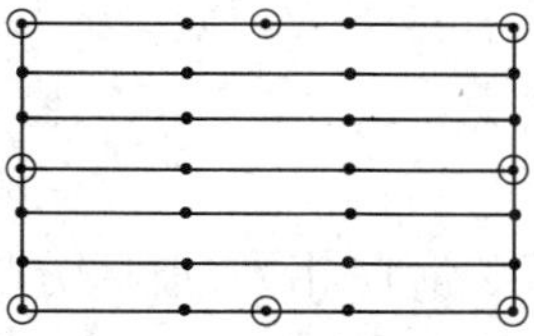
图 3-16　4 排高程点

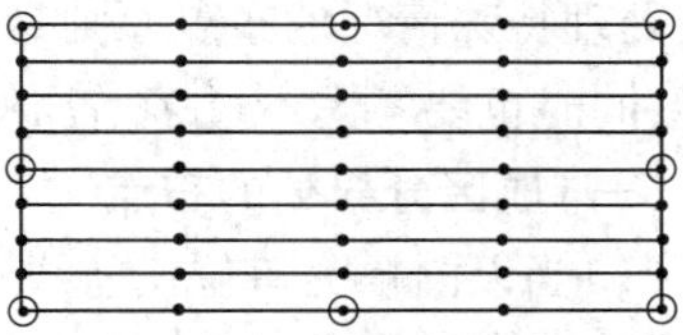
图 3-17　5 排高程点

(1)当按高程加密精度估算公式估算出的值在 3 排与 4 排之间时，应按 3 排布设高程控制点，并在网的上下边相邻两排高程控制点中部附近加布高程点，如图 3-18 所示；当在 4 排与 5 排之间时，则按 4 排布设高程点，并在网的上下边相邻两排高程点中部加布高程点。当相邻两排高程点间的跨度值小于 4 条基线时，按 4 条基线布设一排高程点，并在网的上下边加布高程点，如图 3-19 所示。

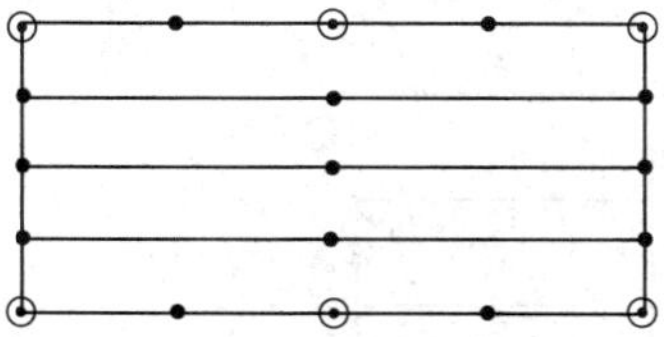
图 3-18　4 排高程点的布设

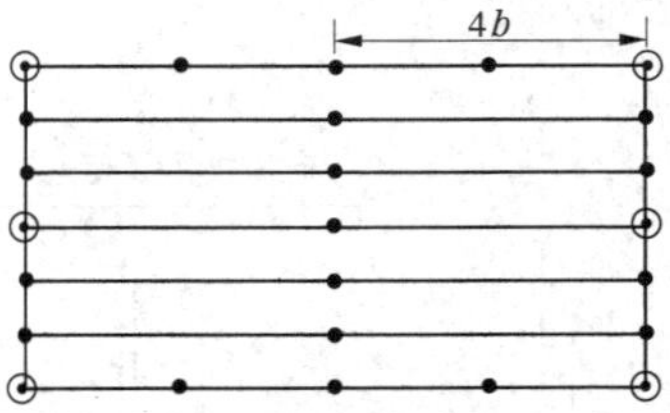

图 3-19　跨度小于 4 条基线的布点

(2)对于高山地、特殊困难地区，每航线两端上下布设一对高程点后，网的中部可采用均匀布设高程点法布设。

3. 不规则区域网的布点

不规则区域网的布点，一般在凸转折处布设平高点，凹转折处一条基线时布设高程点，两条以上基线时布设平高点，如图 3-20 所示。补飞航线应在航线三度重叠处布设高程点，如图 3-21 所示。

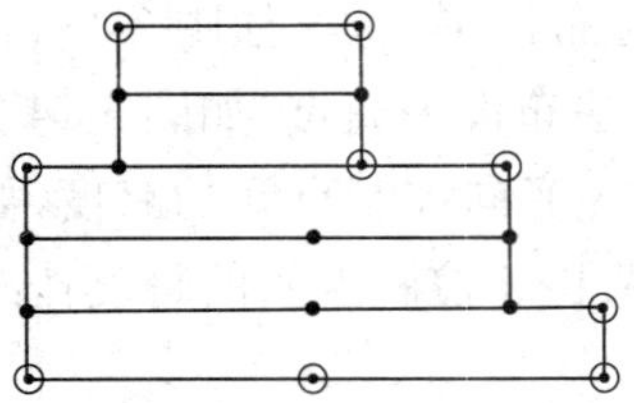

图 3-20　凸转折处的布点

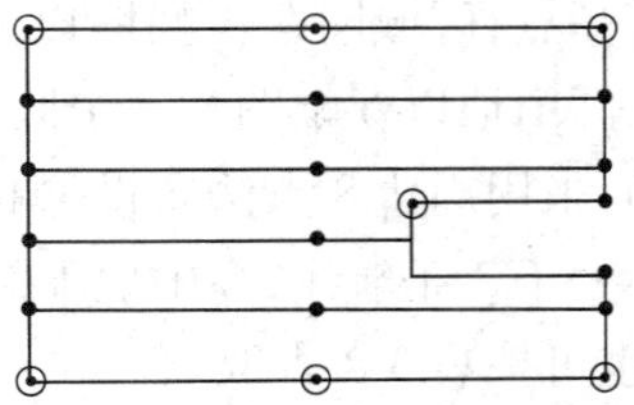

图 3-21　凹转折处的布点

三、特殊情况布点

由于地形条件或航摄资料的影响，下列情况视为特殊情况：

(1)航区分界处两个摄影区域不衔接；

(2)摄影区内出现大面积水域，致使像主点和标准点位落水；

(3)航向或旁向重叠过大或过小；

(4)滨水地区及海湾、岛屿、水网地区等。

出现上述情况，按规范规定布点有困难或不能保证作业精度时，必须采取比较灵活的办法，视具体情况以满足内业控制加密和立体测图要求为原则布设像片控制点，点位在像片上的条件可适当放宽，这种布点方案称之为特殊情况的布点方案。

处理特殊情况的布点原则是：既要保证成果成图质量的基本要求，又要照顾实际测定的可能，同时也要考虑不过多增加外业工作量。

(一)航区分界处的布点

(1)当以图幅为单位按航线布点时，若航向相同，航区分界处位于旁向：不论航摄仪是否为同一类型，焦距是否一致，旁向重叠多少，航高差多大，均按同一航区相邻航线对航摄资料的有关要求和布点的有关规定处理。

(2)当以图幅为单位按航线布点时，若航向相同，航区分界处位于航向：若两航区使用同一类型的航摄仪，其焦距之差小于 0.03 mm，航向重叠正常，旁向衔接错开小于 10%，衔接后的弯曲度在 3% 以内，航高差在 $H/50$ 以内时，可按同一条航线处理，否则应分别布点。

(3)航区分界处两侧航线各自满足本航线要求分别布点时，应注意控制范围不能产生裂缝，如图 3-22 所示。

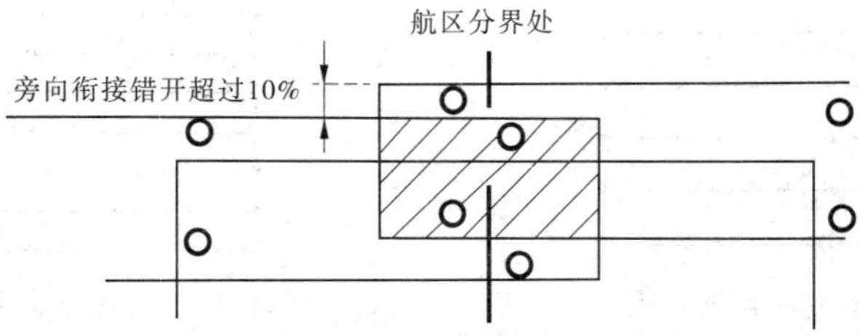

图 3-22　航区分界处布点

(二)像片航向重叠过大或过小时的布点

像片航向重叠在 80% 以上时，称为航向重叠过大。这时应根据实际情况抽掉多余像片，以抽片后的像片数为准布设像片控制点。但应注意，抽片后相邻像片之间的航向重叠不应小于规范规定的正常重叠度的范围。

像片航向重叠度小于 56% 时，称为航向重叠过小。这时应按航摄漏洞处理，即外业必须以单张像片测图或白纸测图进行补救，并根据具体情况增加野外控制点的布设，其布设原则如下：

(1)漏洞所在像对的4角应布设4个平高控制点。为保证内业接边，像对中间还应增布1~2个平高控制点。

(2)保证漏洞两端航线段能进行正常加密立体测图，布点方法如图3-23所示。

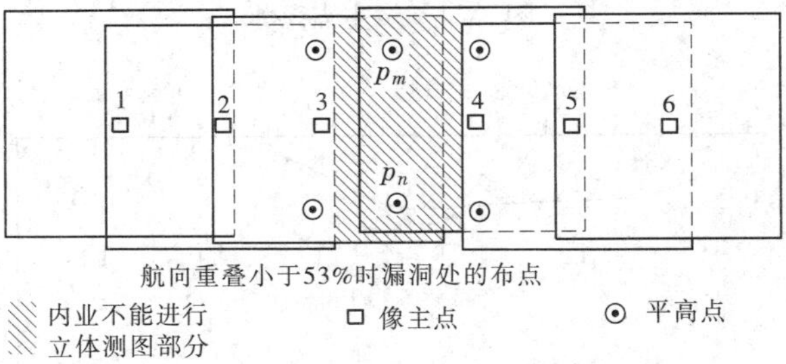

图3-23 航向重叠过小时的布点

(三)像片旁向重叠过大或过小的布点

像片旁向重叠在65%以上时，称为旁向重叠过大。这时可根据实际情况抽掉其中部分航线，布点方案则按抽去航线后的情况确定。当像片重叠过大而又不能抽掉航线时，控制点应布设在旁向重叠中线附近，离开方位线的距离不得小于2 cm，否则应分别布点。

立测法成图时航线中个别像片旁向重叠度小于13%，称为旁向重叠过小。若在旁向重叠中线附近，距像片边缘不小于1 cm(18 cm×18 cm像幅)或1.5 cm(23 cm×23 cm像幅)的位置能选出相邻航线公用控制点时，则仍按正常情况布点处理。当旁向重叠小于2 cm而大于1 cm(18 cm×18 cm像幅)或小于3 cm而大于1.5 cm(23 cm×23 cm像幅)，且影像清楚时，则在该重叠部分中部补测1~2个高程点；当不能满足上述条件，像片影像不清楚或重叠度小于上述规定时，则重叠不够的部分必须采用单张像片测图或平板仪测图。实践证明，按照上述方法处理，尚能保证测图基本精度要求。

(四)像主点和标准点位落水时的布点

像主点和标准点位处有水影、云影、雪影，使影像模糊不清或无明显地物时，称为像主点和标准点位落水。像主点和标准点位落水因为无法找到具体像点位置，因而不能进行像对定向和模型连接。一般情况下，像主点和标准点位落水时，其他部分总还可以找到没有落水的同名像点。只要有同名像点存在，总可以在某一区域进行相对定向和模型连接，但随着定向点和连接点分布状况不同，相对定向和模型连接的精度和工作效率将受到影响。实践和理论分析证明：像主点和定向点离开标准点位后，相对定向精度显著降低，因此像主点和标准点位落水时，要限制像主点和定向点的选点范围，并根据实际情况调整布点方案，以保证成图的基本精度要求。

(1)像主点落水后，在离像主点2 cm(18 cm×18 cm像幅)或3 cm(23 cm×23 cm像幅)的范围内，能选出连接点时，不论落水的像片有多少张，均可以按正常航线布点，如图3-24所示。

(2)标准点位落水后，在离像主点4 cm(18 cm×18 cm像幅)或5 cm(23 cm×23 cm像幅)以外，在三片重叠范围内能选出连接点时，可按正常航线布点，如图3-25所示。

不能满足上述规定时，外业均需分段分区布点。落水地段采用全野外布点方案。

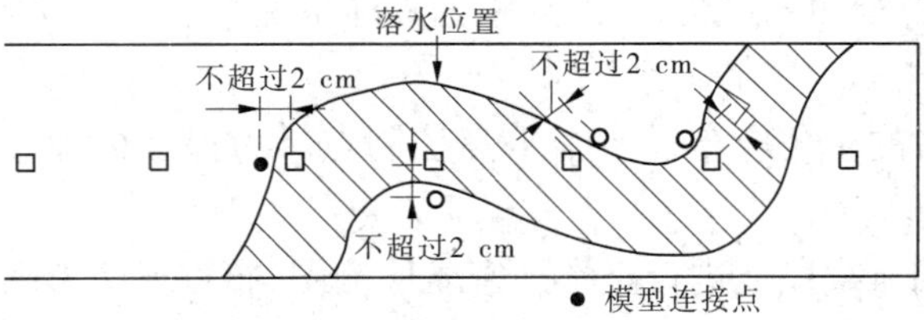

图 3-24 像主点落水

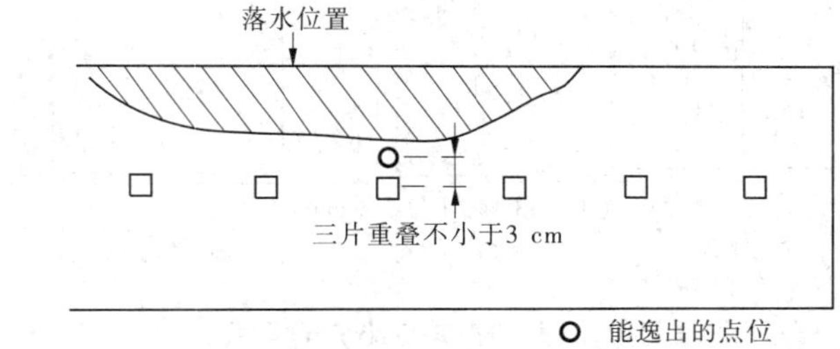

图 3-25 标准点位落水

（五）滨水地区及海湾、岛屿地区的布点

在海滨、岛屿、湖滨、江河水网地区，有时像片上出现大面积水域或零星岛屿，给内业加密和测图带来困难。这时外业一般都要采取一些特殊的布点方法或其他补救措施；内业可根据外业布点情况，在基本上能保证成图精度条件下，采取一些灵活的测图手段保证测图任务完成。

应当指出，在某些情况下，以航测手段确实难以保证测图精度时，应采用常规地形测量方法测图。由于这些地区已失去内业加密条件，因此均采用全野外布点方案。

1. 综合法全野外布点方案

海滨、岛屿、湖滨、江河水网地区如果符合平坦地区的条件，则采用综合法全野外布点方案。布设的控制点应满足内业纠正的需要。一般要求在像主点附近布设一个平面控制点，其余的平面控制点应以控制测图范围为原则布设，控制点的总数不少于 3 个，且不能在一条直线上，凡突出于控制点连线以外 1 cm 的陆地均应加布控制点。

2. 立测法全野外布点方案

海滨、岛屿、湖滨、江河水网地区如果是丘陵地、山地，则采用立测法全野外布点方案。所布设的控制点应满足全能法测图的需要。一般要求所布设的平高点的数量和分布以能控制整个测绘面积为原则，超出控制点连线以外 1 cm 的突出部分应加测平高点，困难时个别平高点改为高程点。为测图方便，有条件的地方尽量加测部分水位点。

当一张像片内大部分是水，只有个别排列成条状或零星分布的小岛，难以按规定布点时，外业布点以能控制岛屿的大小和高程为原则酌情布设。此种布点方案灵活多样，应根据具体情况在不违背布点原则的基础上进行处理，如图 3-26 所示。

对目前使用的数码航空摄影影像，由于是采用数字传感器获取的数字影像，其影像清晰，色彩丰富、逼真，分辨率高（12 μm），且一次摄影可以同时获取灰度、彩红外、真彩色等多种影像。但数码影像（DMC 影像）与光学影像成像的几何原理不同，是非严格的中心投影，其像幅为 16 cm × 9 cm，与光学影像像幅差别较大，采用数码航空摄影影像进行摄影测量的关键是研究精度问题。通过理论分析与实际验证，确定合理的像片控制点布设和测量方案，

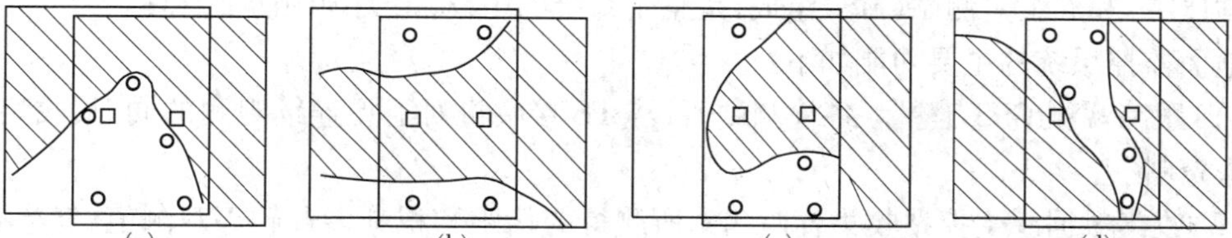

(a)　　(b)　　(c)　　(d)

图 3-26　滨水地区及海湾、岛屿地区的全野外布点

使数字空中三角测量精度满足成图要求。

但在目前的实际工作中,对同样大小的测区,数码摄影的像对数较多,像片控制工作量大,内业测图更换像对较频繁,效率不高,正射影像生产接边多,高层建筑拼接不完整。这些方面很快将得到改进。

第三节　GPS 定位测量技术

全球定位系统(Global Positioning System,简称 GPS),是以卫星为基础的无线电导航系统,可为航空、航天、陆地、海洋等用户提供三维的导航、定位、定时,是美国国防部于 1973 年 12 月正式批准陆、海、空三军共同研制的第二代卫星导航系统,是由多普勒(Doppler)定位系统发展起来的。GPS 工作卫星同时发出两种信号,分别叫做 C/A 码(粗码)及 P 码(精码),可在任何时刻任何地方都能观测到 4 ~9 颗高度角大于 10°的 GPS 卫星,可全天 24 h 在任何地方为用户提供高精度的七维信息(三维位置、三维速度、一维时间)。全球定位系统的建成是导航与定位史上的一项重大成就,是继"阿波罗"登月飞船、航天飞机后的第三大航天工程。

一、GPS 系统的组成

GPS 系统主要由空间星座部分、地面监控部分、用户设备部分等三部分组成,三者有各自独立的功能和作用,又是有机的配合而缺一不可的整体系统。

(一)空间星座部分

空间星座部分由 21 +3 颗卫星组成,其中 21 颗为工作卫星,3 颗为备用卫星,分布在 6 个不同的轨道面上,距地约 20 183 km,每个轨道上有 4 颗卫星,按等间隔分布,夹角为 90°,每颗卫星可覆盖全球 38% 的面积,轨道面与赤道面的夹角为 50° ~65°。GPS 卫星发射三种信号:精密的 P 码、非精密的 C/A 捕获码以及导航电文。每颗卫星以 2 个 L 波段频率发射载波无线电信号:L_1 =1 575.42 MHz(波长约 19 cm),L_2 =1 227.60 MHz(波长约 24 cm)。

空间卫星的主要功能如下:

(1)接收和存储由地面监控站发来的导航信号,接收并执行监控站的控制指令;

(2)卫星上设有微处理机,可进行必要的数据处理;

(3)通过星载的高精度原子钟产生基准信号,提供精确的时间标准;

(4)向用户连续不断地发送导航定位信号;

(5)接收地面主控站通过注入站送给卫星的调度指令。

(二)地面监控部分

GPS 工作卫星的地面监控系统目前主要由分布在全球的一个主控站(MCS)、三个信息注入站(GA)和五个监测站(MS)组成,是整个系统的中枢,由美国国防部管理。

地面监控系统的主要功能如下:

(1)跟踪观测 GPS 卫星。各检测站所设 GPS 接收机对卫星连续观测的同时,收集当地的气象资料。

(2)收集数据。主控站收集各监测站所测得的伪距和积分多普勒等观测值、气象要素、卫星时钟和工作状态的数据、监测站自身的数据以及海军水面兵器中心发来的参考星历。

(3)编纂导航电文。根据收集的数据,计算每颗星的星历、时钟改正、状态数据和信号的电离层延迟改正等参数,并按一定格式编制导航电文,传送给注入站。

(4)诊断状态。主控站还肩负着监测整个地面监控系统是否正常工作,检验注入给卫星的导航电文是否正确,监测卫星是否将导航电文发送给用户等任务。

(5)注入导航电文。注入站在主控站的控制下,将卫星星历、卫星时钟钟差等参数和其他控制指令注入给各个 GPS 卫星。

(6)调度卫星。主控站能够对 GPS 卫星轨道进行改变和修正,还能进行卫星调度,让备用卫星去取代失效的卫星。

(三)用户设备部分

用户设备部分则是适用于各种用途的 GPS 接收机。GPS 用户设备由接收机硬件、数据处理软件、微处理机及其终端设备等组成。其中硬件由主机、电源和天线组成。主机的核心是:信道电路、基带处理电路和中央处理器,在专用软件的控制作用下,进行作业卫星的选择、数据收集、加工、传输、处理和存储。

GPS 接收机收到从卫星传来的连续不断的编码信号后,再根据这些编码辨认相关的卫星,从其导航电文中获取卫星的位置和时间,然后计算出用户接收机的准确地理位置。

GPS 接收机的任务是:能够捕获到按一定卫星高度截止角所选择的待测卫星播发的定位信号,并跟踪这些卫星的运行,对所接收到的 GPS 信号进行变换、放大和处理,以便测量出 GPS 信号从卫星到接收机天线的传播时间,解译出卫星所发出的导航电文,实时地计算出观测站的三维位置,甚至三维速度和时间,最终实现利用 GPS 进行导航和定位的目的。

利用 GPS 接收机进行定位分静态和动态两种。

静态定位中接收机接收信号时位置固定不变,高精度测量 GPS 信号的传播时间,利用卫星在轨的已知位置,计算出接收机天线所在位置的三维坐标。

动态定位是利用接收机测定运动中物体的运动轨迹和瞬间位置。装有 GPS 接收机的运动物体可称之为载体,载体上的 GPS 接收机在跟钟卫星接收信号的过程中,是相对地球运动的,接收机实时测定运动载体的空间状态参数,即瞬间三维位置和三维速度。

GPS 接收机根据接收的卫星信号频率,又分为单频和双频接收机。单频接收机适用于小于 10 km 的短距离精密定位,其相对定位精度一般为 $\pm(10\ \text{mm} \pm 2 \times 10^{-6} \times D)$;而双频接收机由于能同时接收到卫星发射的两种频率的载波信号(粗略定位的伪随机码 C/A 码,精密测距码 P 码),故相对定位精度可以达到 $\pm(5\ \text{mm} \pm 1 \times 10^{-6} \times D)$。

二、GPS 轨道的大地参考坐标系

(一)WGS-84 坐标系

美国国防部制图局(DMA)继世界大地坐标系(World Geodetic System)WGS-60、WGS-

66、WGS－72 后，于 1984 年开始，经过多年修正、完善，发展了一种新的世界大地坐标系，称为美国国防部 1984 年大地坐标系（WGS－84），该系统于 1985 年启用。

GPS 坐标系统从 1987 年开始使用 WGS－84 系统，为广播星历和精密星历提供准确的参考坐标系，用户可以从 GPS 定位测量中得到更精密的地心坐标，也可通过相似变换得到精度较高的局部大地坐标系坐标。

目前，采用的 WGS－84 坐标系是一个地心坐标系，其原点是地球质心，如图 3-27 所示。

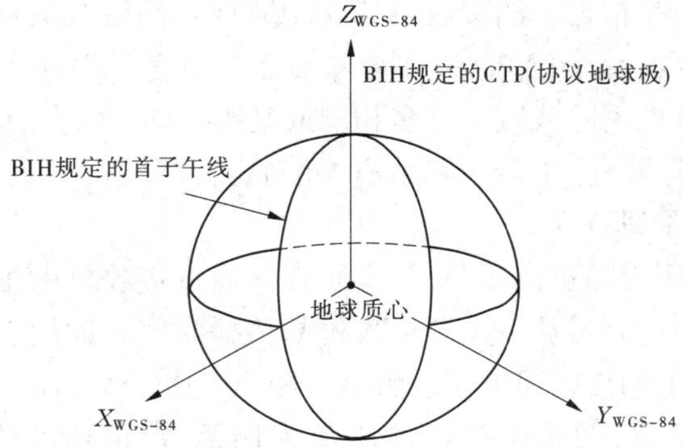

图 3-27　WGS－84 大地坐标系

坐标系的定向与 BIH（国际时间局）所定义的方向相一致，亦即该坐标系的 Z 轴平行于协议地球极 CTP（Conventional Terrestrial Pole）的方向，首子午圈平行于 BIH 所规定的首子午圈；X 轴为 WGS 参考子午圈与平行于 CTP 赤道的平面的交线，当然，该平面必通过 WGS 所定义的地球质心，Y 轴与 X 轴、Z 轴构成右手坐标系。

（二）GPS 坐标转换

在一定范围的测量工作中，需要将 GPS 测量成果换算到用户所采用的区域性坐标系中，即要进行 GPS 坐标转换，或者为了改善已有的老地面控制网，确定 GPS 网与老地面控制网之间的转换参数，需要进行两网的联合平差。

不难理解，由于 GPS 网和地面网两种网所用坐标系的基准不同（原点位置、坐标轴方向、尺度的差异），以及观测误差的影响，两网中同名点的坐标值是不同的。另外，地球坐标系并不是唯一的，不同的国家采用的地球参心坐标系也可能不同，同一国家的不同地区还可以采用自己独立的地方坐标系。所以，在数据处理时，还要进行两个不同坐标系之间的转换。

三、GPS 定位的基本原理

将无线电信号发射台从地面点搬到卫星上，组成一个卫星导航定位系统，应用无线电交会测距的原理，便可由三个以上地面已知控制点交会（空间前方交会）出卫星的位置。反之利用三个以上卫星的已知空间位置又可以交会（空间后方交会）出地面未知点（用户接收机）的位置。

由于空间卫星的时钟与地面接收机的时钟不可能同步，因此需观测 4 颗以上的卫星，才能确定 4 个变量的值，即 X、Y、Z 和时间 t（接收机钟差 Δt）。

依据定位的原理，GPS 定位以测定观测站和卫星之间的距离为主要观测量。方法主要有伪距法定位、载波相位测量定位以及差分 GPS 定位等。按定位方式，GPS 定位分为绝对定位(单点定位)和相对定位(差分定位)。

绝对定位是指在一个观测点上,利用 GPS 接收机观测与 4 颗以上卫星的距离和卫星的瞬间坐标,独立确定待定点在地球上的位置(固定在地球上的,随地球一起转动的坐标系中)。定位中所测距离因受到钟差及星历和信号传播过程中大气延迟误差的影响,定位精度较低,一般只用于导航定位。

相对定位是指在两个或若干个观测点上设置 GPS 接收机,同步跟踪观测相同的卫星,测定它们之间的相对位置,根据不同接收机的观测数据来确定观测点之间的相对位置的方法。相对定位中,至少要有一个已知点,称为基准点。由于是在几个点同步观测相同的卫星,处理其数据时可有效地消除或减小许多相同或基本相同的误差,如钟差及星历误差和信号延迟及 SA 政策的影响等,从而可获得很高的相对定位精度。

(一)GPS 伪距定位原理

伪距法测量就是利用伪随机码测距,其实质就是通过接收机的本地码与卫星信号的伪随机码进行相关处理,测定信号从卫星至接收机的传播时间。即用卫星信号到观测站的传播时间乘以光波在大气中的传播速度来求解卫地距离。由于所测距离受到卫星钟与接收机钟同步差的影响,不是真值,习惯上称所测距离为伪距,定位速度快,主要用于单点绝对定位。

(二)载波相位测量定位原理

1. 载波相位测量原理

载波相位测量是测定 GPS 载波信号在传播路程(GPS 卫星自发送信号时刻至接收到该信号)上的相位变化值,以确定信号传播的距离(卫星至测站的距离),如图 3-28 所示,卫星 S 发出一个载波信号,在任一时刻 t 其在 S 处的相位为 φ_S,而此时经距离 ρ 传播到接收机 K 发出的信号,其相位为 φ_K,则由 S 至 K 的相位变化为 $\varphi_S-\varphi_K$,$\varphi_S-\varphi_K$ 包括了整周数和不足一周的小数部分。

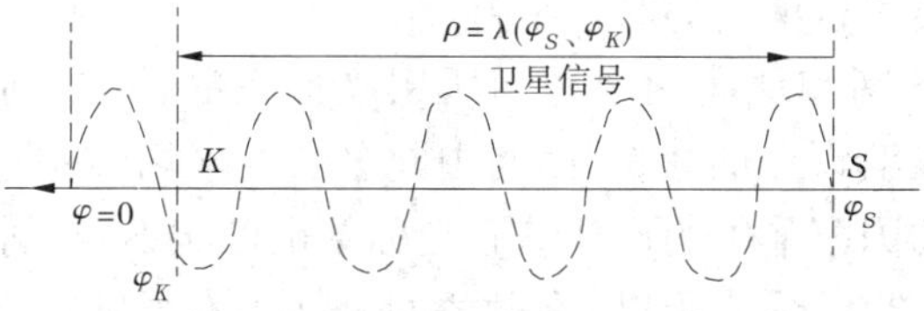

图 3-28　载波相位测量示意

为方便计算,载波相位均以周数为单位,如果能测定 $\varphi_S-\varphi_K$,则卫星 S 至接收机 K 的距离 ρ 即可用式(3-4)计算:

$$\rho = \lambda(\varphi_S - \varphi_K) = \lambda(N_0 + \Delta\varphi) \tag{3-4}$$

式中　N_0——载波相位 $\varphi_S-\varphi_K$ 的(t 时刻)整周数部分;

$\Delta\varphi$——不足一周的小数部分;

λ——载波的波长,为已知值。

由于载波频率高(L_1 = 1 575. 42 MHz、L_2 = 1 227. 60 MHz),波长短(λ_1 = 19. 05 cm、λ_2 = 24. 45 cm),所以载波相位测量可以达到很高的精度。目前,测地型 GPS 接收机的载波相位测量精度一般为 1 ~ 2 mm。采用载波相位测量相对定位,在几千米以下的短边,其相对定位精度可达几个厘米,在 100 ~ 500 km 中等边的定位精度可达 10^{-6} ~ 10^{-7}。所以,在高精度测量定位中，普遍采用载波相位测量定位方法，另外由于它直接测量载波相位，可不受P码保密的限制。因此，也是打破美国对GPS控制实施的重要手段。

载波信号是一种周期性的正弦信号，实际相位测量只能测定不足一周的小数部分，因此存在整周数 N_0 模糊度问题。另外，在载波相位测量中，要连续跟踪载波，但由于接收机故障和外界干扰等因素的影响，经常会引起跟踪卫星发生暂时中断，而产生周跳问题。整周模糊度和周跳是载波相位测量的两个主要问题。给数据处理工作增加不少麻烦和困难，这是为获得高精度定位结果所必须付出的代价。

由于GPS载波信号在传播中有多普勒效应，接收机接收到的载波频率与本机基准信号的频率是有差别的，经混频后，得到差频率后的中频信号，该中频信号的相位值即为所接收到的载波信号与本机基准信号的相位差。因此，实际的载波相位测量是通过测定中频载波信号的相位值，来获得接收机基准信号与接收到的载波信号的相位差。

2. 载波相位测量定位原理

载波相位测量与时间密切相关，而卫星钟和接收机钟都有不可避免的钟差，当涉及多站同步观测时，各卫星和接收机的钟差大小各异，因此在载波相位测量中，必须采用统一的时间标准，即标准的GPS时。

载波相位测量需要连续跟踪卫星，通过中频信号测定接收机 K_i 在 t_i 时刻的基准信号与接收到的载波信号的相位差。

(1)首次观测值。设在某时刻进行首次载波相位测量，此时可得到接收机基准信号相位和来自卫星的载波信号的相位，因此可得到相位差，其中包括整周数和不足一周的小数部分。在实际测量中，我们只能测定不足一周的小数部分，而整周数无法测定，成为一个待定的未知数。

(2)其余各次观测值。首次测量以后，在连续跟踪卫星的情况下，可连续测量中频载波信号的相位变化。因此，可以测定观测时间内的整周数和不足一周的小数部分。

载波相位测量既可以进行单点绝对定位，也可以进行相对定位。在绝对定位中，由于受卫星星历误差影响较大，则定位精度不高，特别是在美国实施SA措施后，定位精度更低，应用载波相位测量进行相对定位时由于可以消除或减弱许多相同的或相关的误差，充分发挥高精度的载波相位观测值的作用，从而获得极高的相对定位精度。这种方法在精密定位领域中得到广泛应用，如大地测量、地球动力学、地震监测等领域。应当指出，单点绝对定位可获得绝对定位坐标，又具有作业灵活简便等优点，所以在国防、经济建设中，仍有不可替代的作用，在确定坐标系的转换参数和相对定位中(确定基线一个端点的绝对坐标)也需要绝对定位。

四、GPS定位的特点及精度因子

(一)GPS定位的特点

(1)不受气候限制，全天候、全覆盖连续导航定位。

(2)高精度三维定位、测速及授时。

(3)不需通视，不用建造觇标，观测速度快。

(4)自动化程度高，经济效益好。

(5)能提供全球统一的三维坐标信息。

(6)抗干扰能力强,保密性能好(GPS 系统采用了伪随机噪声码技术,使其信号深埋于噪声之中)。

(二)观测卫星的几何精度衰减因子

定位精度取决于两个因素:一是观测值的精度,它是由观测中各项误差决定的;二是观测卫星的几何图形,它取决于观测卫星的几何图形的结构。为了表征卫星几何图形结构对于定位精度的影响,现引入几何精度衰减因子。

几何精度衰减因子 *DOP*(Dilution Of Precision)是一种描述纯粹因卫星几何因素对定点精度的影响。

(1)三维位置的几何精度衰减因子。我们定义仅与卫星几何结构有关的量,为三维位置的几何精度衰减因子,用符号 *PDOP*(Positional Dilution Of Precision)表示。三维位置的定位精度取决于几何精度衰减因子和观测值的精度。*PDOP* 包括经度、纬度和高程等因子,称为空间位置(几何强度)精度因子。

(2)高程几何精度因子 *VDOP*(Vertical Dilution Of Precision)仅包括高程因子,称为高程精度因子。

点位高程的误差等于点位误差在高程方向的投影。

(3)二维水平位置几何精度衰减因子 *HDOP*(Horizontal Dilution Of Precision)包括经度和纬度等因子,称为平面位置精度因子,即二维水平位置(B,L)点位误差。

(4)时钟几何精度衰减因子 *TDOP*。

(5)总几何精度衰减因子 *GDOP*(Geometrical Dilution Of Precision)包括经度、纬度、高程和时间等因子,简称为几何精度因子,即是指描述观测卫星图形结构对用户接收机三维位置和时钟钟差的综合影响为几何精度因子 *GDOP*。

GPS 的几何精度衰减因子的数值与所测卫星的几何分布图形有关,如图 3-29 所示。假设由观测站与 4 颗观测卫星所构成的六面体的体积为 V,则几何精度衰减因子 *GDOP* 与该六面体体积 V 的倒数成正比,即

$$GDOP \propto \sim \frac{1}{V}$$

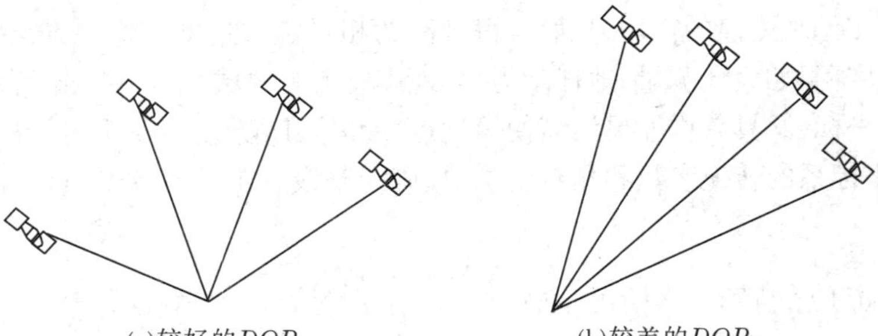

(a)较好的*DOP*　　(b)较差的*DOP*

图 3-29　卫星的几何分布图形

对于相对定位来说,常用相对定位几何精度衰减因子 *GDOP* 来衡量双差观测相对定位的精度。试验表明,其 *GDOP* 与观测卫星的数目有关,观测卫星数越多,*GDOP* 越小;*GDOP* 还与观测时间段有关,观测时段越长,*GDOP* 越小,定位精度越高。

由以上讨论可知,几何精度衰减因子是观测卫星几何图形对定位精度影响的大小程度。

在相同的观测精度的情况下，几何精度衰减因子愈小，定位精度愈高；反之则愈低。所以，它实质上是几何放大因子，因此几何精度衰减因子对定位和钟差的精度有着重大影响。为了提高定位精度，应选择几何精度衰减因子最小的4颗卫星进行观测；为了获得必须的定位精度，应规定几何精度衰减因子的最大值限制差。

（三）最佳星座的选择

当前，GPS卫星已有24颗，在地面一点经常可观测到4颗以上卫星，GPS定位至少需要4颗卫星，这就要选择能取得最佳定位精度的4颗卫星进行观测，称之为最佳星座的选择。

1. 最佳星座选择的两条基本原则

（1）观测卫星的仰角不得小于15°，以减小大气折射误差的影响。

（2）使4颗卫星的几何精度衰减因子 *GDOP* 值最小，以保证获得最高定位和定时精度。

2. 选择几何精度衰减因子 *GDOP* 最小的方法

（1）根据用户接收机的概略坐标和卫星的概略星历，对所有可能观测的4颗卫星进行计算，以选择 *GDOP* 最小的卫星作为定位观测的卫星，这需要较大数量的计算，而且卫星位置是随时间变化的，通常15 min就要进行一次选星计算。

（2）按卫星的几何图形选星，这是一种简易、近似的方法。大量的统计数据表明，*GDOP* 值是与接收机卫星单位矢量端点所形成的四面体体积 V 成反比，即 $GDOP \propto \frac{1}{V}$。因此，可依这条原则进行选星。其具体方法是，首先选一颗沿天顶（垂线）方向的卫星，其余3颗卫星相间约120°时，其所构成的四面体体积接近最大。

选择最佳星座，对于组织实施大量GPS定位测量是有意义的，可在事前根据待定点的概略位置和预报的概略星历，来选择观测时间和最佳星座，以计划安排测量定位工作。对实时导航定位来说，就需实时选星。目前，一般GPS接收机都有选星软件，它自动完成选星，并显示出几何精度衰减因子 *GDOP* 或 *PDOP* 的数值。一般规定 *GDOP* 不能大于6，若超过6应停止观测。

当前，许多GPS接收机具有4个以上的通道，如6通道或8通道，最多有12通道。这时就在可见卫星中，选择6颗或8颗卫星进行跟踪观测，其 *GDOP* 值应该是最佳的。

五、RTK测量

RTK（Real Time Kinematic）测量是实时动态载波相位差分GPS测量，是为了减少卫星的轨道误差、卫星钟差、接收机钟差以及电离层和对流层的折射误差的影响，采用载波相位观测值的各种线性组合（即差分值）作为观测值，以消除公共误差，从而获得两点之间高精度的GPS基线向量（即坐标差）。根据这个来进行定位，是在运动状态下通过跟踪处理接收卫星信号的载波相位，可获得比RTD高得多的定位精度（几个厘米）。

实时动态载波相位测量是差分GPS测量技术上的一大突破，把定位精度提高到过去只能在静态较长时间（1～2 h）测量并进行测后处理才能达到的几厘米或几分米的精度。

（一）RTK的基本思想

在基准站上安置一台GPS接收机，对所有可见卫星进行连续的观测，并将其观测数据通过无线电传输设备实时发送给用户观测站。在用户站上，GPS接收机在接收GPS卫星信号的同时，通过无线电接收设备，接收基准站传输的观测数据，然后根据相对定位原理，实时计算并显示用户站的三维坐标及其精度。

(二)RTK 系统的组成

RTK 技术是大地测量、空间技术、卫星技术、无线电通信与计算机技术的集成。其系统组成主要由一个基准站、若干个流动站、无线电通信系统和 RTK 测量软件系统等四大部分组成。其中,基准站包括 GPS 接收机(具有数据传输参数、测量参数、坐标系统等设置功能)、天线、无线电通信发射设备、电源、基准站控制器等。流动站包括 GPS 接收机、天线、无线电通信接收设备、电源、流动站控制器等。

(三)RTK 突出的优点及应用领域

RTK 突出的优点为:精度高,采用高性能双频接收机可达到 $2\ \text{cm} + 2 \times 10^{-6} D$,性能差者也可达到亚米级;实时性强,现场得到三维坐标,并可以进行实时放样;轻便灵活,设备轻便,不包括电源基准台只有十几千克,移动台只有几千克。

RTK 可应用于各种需要导航和定位的工作,如测绘方面的常规地形测量、航空摄影测量及遥感、工程测量、代替低级别 GPS 静态控制测量等。

(四)RTK 的局限性

1. 作用距离有限

RTK 测量在计算整周未知数时,需要一个近似的估值,该估值是以码相位常规差分测量求得的,作用距离过大时,估值误差较大,有可能在运动状态下无法搜索到可靠的整周数,导致作业失败,因此作用距离是有限的,一般要得到厘米级精度作用距离不大于 10 ~ 15 km,分米级精度不大于 50 km。

2. 初始化时间的等待,在动态下求解整周模糊度

初始化需要一定的时间(几秒钟到几分钟),在连续动态作业时,一旦信号失锁,就必须进行初始化,在重新初始化过程中精度将降到常规差分 GPS 的精度,等到初始化重新完成后,精度才可恢复到原有精度。

(五)RTK 系统工作及数据处理

1. RTK 系统工作

在 RTK 作业模式下,基准站通过数据链(调制解调器),将其观测值及站点坐标信息以无线电信号形式发送给流动站。流动站接收来自基准站的数据的同时还要采集 GPS 卫星信号,并取得观测数据,在系统内组成差分观测值进行实时处理(坐标转换、高程拟合和投影改正),瞬时得到精度为厘米级(相对于参考站)的流动站点位坐标。RTK 系统的工作流程示意如图 3-30 所示。

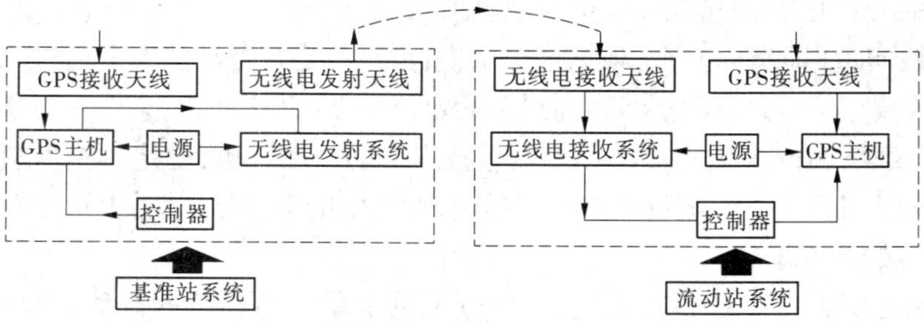

图 3-30　RTK 工作流程示意

流动站可在一固定点上先进行初始化再进入动态作业，也可在动态条件下直接开机，并在动态条件下完成整周未知数的搜索求解，在整周未知数解集固定后，即可进行每个历元的实时处理。此时，只要保证 GPS 接收机，连续锁定四颗以上卫星的相位观测值和具有必要的几何图形强度，测程在 15 km 以内时，流动站可随时给出厘米级精度的点位成果。

2. RTK 数据处理

RTK 数据处理流程见图 3-31。

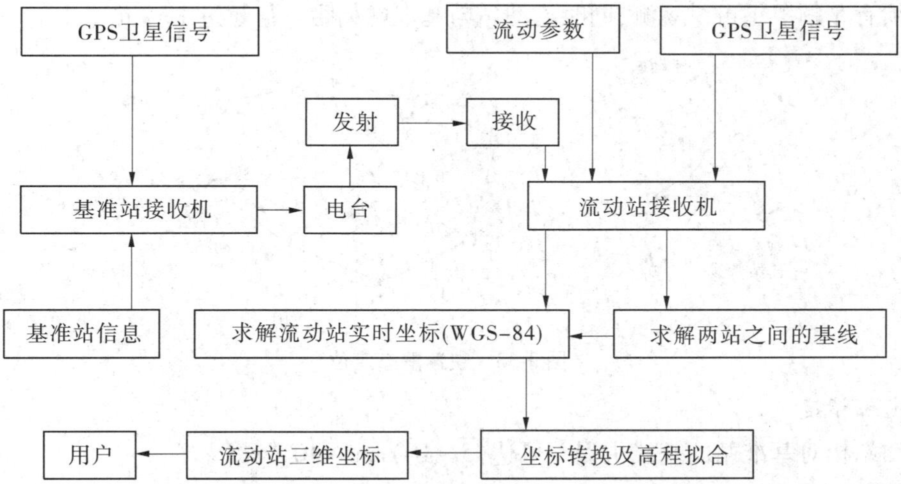

图 3-31　RTK 数据处理流程

六、GPS 测量作业模式

GPS 测量作业模式，是指利用 GPS 定位技术确定观测站之间相对位置所采用的各种作业方式，它与 GPS 接收机的硬件和软件紧密相关。不同的作业模式，其方法、观测时间和应用范围也不同。

近年来，由于 GPS 测量处理软件系统的发展及数据通信系统在测量上的应用，目前已有多种模式可供选择，主要的作业模式有静态定位模式，快速静态定位、准动态定位和动态定位等。

(一)静态相对定位模式

静态相对定位模式，即通过在多个测站上进行若干时段同步观测，确定测站之间相对位置的 GPS 定位测量。

1. 作业方法

采用两套(或两套以上)GPS 接收设备，分别安置在一条(或数条)基线的端点，同步观测 4 颗以上卫星，可观测数个时段，每个时段接近 1 h，或同步观测 5 颗以上卫星，每时段 20 min 左右。当基线超过 100 km 时，观测时间应相对延长。

2. 定位精度

静态定位测量是当前 GPS 定位测量中精度最高的作业模式，基线测量精度可达 $5\ mm \pm 1 \times 10^{-6} D$，其中 D 为基线长度。

3. 应用范围

静态相对定位模式应用范围为：建立全球性或国家级大地控制网，建立地壳运动或工程变形监测网,建立长距离检校基线,进行岛屿与大陆联测等。

(二)快速静态相对定位模式

快速静态相对定位,即利用快速整周模糊度解算法原理所进行的 GPS 静态定位测量。

1. 作业方法

在测区中部选择一个基准站,并安置一台接收设备连续跟踪所有可见卫星,另一台接收设备依次到各点流动设站,并在每个流动站上观测数分钟,如图 3-32 所示。要求在观测时段中必须有 5 颗卫星可供观测,同时流动站与基准站相距不得超过 15 km。

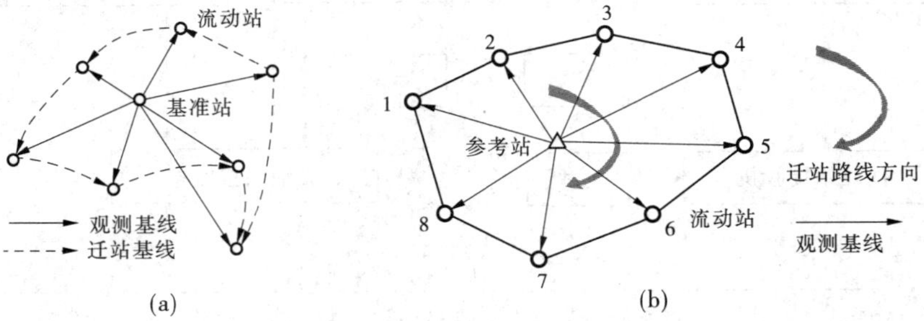

图 3-32 快速静态定位

2. 定位精度

流动站相对基准站的基线中误差可达(5 ~ 10)mm + $10^{-6} \times D$。

3. 特点

接收机在流动站之间移动时,不必保持对所测卫星的连续跟踪,因而可关闭电源以降低能耗。该模式作业速度快、精度高。缺点是直接观测边不构成闭合图形,缺少检核条件,可靠性较差。

4. 适用范围

快速静态相对定位模式适用范围为:控制测量及其加密,工程测量及边界测量,地籍测量及碎部测量等。

(三)准动态相对定位模式

1. 作业方法

在测区选择一基准站,并在其上安置一台接收机连续跟踪所有可见卫星,另一台流动接收机置于起始点(见图 3-33 中 1 号点)观测 1 ~ 2 min。在保持对所测卫星连续跟踪的情况下,流动的接收机依次迁到 2,3,…号流动点各观测数秒钟。

该作业模式要求:在观测时段上必须有 5 颗(至少 4 颗)以上卫星可供观测;在观测过程中流动接收机对所测卫星信号不能失锁;一旦发生失锁现象,应在失锁后的流动点上,将观测时间延长 1 ~ 2 min;流动站与基准站相距应不超过 15 km。

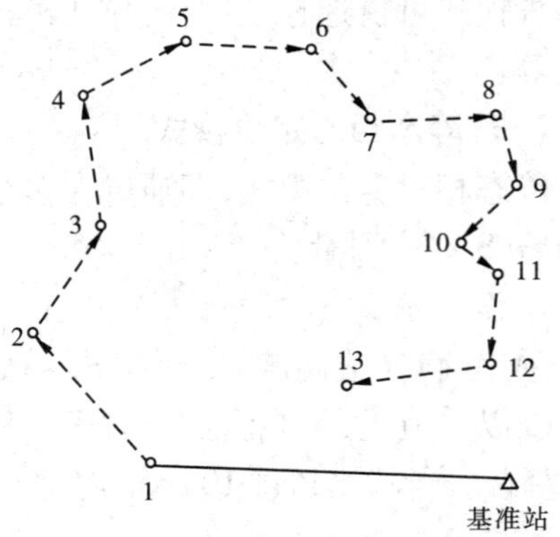

图 3-33 准动态相对定位图

2. 定位精度

基线中误差可达 1 ~ 2 cm。

3. 特点

作业只需两台接收设备，效率甚高。即使偶尔发生失锁，只要在失锁的流动点上延长观测 1 ~ 2 min，仍可继续向前按该模式作业。

4. 使用范围

准动态相对定位模式使用范围为：开阔地区的加密测量，工程定位及碎部测量，剖面测量和路线测量等。

（四）动态相对定位模式

1. 作业方法

建立一个基准站，并在其上安置一台接收机连续跟踪所有可见卫星，另一台接收机安置在运动载体上，见图 3-34，在出发点按快速静态相对定位法，静止观测 1 ~ 2 min，然后运动的接收机从出发点开始，在运动过程中按预定的时间间隔自动观测。

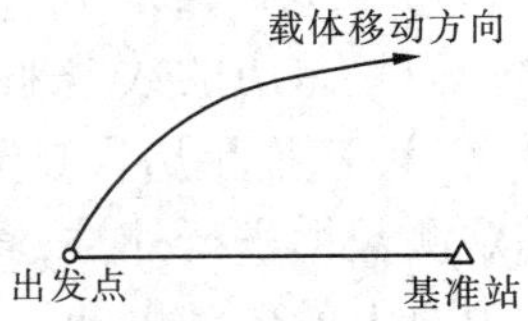

图 3-34　动态相对定位

该作业模式要求：同步观测 5 颗卫星，其中至少有 4 颗卫星应保持连续跟踪，同时运动点与基准站距离不应超过 15 km。

2. 定位精度

运动点相对于基准点之间的点位精度可达 1 ~ 2 cm。

3. 特点

速度快，精度高，可实现载体的连续定位。

4. 适用范围

适用范围为：精密测定载体的运动轨迹，道路中心测量、航道测量，开阔地区的剖面（如横断面）测量等。

七、影响 GPS 定位精度的误差因素

误差按测量误差的性质可分为偶然误差、系统误差。

偶然误差从群体上服从正态分布规律，主要影响观测结果的精度。GPS 中的偶然误差主要是观测误差，如对中误差、天线量高误差等。

系统误差是在大小和方向上具有偏向性的误差，主要影响观测成果的准确度。如 GPS 观测中的钟差轨道误差等具有系统性偏差。系统误差是 GPS 观测中的主要误差。主要采用模型改正的方法削减其影响，将系统偏差当做未知参数与结果一起求解或求差。

测量中出现粗差是不允许的，关键是如何找到它的存在，并予以剔除。粗差将影响到成果的可靠性。

在研究误差对 GPS 测量的影响时，往往将误差化算为卫星至测站的距离，以相应的距离误差表示，称为等效误差。

在 GPS 测量中出现的各种误差按其来源大致分为三种类型：与 GPS 卫星有关的误差、与卫星信号传播介质有关的误差、与接收机设备有关的误差。

（一）与 GPS 卫星有关的误差

与 GPS 卫星有关的误差主要包括卫星星历误差、卫星钟的钟误差、地球自转的影响和相对论效应的影响。

1. 卫星星历误差

由星历所给出的卫星在空间的位置与实际位置之差称为卫星星历误差(又称卫星轨道偏差),卫星轨道信息是通过导航电文得到的。处理卫星的轨道偏差是很困难的,由于卫星在运行中要受到多种摄动力的复杂影响,而通过地面监测站又难以充分可靠地测定这些作用力并掌握它们的作用规律,因此在星历预报时会产生较大的误差。在一个观测时间段内星历误差具有系统误差特性,是一种起算数据误差。应该说,卫星轨道误差是当前 GPS 测量误差的主要来源之一。所测基线越长,此项误差的影响越大。它将影响单点定位的精度,也是精密相对定位中的重要误差来源。

1)星历数据来源

卫星星历的数据来源有广播星历和实测星历两类。

(1)广播星历。是卫星电文中所携带的主要信息。它是根据美国 GPS 控制中心跟踪站的观测数据进行外推,通过 GPS 卫星发播的一种预报星历。由于我们尚不能充分了解作用在卫星上的各种摄动因素的大小变化规律,所以预报数据中存在着较大的误差。当前从卫星电文解译出来的星历参数共 17 个,每小时更换一次。由这 17 个星历参数确定的卫星位置精度为 20 ~40 m,有时可达 80 m。全球定位系统正式运行后,启用全球均匀分布的跟踪网进行测轨和预报,此时由星历参数可计算的卫星坐标可能精确到 5 ~10 m。不过根据美国政府的 GPS 政策,广大用户很难从系统的改善中获得应有的精度。

(2)实测星历。是根据实测资料进行拟合处理而直接得出的星历。它是需要在一些已知精确位置的点上跟踪卫星来计算观测瞬间卫星的真实位置,从而获得准确可靠的精密星历。这种星历要在观测后 1 ~2 个星期才能得到,这对导航和动态定位无任何意义,但是在静态精密定位中具有重要作用。另外,GPS 卫星是高轨卫星,区域性的跟踪网也能获得很高的定轨精度。所以,许多国家和组织都在建立自己的 GPS 卫星跟踪网并开展独立的定轨工作。

2)星历误差对定位的影响

(1)对单点定位的影响。由于卫星星历误差而使某卫星至接收机的几何距离有了增量,引起了测站坐标误差和接收机钟误差,影响的大小取决于卫星至接收机的几何距离增量的大小,具体的配赋方式则与卫星的几何图形有关。广播星历误差对测站坐标的影响一般可达数米、数十米至上百米。

(2)对相对定位的影响。相对定位时,因星历误差对两站的影响具有很强的相关性,所以在求坐标时,共同的影响可自行消去,从而获得更高的相对坐标。

实践表明,经数小时观测后基线的相对误差约为星历相对误差的 1/4,在“SA”措施中,基线相对误差可能会增大。但就广播星历而言,也能保证$(1\sim2)\times10^{-6}$的相对定位精度。

3)解决星历误差的方法

(1)忽略轨道误差。是以从导航电文中所获得的轨道信息为准,不考虑卫星的轨道偏差,广泛地用于精度较低的单点定位工作中。

(2)建立自己的卫星跟踪网定轨。建立 GPS 卫星跟踪网,进行独立定轨,提供自己的星历,摆脱美国的 SA(Selective Availability)政策的措施。这不仅可以使我国的用户在非常时期内不受美国政府有意降低调制在 C/A 码上的卫星星历精度的影响,且使提供的精密星历精度可达到 10^{-7}。这将对提高精密定位的精度起显著作用,也可为实时定位提供预报星历。其方法是在自己的国家建立一些已知点，在这些已知点上跟踪 GPS 卫星，反算卫星的位置，然后提供给自己的 GPS 用户。这种定轨过程是 GPS 定位的反过程。

(3)轨道松弛法(轨道改进法)。在平差模型中把卫星星历给出的卫星轨道作为初始值，视其改正数为未知数，通过平差同时求得测站位置及轨道的改正数，这种方法就称为轨道松弛法。但是轨道松弛法有一定的局限性，因此它不宜作为 GPS 定位中的一种基本方法，而只能作为无法获得精密星历情况下某些部门采取的补救措施或在特殊情况下采取的措施。

(4)同步观测值求差。是利用在两个或多个观测站上，对同一卫星的同步观测值求差，以减弱卫星星历误差的影响。由于同一卫星的位置误差对不同观测站同步观测量的影响具有系统性，所以通过上述求差的方法，可以把两站共同误差消除，明显减弱卫星轨道误差的影响。尤其在基线较短时，效用更加明显。一般短基线数据处理时，就是利用广播星历，采用差分技术进行定位，并未作其他处理。

2. 卫星钟的钟误差

卫星钟的钟误差包括钟差、频偏、频漂等产生的误差，也包含钟的随机差。由于卫星的位置是时间的函数，GPS 的观测量均以精密测时为依据，而与卫星位置相对应的时间信息是通过卫星的编码信息传送给地面接收机的，在 GPS 定位中，无论是码相位观测还是载波相位观测，均要求卫星钟和接收机钟保持严格同步。尽管 GPS 卫星均设有高精度的原子钟(铷钟和铯钟)，但与理想的 GPS 之间仍存在着偏差或漂移，这些偏差的总量均在 1 ms 以内，由此引起的等效距离误差约为 300 km。

这些数值由卫星的地面控制系统(主控站)根据前一段时间的跟踪资料和 GPS 标准时推算出来，并通过卫星的导航电文提供给接收机，由用户加钟差改正。

经以上改正后，各卫星钟读数与 GPS 标准时间之差(同步差)可保持在 20 ns 以内，由此引起的等效距离偏差不会超过 6 m，卫星钟差和改正后的残余误差，在相对定位中可以通过观测量在测站间求差(或差分)的方法进一步消除它。

综上所述，卫星钟差的改正方法有两种：一是由导航电文提供的参数加改正，二是在相邻测站观测值间求差分。

3. 地球自转的影响

GPS 定位采用的坐标是协议地球坐标系，若某一时刻卫星向地面发射信号，当地面接收机收到位信息时，与地球固连的协议地球坐标系相对于卫星发射信号瞬间的位置已产生了旋转。

地球潮汐影响：因为地球并非是一个刚体，所以在太阳和月球的万有引力作用下，固体地球要产生周期性的弹性变形，称为固体潮。此外，在日月引力的作用下，地球上的负荷也将发生周期性的变动，使地球产生周期的变形，称为负荷潮，如海潮。固体潮和负荷潮引起的测站位移可达 80 cm，使不同时间的测量结果互不一致。

地球自转影响、地球潮汐影响的改正只在高精度相对定位中才考虑。

4. 相对论效应的影响

相对论效应是由于卫星钟和接收机钟所处的状态(运动速度和重力位)不同而引起卫星钟和接收机钟之间产生相对钟误差的现象。所以严格地说，将其归入与卫星有关的误差不完全准确。但是，由于相对论效应主要取决于卫星的运动速度和重力位，并且是以卫星钟的误差这一形式出现的,所以我们将其归入此类误差。

卫星轨道是一个椭圆,卫星运行速度也随时间发生变化,相对论效应影响并非常数,经改正后的残差,对 GPS 时间的影响最大可达 70 ns,对精密定位仍不可完全忽略。

(二)与卫星信号传播介质有关的误差

与卫星信号传播介质有关的误差主要包括电离层折射误差、对流层折射误差和多路径效应。

1. 电离层折射(也称电离层延迟)的影响

电离层是高度在 50 ~ 1 000 km 的大气层,由于太阳的强烈辐射,使电离层中的中性气体分子电离,从而产生大量的正离子和自由电子,GPS 卫星信号和其他电磁波信号一样,当其通过电离层时,将受到这一介质弥散特性的影响,使信号的传播路径发生弯曲,速度发生变化。当 GPS 卫星处于天顶方向时,电离层的折射对信号传播路径的影响最小;而当卫星接近地平线时,则影响最大。为减小电离层的影响,在 GPS 定位测量中通常采取以下措施:

(1)利用双频观测。由于电离层的影响是信号频率的函数,利用不同频率的电磁波信号进行观测,便可确定其影响值,从而对观测量加以改正。因此,GPS 双频接收机在精密定位中的应用广泛。应当指出,在太阳辐射强烈的正午或太阳黑子活动异常期,应尽量避免观测。

(2)利用电离层模型加以改正。对单频接收机,为减小电离层的影响,一般是采用由导航电文所提供的电离层模型,或其他适合的电离层模型对观测量加以改正。但是,这种模型至今仍在完善之中,目前模型改正的有效性约为 75%。

(3)利用同步观测值求差。利用两台或多台接收机,对同一组卫星的同步观测值求差,以减小电离层的影响。尤其是观测站之间的距离较近时(小于 20 km),卫星信号到达各观测站的路径相近,所经过的大气层介质状况相似,因此通过各观测站对相同卫星的同步观测值求差,可显著减弱电离层的折射影响。

2. 对流层折射影响

对流层是高度大约在 40 km 以下的大气层,电磁波通过对流层时,传播速度发生变化,传播路径发生弯曲,产生对流层延迟。对流层的影响必须依靠测定测站的温度、气压和湿度等气象元素进行模型改正。对流层折射对观测量的影响,可分为干分量和湿分量两部分。干分量与大气的温度和压力有关,而湿分量与传播路径上大气的湿度和高度有关。对于干分量的影响,通过地面大气资料计算模型改正;湿分量的影响目前尚无准确的测定方法。但对于较短的基线(50 km 以内),湿分量的影响较小。

对流层影响的几种处理方法:

(1)定位精度要求不高时,不考虑其影响;

(2)采用对流层模型改正(减少对流层延迟达 92% ~93%);

(3)引入描述对流层影响的附加待定参数,在数据处理时一并求解;

(4)采用观测量求差的方法(当基线较短时)。

3. 多路径效应影响

多路径效应亦称多路径误差,是指接收机天线除直接接收到卫星发射的信号外,还可能收到经天线周围地物一次或多次反射的卫星信号,如图 3-35 所示。两种信号叠加,将引起测量参考点(相位中心)位置的变化,从而使观测量产生误差,而且这种误差随天线周围反射面的性质而异，难以控制。试验资料的分析表明，在一般反射环境下，多路径效应对测码伪距的影响可达米级，对测相伪距的影响可达厘米级。在高反射环境下，不仅其影响将显著增大，而且常会导致接收的卫星信号失锁和使载波相位观测量产生周跳。因此，在精密GPS导航和测量中，多路径效应的影响是不可忽视的。

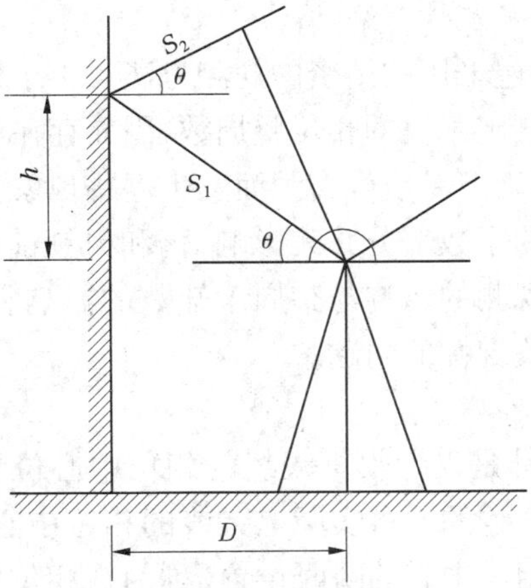

图3-35　多路径效应影响

目前，减小多路径效应影响的措施如下：

(1)安置接收机天线的环境，应避开较强的反射面，如水面、平坦光滑的地面，以及平整的建筑物表面等。

(2)选择造型适宜且屏蔽良好的天线，如采用扼流圈天线等。

(3)适当延长观测时间，削弱多路径效应的周期性影响。

(4)改善GPS接收机的电路设计，以减弱多路径效应的影响。

(三)与接收机设备有关的误差

与GPS接收机设备有关的误差主要包括观测误差、接收机的钟差、载波相位观测的整周不定性影响、天线的相位中心位置偏差、接收机的位置误差。

1.观测误差

观测误差包括观测的分辨误差及接收机天线相对于测站点的安置误差等。根据经验，一般认为观测的分辨误差约为信号波长的1%，故知载波相位的分辨误差比码相位小。由于此项误差属于偶数误差，可适当地增加观测量，将会明显地减弱其影响。

接收机天线相对于观测站中心的安置误差，主要是天线的置平与对中误差以及量取天线高的误差。因此，在精密定位工作中，必须认真、仔细操作，以尽量减小这种误差的影响。

2.接收机的钟差

尽管GPS接收机设有高精度的石英钟，其日频率稳定度可以达到$1\times10^{-9}\sim0.5\times10^{-9}$，但对载波相位观测的影响仍是不能忽视的。如果卫星钟与地面接收机钟同步误差为$1\ \mu s(1\times10^{-6}\ s)$，引起等效距离误差为300 m。

减弱接收机钟差的方法如下：

(1)把每个观测时刻的接收机钟差当做一个独立的未知数，在数据处理时与观测站的位置参数一并求解。

(2)认为各观测时刻的接收机钟差间是相关的，像卫星钟那样，将接收机钟差表示为时间多项式，并在观测量的平差计算中求解多项式的系数。这种方法可以大大减少未知数，该方法成功与否的关键在于钟误差模型的有效程度。

(3)通过利用观测量在卫星间求一次差的方法，来消除或减弱接收机的钟差影响。这种方法和方法(1)是等价的。

3. 载波相位观测的整周不定性影响

载波相位观测是当前普遍采用的精密的观测方法。由于接收机只能测定载波相位非整周的小数部分，而无法直接测定载波的相位整周数，因而存在整周不定性的问题。

此外，在观测过程中，由于卫星信号失锁而发生周跳现象。从卫星信号失锁到信号被重新锁定，对载波相位非整周的小数部分并无影响，仍和失锁前保持一致，但整周数却发生中断而不再连续，所以周跳对观测的影响与整周未知数的影响相似。在精密定位的数据处理中，整周未知数和周跳都是关键性的问题。

4. 天线的相位中心位置偏差

在 GPS 测量中，观测值都是以接收机天线的相位中心位置为准的，而天线的相位中心与其几何中心，在理论上是一致的。可实际上天线的相位中心随着信号输入的强度和方向不同而有所变化，即观测时相位中心的瞬时位置(称为视相位中心)与理论上的相位中心将有所不同，这种差别叫天线相位中心的位置偏差。这种偏差的影响，可达数毫米至数厘米。所以，对于精度相对定位，这种影响是不容忽视的，而如何减少相位中心的偏移是天线设计中的一个重要问题。

在实际工作中，如果使用同一类型的天线，在相距不远的两个或多个观测站上同步观测了同一组卫星，那么，便可以通过观测值的求差来削弱相位中心偏移的影响。不过，这时各观测站的天线应按天线附有的方位标进行定向，使之根据罗盘指向磁北极。通常定向偏差应保持在 3°以内。

5. 接收机的位置误差

接收机相位中心相对测站标石中心位置的误差，叫做接收机的位置误差。其包括天线的置平误差和对中误差、量取天线高误差。当天线高度为 1.6 m、置平误差为 0.1°时，可能会产生 3 mm 对中误差。因此，在精密定位时，必须仔细操作，以尽量减少这种误差的影响。在变形监测中，应采用有强制对中装置的观测墩。

最后需要指出，在 GPS 测量中除上述各种误差外，卫星钟和接收机钟震荡器的随机误差、大气折射模型和卫星轨道摄动模型的误差等，也都会对 GPS 的观测产生影响。随着对长距离定位精度要求的不断提高，研究这些误差来源并确定它们的影响规律具有重要的意义。

八、GPS 控制网的布设

(一) GPS 网的技术设计

GPS 网的技术设计，应根据网的用途和用户的要求进行，其主要内容包括精度标准的确定、GPS 点的密度设计、网的图形设计和网的基准设计等。

1. 航测外业用 GPS 网的精度设计和 GPS 点的密度设计要求

在实际工作中，精度标准的确定要根据用户的实际需要及人力、物力、财力情况合理设计，也可参照本部门已有的规程和作业经验适当掌握。在具体布设中，可以分级布设，也可以越级布设,或布设同级全面网。GPS 测量部分精度分级参见表 3-4。

表 3-4　GPS 测量部分精度分级

级别	固定误差 a(mm)	比例误差系数 $b(\times 10^{-6}D)$	相邻点最小距离(km)	相邻点最大距离(km)	相邻点平均距离(km)	主要用途
C	≤10	≤5	5	40	15 ~ 10	大中城市及工程测量基本控制网
D	≤10	≤10	2	15	10 ~ 5	中小城市及测图、物探、建筑施工等控制测量
E	≤10	≤20	1	10	5 ~ 2	

GPS 点的密度标准。各种不同的任务要求和服务对象,对 GPS 点的分布要求也不同。而航外基础控制测量点的布设密度主要满足像片控制点加密的需要,平均边长往往在几千米,至多十几千米以内。因此,现行规范和规程对 GPS 网中两相邻点间距离作出了规定。

2. GPS 网设计的原则

GPS 定位网的设计,应针对整个区域,直接将欲测的控制点和测区已知的三角点和水准点构成网环路和子环路,以形成封闭的 GPS 网。环路设计的作用在于,便于及时计算同步环路和异步环路的坐标闭合差,以利于及时剔除 GPS 数据的粗差和及时发现数据采集时的问题与修改施测方案,确保 GPS 网的质量。设计的一般原则如下:

(1)GPS 网一般应由一个或若干个独立观测环构成,即必须由非同步独立观测边构成若干闭合环或附合路线,如三角形、多边形,也可以布设成附合线路(有的称为 GPS 导线)形式,以增加几何条件,提高网的可靠性。

(2)GPS 网点应尽量与原有地面控制网点相重合。重合点一般不应少于 3 个(不足时应联测)且在网中应分布均匀,以便可靠地确定 GPS 网与地面之间的转换参数。为了顾及原有城市测绘成果资料以及各种大比例尺地形图的沿用,应采用原有城市坐标系统。对符合 GPS 网点要求的旧点,应充分利用。

(3)为求 GPS 网点的高程(正常高)应考虑与水准点相重合,而非重合点一般应根据要求以水准测量方法进行联测,或在网中布设一定密度的水准联测 GPS 点,高程联测应采用不低于四等水准或与其精度相当的方法进行,平原的高程联测点不少于 5 个,丘陵或山地的高程联测,应按测区地形特征适当增加联测点数,不宜少于 10 个点。

(4)为了便于观测和水准联测,GPS 网点一般应设在视野开阔和交通便利的地方。

(5)GPS 网的点与点不要求通视,但应考虑常规方法联测、加密时的应用,可在网点附近布设一通视良好的方位点,以建立联测方向。方位点与观测站的距离一般应大于 300 m。

3. GPS 控制网的布设要求

(1)要有足够的检核条件,即适当增加重复基线条件、同步环观测和异步环条件。

(2)点位应考虑对卫星信号接收产生影响的因素。

(3)GPS 网与地面控制网必须有一定数量的重合点。

(4)每个测站点应与至少 1 ~ 2 个方向通视,以便用常规测量方法进行平面控制网点的加密。

各时段观测时间(有效观测时间)应根据仪器精度、等级要求及基线长度等条件综合考虑。

4. GPS 网形布设基本形式

常规测量中对控制网的图形设计是一项非常重要的工作。在 GPS 图形设计时，因 GPS 同步观测不要求通视，所以其图形设计具有较大的灵活性。GPS 网的图形设计主要取决于用户的要求，但是有关经费、时间和人力的消耗以及所需接收设备的类型、数量和后勤保障条件等，也都与网的设计有关，对此应充分加以顾及，以期在满足用户要求条件下尽量减少消耗。根据 GPS 测量的不同用途，GPS 网的独立观测边均应构成一定的几何图形。根据不同的用途，GPS 网的图形布设的连接方式通常有点连式、边连式、网连式及边点混合连接四种形式，也有布设成三角锁形连接、导线网形连接等。选择什么样的组网，取决于工程所要求的精度、野外条件及 GPS 接收机台数等因素。

(1)点连式。是指相邻同步图形之间共有一个公共点的连接。以这种方式布点所构成的图形几何强度很弱，没有或极少有非同步图形闭合条件，一般不单独使用。如图 3-36(a)所示。

(2)边连式。是指同步图形之间由一条公共基线连接。这种布网方案，网的几何强度较高，有较多的复测边和非同步图形闭合条件。在相同的仪器台数条件下，观测时段数将比点连式大大增加，如图 3-36(b)所示。

(3)网连式。是指相邻同步图形之间有两个以上的公共点相连接，这种方法需要四台以上的接收机。显然，这种密集的布网方法的几何强度和可靠性指标是相当高的，但花费的经费和时间较多，一般仅适于较高精度的控制测量。

(4)边点混合连接式。是指把点连式与边连式有机地结合起来组成的 GPS 网。既能保证网的几何强度，提高网的可靠性指标，又能减少外业工作量，降低成本，是一种较为理想的布网方法，如图 3-36(c)所示。

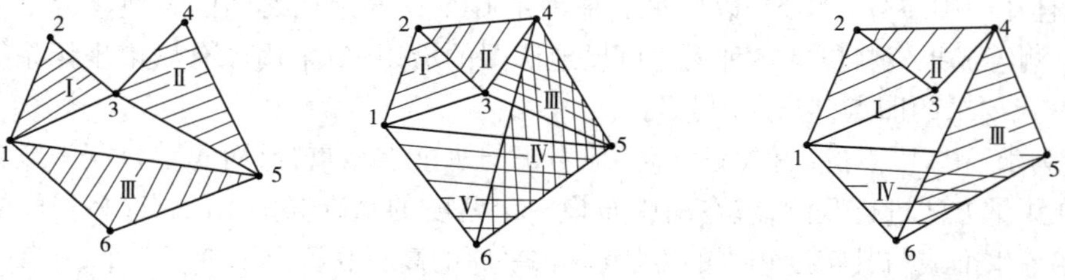

(a)点连式　　(b)边连式　　(c)边点混合连接式

图 3-36　GPS 网形布设的连接方式

(5)三角锁形(或多边形)连接。是用点连式或边连式组成连续发展的三角锁同步图形，适用于狭长地区的 GPS 布网，如铁路、公路及管线工程勘测。

(6)导线网形连接(环形图)。是将同步图形布设为直伸状，形如导线结构式的 GPS 网，各独立边应组成封闭状，形成非同步图形，用以检核 GPS 点的可靠性。适用于精度较低的 GPS 布网。该布网方法也可与点连式结合起来布设。

5. 几种常见网形

1)三角形网

如图 3-37 所示，三角形各边由非同步的独立观测组成。由经典大地测量的经验可知，这种图形的几何结构强，具有良好的自检能力，能够有效地发现观测成果的粗差，以保障网的可靠性，同时经平差后网中相邻点间向量的精度分布均匀。但这种网形的主要缺点是观测工作量较大,通常只有当对网的可靠性和精度要求较高时,才单独采用这种图形。

2)环形网

如图3-38所示,由若干含有多条独立观测边的闭合环所构成的网,称为环形网。这种图形与经典大地测量中的导线网相似,其图形的结构强度比三角形网差。环形网的优点是观测工作量较小,具有较好的自检性和可靠性;其缺点主要是非直接观测的基线边(或间接边)精度较直接观测边低,相邻点间的基线精度不均匀。不难理解,由于网的自检能力和可靠性与闭合环中所含基线边数量有关,所以根据网的不同精度要求,《全球定位系统城市测量技术规程》(CJJ 73—97)规定GPS闭合环或GPS导线边数不得超过一定的数量,具体要求见表3-5。

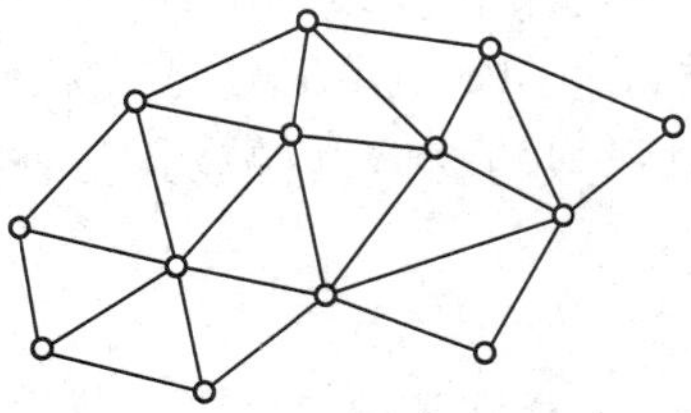

图3-37 三角形网

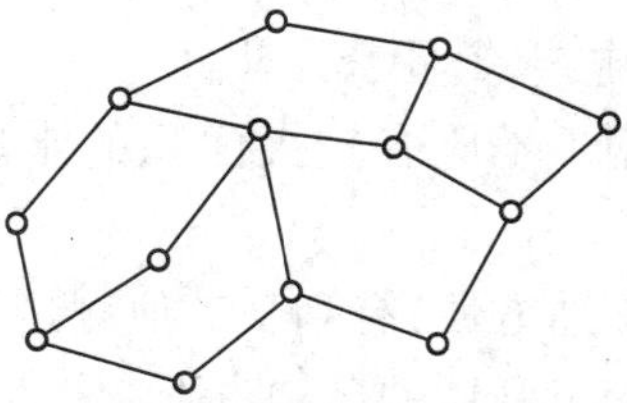

图3-38 环形网

表3-5 闭合环或附合线路的边数要求

等级	C级	D级	一级	二级
闭合环或附合线路的边数	≤8	≤10	≤10	≤10

三角形网和环形网是大地测量和精密工程测量中普遍采用的两种基本图形。根据情况,通常采用两种图形的混合图形。

3)星形网

星形网的几何图形如图3-39所示。星形网的几何图形简单,直接观测边之间不构成任何闭合图形,所以检验与发现粗差的能力比点连式更差。这种网形的主要优点是,观测中只需两台GPS接收机就可以作业。若有三台仪器,一个可作为中心站,其他两台可流动作业,不受同步条件限制。因此,在快速作业模式中,常采用这种网形。它广泛地应用于精度较低的工程测量、地质、地球物理测点、边界测量、地籍测量和碎部测量。

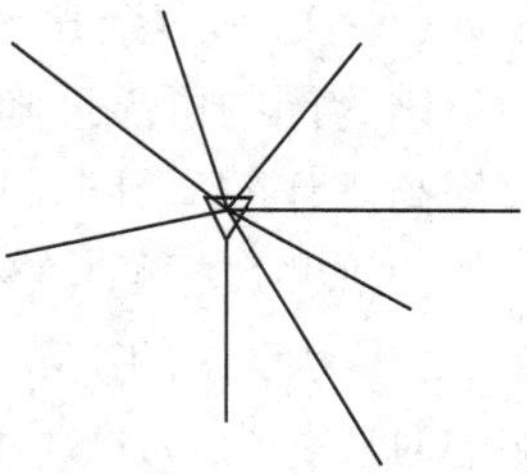

图3-39 星形网

6. GPS测量的主要技术要求

卫星信号接收机数量:3～4台;

卫星高度角≥15°;

有效观测卫星数≥4;

数据采样间隔≥15″;

时段长度≥20′;

天线设置误差≤3 mm;

几何精度衰减因子*GDOP*(或*PDOP*)要小。

当*GDOP*(*PDOP*)<8时,单点定位成果才能采用。对于相对定位来说,用相对定位几何精度衰减因子*GDOP*来衡量双差观测相对定位的精度。试验表明:其*GDOP*与观测卫星

的数目有关，观测卫星数越多，*GDOP* 越小；*GDOP* 还与观测时间段有关，观测时段越长，*GDOP* 越小，定位精度越高。

（二）选点

由于 GPS 测量不要求测站之间相互通视，而且图形结构也比较灵活，所以选点工作比经典控制测量的选点工作简便很多。但由于点位的选择对于保证观测工作的顺利进行具有重要意义，所以在选点工作前，应充分收集和了解有关测区的地理情况以及原有测量标志的分布及保存情况，以便确定适宜的测站位置。对点位的基本要求如下：

（1）周围应便于安置接收设备和操作，视野开阔，在视场内周围障碍物的高度角，根据情况一般应小于 10°～15°，以减弱对流层折射的影响。

（2）远离大功率无线电发射源（如电视台、微波站、变电站等），其距离不小于 200 m，远离高压输电线，其距离不得小于 50 m，以避免其周围磁场对 GPS 卫星信号的干扰。

（3）附近不应有较大面积的水域或对电磁波反射强烈的物体，以减弱多路径效应的影响。

（4）交通方便，有利于其他测量手段的扩展和联测。

（5）当可利用的已知点上有觇标时，应拆除觇标顶部，避免卫星信号受干扰，影响定位精度。

九、GPS 的作业步骤

（一）观测计划的拟定

观测工作开始之前，应仔细地拟定观测计划，其主要内容包括观测工作量的设计与计算、分区观测的考虑、GPS 卫星的可见性预报及最佳观测时间的选择和观测进程及调度计划等。

1. 观测工作量的设计与计算

GPS 网观测工作量的设计，除要考虑观测工作组的效率外，还必须保证网的可靠性。假设参加作业的接收机数为 k，则每一时段可得观测向量为 $k(k-1)/2$，其中包括独立观测向量数 $(k-1)$ 和多余观测向量数 $(k-1)(k-2)/2$。

因为网的可靠性随多余观测数的增加而提高，所以作业中适当增加接收机的数量，不仅会提高工作效率，同时也将明显地增加多余观测量，从而提高网的可靠性。另外，为了有助于外业观测数据的检核，增加可靠性，通常根据不同的精度要求，在同一观测站独立设站的次数（重复设站的次数不得少于2）。设 n 为 GPS 网的点数，m 为重复设站的次数，则所需观测的时段数为 nm/k。由此，可得观测向量的总数为 $(k-1)nm/2$。其中，独立观测的向量数为 $(k-1)nm/k$。可见，增加重复设站数，虽可提高可靠性，但却增加了作业时间，降低了观测工作效率。所以，必需的重复设站数在设计中应按实际情况合理确定。

2. 关于分区观测

当 GPS 网的点数较多，而参加观测的接收机数量有限时，网的观测工作量需分区进行。分区观测时，为了增加网的整体性，提高网的精度，相邻分区应设置公共点，且公共点的数量不得少于 3 个。

相邻分区间的公共点数过少，将使网的整体性变差，影响网的精度，而增加公共点数又会延缓测量工作的进程。因此，在实际工作中应根据网的用途慎重考虑分区观测问题。

3. 关于 GPS 卫星的可见性预报及最佳观测时间的选择

观测卫星的几何分布对 GPS 定位精度具有重要影响，在相同的观测精度情况下，卫星的几何图形的强度越高，定位精度越高，即 *GDOP* 越小，定位精度越高。所以，为了选择最佳的观测时段，拟定观测计划，应首先编制 GPS 卫星可见预报。

一般 GPS 接收机的数据处理软件都带有卫星可见预报软件，把前期观测的卫星星历文件调入预报软件，然后把预计观测的测站概略坐标、欲观测日期和观测卫星的高度截止角（如 10°或 15°）等输入预报软件，软件首先读取前期卫星星历文件中的卫星日程表（包含所有 GPS 卫星的概略星历），按预计观测日期计算卫星的位置，再利用测站坐标计算卫星的高度角和方位角，选取高度角大于先前输入的高度截止角的作为预报的可见卫星，可以图形形式输出，从图中可清楚地看出各时间段的卫星个数，从而确定观测时间，安排观测计划。

编制可见性图所用的测站概略坐标，可取该图适用范围（ <300 km）内各点概略坐标的平均值，而所用的概略星历龄期，最长不超过 30 d，超过时应重新采集一组新的概略星历。

GPS 定位中，所测卫星与测站所组成的几何图形，其强度因子可取空间位置精度因子（PDOP）为代表，其限值应满足≤10 的要求。

4. 观测进程及调度计划

最佳观测时间确定后，在观测前须拟定观测工作的进程表和接收机的调度计划，尤其当 GPS 网规模较大，参加作业的仪器较多时，仔细地拟定这些计划，对于顺利完成预定的观测任务极为重要。

观测工作的进程计划，涉及网的规模、精度要求、作业的接收机数量和后勤保障条件等，在实际工作中，应依据最优化的原则进行合理拟定。

（二）仪器的选择与检验

GPS 接收机是完成测量任务的关键设备，其性能要求和所需的接收机数量与测量精度有关，航测外业工作中一般选择双频或单频接收机，精度级别为 C ~ E 级。

观测所用的接收设备，都必须对其性能和可靠性进行检验，合格后方可进行操作。对新购置的接收机，应按规定进行全面检验，其检验项目如下。

1. 一般性检查

检查设备各部件及附件是否齐全、完好。紧固部件有无松动、脱落，设备使用手册和资料是否齐全。

2. 通电检查

通电检查的主要项目包括信号灯、按键、显示系统和仪表的工作情况，自测系统的工作情况。自测试正常后，按操作步骤进行卫星的捕获与跟踪，检验其工作情况。

3. 试验检查

试验检查应在不同长度的标准基线上或 GPS 检验场进行，标准基线的相位精度不应低于设备的标称精度，试验检验是接收机检验的主要内容，凡是用于精密定位的接收设备，都应按作业时间的长短至少在每年出测前进行一次检查。

另外，对仪器的天线底座的圆水准器和光学对中器，出测前应进行检校，对作业中所用的气象测量仪表（通风干湿表、气压表、温度计），应定期送气象部门检验，以保证正常工作。

（三）GPS 的外业观测

观测工作主要包括安置天线、观测作业和观测记录等。每项操作都必须认真、细致。

1. 安置天线

(1)天线的相位中心是 GPS 测量的基准点,天线安置应满足下列要求:

①静态相对定位时,天线应尽量用三角架,置于测量标志的上方,直接对中观测。特殊情况下方可进行偏心观测,但要用解析法精确测定偏心元素。

②当天线需安置在三角点觇标的基板上时,应先将觇标顶部拆除,以防止对信号的干扰。这时,可将点位标志中心投影到基板上,作为安置天线的依据。

③天线底板上的圆水准器气泡必须居中。

④天线的定向标志线应指向正北,并顾及当地磁盘偏角影响,以减弱相位中心偏差的影响,定向的误差一般应不超过 ±(3 ~5)℃。

⑤雷雨天气安置天线时,应注意将其底盘接地,以防止雷击。

(2)天线高的量测如下:

在各观测时段前后,要各精度量测一次天线高。两次量测结果之差不应超过 3 mm,并取其平均值。

所谓天线高,是指天线的相位中心至观测点标志中心顶端的垂直距离。一般分为上下两段。上段是从相位中心至天线底面的距离,这一段的数值由厂家给出,并作为常数;下段是从天线底面至标志中心顶端的距离,这一段由用户测定。天线高的量测值应为上下两段距离之和,并记录在量测手簿上。

2. 观测作业

观测作业的主要任务,是捕获 GPS 卫星信号对其进行跟踪、接收和处理,以获取所需的定位和观测数据。

接收机操作的自动化程度很高,其具体的操作方法和步骤因接收类型的作业模式不同而异,在随机的操作手册中都有详细的介绍。作业时,观测人员只需按操作手册执行即可,一般应注意以下几点:

(1)各接收机的观测员应按观测计划规定的时间作业,确保同步观测同一组卫星。

(2)在确认外接电源电缆及天线等各种连接无误后,才可接通电源,在接收机预置状态正确时,才可启动接收机。

(3)开机后接收机的仪表数据显示正常时,才能进行自测试和输入有关测站和时段控制信息。

(4)接收机开始记录数据后,观测员应使用功能键和选择菜单,注意查看测站信息、接收卫星数量、卫星号、各通道信噪比、相位测量残差、实时定位的结果及其变化和存储介质记录等情况。

(5)在一个观测段中,接收机不得关闭并重新启动;不准改变卫星高度角的限值和天线高;观测员应注意防止接收设备振动,更不得移动;不得碰动天线或阻挡信号。

(6)经检查所有作业项目均按规定完成并符合要求,方可迁站。

(7)在进行长距离高等级 GPS 测量时,还要按规定测量气象元素。

3. 观测记录

1)观测值记录

GPS 接收机的观测结果,均记录在存储介质(如磁盘、磁卡或记忆卡等)上。其内容包括:载波相位观测值及相应的观测历元,同一历元的伪随机码伪距观测值;GPS 卫星星历及卫星钟差参数,实时绝对定位结果,测站控制信息及接收机工作状态信息。

2)测量手簿

测量手簿用来记录天线高、气象数据测量结果和观测人员、仪器、时间等情况,由观测人员填写。为了保证记录的准确性,测量记录手簿必须在作业过程中随时填写,不得事后补记。观测值记录和测量手簿是GPS精密定位的原始数据,是定位的依据,必须真实、准确,并妥善保管。

(四)基线向量的解算

所谓基线向量的解算,即解算出两点间的坐标差。基线向量解算所用的观测值是经各项改正(包括双频电离层延迟改正)后的L_1载波相位观测值,定位模型一般采用自编软件。解算可以各边单独解算,也可以按同步观测分区解算割线性无关边。在解算中,线性无关边应选较短的边。

基线向量解算,一般使用广播星历,如能得到精密星历更有利于精度的提高,但解算中必须采用同一星历。高精度GPS网边长一般较长,成果采用浮动模糊度的双差解。每一分区按时段解算出$N-1$个线性无关边和其相应的方差、协方差及$3(N-1)$阶相关权阵。

解算出基线向量后,应进行残差分析、重复观测边检核和图形闭合差检核。

十、观测成果的外业检核

观测成果的外业检核是确保外业观测质量,实现预期定位精度的重要环节。所以,当外业观测任务结束后,必须在测区及时对外业观测的数据质量进行检核评价,以便及时发现不合格的成果,并根据情况采取淘汰、重测或补测措施。

(一)外业观测数据的评价标准

在静态像点定位中,外业观测数据的评价一般分为四级,即良好、合格、存疑和不合格。各级的评价标准如下。

1.良好

(1)测量站环境好,无信号干扰因素;

(2)观测过程中大气状况稳定;

(3)能观测到所有预报的卫星;

(4)接收机运行正常,没有或偶尔发生短暂的失锁或故障报警,但很快得以排除;

(5)测站上全部操作过程都符合要求,资料齐全;

(6)实时单点定位收敛平稳。

2.合格

(1)测站上有明显的干扰因素;

(2)观测过程中大气状况有明显的波动(如有暴风雨过境、各方位的云量分布极不均匀和气象突变等);

(3)接收机运行不太正常,多次出现报警或卫星失误,且由于未能及时排除或多次积累致使10%的观测数据无效;

(4)测站上的操作过程基本符合规定要求;

(5)实时单点定位解的收敛过程有波动。

3. 存疑(或部分不合格)

(1)测站上信号干扰因素比较严重;

(2)观测过程中报警或信号失锁频繁,有约20%的观测数据无效;

(3)单点定位解的收敛波动较大。

4. 不合格

(1)由于多种因素影响,致使无效观测数据多于30%;

(2)观测卫星数少于4颗;

(3)实时单点定位解收敛很难。

(二)外业观测成果的检核内容

1. 同步边观测数据的检核

同步边是接收机设于基线两端,通过多历元同步观测,经平差计算的基线边。对其检核包括以下内容。

1)计算每个时段同步观测数据的剔除率

由于不合格而剔除的观测值个数与参加同步边平差计算的观测值总数之比,称为数据剔除率。根据不同的精度要求,剔除率一般不超过5%~10%。

2)观测值的残差分析

观测值的残差,即各观测值与其平差值之差,残差主要是由观测值的偶然误差和系统误差残余部分的影响而产生的。其中系统误差残余部分的影响与数据处理中采用的模型密切相关。所以,采用不同的后处理软件,这种系统误差对上述残差的影响也将不同,这是一个尚待深入分析的问题。

残差分析,主要是试图将观测中的偶然误差分离出来,并判定其大小。若设观测值的残差为 $V_i(i=1,2,\cdots,n-1,n$ 为观测值个数),则其分析方法大致如下:

计算残差的一次差核二次差:

$$\Delta'_i = V_i - V_{i-1} \qquad \Delta''_i = \Delta'_{i+1} - \Delta'_i$$

计算观测值偶然误差的中误差:

$$\sigma = \left[\sum_{i=1}^{n-2} (\Delta_i'')^2 / 6(n-2) \right]^{1/2}$$

一般规定 σ 应小于1 cm。

3)计算同步边平差值的中误差核相对中误差

同步边每一时段平差值的中误差应小于0.1 m,而其相对中误差应不超过相应精度级别的要求。

2. 重复观测边的检核

同一条基线边若观测了多个时段(≥2),则可得到多个边长结果。这种具有多个独立观测结果的边称为重复边。对于重复边的检核内容包括:

(1)计算不同时段观测结果的互差,该差值应小于相应级别规定精度的2倍;

(2)同一条边若由三个时段以上的观测结果,则应计算各时段结果的平均值,其中任一时段的结果与其平均值之差应不超过相应级别的规定精度。

3. 环闭合差的检核

当观测的基线边构成某种闭合图形(三角形、多边形)时,图形的闭合差在理论上应为零,但是由于观测量误差以及数据处理模型误差等因素的综合影响,致使闭合差一般不为零。

假设，环中各独立观测边的坐标分差之和为：

$$\left.\begin{aligned}\delta_X &= \sum_{i=1}^{n}\Delta X_i\\ \delta_Y &= \sum_{i=1}^{n}\Delta Y_i\\ \delta_Z &= \sum_{i=1}^{n}\Delta Z_i\end{aligned}\right\} \tag{3-5}$$

其中，ΔX_i、ΔY_i、ΔZ_i 为第 i 条基线边的坐标分量差，n 为环中的基线边数，则环闭合差定义为：

$$\omega = \sqrt{\delta_X^2\delta_Y^2\delta_Z^2}$$

环闭合差的大小是评价观测成果质量的重要标准之一，为了达到预定的精度要求，环闭合差应不超过一定的限值，一般要求：

$$\omega_m \leqslant m\sqrt{3n} \tag{3-6}$$

式中 ω_m——环闭合差的限值；

m——相应等级的坐标分量精度。

上述检验方法适用于由独立观测边构成的闭合环，在实际工作中还有两种情况需要指出：①当环中各边为多台接收机同步观测的结果时（如 3 台接收机同步观测结果所构成的三角形边），由于各边是不独立的，所以其闭合差应恒为零。但是，由于处理软件模型的不完善，或计算各同步边时数据取舍的差异，使得这种同步环的闭合差实际上仍可能不为零。这种闭合差的数值一般很小，应不会对定位结果产生明显的影响，因此也可把它作为成果质量的一种检核标准。②在闭合环中，既含有独立观测边，又含有非独立观测边。这种情况较为复杂，这时合理地确定环闭合差的限差标准，是一个很重要的问题。

（三）野外返工

对经检核超限的基线在充分分析的基础上，应进行野外返工观测。基线返工时应注意以下几个问题：

（1）无论何种原因造成一个控制点不能与两条合格独立基线相连接，则在该点上应补测或重测不少于一条的独立基线。

（2）可以舍弃在复测基线边长较差、同步环闭合差、独立环闭合差检验中超限的基线，但必须保证舍弃基线后的独立环所含基线数，不得超过规程的规定，否则，应重测该基线或有关的同步图形。

（3）由于点位不符合 GPS 测量要求而造成一个测站多次重测仍不能满足各项限差技术规定时，可按技术设计要求另增选新点进行重测。

十一、GPS 网数据处理

（一）概述

GPS 接收机采集记录的是 GPS 接收天线至卫星伪距、载波相位和卫星星历等数据。如果采样间隔为 20 s，则每 20 s 记录一组观测值，一台接收机连续观测 1 h 将有 180 组观测值。观测值中有对 4 颗以上卫星的观测数据以及地面气象观测数据等。GPS 数据处理要从原始的观测值出发得到最终的测定定位成果，其数据处理过程大致分为 GPS 测量数据的基线向量解算、GPS 基线向量平差以及 GPS 网平差或与地面网联合平差等几个阶段。数据处理的基本流程如图 3-40 所示。

图 3-40　GPS 数据处理的基本流程

图 3-40 中第一步采集的是 GPS 接收机野外观测记录的原始观测数据，野外观测记录的同时用随机软件解算出站点的位置和运动速度，提供导航服务。数据传输至基线解算一般是用随机软件（后处理软件）将接收机记录的数据传输到计算机，在计算机上进行预处理和基线解算。GPS 网平差包括 GPS 基线向量平差、GPS 网平差或地面网联合平差等内容。整个数据处理过程建立数据库管理系统。

1. 数据传输

大多数的 GPS 接收机（如 ASTECH、TRIMBLE 等型号），采集的数据处理记录在接收机内存模块上。数据传输是用专用电缆将接收机与计算机连接，并在后处理软件的菜单中选择传输数据选项后，便将观测数据传输至计算机。数据传输的同时进行数据分流，生成四个数据文件：载波相位和伪距观测值文件、星历参数文件、电离层参数和 UTC 参数文件、测站信息文件。

载波相位和伪距观测值文件是容量最大的文件。观测值记录中有对应的卫星号，卫星高度角和方位角，C/A 码伪距，L_1、L_2 的相位观测值，观测值对应的历元时间，积分多普勒记数，信噪比等。

星历参数文件包含所有被测卫星的轨道位置信息，根据这些信息可以计算出任一时刻卫星的位置。

电离层参数和 UTC 参数文件中，电离层参数用于改正观测值的电离层影响，UTC 参数用于将 GPS 时间修正为 UTC 时间。

测站信息文件包含站名、测站号、测站的概略坐标、接收机号、天线号、观测的起止时间、记录的数据量、初步定位成果等。

经数据分流后生成的四个数据文件中，除测站信息文件外，其余均为二进制数据文件。为下一步预处理的方便，必须将它们解译成直接识别的文件，将数据文件标准化。

2. 数据预处理

GPS 数据预处理的目的是：对原始数据进行编辑、加工整理（平滑滤波检验，剔除粗差）；统一数据文件格式并将各类数据文件加工成标准化文件（如 GPS 卫星轨道方程的标准化，卫星时钟钟差的标准化观测值文件标准化等），找出整周跳变点并修复观测值；对观测值进行各种模型改正，为进一步的平差计算作准备。

（二）GPS 基线向量的解算

1. 基线向量解算方法

在 GPS 卫星定位的基本原理中，讲述了利用载波相位观测值进行单点定位以及在观测值间求差并利用求差后的差分观测值进行相对定位原理和方法。在相位定位中常用双观测值求解基线向量。前面着重讨论了由双差观测值列出误差方程式，然后利用最小二乘平差原理求解基线向量的方法。由于未知数个数和误差方程很多，平差解算的工作量很大。另一种方法是利用载波相位观测值的双差观测值求解基线向量。

2. 基线向量解算结果分析

基线向量的解算是一个复杂的平差过程。实际处理时要顾及时段中信号间断引起的数据剔除、劣质观测数据的发现及剔除、星座变化引起的整周未知参数的增加，进一步消除传播延迟改正以及对接收机时钟差重新评估等问题。

基线处理完成后应对其结果作以下分析。

1）观测值残差分析

平差处理时假定观测值仅存在偶然误差，当存在系统误差或粗差时，处理结果将有偏差。理论上，载波相位观测精度为1%周，即对 L_1 波段信号观测误差只有 2 mm。因而当偶然误差达 1 cm 时，应认为观测值质量存在较严重问题。当系统误差达分米级时应认为处理软件中的模型不适用。当残差分布中出现突然的跳变时，表明周跳未处理成功。

平差后单位权中误差一般为5%周以下；否则，表明观测值中存在某些问题。可能在受多路干扰、外界无线电信号干扰或接收机时钟不稳定等低精度的观测值，观测值改正模型不适宜，周跳未被完全修复，也可能整周未知数解算不成功使观测值存在系统误差。单位权中误差较大也可能是起算数据存在问题，如基线固定端点坐标误差或作为基准数据的卫星星历误差的影响。

2）基线长度的精度

基线处理后基线长度中误差应在标称精度值内。多数双频接收机的基线长度标称精度为 $(5 \pm 1 \times 10^{-6} D)$ mm，单频接收机的基线长度标称精度为 $(10 \pm 2 \times 10^{-6} D)$ mm。

对于 20 km 以内的短基线，单频接收机数据通过差分处理可有效地消除电离层影响，从而确保相对定位结果的精度。当基线长度增长时，双频接收机消除电离层的影响将明显优于单频接收机数据的处理结果。

3）双差固定解与双差实数解

理论上整周未知数 N 是一整数，但平差解算得到的是一实数，称为双差实数解。将实数确定为整数在进一步平差时不作为未知数求解时，这样的结果称为双差固定解。短基线可以精确确定整周未知数，因而其解算结果优于实数解，但两者之间的基线向量坐标符合良好（通常要求其差小于 5 cm）。当双差固定解与双差实数解的向量坐标达分米级时，则处理结果可能有疑，其原因多为观测值质量不佳。基线长度较长时，通常以双差实数解为佳。

实际应用中，往往要求得到各 GPS 点在国家坐标系中的坐标值。为此，还需要进行坐标转换，将 GPS 点的坐标值转换为国家坐标系坐标值，也可以将 GPS 网与地面网进行联合平差，包括固定地面网点已知坐标、边长、方位角、高程等的约束平差，坐标转换，或将 GPS 基线网与地面网的观测数据一并联合平差。

（三）GPS 定位成果的坐标转换

GPS 定位成果（包括单点定位的坐标及相对定位中解算的基线向量）属于 WGS－84 大地坐标系（因为卫星星历是以 WGS－84 坐标系为根据而建立的），而实用的测量成果往往是属于某一国家坐标系或地方坐标系（或叫局部的、参考坐标系）。参考坐标系与 WGS－84 坐标系之间一般存在着平移和旋转的关系。实际应用中必须研究 GPS 成果与地面参考坐标系统的转换关系。

1. GPS 定位成果的表示方法

WGS－84 大地坐标系是 GPS 卫星定位系统采用的大地坐标系，所以利用 GPS 接收机进行测量计算的成果均属于 WGS－84 坐标系。

已经知道，GPS 定位有单点绝对定位和点间相对定位两种方法，定位结果的表示形式也随结果的性质不同而不同，但都以 WGS－84 坐标系作为参考体。

单点定位确定的是点在 WGS－84 坐标系中的位置。大地测量中点的位置常用大地纬度 B、大地经度 L 和大地高 H 表示，也常用三维直角坐标系 X、Y、Z 表示。

相对定位确定的是点之间的相对位置，因而可以用直角坐标差 ΔX、ΔY、ΔZ 表示，也可以用大地坐标差 ΔB、ΔL、ΔH 表示。相对定位时其中一个点是固定点，设为 1 号点，其坐标为 (X_1, Y_1, Z_1) 或 (B_1, L_1, H_1)，则另一点（2 号点）的三维坐标和大地坐标可分别求得如下：

$$\begin{bmatrix} X_2 \\ Y_2 \\ Z_2 \end{bmatrix} = \begin{bmatrix} X_1 \\ Y_1 \\ Z_1 \end{bmatrix} + \begin{bmatrix} \Delta X \\ \Delta Y \\ \Delta Z \end{bmatrix} \tag{3-7}$$

$$\begin{bmatrix} B_2 \\ L_2 \\ H_2 \end{bmatrix} = \begin{bmatrix} B_1 \\ L_1 \\ H_1 \end{bmatrix} + \begin{bmatrix} \Delta B \\ \Delta L \\ \Delta H \end{bmatrix} \tag{3-8}$$

如果建立以固定点为原点的站心地平空间直角坐标系，参照其与站心赤道坐标系的变换关系式，则 2 号点在该坐标系内的坐标 (X, Y, Z) 和基线向量 $(\Delta X, \Delta Y, \Delta Z)$ 的关系为：

$$\begin{bmatrix} X \\ Y \\ Z \end{bmatrix} = \begin{bmatrix} \sin B_1 \cos L_1 & -\sin B_1 \sin L_1 & \cos B_1 \\ -\sin L_1 & \cos L_1 & 0 \\ \cos B_1 \cos L_1 & \cos B_1 \sin L_1 & \sin B_1 \end{bmatrix} \cdot \begin{bmatrix} \Delta X \\ \Delta Y \\ \Delta Z \end{bmatrix} \tag{3-9}$$

2. GPS 定位成果的坐标转换

用单点定位方法或相对定位方法得到的 GPS 定位成果是 WGS－84 坐标系中的三维直角坐标 (X, Y, Z) 或三维大地坐标 (B, L, H)。

这里需要将 GPS 定位成果的 WGS－84 坐标转换为国家或地方坐标系中的坐标。例如，将 GPS 点的 WGS－84 坐标转换为实际应用中常用的 1980 西安坐标系中的坐标。这种转换属于不同坐标系统之间的转换，一般有以下几种转换方法：

（1）利用已知重合点的三维直角坐标进行坐标转换；

（2）利用已知重合点的三维大地坐标进行坐标转换；

（3）利用已知重合点的二维高斯平面坐标进行坐标转换；

（4）利用已知重合点的二维大地坐标进行坐标转换。

其中，利用三维（或二维）大地坐标进行坐标转换时，转换模型比较复杂，计算中要利用大地主题解算公式解求大地方位角，利用大地测量微分公式进行大地坐标转换。具体的转换公式可参考大地测量的有关教科书。

（四）基线向量网平差

两观测站对 GPS 卫星的同步观测数据，经过平差后，解算出两观测站的基线向量及其方差与协方差。实际工作中，同时参加作业的接收机可能多于两台，这样，在同一观测时间段中，便可能在多个观测站上同步观测 GPS 卫星，同时解算多条基线向量。将不同时段观测的基线向量互相联结成网，称为 GPS 向量网。GPS 向量网的平差是以 GPS 基线向量为观测值，以其方差阵之逆阵为权，进行平差计算，消除许多图形闭合条件不符值，求定各 GPS 网点的坐标并进行精度评定。

在以两测站之间的基线向量为观测量进行网的平差时，一般认为任一基线向量的三个分量之间是相关的，其相关性的大小由基线向量各自平差的结果确定，而不同的基线向量之间是相互独立的。

GPS 基线向量网的平差分为三种类型：一是经典的自由平差，又叫无约束平差，平差时固定网中某一点的坐标，平差的主要目的是检验网本身的内部符合精度以及基线向量之间有无明显的系统误差和粗差，同时为用 GPS 大地高与公共点正高（或正常高）联合确定 GPS 网点的正高（或正常高）提供平差后的大地高程数据；二是非自由网平差，又叫约束平差，平差时以国家大地坐标系或地方坐标系的某些点的坐标、边长和方位角为约束条件，顾及 GPS 网与地面网之间的转换参数进行平差计算；三是 GPS 网与地面网联合平差，即除 GPS 基线向量观测值和约束数据外，还有地面常规测量如边长、方向和高差等，将这些数据一并进行平差。非自由网平差与联合平差一般在国家坐标系或地方坐标系内进行，平差完成后网点坐标已属于国家坐标系或地方坐标系，因而这两种平差方法是解决 GPS 成果转换的有效手段。

由于地面网都是在大地坐标系统或高斯平面坐标系统中进行平差计算的，为计算网点的大地高程，必须以相应的精度确定点的高程异常。但实际上高程的精度在东南沿海地区优于 1 m，而在西北高山地区，只能保持数米的精度。这样，高程异常的误差直接影响所求地面网点大地高的精度，从而影响据以计算的空间直角坐标的精度，在这种情况下，大地高的方差和协方差也难以比较可靠地确定，这样一来便会对两网的联合平差造成不利影响。因此，通常应选择二维联合平差的方案。

需要指出，采用不同类型仪器或软件，施测和计算 GPS 基线向量时，应对其随机模型进行分析。

GPS 网平面点位中误差及相对于邻近等级控制点的平面点位中误差，要求平地、丘陵地不应大于图上 0.1 mm。

十二、GPS 测量中常见问题分析及建议处理办法

（一）影响基线解算结果的因素

（1）基线解算时所设定的起点坐标不准确。

（2）起点坐标不准确，会导致基线出现尺度和方向上的偏差。

（3）少数卫星的观测时间太短，导致这些卫星的整周未知数无法准确确定。

（4）当卫星的观测时间太短时，会导致与该颗卫星有关的整周未知数无法准确确定，而对于基线解算来讲，参与计算的卫星，如果与其相关的整周未知数没有准确确定的话，就将影响在整个观测时段里有个别时间段里周跳太多，致使周跳修复不完善。

（5）在观测时段内，多路径效应比较严重，观测值的改正数普遍较大。

（6）对流层或电离层折射影响过大。

（二）影响 GPS 基线解算结果的判别

对于影响 GPS 基线解算结果的因素，有些是较容易判别的，如卫星观测时间太短、周跳太多、多路径效应严重、对流层或电离层折射影响过大等，但对于另外一些因素却不好判断，如起点坐标不准确。

（三）基线起点坐标不准确的判别

对于由起点坐标不准确对基线解算质量造成的影响，目前还没有较容易的方法来加以判别，因此在实际工作中，只有尽量提高起点坐标的准确度，以避免这种情况的发生。

（四）卫星观测时间短的判别

关于卫星观测时间太短这类问题的判断比较简单，只要查看观测数据的记录文件中有关每个卫星的观测数据的数量就可以了。

（五）周跳太多的判别

对于卫星观测值中周跳太多的情况，可以从基线解算后所获得的观测值残差上来分析。处理软件采用的是双差观测值，当在某测站对某颗卫星的观测值中含有未修复的周跳时，与此相关的所有双差观测值的残差都会出现显著的整数倍的增大。

（六）多路径效应严重、对流层或电离层折射影响过大的判别

对于多路径效应、对流层或电离层折射影响的判别，我们也是通过观测值残差来进行的。不过，与整周跳变不同的是，当多路径效应严重、对流层或电离层折射影响过大时，观测值残差不是像周跳未修复那样出现整数倍的增大，而只是出现非整数倍的增大，一般不超过1 周，但却又明显地大于正常观测值的残差。

（七）基线起点坐标不准确的应对方法

要解决基线起点坐标不准确的问题，可以在进行基线解算时，使用坐标准确度较高的点作为基线解算的起点，较为准确的起点坐标可以通过进行较长时间的单点定位或通过与WGS－84 坐标较准确的点联测得到；也可以采用在进行整网的基线解算时，所有基线起点的坐标均由一个点坐标衍生而来，使得基线结果均具有某一系统偏差，然后在 GPS 网平差处理时，引入系统参数的方法加以解决。

（八）卫星观测时间短的应对方法

若某颗卫星的观测时间太短，则可以删除该卫星的观测数据，不让它们参加基线解算，这样可以保证基线解算结果的质量。

（九）周跳太多的应对方法

若多颗卫星在相同的时间段内经常发生周跳，则可采用删除周跳严重的时间段的方法，来尝试改善基线解算结果的质量；若只是个别卫星经常发生周跳，则可采用删除经常发生周跳的卫星的观测值的方法，来尝试改善基线解算结果的质量。

（十）多路径效应严重的应对方法

由于多路径效应往往造成观测值残差较大，因此可以通过缩小编辑因子的方法来剔除残差较大的观测值；另外，也可以采用删除多路径效应严重的时间段或卫星的方法。

（十一）对流层或电离层折射影响过大的应对方法

对于对流层或电离层折射影响过大的问题，可以采用下列方法：

（1）提高截止高度角，剔除易受对流层或电离层影响的低高度角观测数据。但这种方法具有一定的盲目性，因为高度角低的信号，不一定受对流层或电离层的影响就大。

(2)分别采用模型对对流层和电离层延迟进行改正。

(3)如果观测值是双频观测值,则可以使用消除了电离层折射影响的观测值来进行基线解算。

第四节　高级地形控制测量计划的拟定及实施

一、资料的收集与分析

(一)大地测量资料的收集和分析

大地测量资料是进行航外控制测量的基础,是计算航外控制点平面坐标和高程的起算数据,其成果的精度和分布情况会直接影响航测成图质量。因此,收集并分析大地测量资料有着十分重要的作用。

大地测量资料主要包括大地点的坐标、高程及有关的其他数据、文字资料、图件等。大地点指的是国家等级的三角点、GPS点、导线点、水准点等。这些点的资料一般由各省测绘主管部门的档案资料馆统一管理。

收集大地测量资料应注意完整,不能只抄数据成果,应注意收集其他相关资料,如施测这些点时的技术总结、成果说明、点之记、联测图、路线图等。

查阅和分析资料时,应注意资料的施测年代、施测单位、作业依据、坐标系统、高程基准、成果精度等,对照规范要求确定其实用价值和方法。

抄取大地测量资料时一定要将使用的内容抄写齐全、准确,如点的等级、标石类型、联测方向、方位角等。抄写后应仔细、认真核对,以免有误,造成严重的后果。

进行控制技术设计以前,应派技术人员到测区进行实地踏勘,落实点的位置及完好情况、分布状况和数量等。

遇到抄取的成果坐标系统和高程基准与规范要求不一致时,应进行改算,若投影带不一致,要进行换代计算。

收集资料的范围应比测区范围大,以使测区附近的成果资料得到应用。

(二)收集老的地形图及其他图件

必须特别强调一下它的重要性,测区原有地形图(老图)是航外控制及判读、调绘的重要工具,是安排布置工作和拟定技术计划的基础图件、其他图件,如交通图、旅游图等会给外业工作带来很大的方便。

(三)航摄资料的分析、检查

航摄资料主要包括航摄像片、像片索引图、航摄鉴定表。分析检查航摄资料的目的是查明航摄像片的飞行质量和摄影质量,看是否满足航测成图的要求,根据航摄像片情况提出合理施测方案,以及对航摄资料的某些质量问题提出处理办法。

航摄像片检查主要有以下几个方面:

(1)检查位于自由图边的像片是否满幅。利用老图上标出的图廓线,看像片是否覆盖整个测区或作业区。自由图边在航线一端时,航线端点的像片应超出图廓线外一个像对(或一条基线),与航线平行自由图边,要求像片超出图廓的宽度不小于像幅的50%。个别情况下,除去1 cm或1.5 cm范围不用,也应该保证立体测图满幅;否则认为是绝对漏洞,应采取补救措施。

(2)检查像片的摄影质量。主要从目视角度看像片上的色调、清晰度、反差是否符合要求,有无云影、雪影及影像受到损害的现象,以便及时处理。

(3)检查像片的飞行质量。按规范规定的要求为准检查像片的重叠、像片倾角、旋偏角、航高差、比例尺、航线弯曲度等,此项检查主要查看航摄鉴定表。像片的检查一定要把像片按影像重叠排放起来看,可以对摄影质量和飞行质量做一个直观的了解。

(4)航片现势性检查。航片拍摄时间过早,地面变化可能就比较大,影像与实地不一致,影响判读和增加工作量及难度。

二、高级地形控制测量布设计划拟定

当国家等级三角点、GPS 点、精密导线点、水准点的数量及分布,不能满足航外像片控制测量对起算点的基本要求时,应布设 E 级 GPS 点、测角中误差为 5″的电磁波测距导线点,以及施测等外水准、电测波测距高程导线等,作为像片控制测量的基础。布设的这些点称为高级地形控制点(或基础控制点)。

高级地形控制点相对于附近国家等级三角点、GPS 点的平面位置中误差不超过图上 ±0.05 mm。相对于附近水准点或联测过水准的三角点的高程中误差,平地、丘陵地、山地均不超过 1/10 基本等高距(高山地按山地要求)。

高级地形控制测量的布设形式主要有 GPS 卫星定位技术、电磁波测距导线、5″小三角(目前已基本不用)、等外水准、电磁波测距高程导线、经纬仪三角高程路线(已很少用)等。

(一)平面控制测量

1. E 级 GPS 卫星定位测量

具体作业方法与要求详见本章第三节有关内容。

2. 5″级电磁波测距导线

电磁波测距导线是以国家等级点为基础,布设成单一附合导线或有结点的导线网,仪器应采用每千米测距中误差(标称精度)不大于 10 mm 的Ⅰ级电磁波测距仪。

(1)电磁波测距附合导线的主要技术要求不大于表 3-6 的规定。

(2)结点导线。结点至起闭点之间的长度和边数可为表 3-6 中的 0.7 倍,结点与结点之间的长度和边数可为表 3-6 中的 0.5 倍。

表 3-6　电磁波测距附合导线

成图比例尺	导线全长(km)	边数(条)	导线全长相对闭合差(″)	方位角闭合差(″)	测角中误差(″)	水平角测回数		单程测边测回数
						DJ2	DJ6	
1:5 000	25	20	1/14 000	$10\sqrt{n}$	5	3	6	2
1:10 000	45	30	1/12 000					

注:表中 n 为转折角个数。

(3)电磁波测距导线的布设要求如下:

①附合导线或有结点的导线网,在等级点间、等级点与结点间、结点与结点间,应尽量布

设成等边直伸形式，其转折角与180°之差一般不大于45°。

②导线边两端的高差应符合按式(3-10)计算的值：

$$h \leqslant 250S \tag{3-10}$$

式中 h——导线边两端高差，m；

S——导线边长，km。

③导线边长一般为500～2 000 m。

(4)电磁波测距导线的测距要求如下：

①作业前应对所使用的电磁波测距仪进行检验。

②测距工作应在大气稳定和成像清晰的条件下进行，在测距过程中如遇到大气湍流影响严重时，应停止观测。

③导线边长单程测定二测回，照准一次读四次数为一测回。同一测回读数间较差应小于10 mm，测回间较差应小于15 mm。

④每边测定一次气象数据，温度读至0.5 ℃，气压读至133.322 Pa(1 mmHg)。

(二)高级地形高程控制测量

1.等外水准测量

等外水准测量一般适用于平坦地。等外水准路线应起闭于国家四等以上的水准点或四等水准联测的三角点或高级地形控制点。平差后的等外水准点可再发展一次等外水准。

(1)等外水准附合路线采用单程测定，支线采用往返观测或单程双测。观测时使用双面标尺黑红面读数或单面标尺两次读数，读至mm。同一标尺黑红面读数差或两次读数差不大于4 mm。前后尺黑红面高差之差不大于6 mm。

(2)仪器至标尺的距离一般不大于100 m，成像特别清晰稳定时，可放宽至150 m；如遇跨越沟渠或河流，可放宽至200～250 m。前后尺距不等差不超过20 m，前后尺距不等累计差不超过100 m。

(3)工作间歇时，一般应在固定点上结束观测，也可用打入地下的三个木桩作为转进点。间歇后，检测两个转折点高差之差在6 mm以内时，可继续向前观测。

(4)等外水准路线全长和闭合差不得超过表3-7的规定。

表3-7 等外水准路线的全长和闭合差

附合路线全长(km)	支线全长(km)	路线闭合差、往返测或单程双测较差(mm)
40	12	$40\sqrt{L}$(当L小于1 km时，按1 km计算)

2.电磁波测距高程导线

电磁波测距高程导线的起闭点应为等外水准以上水准联测过的三角点或高级地形控制点。困难地区高程导线起闭于符合规范规定高程精度(丘陵地路线全长0.7×40 km，高程中误差不超过0.25 m；山地、高山地路线全长0.7×60 km，高程中误差不超过0.5 m)的国家等级三角点，路线全长应不超过表3-8规定全长的0.7倍。

电磁波测距高程导线的各项限差不超过表3-8的规定。

电磁波距离高程导线可以单独施测，也可与电磁波测距导线同时施测。

表 3-8　电磁波测距高程导线的全长和闭合差

地形类别	全长（km）	最大边长（km）	全程高程闭合差（m）	往返测高差较差（m）
平地	40	2	$0.05\sqrt{S^2}$	$0.2S$
丘陵地	60			$0.1S$
山地、高山地	80			$0.1S$

注：S 为边长，km，小于 1 km 按 1 km 计。

三、高级地形控制测量的实施

（一）选点与埋石

选点工作应在充分调查测区已有控制点的基础上，根据任务要求和已知成果资料及测区自然地理特点等情况，并在布设方案合理拟定后进行，在测区内，凡导线或 GPS 网所经过的图幅，若无国家等级点，高级地形控制点应进行埋石（每幅图一个）。点位说明记于图历簿中，点名一般采用附近地理名称。

1. GPS 选点与埋石

具体内容见本章第三节。

2. 电磁波测距导线选点、埋石

（1）相邻点间通视良好，地势较平坦，便于测量。

（2）点位应选在土质坚实处，便于保存标志和安置仪器。

（3）视野开阔，便于发展。

（4）导线各边的边长应大致相等，以减少因望远镜调焦而带来的误差。除特殊情况外，相邻边长之比不宜超过 1∶3，并尽可能布设为直伸形状。

（5）导线边尽量不跨大的水面，以减小大气折光和水面雾气的影响。

（6）导线应有足够的密度，分布均匀，便于控制测区。

导线点选好后即可进行埋石工作，根据导线点的精度要求埋设相应的标石，埋石应注意以下几点：根据标石型号确定应埋深度，了解当地冻土层厚度，埋设深度应穿过冻土层，标石放置方向应是标石面上的字头朝北，埋石后认真绘制点之记。

（二）观测与计算

1. GPS 外业数据采集及检查计算

GPS 观测与平差计算，详见本章第三节。

2. 电磁波测距导线

（1）水平角观测要求如下：

①水平角观测采用方向观测法。

②水平角观测限差应不超过表 3-9 的规定。

③观测结果出现超限时，应按下列规定进行重测：$2C$ 互差或测回差超限，允许重测方向。重测时应联测同一起始方向；归零差或起始方向的 $2C$ 互差超限时，该测回也应重测；因超限而重测的完整测回称重测测回。一个测站上重测测回数超过总测回的 1/3 或有因闭合差超限而重测时，该测站应全部重测。

表 3-9　水平角观测限差

项目	DJ2(″)	DJ6(″)
半测回归零差	12	24
2*C* 互差	18	36
各测回同一方向较差	12	24
三角形闭合差	15	15

(2)对外业观测资料进行限差检验。

①导线测量的测角中误差 m_{β} 依式(3-11)计算:

$$m_{\beta} = \pm \sqrt{\left(f\frac{f_{\beta}}{N_{\beta}}\right)\frac{1}{N}} \tag{3-11}$$

式中　f_{β}——附合导线或闭合环的方位角闭合差;

N_{β}——计算 f_{β} 时的测站数;

N——附合导线或闭合环的个数。

②方位角条件闭合差 $W_{方}$ 的限差依式(3-12)计算:

$$W_{方} \leqslant 10'' \sqrt{n} \tag{3-12}$$

式中　n——传递方位角个数。

(3)平面坐标计算。

导线点的平差按路线或组成有节点的导线网,采用简化方法进行,导线边长应进行化算至平均海水面和高斯投影面上的长度改正,平差计算取位按表 3-10 的规定。

表 3-10　平差计算取位

观测方向值(″)	各项改正数(″)	边长(m)	坐标计算(m)	最后坐标(m)	坐标方位角(″)
1	1	0. 01	0. 01	0. 1	1

(4)垂直角观测。

电磁波测距高程导线的垂直角应往返观测,测回数及限差按表 3-11 的规定执行,电磁波测距高程导线的各项限差不超过表 3-8 的规定,按结点布设电磁波测距高程导线时,结点与起闭点间最大距离为路线全长的 0. 7 倍。

表 3-11　电磁波测距高程导线的各项限差

项目		仪　器	
		DJ2	DJ6
测回数	中丝法	2	4
	三丝法	1	2
垂直角测回较差及指标差之差(″)		15	24

电磁波测距高程导线测量可以代替等外水准测量，但应采用三联脚架方法，并可与等外水准交替使用。导线的起闭点和发展次数与等外水准相同。各项限差不超过表3-7的规定。

第五节　像片控制测量技术计划的拟定及实施

像片控制测量技术计划的拟定分先进行航摄获取航摄资料和先布标后航摄两种情况。作业组在领取各种资料并进行分析后，即可根据规范的有关规定和业务主管部门制定的编辑指示书，着手拟定像片控制测量技术计划（技术设计）。

编辑指示书应包括的内容：测区范围，任务分配情况，测区一般情况介绍，测区资料来源及使用时应注意的问题，成图方法和布点方案，困难类别的划分，踏勘后确定的高级控制点的完好情况，计划加测的GPS点或5″导线点及高等级水准路线的位置、数量及提供成果的时间，根据测区实际情况及要求所采取的技术措施、技术补充规定等。

拟定像片控制测量技术计划，是一项十分重要的工作，周密而又细致的技术计划不仅可避免工作的盲目性，减少失误，加快测量速度，而且可以提高成图质量。拟定技术计划一般在初测前进行。

一、已有航摄资料时像片控制测量技术计划的拟定

（一）在老图上标绘大地点、高级地形控制点和图廓线

对于施测年代较早的大地点，老图上已有表示，只需根据它们的坐标和点之记检核其位置，并用较醒目的颜色标示。对于老图上没有标示的大地点、高级地形控制点，可根据其坐标以展点的方法确定其在老图上的位置。对于水准点，可根据点之记和路线图上的地物、地貌相对照，判定出其概略位置。

在老图上标绘图廓线可采用对称折叠和量算两种方法。对称折叠是指以老图的图廓线为准，纵横对折，再对折，直到获得所需图廓线的折叠为止，如1∶25 000的一幅老图等于1∶10 000四幅图，纵横对折后的折叠线即是1∶10 000的图廓线。所谓量算法，是指用直尺量出老图四周图廓线的长度，按图幅分幅情况计算各边的等分点，然后将各相应等分点连线，最终获得所需图幅的图廓线位置。

（二）在像片上转标图廓线和大地点

在像片上选取像片控制点必须考虑图廓线、已知点的位置，因此应将老图上标出的图廓线和大地点、高级地形控制点转标到像片上。转标时要注意利用老图上的地物、地貌线划符号与像片上相应影像进行对照判读，并用红、蓝玻璃铅笔以相应的符号把它们标示出来。同时，还应将像片上的像主点、方位线等标绘出来，以便选点时像片控制点的点位满足规范的有关规定。

（三）像片编号和在像片上选点

像片编号包括图幅编号、航线编号和像片序号。图幅编号应注于像片的北部中央，图幅内的航线编号由北向南用阿拉伯数字书写，如（1），（2），（3），…，注于图幅标号的下面。像片序号使用航摄时像片左上角或右上角标印的像片号，不再重新编号。同时，要求调绘像片与控制像片的编号应完全一致。

像片选点是指在像片上初步确定控制点的合适位置,是拟定联测计划的重要内容之一。在像片上选点时应注意以下问题:

(1)所选点位必须满足布点方案的要求。布点方案一般由上级部门编辑指示书中确定,不同的布点方案对像片控制点的性质、数量、分布均有不同要求,必须按规范规定严格执行。因此,确定布点方案是进行像片选点首先要考虑的问题。

(2)所选点必须满足控制点在像片上的基本位置要求。

(3)选点时必须考虑刺点目标的要求。刺点就是用细针在像片上对所选定的点位刺一个小孔(透而不穿),用以标示控制点在像片上的准确位置,为内业量测提供点位依据。因此,刺点目标的选择必须符合有关规定。

(4)选点时必须考虑实际施测的可能性。

(5)选点时应考虑已有大地点、高级地形控制点的利用。凡符合上述各项要求的已知点,均可代替像片控制点,以减少野外工作量。

(四)制定像片控制点联测计划

像片控制点的联测计划一般均在老图上进行,因此在像片上选出像片控制点后,还要将这些控制点转标到老图上。然后在老图上根据大地点和像片控制点分布情况,结合地形特点、像片控制点的性质和精度要求以及规范的有关规定综合考虑,最终制定出比较合理的平面和高程联测计划。

1.像片控制点平面联测计划

联测计划包括联测方法的选择和按规定确定具体的联测图形或联测路线。

目前,主要采用的联测方法是 GPS 定位和电磁波测距附合导线、支导线及引点等方法,其测量精度应符合下面的规定:

(1)像片控制平面点和平高点相对于附近国家等级三角点、GPS 点或高级地形控制点的平面位置中误差不超过图上 ±0.1 mm。

(2)像片高程控制点相对于附近水准点或联测过水准的三角点、GPS 点的高程中误差,平地、丘陵地、山地均不超过 1/10 基本等高距(高山地按山地要求)。

利用 GPS 定位技术测定像片控制点的坐标,且不受地形、通视等条件的限制,是当前较理想的一种施测方法。但施测的像片控制点周围有不利于 GPS 定位的客观因素存在时,如微波发射塔、电视差转台、高压走廊、大面积水域、强反光面等,可考虑在其附近加测一对相互通视的补点。

应当注意,这里所说的补点不是像片控制点。因此,补点不受像片条件和布点方案的约束,它的位置可以根据联测像片控制点的需要选定。补点是控制点联测中经常用到的一种过渡点。

由于像片控制点受许多条件的限制,选点相对比较困难,在不少情况下进行联测都不容易,因此在航外控制测量中使用引点和支导线点的情况较多,这点应当注意。

1)GPS 方法进行像片控制点联测

非全野外布设的像片控制点一般采用 GPS 静态相对定位或快速静态定位和 RTK 等方法测定,将要观测的航外控制点连同必要的测区已知高级地形控制点(至少三个)和水准点构成 GPS 卫星定位网(由多个同步环路组成)。全野外布设的像片控制点可采用 RTK 定位技术。

2）电磁波测距附合导线联测像片控制点

导线的技术要求不超过表3-12的规定。

表3-12　导线的技术要求

成图比例尺	导线全长（km）	边数（条）	方位角闭合差（″）	导线全长相对闭合差
1∶5 000	15	15	$20\sqrt{n}$	1/7 000
1∶10 000	25	25		1/6 000

注：n 为转折角个数。

3）支导线

支导线可从一、二次附合导线上发展，起始点上应观测两个连接角，距离应往返测定。支导线只允许在作业条件困难时使用，且支导线不得再发展。电磁波测距支导线的技术要求不超过表3-13的规定。

表3-13　支导线的技术要求

成图比例尺	支导线全长（km）	边长（条）	距离往返测较差（mm）
1∶5 000	3	3	$2(a+bD)$
1∶10 000	5	3	

注：a 为测距仪标称精度中的固定误差，mm；D 为测距边长度，km；b 为测距仪标称精度中的比例尺误差，mm/km。

4）引点

（1）以电磁波测距附合导线施测的像片控制点，除最末一次控制点外，其他各次控制点均可作为引点的起始点。

（2）引点须在本点上观测两个连接角。

（3）测定引点的距离采用电磁波测距法，其技术要求不超过表3-14的规定。

表3-14　引点测定采用电磁波测距的技术要求

成图比例尺	种类	边长（km）	距离测定方法	测定距离的较差（mm）
1∶5 000	电磁波测距	2	往返测或二次测定	$2(a+bD)$
1∶10 000	电磁波测距	4	往返测或二次测定	$2(a+bD)$

2. 像片控制点的高程联测计划

控制点的高程联测是航外控制测量的重要组成部分。像片上设计的高程控制点和平高控制点均须测定其高程。像片控制点的高程联测一般采用测图水准、电磁波测距高程导线支导线、视距高程导线和引点等方法，其测定精度应符合相对于附近水准点或联测过水准的三角点、GPS点的高程中误差，平地、丘陵地、山地均不超过1/10基本等高距（高山地按山地要求）的要求。实际作业中应根据不同的地形条件，选用不同的施测方法。目前主要采用测图水准及电磁波测距高程导线两种方法。

1)测图水准

测图水准主要在平坦地区使用，第一次测图水准应起闭于等外水准以上联测过的三角点、高级地形控制点或像片控制点。

测图水准采用水准标尺单面一次读数，读记至 cm，不读距离，水准仪的 i 角应不大于 20″。

观测时仪器应尽量安置在前、后标尺的中间。

测图水准路线全长不超过 20 km，高程闭合差不超过 0.4 m。当水准路线的测站数较少时，应注意防止粗差。

2)电磁波测距高程导线

(1)第一次导线应起闭于等外水准以上水准联测过的国家等级三角点或高级地形控制点。困难时，若国家等级三角点的高程中误差在丘陵地不超过 ±0.25 m，山地、高山地不超过 ±0.5 m，也可作为路线的起闭点，但路线全长丘陵地不超过 0.7×40 km，山地、高山地不超过 0.7×60 km。

(2)电磁波测距高程导线每边的高差应往返观测。

(3)电磁波测距高程导线的技术要求不超过表 3-15 的规定。

(4)电磁波测距高程导线也可布设为隔点设站的路线，但视线长度不得大于 1 km。视线的垂直角不超过 15°，垂直角采用单程双测法，即每站变换仪器高度位置作两次观测。

表 3-15　电磁波测距高程导线的技术要求

地形类别	导线全长(km)	最大边长(km)	边数(条)	高程闭合差(m)	往返测或单程双测高差较差(m)
平地	14	1.5	14	0.4	0.2S(当 $S<1$ km 时，按 1 km 计算)
丘陵地	25	2	25	0.7	
山地、高山地	40	3	30	1.0	

注：S 为边长，km。

3)支导线

支导线可从第一次或第二次附合电磁波测距高程导线，视距高程导线、经纬仪三角高程路线和测图水准点上发展，高差往返测定。支导线只允许在作业条件困难时使用，且支导线高程点不得再发展。电磁波测距支导线，其允许的路线长度和边数，不得超过表 3-14 的规定，往返测高差较差按表 3-16 的规定执行。

表 3-16　往返高程较差的规定

种类	往返测高差较差
电磁波测距	0.2S(当 $S<1$ km 时，按 1 km 计算)
视距法	0.2 m

4)引点

测图水准、视距高程导线、电磁波测距高程导线、经纬仪三角高程路线和独立交会高程，除最末一次控制点外，其他各次控制点均可作为引点的高程起始点。

测定引点的高程,用电磁波测距方法,其允许边长按表3-14的规定执行,往返测高差不大于表3-16的规定。

3. 对像片控制点发展次数的要求

根据精度估算和实践证明,由大地点测定的像片控制点,在保证成图精度的情况下,可以再发展控制点,但发展次数必须限制。

(1)平面控制点。电磁波测距附合导线发展次数,自高级地形控制点起不超过3次,连续配合高级地形控制点发展时,不超过4次,最末一次控制点不得发展引点,电磁波测距附合导线上的点可以发展引点和支导线点,引点和支导线点不能再发展新点。

布设附合导线确有困难时,可采用回归导线,但起算点必须经过检核,证实无误,且待定点上应加测检查角,回归导线不能再发展新点。

按结点布设附合导线时,结点与起算点间路线长度和边数可为表3-12中的0.7倍。

单定向附合导线、无定向附合导线、支导线及引点,应增加检查条件。检查条件及方法由技术设计书作出规定。

(2)高程控制点。测图水准、视距高程导线、电磁波测距高程导线的发展次数,自三角点或高级地形控制点不超过3次;连续配合三角点或高级地形控制点发展时,不超过4次;最末一次的控制点不得发展引点。

(3)测图水准、视距高程导线、电磁波测距高程导线、经纬仪三角高程路线可交替使用。

(4)按结点布设高程路线时,结点与起算点间路线长度和边数可为附合路线的0.7倍。

(五)绘制像片控制点联测计划图

将老图上拟定的像片控制点联测计划,按一定比例尺应等于或大于老图比例尺,联测计划图上的大地点、高级地形控制点、像片控制点位置均是概略标定的,各符号规定如下:

(1)图廓线和各种注记用黑色。

(2)像主点绘边长为5 mm的蓝色正方形,并注出像片编号。

(3)三角点绘边长为7 mm的红色三角形;GPS点绘边长为7 mm的红色三角形,中间加内接圆圈;5″以上导线点按小三角点绘边长7 mm的红色倒三角形,水准点绘直径为5 mm,中间加"×"的绿色圆圈;引点绘直径为7 mm的红色圆圈,并注出相应的名或点号。

(4)平面控制点和平高控制点绘直径为5 mm的红色圆圈,并注出相应的名或点号。

(5)控制点平面位置测定方向线绘红色直线,三角高程测定方向线绘绿色直线,高程导线、测图水准路线绘绿色曲线,等外水准路线绘红色曲线。

(6)图幅编号、成图方法及计划图名称,均注于北图廓外中央位置。

(7)计划图的比例尺注在南图廓外中央,作业员姓名及编制日期注于南图廓外东端。

(8)若图幅内有像主点落水、航摄漏洞等情况,须在相应位置标注。

二、像片控制测量实施

(一)像片控制点的实地选刺

在像片控制点联测计划和其他准备工作完成以后,即可赴野外进行像片控制点的测定。

像片控制点的野外测定工作包括野外选点、刺点、打桩、观测、控制点成果的计算及整理等内容。

1. 野外实地选点

在室内拟定像片控制点联测计划，已经在像片上确定了这些控制点的概略位置，但我们的目的是要在实地测定其坐标和高程，供内业加密和测图使用，因此必须在实地找到这些控制点的相应位置，并参照计划中的联测方案进行测量，对获取的观测数据进行计算处理，最终获得所需要的成果。

所谓实地选点，就是用像片影像与实地对照，在实地找到符合规范各项要求的控制点位置。实地选点应首先根据技术设计时提供的控制点概略位置去寻找目标，如果设计提供的控制点位置实地无法找到，或测量条件受到限制，需要更换点位时，必须特别注意，移动后的点位仍需符合规范中的有关规定。

实地选点时应着重考虑以下问题：

(1)符合布点方案及控制点在像片上的各项基本要求。

(2)符合控制点刺点目标的要求，同时应注意所选的控制点位置必须是实地与像片上都同时存在的地物点。因为仅实地存在，像片上没有相应的影像，则内业无法量测；反之，仅像片上有影像，而实地已发生变化，则外业无法确定点位，无法取得成果。

(3)考虑相应的联测方法、测量有关要求及对测量会产生影响的因素。

2. 刺点目标的选择与要求

为保证刺点准确和内业量测精度，刺点目标应根据地形条件和像片控制点的性质进行选择，以满足规范要求。

平面控制点的刺点目标，应选在影像清晰、能准确刺点的目标上，以保证平面位置的准确量测。一般应选在线状地物的交点和地物拐角上，如道路交叉点、固定田角、场坝角等，此时线状地物的交角应为30°~150°，以保证交会点能准确刺点。在地物稀少地区，也可选在线状地物端点，尖山顶和影像小于0.3 mm的地物中心。弧形地物和阴影等均不能选做刺点目标，这是因为摄影时的阴影与工作时的阴影不一致，而弧形地物上不能确定准确位置。

高程控制点的刺点目标应选在高程变化不大的地方，这样，内业在模型上量测高程时，即使量测位置不准确，对高程精度的影响也不会太大。因此，高程控制点一般应选在地势平缓的线状地物的交会处、地角、场坝角，在山区，平山顶以及坡度变化较缓的圆山顶、鞍部等也可作为刺点目标。狭沟、太尖的山顶和高程变化急剧的斜坡等，均不宜选做刺点目标。

森林地区由于选刺目标比较困难，一般可以选刺在没有阴影遮盖的树根上，或者选刺在高大突出，能准确判断的树冠上；在沙漠、草原等选点困难的地区，也可以灌木丛、土堆、坟堆、废墟拐角、土堤、窑等作为选刺点的目标。当点选刺在高于地面的地物顶部时，应量注顶部至地面的比高；当点位刺在田坎等地物边沿时，由于内业量测高程不易区分基准面，因此应在像片反面注明刺在坎上或坎下。

3. 像片刺点

像片刺点就是用细针在像片上刺孔，准确地标明像片控制点在像片上的位置，给内业提高判读和量测的依据。像片刺点准确与否直接影响内业加密的精度，因此应认真仔细。实际刺点时，应在像片背面垫上塑料板，用直径不大于0.1 mm的小针尖在选定的目标上刺孔，并在像片背面用铅笔做出标记。为了避免可能出现的差错，规范规定像片刺点必须经第二人进行实地检查。

像片刺点应满足以下要求：

(1)刺点时应在相邻像片中选取影像最清晰的一张像片用于刺点,刺孔直径不得大于 0.1 mm,并要刺透。刺偏时应换片重刺,不允许有双孔。

(2)平面控制点和平高控制点的刺点误差,不得大于像片上 0.1 mm。高程控制点也应准确刺出。

(3)同一控制点只能在一张像片上有刺孔,不能在多张像片上有刺孔,以免造成错判。

(4)国家等级三角点、水准点、埋石的高级地形控制点,应在控制像片上按平面控制点的刺点精度刺出;当不能准确刺出时,水准点可按测定碎部点的方法刺出,三角点、埋石点在像片正反面的相应位置上用虚线表示,并说明点位置和绘点位略图。

(二)控制像片的反面整饰

像片的反面整饰是按一定要求在像片反面书写刺点说明,并简明绘出刺点略图,标明控制点的位置和点名、点号。像片控制点背面整饰格式如图 3-41 所示,点位略图用黑色铅笔依影像灰度描绘。

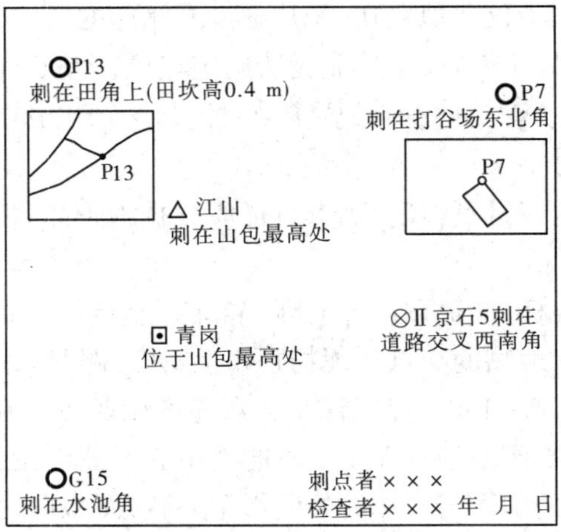

图 3-41 像片控制点背面整饰格式

图中圆圈代表平面点、平高点或高程点,并分别以 P、N、G 编写其点号;三角形代表三角点,虚线的三角形代表不能准确刺出的三角点。

(三)像片控制点的观测、计算

1. 观测与记录

1)电磁波测距

(1)导线的边长可用标称精度为Ⅲ级的测距仪施测,导线边长单程测定二测回,照准一次读两次数为一测回,同一测回两次读数之差应小于 20 mm。测回间较差应小于 30 mm。

(2)每边测定一端气象数据,温度读至 1 ℃,气压读至 133.322 Pa(1 mmHg)。

2)水平角观测

(1)水平角测回数:DJ2 型经纬仪为一测回,DJ6 型经纬仪为二测回,观测引点的水平角,不论何种仪器,可为一测回。

(2)导线、锁网形、各种交会法的水平角按方向观测法观测,一次读数,读记至秒。

(3)零方向应选择边长适中,目标清晰的方向。观测应在目标成像清晰、稳定的时间内进行。

(4)观测 3 个方向时可不归零,当方向多于 10 h,应分组观测,并采用同一零方向,补测或重新测方向数超过总方向数的1/3时,则该测回全部重测。

(5)应注意仪器对中和觇标竖直。当测站点或照准点的偏心距大于测站至最近观测的距离的1/4万时,应进行归心改正。

3)垂直角观测

(1)垂直角观测测回数:中丝法二测回,三丝法一测回。视距高程导线可用中丝法一测回。

(2)每次照准目标,一次读数,读记至秒。

(3)垂直角观测须在手簿中注明照准位置,仪器高和觇标高量记至厘米。

水平角和垂直角观测限差不大于表3-17的规定。

表3-17　水平角和垂直角观测限差

类别	限差名称	限差(″)	
		DJ2	DJ6
水平角观测	半测回归零差	12	24
	两个半测回同一方向较差	18	36
	二测回同一方向较差	—	24
	三角形闭合差	35	35
垂直角观测	垂直角测回较差	15	24
	同一测站指标较差	15	24

4)记录要求

(1)一切原始观测值和记事项目必须在现场用钢笔或铅笔记录在规定格式的外业手簿中,字迹要清晰、整齐、美观,不得擦改或涂改,不准转抄复制。

(2)手簿各记事项目,每一测站或每一工作时间段的首末页须填写齐全。

(3)观测手簿记载不应空页,垂直角记载不应空格,作废的观测数据和空页应正规划去并说明原因,补测和重测不得记在测错的手簿之前。零方向的水平角读数不准改动。

(4)原始观测数据以不改为原则,如由读错或记错,应在现场改正。但同一测站不得由两个相关数字连环更改;同一距离、同一高差的往返测或两次测量的相关数字不得连环更改。

(5)凡更正错误,均应将错误数字整齐划去,另记正确数字。凡划去的数字或划去的成果,均应注明原因和重测结果所在的页数。废站也应划去并注明原因。

(6)引点距离和归心元素的测定,记于手簿中距离记录表或记事用纸上。

2.像片控制点平面坐标和高程的计算

(1)计算前应全面、认真地检查观测手簿,仔细校对起算成果,保证没有差错。

(2)平面坐标计算取至0.1 m,高程计算取至0.01 mm。电磁波测距高程导线、经纬仪三角高程路线和独立交会高程点的高程计算,垂直角取至秒,边长取至0.1 m,计算中闭合差以坐标增量、边长、转折角或测站数按比例进行配赋。

(3)计算采用固定表格、电子计算器或计算机。采用电子计算机计算时,对数据及输入纸带,应仔细核对。计算结束后,应对打印成果进行校验。

(4)各种计算必须按各自规定的检核条件和检核方法进行检查验算,并应保证上交成果符合各项限差的要求,计算成果须经第二人检查。

(5)使用单指标读值经纬仪,垂直度盘存在偏心差时,应进行偏心差的测定,并在成果中加入改正数。

(6)位于3°投影带分界线附近的公用平面控制点或平高控制点,应计算两投影带坐标。

(四)控制像片的正面整饰

为方便内业对像片控制点的应用,凡是提供给内业使用的像片控制点、大地点、高级地形控制点(包括GPS点和导线点)均需在像片正面进行整饰。

1.整饰方法和要求

(1)图号为黑色。

(2)凡已准确刺出的三角点、GPS点、小三角点(5″导线点)均用红色墨水,以其相应图式符号将其边长放大至7 mm进行整饰。已刺出的水准点、等外水准点、高程点用绿色墨水以直径为7 mm的圆圈(水准点中间加"×"符号)整饰,其余均用红色。凡不能准确刺出的点,将其相应符号改为虚线。

(3)转刺相邻图幅的公用控制点,其整饰方法同上,但需在控制点点号后加注邻幅的图幅编号。

(4)本图幅内航线间公用控制点,只在相邻的航线主片上,以相应符号和颜色用特种铅笔转标,并注明刺点像片号。

(5)点名、点号及高程注记要求字体正规,用红色墨水以分数形式注出,分子为点名、点号,分母为高程,水准点的高程应注到小数点后两位,其他高程注到小数点后一位,平面点只注点号。

(6)像片上如有图廓线通过,应用红色墨水绘出。像片的右下角应有整饰者签名。

像片正面整饰应注意,控制点符号应以刺孔为中心,使用小圈圆规时要在刺孔上垫一小块透明胶片,以免圆规针尖将控制点刺成双孔或将孔扩大,破坏刺点精度。

2.控制像片正面整饰格式

控制像片正面整饰格式如图3-42所示。

三、采用先布标后航摄方法作业时的像控测量技术计划拟定及实施

地面标志是航摄前人工设置的地面目标。地面标志主要用于区域网布点、荒漠地区布点、航摄比例尺较小时的布点以及其他刺点目标较少、平面位置精度要求较高情况下的布点。布设的地面目标由于周密细致的设计,并与航摄部门配合,经过摄影在航摄像片上构像,是理想的像片控制点的刺点目标。这种人工布设的刺点目标,由于形状、大小、色调、反差都十分理想,有利于提高内业量测精度。同时,由于地面标志布设后,像片控制点在像片上的位置均已确定,内外业工作可以提前开展,在较大程度上缩短了成图周期。没有明显目标的三角点、水准点也因此获得了准确位置,在内业加密和测图过程中可以发挥更大的作用。

(一)拟定像片控制点的地面布标与航摄技术计划

根据测区的老图资料和文字资料,测区实地踏勘资料,高级地形控制成果资料及成图精度要求确定成图方法和布点方案。

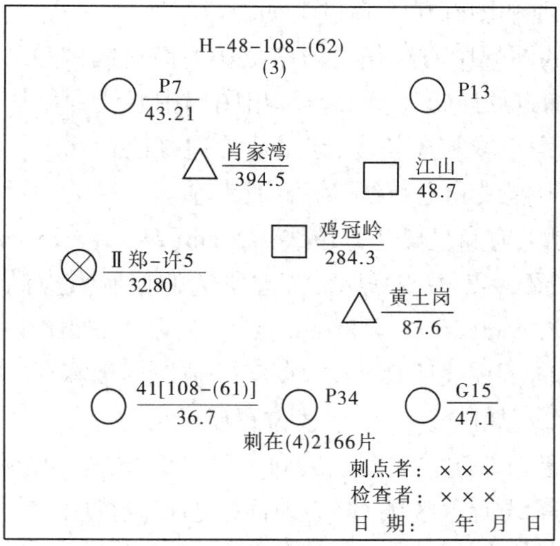

图 3-42 控制像片正面整饰格式

拟定步骤与要求如下：

(1)在比例尺小于成图比例尺的老图上标出测区范围和计划施测图幅的图廓线，并在老图上绘出图幅中心线位置（见图 3-43）。

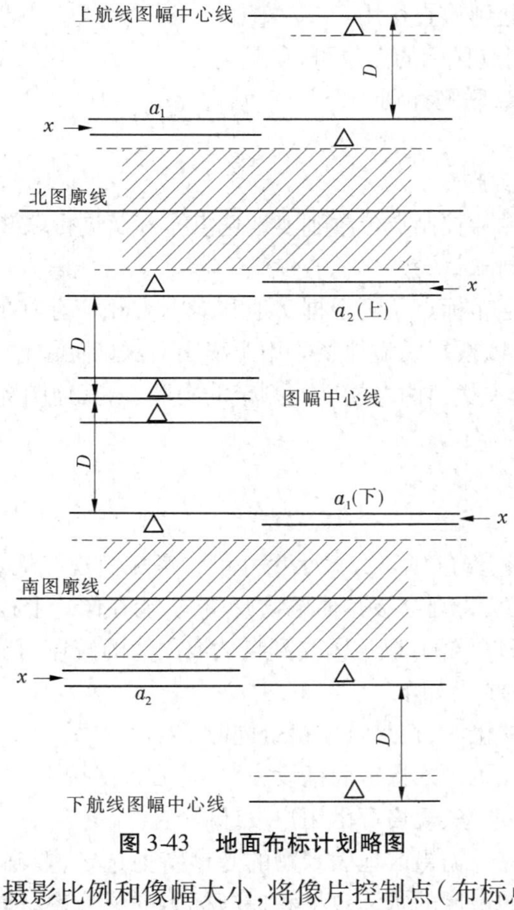

图 3-43 地面布标计划略图

(2)根据布点方案、摄影比例和像幅大小，将像片控制点（布标点）计划位置在旧图上概略标出。点位偏离图廓线和图廓角不超过 1 cm。

(3)以老图上绘出的图幅中心线作为航空摄影时航迹线的设计位置,根据像幅大小(如 23 cm×23 cm)和预先确定的航摄比例尺推算出图幅中心线到像片边缘的实地距离,以图幅中心线为准在老图上分别量取相应长度,绘出像片边缘位置 a_1、a_2、a_1(下)、a_2(上),其中 a_1(下)、a_2(上)分别表示下航线和上航线像片边缘位置。

(4)考虑所选的控制点应满足离开方位线 4.5 cm(23 cm×23 cm 像幅)或 3 cm(18 cm×18 cm 像幅)的要求,如图 3-43 中 D 所示;考虑所选的控制点应满足离开像片边缘 1.5 cm(23 cm×23 cm 像幅)或 1 cm(18 cm×18 cm 像幅)的要求,如图 3-43 中 x 所示;同时考虑飞机摄影时允许的向上或向下偏飞距离(可根据实际情况与航摄部门协商确定);然后在老图上绘出向上或向下偏飞线,如图 3-43 中虚线位置所示。

(5)按同样方法确定相邻航线的向上或向下偏飞线位置。显然在相邻航线向上或向下偏飞线之间(图 3-43 中晕线所示区域)即为地面标志布设范围。

(6)像片旁向重叠度的大小取决于航摄比例尺和偏飞距离。在拟定计划时若出现旁向重叠过大或过小的情况,则应重新选择像片比例尺进行计算,航向及旁向重叠度应满足规范有关规定的要求。

(7)拟定计划时应注意满足规范规定的其他有关要求。

(8)图幅内的基础控制点亦应布设地面标志,这样便可以准确刺出它们的点位,使之在内业加密或测图过程中起到检查作用。

(9)估计容易找到刺点目标的点位可不布设。

(二)拟定像片控制点联测计划

与本节前述相同。

(三)像片控制测量实施

根据老图上圈出的像片控制点位置到实地选点布标及进行联测。

1. 实地判定像片控制点位

实地判像片控制点定布标点位可根据实地和老图上相应存在的明显地物进行判定;如实地不能准确判定,也可以根据明显地物采用距离交会法确定位置;如果在较大范围内无明显地物时,可在一排图幅中找出两个能准确判定的图廓点,其他图廓点则根据已准确判定的两图廓点定线,以截距法确定。

2. 地面标志实地布设

布标时应注意:

(1)地面标志的材料、颜色、形状、大小尺寸可参考相应规范规定执行,在城市和隐蔽地区要注意标志的对空视角,否则会被其他地物遮挡,不能在像片上构像。

(2)标志布设后应及时联测,以免因受到自然或人为的破坏而前功尽弃。

(3)铺设地面标志的要求如下:

①须铺设地面标志的摄区,在签订航摄合同时应予以注明。

②地面标志必须在飞机进入摄区前铺设完毕,且妥善保护。

③地面标志的数量、形态、规格等由用户设计确定。

④地面标志的颜色应根据摄区地表景物的光谱特性选定,要确保与其周围地面具有良好的反差。为增强标志的影像的判读效果和提高标志的成像率,铺设标志应尽可能地适当

低于或高于地面。

(4)为满足地面标志经摄影在像片上构像成为理想的刺点目标，还应考虑标志所用的材料及颜色，标志的形状、尺寸等因素。

选择标志材料时，应考虑其色调、标志的安全、成本和携带方便等因素。一般在航摄后不便回收标志，所以应选用价格低廉的材料。在暗色衬景上布设白色标志；在绿色植被上最好采用白色标志，也可采用黄色；在水泥屋顶上，打谷场上、土路上和没有植被的土地上宜采用加黑边的白色标志。

如在水泥地和沥青路面上，可采用油漆，一般地面上的标志可采用乳白塑料布，涂上油漆的苇席或竹席，以及石灰、煤渣等材料。在草地上也可将草皮铲除做成标志形状。无论采用何种材料，都必须考虑其与周围地面形成较明显的反差，以使标志构像清晰。另外，布标时还应考虑自然条件的影响，如风、雨、太阳等，以便布标后，短期内保证标志完好无损。

地面标志的形状如图3-44所示。标志的形状应根据布设点位所处的环境特性来确定。

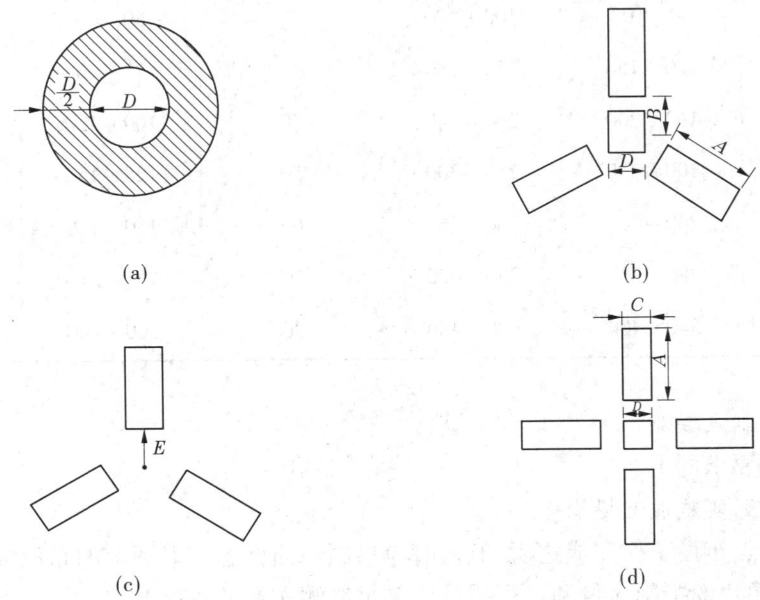

图3-44　地面标志的几种形式

标志点应布设在像片上容易判读其精确位置的明显目标地物上，如主要道路交叉口处、打谷场上、人工水塘角、堤坝和大桥的一端等。布设这类地物上标志可采用圆形，如图3-44(a)所示，中心为白色，外环为黑色。由于光晕的结果，实际上较小的方形标志在像片上的影像也是圆形。标志的尺寸应使其影像略大于航测仪器的测标大小，而现在航测仪器的测标一般都小于0.05 mm，若地物为较暗的地面，则利用圆形白色标志，或带白边圆形黑色标志，白边或黑边的宽度应等于内圆直径的1/2。若标志布设在较隐蔽、不易找到的地方，则应采用带标翼的标志，一般以三翼标为好，这种标志目标较大，并有特殊形状，容易与其他地物构像区分开来。在有觇标的控制点上布标，应采用十字形标志，觇标及其阴影不会把标志全遮挡住，仍可以准确判定其标心位置。如图3-44(b)、(c)、(d)所示。但一般还是采用三翼标志为好，易判读且省材料。

铺设标志时，应使翼片中线交点或圆形标志中心与实地选定点位(或已有控制点)的中心重合，各翼片大致水平。

在城市和荫蔽地区布标要注意标位的对空视角。

根据试验结果，为了保证标志在像片上的大小不影响内业量测精度，对不同航摄比例尺的摄影，标志的尺寸一般规定：中心标志不得大于 $a = 0.04\ \mathrm{mm} \times M_{像}$（$M_{像}$ 为像片比例尺分母）。标翼的宽度及标翼至标志中心一般为 a，标翼的长度一般为 $3a$，也可在表 3-18 所列数据中参考选择。

表 3-18　标志尺寸的参考值

摄影比例尺分母	A(cm)	B(cm)	C(cm)	D(cm)	E(cm)
3 000	25 ~ 30	30 ~ 35	10	15 ~ 20	10
5 000	40 ~ 50	50 ~ 60	10	25 ~ 30	15
7 000	55 ~ 70	70 ~ 85	15	35 ~ 40	20
10 000	80 ~ 100	100 ~ 120	20	50 ~ 60	30
15 000	120 ~ 150	150 ~ 180	30	75 ~ 90	45
20 000	160 ~ 200	200 ~ 240	40	100 ~ 120	60
25 000	200 ~ 250	250 ~ 300	50	125 ~ 150	75
30 000	240 ~ 300	300 ~ 360	60	150 ~ 180	90
35 000	280 ~ 350	350 ~ 420	70	175 ~ 210	105
40 000	340 ~ 400	400 ~ 480	80	200 ~ 240	120

3. 像片控制点联测

联测时的要求同上。

4. 根据计划实施航空摄影

地面标志点布设工作完成之后，航摄时应参照地面标志在老图上的布设情况，按一定要求航飞，所摄像片的摄影质量和飞行质量应满足航测作业的各项要求。

四、控制测量计算成果的整理及接边

（一）计算成果的整理

计算成果的整理是指将全部计算成果分类并按规定装订成册或制作出成果管理电子文档。成果的分类及计算手簿装订或录入应按以下规定和顺序进行：

（1）封面，主要内容包括图号、图名、测图比例尺、测区、施测单位、日期、作业人员姓名等。

（2）目录。

（3）控制点点位联测略图：应表示出控制点的概略位置、平面点的施测方法、高程点的联测路线。

（4）起始点成果表。

（5）坐标换带计算。

(6)控制点成果表。

(7)归心计算。

(8)方位角、边长反算。

(9)GPS 定位数据处理。

(10)电磁波测距导线计算。

(11)引点和支导线的计算。

(12)高程平差计算。

(13)记事簿。

(14)封底。

高级地形控制点及等外水准成果应单独整理上交。

(二)控制接边

控制测量成果整理工作完成之后,应及时与邻幅或邻区域进行控制接边,接边工作包括以下内容:

(1)邻幅或邻区域所测控制点,若为本幅或本区公用,则应检查这些点是否满足本幅或本区的各项要求;如果符合要求,应将这些控制点转刺到本幅或本区的控制像片上,同时将成果转录到计算手簿和图历表中。同样,本图幅或本区域所测点提供给邻幅或邻区使用时,也应按同样的程序和方法转刺、转录成果。

(2)位于自由图边的控制点,应利用调绘余片进行转刺并整饰,同时将坐标高程等数据抄在像片背面,作为自由图边的专用资料上交。

(3)接边时应注重检查图边或区域边上是否因布点不慎产生了控制裂缝,以便补救。

所有成果资料都必须进行严格的自查和上级部门的检查验收,并经过修改或补测合格后方可上交。

第六节　GPS 辅助航空摄影测量技术应用

摄影测量的原理就是摄影光束相交得到地面点的点位。确定投影光束(像片)的姿态需要有三个线元素和三个角元素(合称外方位元素)。传统航测成图的方法是利用地面控制点并通过空三加密反求光束的外方位元素,该方法必须依赖地面控制点。在 GPS 出现以前,航测地面控制点的施测主要依赖传统的经纬仪、测距仪及全站仪等,但这些常规仪器测量技术都必须满足控制点间通视的条件,在通视条件较差的地区,施测往往十分困难。而 GPS 测量不需要控制点间通视,并且精度高、速度快,因而 GPS 测量技术很快就取代常规测量技术成为航测地面控制点测量的主要手段。但对崇山峻岭、戈壁荒滩等难以通行地区仍需作业人员背负仪器、跋山涉水,其劳动强度依然很大。即使如此,对国界、沼泽地等作业人员无法到达地区往往显得无能为力。因此,它仅适用于测定少量地面控制点以作为航测内业空三加密所需控制信息的一种补充手段。从总体上讲,地面控制点的获取仍是一个十分耗时耗力的工作,未能从根本上解决常规方法作业周期长、成本高的缺点。所以,直接获取投影光束(像片)的外方位元素,无须大量的野外控制测量,一直是摄影测量工作者孜孜以求的目标。

近年来,GPS 动态定位技术的飞速发展,及其在航空摄影中的应用,直接获取航摄中心拍摄瞬间的空间位置成为现实，该技术可以极大地减少地面控制点的数目，减少外业控制作业时间。若在飞机上再安装惯导测量仪 IMU(Intertial Measurement Unit)，测定拍摄瞬间像片的空间姿态，航摄时航片的外方位元素即可全部得到，使传统航空摄影测量成图中的外业地面控制工作省去。现对该技术的应用情况分述之。

一、GPS 辅助空中三角测量

(一) GPS 辅助空中三角测量的基本原理

利用安装于飞机上与航摄仪相连接的和设在地面一个或多个基准站上的至少 2 台 GPS 信号接收机同步而连续地观测 GPS 卫星信号，同时获取航空摄影瞬间航摄仪快门开启脉冲，经过 GPS 载波相位测量差分定位技术的离线数据后处理获取航摄仪曝光时刻摄站的三维坐标，然后将其视为附加观测值引入摄影测量区域网平差中，经采用统一的数学模型和算法来整体确定目标点位和像片方位元素，并对其质量进行评定的理论、技术和方法。

GPS 辅助空中三角测量的基本思想是：用由差分 GPS 相位观测值进行相对动态定位所获取的摄站坐标，作为区域网平差中的附加非摄影测量观测值，以空中控制取代地面控制(或减少地面控制)的方法来进行区域网平差。目的是极大地减少甚至完全免除常规空中三角测量所必需的地面控制点，以节省野外控制测量工作量、缩短航测成图周期、降低生产成本、提高生产效率。

(二) GPS 辅助空中三角测量的作业过程

1. 现行航空摄影系统改造及偏心测定

用于确定摄影曝光瞬间航摄仪物镜中心的位置时需采用高精度相位差分的 GPS 动态定位方法，其实时差分定位可用于摄影导航，而确定航摄仪物镜中心的位置则利用 2～3 台 GPS 的观测记录数据进行后处理获得。

差分动态 GPS 定位是利用安置在一个运动载体和一个或多个地面基准站上的 GPS 接收机，来联合测定该运动载体的三维位置，从而精确地给出其运行轨迹的 GPS 测量方法。研究表明，在已知整周相位模糊度的情况下，利用载波相位可以获得厘米级精度的差分动态定位结果，它非常适用于无须实时定位而要求高精度位置的 GPS 辅助空中三角测量。

1) 用于 GPS 辅助空中三角测量的航空摄影系统

为了能在航空摄影的同时用 GPS 来确定航摄仪的空间位置，需对现行航空摄影系统进行改造。首先，应在航摄飞机的外壳顶部适当位置加装高动态航空 GPS 天线，以便能接收到 GPS 卫星信号；其次，应在航摄仪里加装曝光传感器及脉冲输出装置，以便能将航摄仪快门开启时刻的脉冲信号引出；再次，应在机载 GPS 信号接收机上加装外部事件输入装置(Event Marker 接口)，以便能将航摄仪曝光时刻精确地写入机载 GPS 信号接收机的时标上；最后，应通过馈线将上述三大部件稳固地联成一体，以构成图 3-45 所示的带 GPS 信号接收机的航空摄影系统。

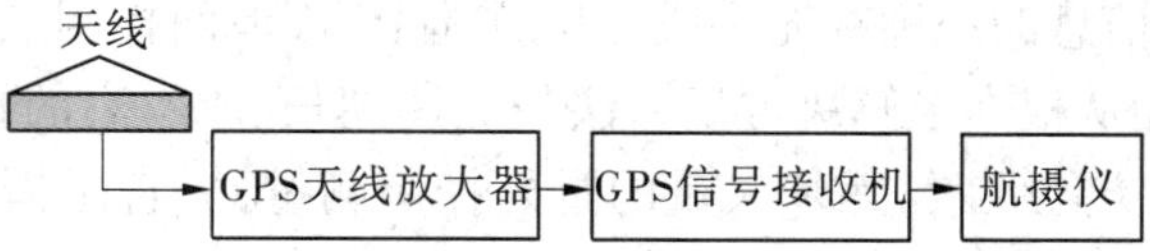

图 3-45　带 GPS 信号接收机的航空摄影系统

2）机载 GPS 天线与摄影机偏心测量

为了不影响 GPS 卫星信号的接收，GPS 天线一般安装在飞机顶部，而航摄仪总是安装在飞机的底部。若将它们之间的偏心分量作为未知参数在光束法平差中解求出来，除要求航摄仪与飞机之间保持整体结构外，还必须保证有足够数量的控制点，这在一定程度上制约了 GPS 辅助空中三角测量的发展。由于 GPS 接收天线和摄影机都固定安装在飞机上，在锁定状态下，其间偏心距为一定常数，且 GPS 天线相位中心在像方坐标系中三个分量（u、v、w）可以预先测定出来。此时，天线相位中心与摄影中心之间的变换关系表示为：

$$\begin{bmatrix} X_S \\ Y_S \\ Z_S \end{bmatrix} = \begin{bmatrix} X_A \\ Y_A \\ Z_A \end{bmatrix} - R \begin{bmatrix} u \\ v \\ w \end{bmatrix} \tag{3-13}$$

式中　X_A、Y_A、Z_A——机载 GPS 天线相位中心坐标；

X_S、Y_S、Z_S——摄影中心坐标；

R——由像片的三个姿态角决定的定向旋转矩阵，$R = f(\varphi,\omega,\kappa)$。

图 3-46 为航摄仪投影中心与机载 GPS 天线相位中心几何关系。

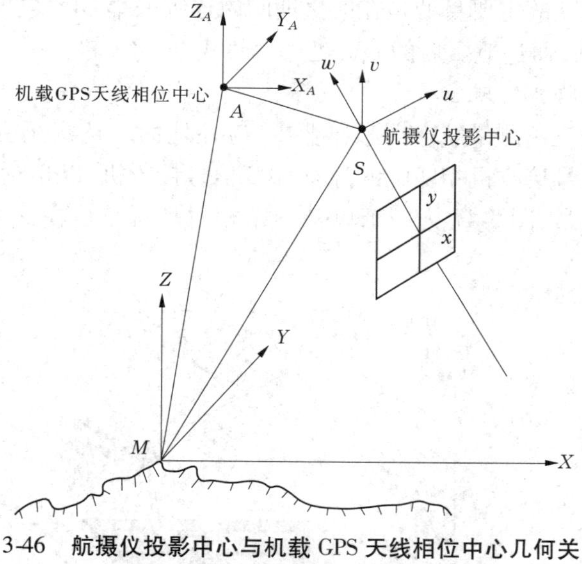

图 3-46　航摄仪投影中心与机载 GPS 天线相位中心几何关系

偏心分量可采用近景摄影测量法、经纬仪测量法和平板玻璃直接投影法测定，这三种方法均可以厘米级精度测定偏心分量。不管以何种方法测定偏心，一经测定，则认为摄影机相对飞机机身是一个整体，只有这样式（3-13）的变换才有意义。实际上，在航空摄影过程中，为确保摄影机主光轴朝下对准飞行航迹，有时需要对安置相机的座架做适当的调整，这些小角度变化可在相机机座架上观测得到，并由其所构成的旋转矩阵应当用于前乘偏心分量，即式（3-13）应改写为如下形式：

$$\begin{bmatrix} X_S \\ Y_S \\ Z_S \end{bmatrix} = \begin{bmatrix} X_A \\ Y_A \\ Z_A \end{bmatrix} - R \cdot R_C \begin{bmatrix} u \\ v \\ w \end{bmatrix} \tag{3-14}$$

式中　R_C——由相机座架调整的小角度所构成的旋转矩阵。

理论上相机座架调整后的小角度应当记录下来，以便式（3-14）使用。这些角度值可由人工方式记录,但由于在航摄飞行过程中,航摄技术人员本来负担就很重,特别是在低空飞行情况下,有时需要经常调整相机座架,因而航摄人员往往无法逐片记录下这些角度值。目前,国外倾向于开发一种自动记录相机座架调整角度的装置,以改变目前大部分采用人工记录或不记录的局面。从理论上讲,在实际作业中这些小角度的变化必须加以考虑。在无地面控制和四角布设控制点时,偏心分量测定误差对GPS平差的精度与天线——相机间偏心分量的测定精度密切相关。偏心分量测定误差越小,则区域网平差精度越高,且偏心分量的平差值越接近真值;在四角布设地面控制时,可抑制偏心分量测定误差的传播,区域网平差精度几乎与偏心分量的解算精度无关,即使在未测定偏心分量的情况下,也可保证平差结果的精度,且偏心分量的解算精度可达厘米级,即在四角控制下,GPS辅助光束法区域网平差对偏心分量的测定精度要求不高,实际作业时易满足其精度要求。

2. 地面GPS基站的布设与观测

地面GPS基站主要是指在航摄区域内设立的GPS观测站点。点位设立及观测应符合GPS定位的有关技术要求。地面基准站精确坐标可通过与D级以上GPS控制网或四等以上的三角网联测求得。

地面GPS基站设立的主要目的是在航摄期间内连续采集GPS数据,与机载GPS同步观测,选取合适的基准站,通过航摄后的差分处理解算机载GPS轨迹。

3. 带GPS信号接收机的航空摄影

在GPS辅助空中三角测量航空摄影作业中,应在地面上选定至少一个基准站,并安装性能可与机载GPS信号接收机相匹配的静态GPS信号接收机,以相对GPS动态定位方式来同步观测GPS卫星信号,图3-47为一个单基准站相对动态定位模式GPS辅助航空摄影示意图。

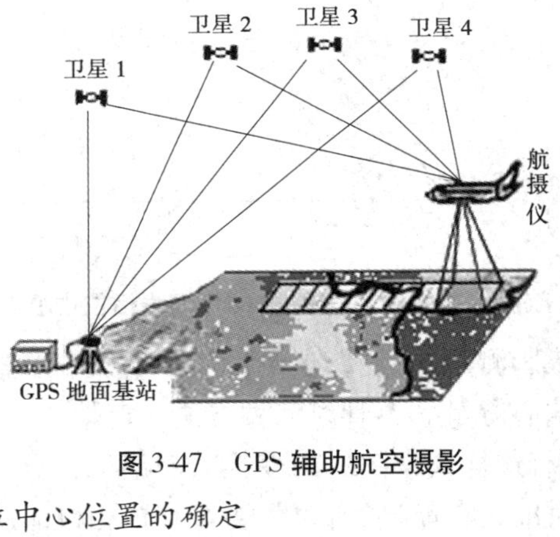

图3-47　GPS辅助航空摄影

4. 机载GPS天线相位中心位置的确定

在GPS辅助空中三角测量中机载GPS天线相位中心位置的确定可分为三步:首先确定各GPS历元的机载GPS天线相位中心位置,然后根据摄影机曝光时刻内插得带曝光时刻载波相位的机载GPS天线相位中心位置,最后还需要将GPS定位成果转至国家坐标系内。

1)GPS历元的机载GPS天线相位中心位置的确定

利用安装在航摄飞机上的一台GPS接收机和安装在地面参考站上的一台或几台GPS接收机同时测量GPS卫星信号,通过GPS动态差分技术可获取各GPS历元的机载GPS天线相位中心位置。为提高定位精度,一般采用基于载波相位观测值的动态差分定位方法。

传统 GPS 动态定位方法要求在进行动态定位前进行静态初始化测量,一方面延长了观测时间,增大了数据量;另一方面也延长了飞机起飞前的等待时间。另外,为尽量避免卫星信号发生周跳或失锁必须要求飞机转弯坡度小,转弯半径大,加大了飞机航程,延长了航线间隔时间。随着整周模糊度在航解算的成功,所述因机载 GPS 测量引入的限制都将迎刃而解,航摄飞机可以像常规航摄那样飞行,机载 GPS 接收机也可在飞机到达摄区时打开,减少不必要的数据记录。

2)曝光时刻载波相位的机载 GPS 天线相位中心位置的内插

GPS 动态定位所提供的是各 GPS 观测历元动态接收天线的三维位置,而 GPS 辅助空中三角测量所需要的是某一曝光时刻航空摄影相机的位置。由于曝光时刻不一定与 GPS 观测历元重合,摄影机曝光瞬间机载 GPS 天线位置必须根据相邻的天线位置内插得到。

如果将曝光时间同步记录在 GPS 接收机数据流中,则曝光时刻机载 GPS 天线位置可由内插解决。内插(拟合)精度取决于两方面:一方面是取决于 GPS 接收机外部事件注记(Event Mark)时标的精度,另一方面则取决于选择的内插(拟合)模型是否与内插(拟合)区段内机载接收天线动态变化相符合。研究表明,GPS 接收机 Event Mark 时标的精度能达到 $\pm 2\ \mu s$。因此,即使在飞机运动速度高达 200 m/s 时,由该时标误差引进的内插误差也仅为 0.4 mm,对 GPS 空中辅助三角测量而言,该误差完全可以忽略不计。

在 GPS 辅助空中三角测量中,由于飞机的航速较大,GPS 数据采样率一般选择小于或等于 1 s。在航线飞行中一般作近似匀速运动,因而可采用直线内插或低阶多项式拟合模型。实用中发现选择插值时刻前后各两个历元进行二次多项式拟合效果更好。

3)坐标转换及高程

GPS 动态定位所提供的定位成果属于 WGS-84 坐标系,而我们所需空中三角测量加密成果是属于某一国家坐标系或地方坐标系,因而必须解决定位成果的坐标转换问题。在精确已知地面基准站在 WGS-84 坐标系中地心坐标,且已知 WGS-84 坐标系至国家坐标系之间转换参数时,则可将动态定位成果转换为国家坐标,更为一般的则采用 GPS 基线向量网的约束平差。约束平差在国家大地坐标系中进行,约束条件是属于国家大地坐标系的地面网点固定坐标、固定大地方位角和固定空间弦长。为进行机载天线位置的坐标转换,必须有两个以上的地面控制点,这些点有国家坐标系或地方坐标系中的坐标,且进行了 GPS 相对定位,其中一控制点在航飞时作为地面基准站,那么以该点为固定点条件进行约束平差,并将求得的欧拉角与尺度比用于转换机载天线——基准站的 WGS-84 坐标系。

高程基准转换:GPS 定位所提供的是以椭球面为基准面的大地高,而实际所需要的是以似大地水准面为基准的正常高,高程基准的转换是通过测区内若干已知正常高的控制点按 GPS 水准方法建立高程异常模型(当测区地形变化较大时应加地形改正)进行。

5. 解求 GPS 摄站坐标

依照 Kalman 滤波递推算法,求出每一观测历元时刻机载 GPS 天线的空间坐标。由式(3-14)出发,并考虑到 GPS 观测值中可能含有的系统误差,即可获得参加联合平差的 GPS 摄影中心坐标方程式的线性化误差方程式。与整个联合平差的其他误差方程式并列在一起,在选取适当的权函数形式后,便可完成最小二乘法求解。

利用插值方法,由相邻两个历元的 GPS 天线位置内插航摄仪曝光时刻 GPS 摄站坐标。

6. GPS 摄站坐标与摄影测量数据联合平差，以确定目标点位并评定其质量

就 GPS 辅助空中三角测量的作业过程而言，大体需经过如下三个阶段：

首先，在航空摄影过程中，以 0.5 ~ 1.0 s 的数据更新率，用至少两台分别设在地面基准站和飞机上的 GPS 接收机同步而连续地记录 GPS 卫星信号，并将航摄仪快门开启脉冲写入机载 GPS 数据流中。

其次，对 GPS 载波相位观测量进行测后数据处理，解求航摄仪曝光时刻机载 GPS 天线相位中心的三维坐标 X_A，Y_A，Z_A——GPS 摄站坐标及其方差、协方差矩阵。

最后，将 GPS 摄站坐标作为带权观测值引入解析空中三角测量的数学模型中与摄影测量观测值进行联合平差，以确定地面目标点的位置和像片的方位元素并评定其质量。

GPS 辅助空中三角测量是摄影测量与非摄影测量观测值联合平差的一部分，即摄影机定向数据与摄影测量数据的联合平差。在各种 GPS 辅助空中三角测量方法中以 GPS 辅助光束法区域网平差最为严密，GPS 辅助光束法区域网平差的函数模型是在自检校光束法区域网平差的基础上辅之以 GPS 摄站坐标与摄影中心坐标的几何关系及其系统误差改正模型后所得到的一个基础方程。与经典的自检校光束法区域网平差法方程相比，主要是增加了镶边带状矩阵的边宽，并没有破坏原法方程的良好稀疏带状态结构，因而对该法方程的求解依然可采用边法化边消元的循环分块解决。然而区域网平差中，一并解求漂移误差改正参数可能会使法方程面临难解问题，这种情况下，必须有足够的地面控制点。

（三）GPS 辅助空中三角测量试验结果分析

GPS 辅助空中三角测量的最大优点在于所需地面控制点数量很少，其精度满足摄影测量要求，并且能减少航测外业工作量，缩短成图周期，毫无疑问，GPS 动态定位技术会对空中三角测量产生巨大的影响，并将带给摄影测量领域一次小的技术革命。

为研究 GPS 辅助空中三角测量的可行性，并进行相应的理论研究、软件开发，尽早将 GPS 辅助空中三角测量用于我国航空摄影测量生产实践，我国摄影测量的有关专家多次进行 GPS 用于空中三角测量的模拟试验、生产性试验和理论分析、软件设计。所研制的 DD-KIN 高精度 GPS 动态定位软件，除可进行 GPS 动态定位数据解算外，还可按曝光时刻内插后转换至国家坐标系坐标。空中三角测量按经典的自检校光束法区域网平差和 GPS 辅助光束法区域网平差两种方式计算（见表 3-19、表 3-20）。

表 3-19　自检校光束法区域网平差结果

平差方案	$\frac{\sigma_0}{\mu_m}$	精度值（cm）				以像片比例尺计算精度值 σ_0			
		X,Y		Z		X,Y		Z	
		m	μ	m	μ	m	μ	m	μ
密周边布点	10.3	5.4	5.2	22.5	16.0	1.0	1.0	4.4	3.1
4 角布点	10.2	7.3	19.1	63.7	216.8	1.4	3.7	12.5	42.5

注：$m=\sigma_0\sqrt{\mathrm{tr}(Q_{xx})/n}$，是以平差获得的物点坐标之协方差矩阵表示的区域网平差的理论精度。$\mu=\sigma_0\sqrt{\sum\Delta_i^2/n}$，是以野外检查点坐标残差表示的区域网平差的实际精度（$i=X,Y,Z$）。

表 3-20　GPS 辅助光束法区域网平差结果

平差方案	$\frac{\sigma_0}{\mu_m}$	精度值(cm)				以像片比例尺计算精度值 σ_0			
		X,Y		Z		X,Y		Z	
		m	μ	m	μ	m	μ	m	μ
无地面控制	9.7	11.3	23.2	24.0	35.2	2.3	4.8	4.9	7.2
4 角布点	10.4	6.5	7.9	23.3	18.1	1.2	1.5	4.5	3.5

经典的自检校区域网光束法平差分为两种方案:第一方案采用密周边布点,即于区域的周边平均两条基线布设一个平高控制点,区域中间平均四条基线布设一个高程控制点,全区共布设 12 个平高点和 2 个高程控制点;第二个方案仅在区域的四角布设 4 个平高控制点。对上述两种方案均采用带 3 个附加参数的自检校光束法区域网平差,根据 94 个野外检查点得到表 3-18 所列平差结果。由表列数据可以看出密周边与四角布点两种方案的平差精度比,理论上平面为 1∶1.4,高程为 1∶2.8,而实际平面为 1∶3.7,高程为 1∶3.7,理论精度与实际精度存在较大差距。就加密的实际精度而言,密周边布点,平面为 ±216.8 cm,高程为 ±16.0 cm;四角布点,平面为 ±19.1 cm,高程为 ±216.8 cm。试验表明,区域网平差平面精度随平面控制点跨距大小的变化不大,而高程精度极大地取决于高程点的跨距。

GPS 辅助光束法区域网平差分为两种方案。一是无地面控制方案,即用 GPS 天线相位中心北京 54 坐标取代地面控制点坐标进行平差计算;二是四角布点方案,即用区域四角四个平高控制点联合机载 GPS 天线相位中心进行全区带一组漂移误差改正参数的区域网联合平差。根据 103 个野外检查点得到平差结果列于表 3-19。由表所列数据可以看出,无地面控制方案下的加密实际精度为平面 ±23.2 cm,高程 ±35.2 cm,但理论精度与实际精度存在着一定的差距。在四角布点方案下,GPS 辅助光束区域网平差精度有了显著的提高,其平面达到 ±7.9 cm,高程达到 ±18.1 cm,且实际精度与理论精度一致。

比较表 3-19 与表 3-20 可以发现,四角控制下的经典自检校光束法区域网平差和无地面控制 GPS 辅助光束法区域网平差方案理论精度与实际精度均存在一定的差距,这表明在这两种方案下均存在一定的系统误差,这一系统误差既可能是摄影测量方面的,也可能是 GPS 动态定位成果本身或坐标转换过程中引起的。密周边布点下的经典自检校光束法区域网平差方案和四角控制 GPS 辅助光束法区域网平差理论精度与实际精度相符,表明系统误差已很好的消除,且四角控制 GPS 辅助光束法区域网平差精度几乎接近于密周边布点下经典自检校光束法区域网平差,而所需控制点仅为后者的 29%。随着区域网的增大,该比例将变得更小。

(四)主要采用的地面控制方案

高精度 GPS 动态定位的 GPS 航空摄影测量技术已经成熟,目前已广泛应用于生产实践中,社会效益和经济效益显著。但由于 GPS 动态定位所获取的摄站坐标还不能完全达到空中三角测量所需要的控制点的精度要求,区域网平差中利用地面控制点进行强制的系统误差补偿必不可少。因此,必须在测区两端布设足够的地面控制点或采用特殊的像片覆盖图。

经过多次试验和生产实践证明,带地面控制的 GPS 辅助光束法区域网平差理论精度非常好,达到自检校光束法区域网平差精度。平差结果完全满足测图控制对加密成果的精度要求。无地面控制 GPS 辅助光束法区域网平差具有较大的系统误差,实际精度与理论精度相差较远。但成果仍能满足 1∶25 000 地形图航测成图精度要求。

为保证成果精度的可靠,生产中主要采用下面两种布点方案:①在区域网 4 角布设平高控制点,两端布设 2 排高程控制点,如图 3-48(a)所示。②4 角布设平高控制点,两端增加 2 条垂直构架航线,如图 3-48(b)所示。

(a)4角平高控制点+2排高程控制点

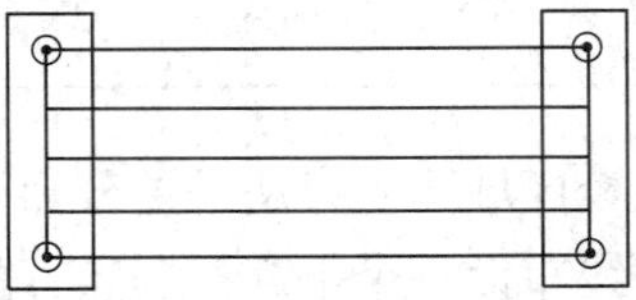

(b)4角平高控制点+2条垂直构架航线

⊙—平高地面控制点; •—高程地面控制点

图 3-48 GPS 辅助航摄地面控制布点方案

二、IMU/DGPS 组合系统(POS 系统)辅助空中三角测量

(一)概述

自 GPS 应用于航空摄影测量后,GPS 辅助空中三角测量方法可直接测量出投影光束的三个线元素,通过空中三角测量的方法进而获取角元素,部分实现了直接获取。为了获取相片的外方位元素,地面测量仍是不可或缺的一步。DGPS 技术与 IMU 的组合系统(POS 系统)的应用,使准确获取航摄仪曝光时刻的外方位元素 $X_S, Y_S, Z_S, \varphi, \omega, \kappa$ 成为可能,从而实现无(或少)地面控制点,甚至无须空中三角测量工序,即可直接定向测图,从而大大缩短作业周期、提高生产效率、降低成本。

DGPS 技术可进行精密定位。惯性测量(姿态测量)系统 INS(Inertial Navigation System)主要是利用惯性测量单元 IMU(Inertial Measurement Unit)中先进的光纤陀螺系统来感测飞机或其他载体的加速度,经过积分等运算,获取载体的速度和姿态(如位置及旋转角度)等信息。IMU/DGPS 系统可以与多种传感器(如光学航摄仪、高光谱仪、数字航摄仪、LIDAR 以及 SAR)相联,实现直接传感器定向或辅助定向测量。其中,线阵推扫式数字航摄仪(如徕卡公司的 ADS40)以及 LIDAR(机载激光三维扫描系统)中必须包含 IMU/DGPS 系统。

采用高精度差分定位技术(DGPS),将一台(或多台)GPS 接收机安置在基准站上,与机载接收机进行同步观测。根据基准站已知精密坐标,计算出基准站到卫星的距离改正数,并对机载接收机的定位结果进行改正,从而提高空中定位精度。在 IMU/DGPS 辅助航空摄影测量中主要采用载波相位差分 GPS 技术,该技术可使定位精度达到厘米级,大量应用于动态需要高精度位置的领域。

一套完整的 IMU/DGPS 系统硬件主要包括 IMU、机载双频 GPS 接收机及高性能机载 GPS 天线、地面 GPS 接收机、机载计算机以及存储设备。软件包括 DGPS 数据差分处理软件、GPS/IMU 滤波处理软件以及检校计算软件。目前,国际上常用于航空摄影测量的 IMU/DGPS 系统主要有两种,即德国 IGI 公司的 AEROControl IId 以及加拿大 Applanix 公司的

POS/AV 系统,上述两个厂家的设备性能基本相当。POS 系统主要由航空摄影相机、导航控制系统、IMU 高精度姿态测量系统、IMU 与相机连接架、机载 DGPS 天线、地面 DGPS 基站接收机几部分组成,可直接测量摄影时刻像片位置与姿态。图 3-49 所示为 POS 系统的组成。

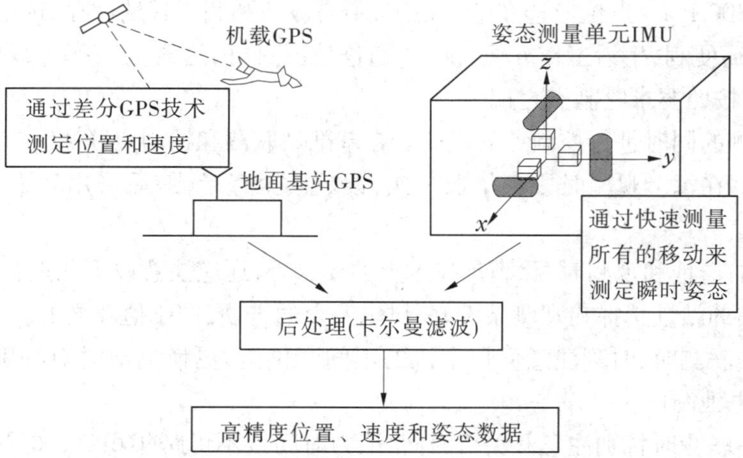

图 3-49　POS 系统的组成

(二)IMU/DGPS(POS 系统)辅助航空摄影测量的基本原理

IMU/DGPS 辅助航空摄影测量是指利用装在飞机上的 GPS 接收机和设在地面上的一个或多个基站上的 GPS 接收机同步而连续地观测 GPS 卫星信号,通过 GPS 载波相位测量差分定位技术获取航摄仪的位置参数,应用与航摄仪紧密固连的高精度惯性测量单元 IMU(Inertial Measurement Unit),直接测定航摄仪的姿态参数,通过 IMU/DGPS 数据的联合后处理技术获得测图所需的每张像片高精度外方位元素的航空摄影测量理论、技术和方法。即全球定位导航系统 GPS 和惯性导航系统 INS(Inertial Navigation System)的组合技术(集成传感器定向)。

(三)IMU/DGPS(POS 系统)辅助航空摄影测量的方法

IMU/DGPS 辅助航空摄影测量的方法主要包括直接定向法和 IMU/DGPS 辅助空中三角测量方法。

1. 直接定向法

利用高精度差分 GPS 和惯性测量单元(IMU),在航空摄影的同时获得差分 GPS 数据和姿态数据,通过事后 GPS 差分处理及姿态测量数据处理,获取摄影时刻航摄仪精确位置坐标和姿态,通过对系统误差的校正,进而得到每张像片的高精度外方位元素,这种方法称为直接定向法(国际上称 Direct Georeferencing,简称 DG)。

2. IMU/DGPS 辅助空中三角测量方法

将基于 IMU/DGPS 技术直接获取的每张像片的外方位元素,作为带权观测值参与摄影测量区域网平差,获得高精度的像片外方位元素成果,这种方法即 IMU/DGPS 辅助空中三角测量方法(国际上称 Integrated Sensor Orientation,简称 ISO)。

无论采用哪种方法,必须在摄影区内或摄区附近布设一个或多个固定检校场,用于满足将 IMU/DGPS 坐标系统转换到本地坐标系统的需要。

（四）IMU/DGPS（POS 系统）辅助航空摄影测量的实施过程

1. 基准站的选择和观测

摄区选择基准站，站点数量由摄区大小决定，一般不少于 2 个，摄区内任意位置距离基站一般不大于 300 km。点位应选在基础稳定，不易破坏和利于长期保存，透空视角较大（不小于 150°），交通便利，生活工作方便，供电、通信情况良好，远离大功率无线电发射源的地方，选点完毕后按照要求绘制点之记。

基准站观测的同时进行控制点的联测。在基准站联测和控制点联测时应顾及数据采样率。GPS 天线高在每个观测时段各量取三次，读数读至毫米，最后采用其平均数作为其天线高。

在基准站的选址和观测时，除满足技术上的要求外，还应注意以下几点：

（1）基准站的站址选择在观测条件好、供电及交通方便、便于值守之处。

（2）基准站联测时，时刻注意保持主机的不间断供电，更换电池时应特别注意，防止更换电池过程中电池断电。

（3）基准站联测时特别注意开关机时间，因为时间段不可跨年积日，如果跨年积日后会给后期数据处理带来很多不必要的麻烦。

（4）基准站联测时各小组同步进行，作业人员之间随时保持通信畅通，方便组织协调。

2. 检校场的布设和联测

在摄区附近应布设检校场，在摄区检校场两端各布设两个控制点，点位目标应清晰可辨，且周围无大功率无线电发射源，交通便利，有利于观测。

检校场控制点坐标，可采用 GPS 与基站点之间进行静态联测方法确定，若在航摄前控制点地面目标被破坏，航片上找不到目标，应进行补测。

检校场的联测应注意以下问题：

（1）检校场的控制点选择时按照设计坐标，可利用手持 GPS 接收机进行导航选择，以保证控制点能满足设计要求。

（2）检校场的控制点应选择在反差较明显且目标足够大的地物上。

（3）如果设计的位置没有明显地物，应按照要求布设地标。

（4）检校场的控制点联测时应与航摄部门沟通好，最好在航摄前几天进行，如果提前时间太长，所选控制点或所布设的地标点有可能被破坏而导致不必要的损失，甚至导致返工。

（5）如果能保证设计位置有明显地物，检校场控制点的施测也可在航摄像片冲洗出来之后进行。

3. 检查区的布设与联测

为检查质量的可靠性，一般在摄区内选择一区域（可以某比例的一幅或几幅图的范围）作为检查区，布点按照区域网布点的方法，航摄所覆盖区域略大于所选检查区范围。

确定检测点坐标，应联测已知的国家三等以上三角点、C 级以上 GPS 控制点和基站点。

联测检测点时应特别注意以下问题：

（1）检测点应联测水准，如果测区内具有大地水准面精化成果，则可以利用，从而减少部分工作量。

（2）选取已知点时尽量选择 C 级以上的 GPS 点，因为这些点施测时间距现在不长，成果精度可靠，如果没有国家 C 级以上的 GPS 点或其数量不够，也可选择国家三等以上的三角点。

4. 大地点联测

为了将基站点及控制点转换到 1980 西安坐标系中，摄区应联测一定数量的大地点。大地点联测时应注意以下两点：

(1) 国家大地点联测在基准站联测时同步进行，这样可减少部分工作量。

(2) 国家大地点在整个测区分布均匀，保证了整个网的精度。

5. 水准联测

基站点四等水准联测，按四等水准要求施测，平差按四等水准精度平差。

控制点等外水准联测，控制点高程测量采用等外水准测量的方法。

6. 观测数据的管理和存储

由于整个测区观测数据较多，因此数据整理时应按照一定的规则进行，同时对数据应附加说明文档，说明基准站、地标点、检测点和大地点等观测的具体日期、时间，观测时的观测点数，以便解算者方便应用。

为了区分不同点的数据，对每个点每时段的观测数据均应建立一个文件夹，该文件夹中存放该点的原始数据和 RINEX 数据，并分别以原始数据和 RINEX 为文件夹名存放。

观测数据下载后，应进行相应的格式转换，将其转换为标准的 RINEX 格式，转换后文件的格式为 SSSSDDDA. YYT。其中：SSSS 表示测站（测点）名称，4 个字符，点名唯一；DDD 表示年积日，3 个字符；A 表示时段号，1 个字符；YY 表示年份，2 个字符；T 表示文件类型，1 个字符，是“O”或“N”，“O”表示观测数据，“N”表示星历数据。

摄区内的 GPS 观测数据应按照类别进行存储，设置总目录文件，再按类别分几个子文件进行存储，各子文件以日期为文件夹名存放各点数据。

（五）IMU/DGPS（POS 系统）辅助航空摄影测量的应用

试验和生产实践证明，IMU/DGPS（POS 系统）辅助航空摄影测量在 1∶50 000 比例尺航测成图时可无须地面控制点和空三加密，这一点在我国西部 1∶50 000 测图中得到了很好的印证。对于 1∶5 000 ~ 1∶10 000 比例尺航测成图可省去地面控制，建议加测少量控制点参与平差，提高整体精度，并检核成图精度。1∶1 000 和 1∶2 000 比例尺航测成图可大大减少野外像控测量的工作量。

复习题

1. 什么是航测外业的像片控制测量？

2. 航外像片控制点分为哪几种类型？使用中常用的代表字母是什么？编号时有什么规定？

3. 像片控制点布设的基本要求有哪些？简要说明提出这些要求的原因。

4. 什么是布点方案？在航测成图中有哪些布点方案？选择布点方案时应考虑哪些因素？

5. 什么是全野外布点方案？全野外布点方案适用于哪些范围？

6. 什么是立测法全野外布点方案？简要说明立测法全野外布点方案的基本原理和布点要求。

7. 什么是非全野外布点方案？非全野外布点方案有哪些优点？

8. 简要说明航线网加密布点方案的基本原理和布点要求。

9. 试述航带法和独立模型法区域网加密的基本思想。

10. 简要说明区域网加密布点方案可以减少野外控制点的施测工作量的原因。

11. 在进行航线网或区域网加密时，为什么要限制野外像片控制点的跨度值？应用精度估算公式说明野外像片控制点跨度值的计算方法。

12. 绘图说明平坦地区和丘陵地区区域网与航线网布点的各项要求。

13. 什么是特殊情况的布点方案？处理特殊情况布点的原则是什么？

14. 简述 GPS 系统确定地面点位的思路和其主要特点。工作过程是什么？

15. 什么叫绝对定位、相对定位、静态定位和动态定位？

16. GPS 测量有哪几种作业模式？各有什么特点？

17. 简述 RTK 定位测量的工作原理和工作过程。

18. 分析 GPS 测量误差的来源，并说明其对定位精度的影响。

19. 在 GPS 定位测量中，什么叫多路径效应？它是怎样产生的？如何削弱其对 GPS 定位测量所带来的影响？

20. 电离层、对流层误差是怎样产生的？

21. 收集和分析大地资料时应注意哪些问题？

22. 分析、检查航摄资料包括哪些内容？其目的是什么？

23. 加测高级地形控制点在航外控制测量中有什么作用？一般可采用哪些方法进行布设？

24. 布设高级地形控制点有哪些具体要求和规定？高级地形控制点的高程应如何测定？

25. 拟定航外控制测量技术计划的依据是什么？

26. 试述拟定航外控制测量技术计划的程序和方法。

27. 在像片上选点一般应考虑哪些问题？

28. 拟定像片控制点平面位置的联测计划应考虑哪些问题？

29. 绘图说明引点的施测方法及其在航外控制测量中的作用。

30. 拟定像片控制点高程联测计划时，一般采用哪几种方法？分别说明这些方法的适用范围和必须遵守的主要规定。

31. 试述等外水准测量观测和计算的主要要求与规定。

32. 用三角高程导线联测高级地形控制点高程时有哪些主要要求和规定？

33. 什么是地面标志？布设地面标志有什么作用？地面标志主要在什么情况下使用？

34. 试述拟定地面标志布设计划的基本方法。

35. 地面标志的形状有哪几种？怎样选择地面标志的形状？

36. 什么是实地选点？实地选取像片控制点应考虑哪些问题？

37. 什么叫像片刺点？像片刺点在航测成图过程中有什么重要作用？

38. 像片刺点时，为保证刺孔符合要求，应注意哪些问题？

39. 像片刺点应满足哪些要求？

40. 平面控制点、高程控制点、平高控制点，对刺点目标的选择分别有哪些要求？
41. 举例说明控制像片正、反面整饰的方法和要求。
42. 像片控制点水平角和垂直角观测及距离测量有哪些要求与规定？
43. 像片控制点的计算有哪些要求和规定？
44. 试述测量计算手簿装订的内容和程序。
45. 控制接边工作有哪些内容和要求？
46. GPS 辅助空中三角测量的基本原理是什么？对航测外业控制产生怎样的影响？
47. 简述 IMU/DGPS（POS 系统）辅助航空摄影测量的基本原理和实施过程。

第四章　影像图测图

影像图测图是航测综合法成图的一种方法，在外业测绘等高线，调绘地物地貌。按成图过程不同分为固定比例尺影像图测图和自由比例尺影像图测图两种。由于自由比例尺影像图测图精度低，1∶10 000 比例尺测图主要采用固定比例尺影像图测图。

第一节　固定比例尺影像图测图

一、固定比例尺影像图测图概念

固定比例尺影像图测图是综合法测图中的主要方法。它是以航摄像片为基础，经微分纠正制作成具有与测图比例尺相等的正射影像图，根据其影像确定地物、地貌点的平面位置，并在影像图上用常规地形测量的方法测绘等高线，最终获得地形原图的一种测图方法。

固定比例尺影像图测图与普通地形测量法测图相比具有以下特点：

(1)固定比例尺影像图测图时的图底是具有地物、地貌影像的像片平面图，而不是一张白纸，所以地物的形状一般可以直接按影像确定。

(2)固定比例尺影像图测图时，虽然等高线仍须采用普通测量的方法在实地测绘，但由于它测绘等高线是在具有地面影像的图底上进行的，有影像作参照，所以对地貌的测绘更准确，对地貌特征的表示更逼真。

(3)固定比例尺影像图测图时，对地物和不用等高线表示的地貌元素，不需要像白纸测图那样实地测定，而是采用调绘的方法将其按地形图式规定符号直接根据像片描绘或注示。此外，测站点和碎部点的平面位置一般也不需要实地测定。所以，固定比例尺影像图测图与普通白纸测图相比减少了大量的工作量。

二、固定比例尺影像图测图的作业方法及过程

固定比例尺影像图测图是一种用于高程精度要求较高的测区，是航空摄影测量与普通地形测量结合的成图方法，其具体作业步骤如下。

(一)野外控制测量

野外控制测量的主要任务就是按内业制作影像图的需要在实地测定一定数量的像片控制点。

(二)对影像平面图的质量检查

作为外业测图的依据，对影像平面图的质量必须进行以下检查：

(1)正射影像图的图面影像清晰，色调均匀，反差适中，无伤痕和污迹。

(2)图廓大小与理论尺寸之差，边长不大于0.2 mm，对角线大于0.3 mm。

(3)展绘的三角点、控制点之间以及控制点至图廓点的距离与理论长度的较差不大于图上0.2 mm。

(4)相邻图幅间地物接边差不超过 1 mm,个别最大处也不应超过 1.2 mm。

(三)影像图测图

影像图测图就是利用影像平面图在实地测绘地貌、高程注记点和进行地物地貌的调绘以及新增和变化地物的补测。在像片图测图范围的三角点,高级地形控制点的高程,应以等外水准联测,沿图边应布设高程公用点。

1.测站点的布设

测站点的布设位置应满足等高线测绘、高程碎部点测量和地物补测的要求,设站的密度视实际作业需要和最大视距而定。

1)确定测站点的平面位置

测站点位置的选择应满足测绘等高线、高程注记点和补测地物的要求,因此应全盘考虑,作出计划。一般测站点的选择应注意以下几点:

(1)影像平面图上的各类控制点和明显地物点均可选作测站点,这些点应是在影像平面图上影像清晰,并能准确刺出其平面位置的点。

在影像图的直线地物上设站,先测出测站至地物端点的距离,并在图上截取测站位置。

利用平面控制点或明显地物点图解交会测站时,交会角应为 30°~150°,失误三角形的边长不大于 0.5 mm,并需要用另一方向检查,检查点至检查方向的垂距不大于 0.5 mm。

(2)测站点的密度视实际作业需要和明显的最大视距而定,不必因测站点过密而增大工作量。

(3)测站点应能有效地控制四周地形,通视良好,一般应选在位置较高、地形开阔的地方。

(4)对影像平面图上无明显影像特征,无法刺出测站点的地段,应采用测图导线、测图支导线弥补测站点的不足。

施测测图导线,测图导线可起闭于明显地物点。1∶5 000 测图边长不超过 200 m,全长不超过 1 km;1∶10 000 测图边长不超过 300 m,全长不超过 2 km。导线边用全丝正倒镜测定,其较差不大于边长的$\frac{1}{150}$。导线全长闭合差不大于图上 $0.4\sqrt{n}$ mm(n 为转折点数),闭合差配赋予最后三个导线点上。

施测测图支导线:在困难地段上,可以敷设不多于三条边的复觇支导线。1∶5 000 测图全长不超过 300 m,1∶10 000 测图全长不超过 600 m,往返测距离较差不超过边长的$\frac{1}{150}$。

2)测站点高程的测定

(1)测图水准、电磁波测距高程导线的有关技术要求及发展次数,分别按像片控制点的高程测量要求执行。

(2)测图导线,起算点应为测图水准以上的高程控制点。全长及边长按施测平面点测图导线时的要求执行。垂直角观测一测回,高程闭合差不大于 0.4 m,并配赋予最后三个导线点上。

(3)测图支导线,起算点应为测图水准以上的高程控制点。全长及边数按施测平面测图支导线要求执行。垂直角观测一测回,往返测高差不大于 0.2 m。

2.标定图板的方向

固定比例尺影像图测图时,图板方向的标定方法基本与平板仪测图相同。在标定图版方向时，除利用图幅内三角点、各类平面控制点和附近的测站点外，还可选用图板上两个以上明显地物点标定图版方向。为了使图板方向标定准确，用来标定图板方向的点至测站点的距离应大于图上 4 cm，且必须用其他方向进行检查，检查点偏离检查方向不应大于图上 0.5 mm。

3. 碎部测图（测绘地貌）

在影像图上测绘地貌的方法与常规地形测图基本相同。

（1）设站时，仪器应概略对中，1∶5 000 测图偏心距不大于 0.25 m。

（2）垂直度盘指标差每天作业前应进行测定，1′以内可不改正。

测站点至碎部点的距离一般不超过表 4-1 的规定。碎部点的数量视地形的具体情况和高程注记点的要求而定，碎部点可作高程注记点。高程注记点和等高线对附近野外控制点的高程中误差不得大于表 4-2 的规定。

表 4-1　测站点至碎部点的距离允许值

成图比例尺	测绘等高线		补测地物（m）
	视距（m）	图上量距（m）	
1∶5 000	300	450	250
1∶10 000	400	600	300

注：用水准法施测碎部点时，其视距边长按表中“图上量距”的规定执行。

表 4-2　高程注记点和等高线对附近野外控制点的高程中误差

项目		成图比例尺							
		1∶5 000				1∶10 000			
地形类别		平地	丘陵地	山地	高山地	平地	丘陵地	山地	高山地
高程中误差	高程注记点	0.35	1.2	2.5	3.0	0.35	1.2	2.5	4.5
	等高线	0.5	1.5	3.0（地形变换点）	4.0（地形变换点）	0.5	1.5	3.0（地形变换点）	6.0（地形变换点）

（3）高程注记点应测注在地貌特征点及容易识别的地物点上，图上地貌高程注记点的高程不应与等高线有矛盾。但测注的地物点高程不是地面高程时，可不与等高线高程相吻合。

（4）描绘等高线时应正确显示出地貌的特征与走向，当地貌测绘精度不能满足表 4-2 的规定时，可用草绘等高线表示，但应在技术设计书中明确规定，碎部点是描绘地物、地貌的依据，一般应选取地物、地貌的特征点，如地物（主要指像片上无法确定位置的新增地物）的拐角点、转折点，地貌的山顶、鞍部、洼地、山脊和山谷倾斜变换点等。碎部点的数量应视新增地物的多少、地貌的繁简程度及对高程注记点所要求的数量而定。

测定碎部点的平面位置一般可采用视距法和量距法。视距法多用于补测新增地物和明显地物点稀少地区的测图；量距法多用于明显地物点多、地势开阔地区的测图。测定碎部点的高程，平坦地区一般则采用水准法测定。

影像图测图时，由于图面上有地面的影像，所以等高线的位置和走向更容易确定，控制等高线的碎部点也可相应减少。在描绘等高线时，不仅可以对照实地，而且可以参照影像使所描绘的等高线更细致地显示实地的地貌特征。

4. 地物调绘

由于影像图测图时图面上已有地物的影像，因此地物不需像常规白纸测图那样在实地测定，而是通过像片调绘的方法来解决。具体调绘方法参见第六、七章。

(四)特殊情况测图要求

(1)立测法成图中，如云影、阴影、雪影等，覆盖面积在像片上小于4 cm^2，且位于地形简单的等倾斜面上时，除补测地物外，可在实地将影像不明显的地貌用任意等高线描绘，以供内业修改。如覆盖面积大于4 cm^2，或面积虽小于4 cm^2，但遮盖特征地貌或明显地物时，则应按补测漏洞的方法进行补救。

(2)航摄相对漏洞和绝对漏洞，应用常规测图方法补测。首先判断补测范围，在补测范围周边向外测出4 mm，并在漏洞边缘的立体测图区域内选刺四个以上明显地物点。测注高程以供内业接边。

(3)补测像片上无影像的地物及地貌元素时，对附近明显地物相关位置的移位差不大于图上0.75 mm，困难地区不大于1.0 mm。

(4)在等高距为1 m的平坦地区，如采用立测法测绘成图，除高程控制点用全野外布设外，还应于野外实测足够的高程注记点和碎部点，并注记于控制像片上，等高线由内业描绘。当内业加密能保证高程注记点的精度要求时，高程注记点和碎部点可不在野外测定而在内业加密。具体要求在项目设计书中规定。

(五)着墨整饰或矢量化转绘编辑

着墨整饰是固定比例尺影像图测图的最后一项工作。该工作必须依照规范和图式的要求认真细致进行，经着墨整饰后即得到一张地形原图。

如果采用数字影像图，将室外测绘成果在室内电脑上进行矢量化转绘编辑。同样，应按照规范和图式的要求认真细致进行，不得转错位置及属性、注记。

第二节　单张像片测图

单张像片测图主要适用于航摄比例尺小，摄影质量不好，成图精度要求较高，又不能采用立测法成图的地区，以及产生航摄漏洞，需要补测地物、地貌的地区。

单张像片测图是在未经纠正的航摄像片上进行的。这种像片具有中心投影性质，由于像片倾斜和地形起伏，像片上的影像相对于正射投影存在着移位变形，而且各部分像片比例尺不统一，因此单张像片经过外业测图所获得的是中心投影的像片图，在此之后，还必须经过内业投影转绘才能获得正射投影的地形图。也正是由于这种原因，在外业进行单张像片测图时，必须保持地物、地貌在航摄像片上的中心投影性质不变，即实地测点，在转绘到像片上时，必须按中心投影的关系进行改正，保持像片影像协调一致。

为了保证成图精度，在单张像片测图过程中规定：因地形起伏所引起的投影误差，不允许超过图上0.5 mm；当投影误差超过0.5 mm时，则根据实地测出的距离在像片上截点，或在像片上量取实地距离时，都必须考虑投影误差的改正问题。

单张像片测图应采用接近成图比例尺的放大像片并裱于图板上，且尽量把测绘面积布置在像片中央。其作业程序及作业方法如下。

一、控制测量

单张像片测图时，必须测定一定数量的控制点，为内业提供纠正点，将中心投影的像片图转化为正射投影的地形图。控制点布设要求及测量方法已在第三章中介绍，这里不再重复单张像片测图必须在外业测绘等高线，因此测站点的测定也是控制测量的内容之一。测站点的测定方法及有关规定与像片图测图相同。三角点、小三角点或相应等级的导线点、野外像片控制点均可作为测站点，其他测站点应尽量选在明显地物点施测，如果测站点不是利用明显地物点，则须注意投影差改正。

二、像片比例尺的测定

单张像片测图是在中心投影的航摄像片上进行的，像片上各处的比例尺不一致，给测图工作带来了困难，因此测定像片比例尺是单片测图工作中必须解决的重要问题。

（一）平坦地区像片比例尺的测定

平坦地区的地面起伏不大，当像片倾角小于1°时，像片上各处的比例尺变化也不明显，因此可采用像片平均比例尺作为各测站的像片比例尺进行测图。

1. 测距法

在离像主点不超过1 cm的明显地物点上设站，用测距法测定近似正交而尽量同高的四个明显地物点的实地距离 D_1、D_2、D_3、D_4，在像片上量取相应线段 d_1、d_2、d_3、d_4，如图4-1所示，然后用式(4-1)计算像片平均比例尺分母：

$$M = \frac{1}{2}\left[\frac{(D_1 + D_2)}{(d_1 + d_2)} + \frac{(D_3 + D_4)}{(d_3 + d_4)}\right] = \frac{1}{2}(M_1 + M_2) \tag{4-1}$$

式中，两组比例尺分母 M_1、M_2 之差 ΔM 不应超过$\frac{M}{100}$，否则应检查原因，重新测定。

四个明显地物点至像主点的距离应不小于像片上2.5 cm(18 cm×18 cm像幅)或3.5 cm(23 cm×23 cm像幅)，且应尽量使四段距离相等。如果测绘面积偏于像片一角，则应在此测绘面积中部求其平均比例尺，这样会更接近实际情况。

2. 解析法

解析法用于测图像片按全野外布设四个平面控制点的情况。此时，在像片上量取四个平面控制点形成的两对角线的距离 d_1、d_2，如图4-2所示，然后用平面控制点的坐标反算出相应的实地距离 D_1、D_2，并按式(4-2)计算像片平均比例尺分母：

$$M = \frac{1}{2}\left(\frac{D_1}{d_1} + \frac{D_2}{d_2}\right) = \frac{1}{2}(M_1 + M_2) \tag{4-2}$$

式中，两组比例尺分母 M_1、M_2 之差 ΔM 不应超过$\frac{M}{100}$。

（二）起伏较大地区像片比例尺的测定

在起伏较大的地区，由于投影差的影响，测图像片不能采用同一个像片平均比例尺，而必须按测站位置逐站测定比例尺，以供本测站范围测图使用。此时，测定比例尺的方法有测

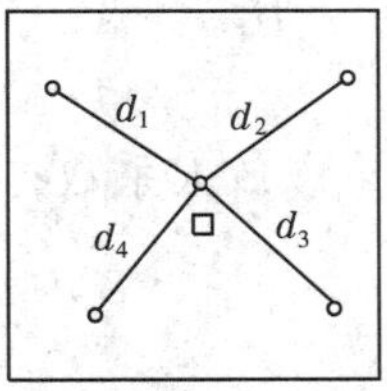

图 4-1　测距法求比例

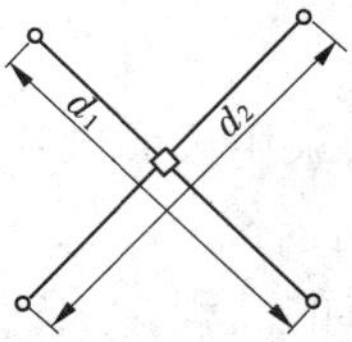

图 4-2　解析法求比例

距法和绝对航高法两种。

1. 测距法

以测站点为中心，选择两个与测站同高且方向线近似正交的明显地物点，用测距法测定测站到两个明显地物点的距离 D_1、D_2；然后在像片上量取相应线段长 d_1、d_2，如图 4-3 所示。按式(4-2)计算测站比例尺分母。

当 M_1 与 M_2 的较差不大于$\frac{M}{50}$时，则取中数作为该测站测图的像片比例尺分母。当 M_1 与 M_2 的较差大于$\frac{M}{50}$时，应先检查计算和测量有无错误，如确认无误，那就是像片倾斜角过大，此时不应再求测站比例尺，而须全部按照判读地面目标进行测图。

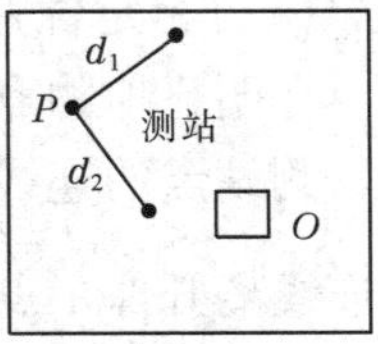

图 4-3　测距法求测站的像片比例尺

在用测站法测定像片比例尺时，选择明显地物点至测站点的线段长度应不短于像片上 2 cm。如果测站点与地物点的投影差之差超过图上 0.5 mm 时，则必须在像片上量取的距离中加入投影差改正。

2. 绝对航高法

绝对航高法适用于全野外布设平面控制点的图幅。所谓绝对航高就是摄影中心的海拔。如果知道绝对航高就可以比较方便地计算测站点的相对航高和像片比例尺。

如图 4-4 所示，水平像片上 b、c 两点为地面控制点 B、C 在像片上相应像点的位置。D 为 B、C 两地面点的水平距离，d 为 b、c 两像点之间的距离，A_B、A_C 分别为 B、C 两点的高程，h 为 C、B 两点间的高差，r_c 为像底点（或主点）至像点 c 的距离，f 为航摄仪焦距，ΔD 为 h 所产生的投影误差，则绝对航高的计算公式为：

$$H_0 = A_B + \left(D + r_c \frac{h}{f}\right) \frac{f}{d} \tag{4-3}$$

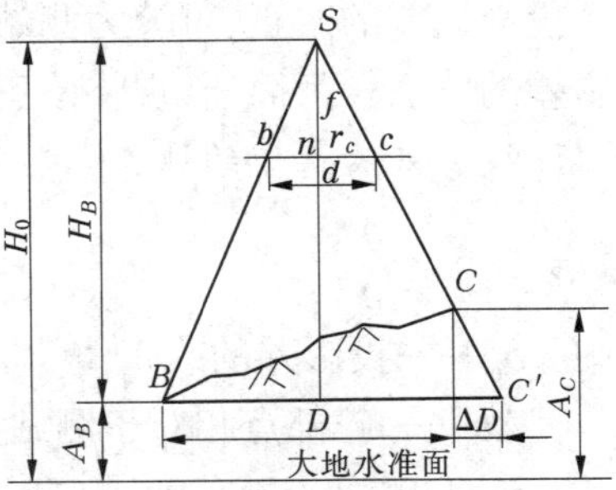

图 4-4　绝对航高法求比例

式(4-3)是在假定像片水平，且 b、c 连线通过像底点（或主点）的条件下推出来的，因此只适用于像片倾角不大的地区。实际计算时，可利用每张测图像片上的四个平高控制点，根据每一对角线上两控制点间在像片上的长度，像底点（或主点）至像点的距离，以及控制点的坐标和高程，求出两组绝对航高值。当两组绝对航高值的较差不超过航高平均数的$\frac{1}{100}$时，则可取中数作为本像片所使用的绝对航高，然后按下式计算各测站点的像片比例尺分母：

$$M = \frac{(H_0 - A_i)}{f} = \frac{H_i}{f} \tag{4-4}$$

式中 f——航摄仪焦距，采用放大像片作业时，应乘以放大系数；

H_0——该像片绝对航高；

A_i——所定测站点的高程；

H_i——相应测站点的相对航高。

如果在一幅图内，同一条航线的航高变化不大，则可于航线两端像片上求出绝对航高，其较差不超过航高平均数的$\frac{1}{100}$时，取其中数作为全航线各像片的绝对航高。

三、调绘与测图

单张像片调绘与测图的程序和方法与影像图测图基本相同，但应注意下述几个问题。

（一）标定像片方向

在明显地物点较多的地区，应尽量利用明显地物点标定像片方向。此时，应使明显地物点与测站点的连线尽量通过像主点，以减少方向偏差对像片定向的影响。在困难情况下，两点连线离开像主点的距离，平坦地区一般不大于 1 cm；起伏较大的地区不应大于$\frac{f}{40}$，测站点与定向点之间的距离在 4 cm 以上。

在隐蔽地区或明显地物点稀少的地区，可用磁针标定像片方向，并用明显地物点进行检查。

（二）碎部点的测定

单张像片测图，测定碎部点的方法与像片图测图基本相同。但当所测地区起伏较大，由于高差所引起的投影差超过 0.5 mm 时，为了使所测绘的地物地貌元素保持中心投影关系，从像片上量距或根据实测距离在像片上截点时，必须加入投影误差改正。

投影误差的改正，可分为测站点投影差改正和镜站点投影差改正两种。以改正测站点投影差的方法较为简便，现将改正方法介绍如下。

1. 投影差改正值的计算

$$\delta_h = \Delta h \frac{r}{H_n} \tag{4-5}$$

式中 δ_h——投影差的改正值，其正、负号与 Δh 相同；

Δh——碎部点相对于测站点的高差；

r——测站点至像底点（或主点）的距离；

H_n——测站点的相对航高。

如果像片的绝对航高为 H_0，测站点的高程为 A_1，则 $H_n = H_0 - A_1$；如果已知测站点的像片比例尺分母为 m，则 $H_n = mf$。测站点的航高计算可根据具体情况在上述两种计算方法中选择。

改正测站点的投影差是以碎部点的高程作为投影基准面，所改正的投影误差是测站点相对于碎部点的高差所引起的投影误差，即将测站点的位置改正到与碎部点同高的投影面上。但实际测定的高差总是以测站点为准，是碎部点相对于测站点的高差，这对于计算投影差改正值没有影响，只影响改正方向。

2. 改正方法

如图 4-5 所示，设碎部点 A 对于测站点 N 的高差 $\Delta h = 70$ m，测站点的相应点 n 至像底点或（像主点）O 的距离 $r = 70$ mm，测站点的像片比例尺分母 $m = 14\ 000$，航摄仪焦距 $f = 100$ mm，则：

$$H_n = mf = 14\ 000 \times 100 = 1\ 400(\mathrm{m})$$

$$\delta_h = \left(\frac{\Delta h}{H_n}\right) r = \frac{70}{1\ 400} \times 70 = 3.5(\mathrm{mm})$$

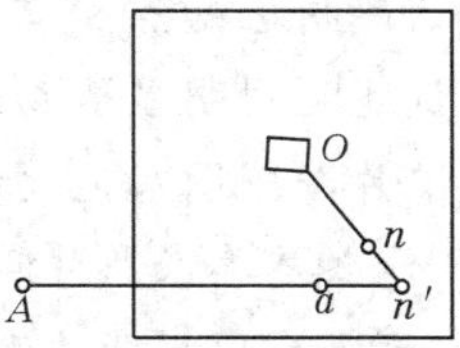

图 4-5 测站点投影差的改正

将测站点 n 沿 On 方向向外改正 3.5 mm 至 n'，如果 δ_h 为负，则应沿 nO 方向向里改正，即向外改正，向里为负。

$$m_A = \frac{H_n - \Delta h}{f} = \frac{1\ 400 - 70}{100} = 13\ 300$$

标定像片方向后，沿 $n'A$ 方向，将所测的实地距离 NA，按碎部点像片比例尺缩绘到像片上得碎部点的像点 a，a 点即是 A 在像片上的中心投影位置。

3. 注意事项

（1）在实际计算投影差时，因 H_n 与 r 在一个测站是固定的，可事先算出 $\frac{r}{H_n}$，然后以各标尺点（即碎部点）的 Δh 与之相乘则可得 δ_h。

（2）应注意 Δh 与 δ_h 的正负号，投影差改正时应注意方向，不要改反。

（3）如果为了计算高差，需要在中心投影的像片上量距，而两像点又在同一水平投影面上，投影误差超过规定时，也需要进行投影误差改正。改正的方法和上述情况基本相同。但此时先对碎部点观测垂直角，用像片上量取的近似距离（未改投影差）计算近似高差 Δh，代入式（4-5）计算投影差改正数。如果改正精度不够，则应用第一次改正后的距离再计算一次。

（三）描绘等高线

单张像片测图，由于等高线是在中心投影的像片上描绘的，与一般情况有所不同，必须注意以下问题：

（1）描绘等高线应在立体观察下进行，同时使所描绘的等高线必须与像片影像一致，保持中心投影的相互关系。

（2）像片影像存在移位变形，测图时必须保证有足够数量能充分控制地形变化的碎部点，并对照实地描绘。

（3）由于投影误差的影响，像片上等高线的稀密程度不能完全反映实地坡度，描绘时应根据像片表现出的坡度情况进行描绘，只能待内业投影转绘后才能与实地地貌形状相似。

复习题

1. 一般在什么情况下采用综合法测图？综合法测图有哪些特点？
2. 什么是像片图？像片图与一般航摄像片比较，有什么区别？
3. 什么是固定比例尺影像图测图？简述固定比例尺影像图测图的作业过程。
4. 固定比例尺影像图测图进行野外控制测量的目的是什么？

5. 像片平面图的质量应满足哪些要求?

6. 固定比例尺影像图测图,选择测站点时应考虑哪些问题?测站点的平面位置和高程如何确定?

7. 试述用已知点和罗针标定像片图板的方法。

8. 试述利用明显地物点进行像片图测图的作业方法。

9. 像片图测图对地物的测绘采用什么方法去解决?与白纸测图比较有什么不同?

10. 什么是单张像片测图?外业测图时应注意什么问题?

11. 试述应用测距法测定像片比例尺的作业方法。

12. 试述应用解析法测定像片比例尺的原理与作业方法。

13. 试述应用绝对航高法测定像片比例尺的原理和作业方法。

14. 单张像片测图利用明显地物点标定像片方向有什么要求?为什么?

15. 试述测站点投影差改正的原理与方法。

第五章 调绘的基本知识

第一节 概 述

目前调绘采用的形式主要有像片调绘、内业立测线划回放纸图调绘和数字影像调绘三种。

一、像片调绘

像片调绘,就是在对航摄像片上的影像信息进行判读的基础上,对各类地形元素及地理名称、行政区划名称,按照一定的原则进行综合取舍,并进行调查、询问、量测,然后以相应的图式符号、注记进行表示或直接在数字影像上进行矢量化编辑转绘,为航测成图提供基础信息资料的工作。

像片调绘在航测成图过程中地位非常重要,是航测外业的主要工作之一。像片调绘成果是内业测图的基础资料,是内业测绘地物元素(包括不能用等高线表示的地貌元素)的主要依据。调绘的内容如果有差错,内业是难以纠正和发现的,这些错误往往要带到正式出版的地图中去,影响十分严重。因此,在像片调绘时必须认真负责,一丝不苟,以确保成图质量。

像片调绘不同于前面所讲的像片判读。像片判读只是研究如何根据像片影像和其他资料识别、区分各种地形元素,而像片调绘根据需要不仅要求表示能够从影像上判读出的某些元素,而且还要表示某些不能从影像上判读或者根本没有影像的无形元素,如境界、地理名称等。

像片调绘的内容主要包括像片调绘前的准备工作,像片判读,地物、地貌元素的综合取舍,调查有关情况和量测有关数据,补测新增地物,像片着墨清绘,接边,检查验收等。

二、内业立测线划回放纸图调绘

采用立测线划回放纸图调绘,主要是为了保证数学精度和地理精度而进行的调绘、核查、补绘。其调绘形式是首先在内业根据像片控制点进行数字立体测图定位,然后将所测数字图(有少部分已利用经验定性)在绘图机上回放(喷绘或打印)出来,再到实地对所绘地物、地貌元素进行定性、核实,地理名称的调绘,补测隐蔽地物和新增地物,修改以及图幅名称的确定等,并且在测区进行清绘或编辑工作。

回放纸图有两种形式:一种是在线划图上叠加有影像;另一种没有叠加影像,调绘时可配合航摄像片进行。

应当指出,内业在所建立的立体模型上进行数据采集时,依比例尺表示的地物测出其范围,不依比例尺表示的地物测出其中心位置,按模型能定性质的地物、地貌元素用相应的符号表示,对影像清楚的地物、地貌元素应全部准确无遗漏的采集,对立体影像不够清晰的地物、地貌元素应尽可能的采集，并需作出标记，以便提醒外业调绘人员注意其位置的核实及补绘，地物应以可见地物的外部轮廓为准，地貌用等高线、高程注记和地貌符号表示。对密集植被覆盖的地表，当只能沿植被表面描绘时，外业应加植被高度改正，在林木密集隐蔽地区，应依据野外高程点和立体模型进行测绘。

（一）保证数学精度的调绘（核查）、补绘

用仪器（全站仪、皮尺、水准仪、GPS－RTK 等）对线划图的平面、高程精度进行足够程度的抽样检核，确保调绘工作在合格的内业成果图上进行。对于超限的产品要分析原因，必要时可追溯到上道工序，对于批量性的超限产品，应分析空三加密成果的精度，必要时对此类区域由外业进行平高全野外控制测量后内业在重建的立体模型下重新测量。对所检核图，其地物点对邻近野外控制点的平面位置中误差要求，平地、丘陵地不超过 ±0.5 mm，山地、高山地不超过 ±0.75 mm。高程注记点和等高线相对邻近野外控制点的高程中误差要求见表 5-1。

表 5-1　高程注记点和等高线相对邻近野外控制点的高程中误差

项目		成图比例尺							
		1:5 000				1:10 000			
地形类别		平地	丘陵地	山地	高山地	平地	丘陵地	山地	高山地
高程中误差	高程注记点	0.35	1.2	2.5	3.0	0.35	1.2	2.5	4.0
	等高线	0.5	1.5	3.0（地形变换点）	4.0（地形变换点）	0.5	1.5	3.0（地形变换点）	6.0（地形变换点）

对检核合格后的线划回放纸图，由于图上比例尺一致，利用其进行调绘、补绘，可以保证地物、地貌的数学精度，调绘的目的性更强，节省开支，减少消耗，野外工作量减小，提高调绘的工作效率，在测区可直接成图（DLG）。但是，由于所用图缺少属性符号、注记，直观性不强，调绘人员应具备一定的判图基础。

（二）保证地理精度的调绘

地理景观要素方面的调绘应系统地对地物、地貌要素进行定性调绘，做到图面清晰易懂，综合取舍合理。确定图名，图名应选取图幅内较大或较重要的单位、村庄。图内没有较大单位、村庄，图名比较难选时，可以只标注图号，并且全测区的图名不得重复。

对于内业采集数据的差、错、漏，即对图面上缺少、变化和内业处理不合理甚至错误的内容及时补调和修改，外业调绘时一定要处理清楚。对于新增地物、地貌要实测补绘。

三、数字影像调绘

数字影像调绘指的是利用安装有有关程序、符号库和测区数字影像的笔记本电脑或 PDA，在测区实地直接进行地形元素的数字化编辑绘制、变化地物补绘和注记的调绘技术。利用 PDA 调绘还可进行 GPS 定位和通信。其技术要求与像片调绘相同。

优点：数字影像放大缩小方便，提高判绘精度，符号绘制标准，实地绘制，实现调绘数字化，省去手工清绘的烦恼。

缺点:采用笔记本电脑实地调绘,主要存在电池难以保证长时间作业,电脑显示屏对着阳光看不清楚的问题;利用 PDA 调绘,显示屏幕尺寸有限,不便观察调绘范围的总貌和进行立体观察,存储空间有限,难以装载更多的数字影像,外业调绘人员人手一个,代价较大。

四、调绘的基本要求

无论采用何种调绘形式,均应保证调绘的质量,对调绘应满足以下基本要求。

(一)准确性

要求所调绘的地物、地貌元素位置准确,性质和特征准确,道路等级的划分准确,描绘地物的方向准确,调查的地理名称准确,补测的新增地物准确以及量测的各种数据准确,清绘的符号、线划准确等,以确保地形图的数学精度和地理精度。

所谓数学精度,就是地形图表示的各种可供量测的地形元素所存在的几何误差(包括平面位置和高程位置误差),这些误差不应超出规范的规定。

自然要素和社会经济要素在地面上的分布状况及其相互关系,称为地理景观。地理精度就是地形图上表示地理景观的准确程度或相似程度。

(二)合理协调性

要求所调绘的地物综合取舍的程度应与成图比例尺相适应,各种地物、地貌元素之间的关系处理恰当,主次分明,重点突出,能合理地、真实地反映实地的地理景观。

(三)完整性

所有规范规定必须上交的资料,包括像片资料、检查验收资料、抄写资料、图历表等,均应一项不缺地整理上交;凡地形图所要求表示的内容都不能有所遗漏;凡规范、图式要求量注的数据都必须全部量注;规定应填应绘的图表均应按规定填绘;而且必须规定进行检查验收,在确保成果完整、符合要求时才可上交。

(四)统一性

要求像片调绘所使用的图式版本、规范要统一,同一地物的表示方法要统一,符号、说明、注记等所使用的颜色要统一,说明、注记、像片编号的格式要统一。

(五)明确性、清晰性

明确性是指:表示地物的性质明确,地名注记位置的指向明确,道路走向明确,地物与地物、地物与地貌之间的关系明确。

清晰性是指:图面所表示的地形元素综合取舍恰当,主次分明,重要元素表示突出;图面上负载量合理;地物、地貌元素之间的关系处理得当,均能清楚地区分;图面的整饰清楚,各种线划符号的形状、大小、粗细均符合有关规定;线条流畅,字体端正,数字清楚,给人以清新悦目的感觉。

以上所说的五点要求,归纳起来也就是调绘应满足必需的数学精度、地理精度和整饰精度。一般的航测作业调绘像片,在整饰方面可适当放宽,只要图面上清晰易读就可以了。

第二节　航摄像片与地形图的区别

航摄像片与地形图虽然都是描写地面情况的一种资料,但它们的性质却完全不同,它们之间存在着许多区别。

一、在投影方面的区别

航摄像片上的影像是地面物体的中心摄影，存在着由于中心投影与正射投影相比较所产生的误差，包括因像片倾斜所产生的倾斜误差和地形起伏所产生的投影误差。在这些误差的影响下，像片影像产生不同程度的变形、移位，给识图、用图带来困难，因而降低了它的使用价值。

地形图是在航摄像片基础上，经过航外测量的控制与调绘，航测内业的纠正、加密、立体测图等若干工序的处理和加工，以正射投影的方式测绘而成的。因此，地形图是地面物体的正射投影，在地形图上消除了因像片倾斜产生的误差，对因地形起伏引起的投影误差也作了严格的限制，使地形图与相应地面的物体保持了相似，即具有一定比例尺的关系，从而使地形图比航摄像片具有更高的实用价值。

二、在比例尺方面的区别

航摄像片因为是中心投影，在像片上存在着倾斜，像片范围内存在着地形起伏的情况，像片上每一个像点的比例尺都不相同，这样在像片与地面之间就无法进行准确的换算。

三、在表示方面的区别

(1)地形图是以线划符号和文字、数字注记表示的线划图，而航摄像片是以不同色调表示的单色或彩色画面。

(2)地形图对地面物体的表示是根据测图需要和图面信息承载量而决定的，因此具有不同程度的选择性，一般情况下均要舍去许多繁杂的、不需要的地物，如没有方位意义的零星树木，不重要的小路、小沟、小土包、小坑、小水塘等。

(3)地形图对地面上具有重要作用的地形元素进行了夸大的突出的表示，从而保证了用图的需要；而这些地形元素在航摄像片上往往处于不明显甚至影像消失的情况，从而使用图者很难辨认。

(4)地形图表示了地面上的许多无形元素，如地名、境界、树种、树高、坐标、高程等，而从航摄像片的影像上则不可能找到。

四、在使用方面的区别

航摄像片存在的误差：倾斜误差和投影误差；因摄站之间航高不相等所产生的像片比例尺不一致的误差；摄影机物镜构像不准确，即光学系统的各种误差；像纸、底片伸缩所产生的变形误差；地球曲率影响所产生的像点移位误差等。这些误差破坏了像片影像与地面之间的相似关系，从而大大降低了直接在航摄像片上的量测精度。从航摄像片上直接量测的数据精度很低，这些数据不能满足各项建设用图的需要。

地形图在成图过程中，对上述各项误差都根据用图单位的需要作了严格的限制和改正，从而获得了较高的数学精度。利用地形图不仅可以看到相应地区的地理景观，而且在地形图上可以进行准确的量算，为各项建设提供许多精确的基础数据。例如，地面点的高程、平面坐标，地面点之间的高差、坡度、距离、方位、夹角以及某一范围的面积等数据。

上述情况不仅说明了航摄像片和地形图存在许多根本区别，而且也看到了地形图与航摄像片相比较有着许多优点，但这并不等于说航摄像片就没优点，地形图就十分完美了。一定不能忘记航摄像片是测制航测地形图的基础资料，即没有航摄像片就没有航测地形图，而且航摄像片还具有形象、生动、内容丰富、判读直观、立体感强、可以建立立体模型等优点。将线划图与像片影像相结合制成的影像地图得到了广泛应用。

第三节　图式符号的运用

一、图式符号的意义

航摄像片虽然摄取了地物、地貌的影像，但是这些影像都是用深浅不同的色调表示的，如果直接将航摄像片作为地形图使用，仅从图面表示情况看，也是很不方便、很不准确的。因此，地形图必须采用不同的点、线和图形等图式符号，以表示地面物体的位置、形状和大小，并且反映各种物体的数量和质量特征及相互关系。用图式符号表示各类地形元素有以下优点。

（一）概念明确

地形图上每一种图式符号都有明确含义，只要我们理解了含义，就能根据相应符号判别地物的形状、大小、性质、位置、质量、数量以及分布情况等内容。例如，独立树，从符号上就能迅速知道这是指有良好方位作用的单颗树木；又如，独立房屋，图式上对独立房屋有以下定义：独立房屋是指各种类型的单幢房屋。图上长度小于1.0 mm，宽度小于0.7 mm的房屋，用不依比例尺的符号按真方向准确绘出。对于长度大于1.0 mm，宽度不足0.7 mm的独立房屋，用半依比例尺的符号表示；图上长、宽分别大于上述尺寸的独立房屋，用依比例尺符号表示。根据上述定义就可以迅速地知道符号所表示的各种独立房屋的特征。如果直接根据像片去判定这些房屋就很费时间了。像片上尽管给出了各种地形元素的影像，但这些影像所代表的内容，不经仔细判读，一般是不知道的，而且有时还会出现影像相同而实际所代表的地物完全两样的情况，使用图者得出错误的结论。

（二）清晰易读

符号的图形简单；外轮廓准确清楚；符号之间的关系有合理明确的规定；符号没有色调层次，在图面上的视觉反差较大；符号有统一规定的形状、尺寸、色彩，容易识别。因此，用图式符号表示的地形图比用色调表示的像片更具有清晰易读的优点。

（三）能突出表示重要的地形元素

地面上某些物体虽然比较小，但具有十分重要的作用，如独立树、烟囱、宝塔、电力线、管道等，它们都是地形图的重要内容，但这些物体由于体积较小，在比例尺较小的航摄像片上往往难以辨认，甚至影像消失，当用图式符号表示时就能突出它们的重要作用，使图面主次分明。

（四）能表示无形元素

所谓无形元素是指地面上看不见而地形图又需要表示的元素，如境界、地理名称以及实际上不能成像的森林中的小路等。无形元素在航摄像片上没有相应的影像，而采用图式符号则能有效地表示它们的作用。

由此可见，图式符号是绘制地形图和使用地形图的重要工具，也是测绘工作者和用户之间交换地形信息的图形语言，绘图和识图都必须正确掌握与运用这种语言工具。

二、图式符号的制定原则

了解图式符号制定的原则，有助于正确运用图式符号去表达地形图所需要的内容。制定图式符号的基本原则如下：

(1)图式符号应保证满足地形图必须的精度，即图式符号的中心点、中心线或外部轮廓的转折点都应有准确的可供判读的位置特征。

(2)图式符号应选用合适的尺寸，使符号既能表达较小的物体，又不致因为图形过分夸大而影响图面清晰。

(3)图式符号的图形必须尽可能简单并与实际地物之间有某些相似之处，使人一看符号就联想到实际的地物，这样便于认识、记忆和描绘。

(4)符号与符号之间应有明显区别。

(5)符号的种数不宜过多，以减少识图、绘图的困难。因此，同形状或同性质的地物往往采用相同的符号，再加说明注记。

(6)选取与地物相近的颜色来绘制符号，这样可以增强符号的表达能力，使符号易于区分。图上的文字与数字注记不是符号，但都是地形图必须的要素。使用文字和数字注记，是为了补充描述符号的意义。

(7)符号应具有统一性。同一类要素在不同比例尺地形图上应尽量采用同样的色彩和类似的符号图形，随比例缩小图形可略为简化，符号尺寸也适当缩小，但应保持外形上的一致。

三、地形图图式符号的分类

图式符号的种类很多，形状各异。为便于记忆和查找，一般可按下述三种情况分类。

(一)根据物体的性质分类

根据物体的性质，包括文字注记在内，可将地形图图式符号分为九大类，又可称为调绘的九大要素。

1. 测量控制点

测量控制点包括三角点、水准点、埋石点等。

2. 水系及附属设施

水系及附属设施包括河流、湖泊、池塘、水库、沟渠、干沟、输水槽、渡口、水闸、拦水坝、瀑布、码头、水井、泉、沼泽、海岸线及干出滩等。

3. 居民地及设施

居民地及设施包括独立房屋、街区、窑洞、蒙古包、城墙、围墙、栅栏、铁丝网、篱笆、工矿设施、发电站、变电所、加油站、气象台、医院、电视发射塔、游乐场、革命烈士纪念碑、亭、庙宇、宝塔、水塔、烟囱、采掘场、窑、水库等。

4. 道路及附属设施

道路及附属设施包括铁路、车站及附属建筑物、道路及附属建筑物、高速公路、等级公路、机耕路、乡村路、小路、桥梁、路标、里程碑等。

5. 管线及附属设施

管线及附属设施包括通信线、电力线、变电站、各种管道等。

6. 境界

境界包括国界、省界、地区界、县界、乡界等。

7. 地貌

地貌包括等高线、独立石、冲沟、山隘、土堆、坑穴、山洞、岩峰、陡崖、冲沟、梯田坎等。

8. 植被及土质

植被及土质包括地类界、森林、疏林、独立树、竹林、灌木林、草地、经济林、菜地、耕地、盐碱地、露岩地、沙地、石块地等。

9. 注记

注记包括行政区划名称、单位、居民点名称、各种地理名称、各种数字注记、各种说明注记等。

地形图图式符号这么多,而且对于不同成图比例尺,地形图图式符号还有一些变化,要全部记住是困难的,因此要掌握根据物体的类型去查阅图式的方法。一些常用的图式符号,还应当逐渐熟悉并记住,这样有助于提高调绘速度,给作业带来方便。

(二)根据地形元素在图上的表示情况分类

根据地形元素在图上的表示情况分类即按符号与实地物体的比例关系分类。

1. 依比例尺表示的符号

依比例尺表示的符号是指地物依比例尺缩小后,其长度和宽度能依比例尺表示的地物符号。这种符号的形状、大小是根据地面物体的实际情况按像片比例尺或成图比例尺缩小以后的尺寸进行描绘的,即实际的物体是什么形状(指俯视图形形状)就绘什么形状,有多大就绘多大。只是描绘在图上的相应尺寸应依比例尺缩小,而且应按图式规定的方法表示。

依比例尺表示的符号,一般用于表示在图上占有较大面积的地物、地貌元素,如面积较大的居民地、树林、湖泊、河流、耕地等。

依比例尺表示的符号能较全面地反映地物、地貌元素的主要特征,如轮廓形状、位置、大小、性质、数量、质量等。

依比例尺表示的符号的轮廓线有实线、虚线和点线之分,轮廓范围则按物体的种类与特性,加绘相应的符号及说明注记来表示。

2. 不依比例尺表示的符号

不依比例尺表示的符号是指地物依比例尺缩小后,其长度和宽度不能依比例尺表示的地物符号。这种符号的形状、大小应按图式规定的标准描绘,与实际物体的形状、大小无关。它只能表示物体的位置、性质(有的还能表示方向),而不能表示物体实际的形状和大小。这种符号一般用来表示地面上面积较小而又具有十分重要作用的地物、地貌元素,如控制点、独立树、烟囱、宝塔、水井、独立小屋等。

3. 半依比例尺表示的符号

半依比例尺表示的符号是指地物依比例尺缩小后,其长度能依比例尺而宽度不能依比例尺表示的地物符号。符号宽度尺寸按规定绘。这种符号一般用于表示线状地物,如道路、管道、电力线、围墙、较小的河流、沟渠等。

在实际运用时,应注意上述三种类型符号与测图比例尺有密切关系。同一地物,在大比例尺测图时，须用依比例尺符号，而在小比例尺测图时又可能要用不依比例尺符号或半依比例尺符号。因此，要以相应的图式规定为准。一般情况下，测图比例尺越大，采用依比例尺表示的符号越多；测图比例尺越小，采用不依比例尺或半依比例尺表示的符号越多。

（三）按符号的外形分类

1. 独立符号

目标显著、具有方位意义、占地面积较小的独立地物，如烟囱、水塔、独立树等符号属于此类。

2. 线状符号

线状符号指所代表的概念可认为是空间的线的符号。符号沿着某个方向延伸，其长度与地图比例尺有关。例如，狭长的带状物体，如道路、河流、管线等，其符号是线状式的。

3. 面状符号

面状符号指所代表的概念可认为是空间的面的符号。符号的范围与地图比例尺有关。在较大的轮廓范围内，用说明符号表示其性质及分布情况，如居民地、农田、湖泊、池塘、树林、沙漠、沼泽地等符号，属于面状符号。

4. 说明符号

说明符号只起说明作用，不表示物体的位置，如林木种类、表示房屋性质的晕线、表示水流方向的箭头等。

习惯上，把地形图符号总的分为地物符号和地貌符号两大类。

四、符号的定位

所谓符号定位，就是确定地形图图式符号与实地相应物体之间位置关系，也就是要明确规定出，符号的哪一点代表实地相应物体的中心点，哪一条线代表实地相应物体的中心线或外部轮廓线。这样才能实际上准确知道实地物体在地形图上的位置。

符号的定位有以下规定：

（1）依比例尺表示的符号的轮廓线表示实地相应物体轮廓的真实位置。

（2）圆形、正方形、长方形等独立的几何图形符号：其几何图形中心点代表实地相应物体的中心位置，如三角点、埋石点、燃料库等。

（3）宽底图形符号：底线中心点为地物的中心位置，如蒙古包、纪念碑、烟囱、水塔、宝塔等。

（4）底部为直角的符号：直角的顶点为地物的中心位置，如独立树、风车、路标、加油站等。

（5）几种几何图形组合成的符号：下方图形的中心点或交叉点代表地物的中心位置，如跳伞塔、无线电塔、敖包、教堂、气象站等。

（6）下方没有底线的符号：下方两端点间的中心点代表地物的中心位置，如窑、彩门、山洞、亭子等。

（7）半依比例尺表示的线状符号：如道路、河流、堤、境界等，符号的中心线代表实地地物的中心轴线位置。依比例尺表示时，在两侧线的中轴线。

（8）不依比例尺表示的其他符号（桥梁、水闸、拦水坝、岩溶漏斗等）定位点在其符号的中心点。

(9)符号图形中有一个点的,该点为地物的实地中心位置。

五、符号的方向与配置

(一)符号的方向

在图上描绘符号时,《1:500 1:1 000 1:2 000 地形图图式》(GB/T 20257.1—2007)对符号的方向作出了某些规定,一般可分为按真方向、固定方向和依从方向描绘等三种符号。

1. 真方向符号

真方向符号描绘的方向要求与实地地物的方向一致,如独立房屋、窑洞、山洞、泉、水闸、河流、道路等。

2. 固定方向符号

固定方向符号一种是指符号始终按垂直于南北图廓线的方向描绘,而不考虑地物的实际方位,符号上方指北。绝大部分独立地物符号属于固定方向符号,例如水塔、烟囱、独立树等。另一种是西南—东北方向与南图廓线成45°角,例如石灰岩溶斗、超高层房屋晕线等。

3. 依从方向符号

依从方向符号是指符号的方向依风向、光照和相关地物而变化。例如,新月形沙丘和风蚀残丘符号与所形成的主要风向一致,陡石山和有些文字、数字注记方向依从西北方向照射的光线法则(假设日光由西北向进来,表示对象的向阳面绘虚线或细线,背阳面绘实线或加粗线)处理。城墙、围墙符号的外突出部分一般向城外、墙外描绘,但与重要地物的表示矛盾时也可向内描绘。

城门、城楼、钟楼、鼓楼、古关塞等符号要求垂直于城墙方向,向城墙外描绘,与街道或道路方向一致,但不能倒置。

清绘时一定要事先从图式中查明符号的方向有什么要求,否则会因为符号方向的错误使别人无法理解或得出错误的结论。

(二)符号的配置

对于植被和土质等面状地物,配置是指所用符号为说明性符号,不具有定位意义,根据其排列形式有以下三种情况:

(1)整列式。按一定行列配置,如苗圃、草地、经济林等。

(2)散列式。不按一定行列配置,如小草丘地、灌木林、石块地等。

(3)相应式。按实地的疏密或位置表示符号,如疏林、零星树等。表示符号时应注意显示其分布特征。

整列式排列一般按图示表示的间隔配置符号,面积较大时,符号间隔可放大1~3倍。在能表示清楚的原则下,可采用注记的方法表示。

在地物分布范围内散列式或整列式布列符号,用于表示面状地物的类别。

六、符号使用方法与要求

(1)图式符号除特殊标注外,一般实线表示建筑物、构筑物的外轮廓与地面的交线(除桥梁、坝、水闸、架空管线外),虚线表示地下部分或架空部分在地面上的投影,点线表示地类范围线、地物分界线。

(2)依比例尺表示的地物分以下几种情况:

①地物轮廓依比例尺表示，在其轮廓内加颜色，如河流等；或在其轮廓内适中位置配置不依比例尺符号作为说明，如水井等。

②面状地物其分布范围内的建筑物按相应符号表示，在其范围内配置说明性符号或注记，如经济林或垃圾场等。

③面状地物其分布范围内的建筑物按相应符号表示，在其范围内适中位置配置名称注记，若图内注记不下名称注记时，可在适中位置或主要建筑物位置上配置不依比例尺符号，如学校等，也可在其范围内配置说明注记简注，如饲养场等。

④分布界线不明显的地物，其范围线可不表示，但在其范围内配置说明性符号，如盐碱地等。

⑤相同的地物毗连成群分布，其范围依比例尺表示，可在其范围内适中位置配置不依比例尺符号，如露天设备等。

(3)两地物相重叠时，按投影原则下层被上层遮盖的部分断开，上层保持完整。

(4)各种符号尺寸是地形图内容为中等密度的图幅规定的。为了使地形图清晰易读，除允许符号交叉和结合表示者外，各符号之间的间隔(包括轮廓线与所配置的不依比例尺符号之间的间隔)一般不应小于0.2 mm。如果某些地区的密度过大，图上不能容纳，允许将符号的尺寸略微缩小(缩小率不大于0.8)或移动次要地物符号。双线表示的线状地物其符号间距很近时，可采用共线表示。

(5)实地上有些建筑物、构筑物，图式中未规定符号，又不便归类表示者，可表示该物体的轮廓图形或范围，并加注说明。地物轮廓图形线用0.12 mm实线表示，地物分布范围线、地类界线用地类界符号表示。

(6)在图式的土质和植被符号中，以点线框者，表示应以地类界符号表示实地范围线；以实线框者，指示不表示范围线，只在范围内配置符号。

(7)符号旁的宽度、深度、比高等数字注记，小于3 m的标注至0.1 m，大于3 m的标注至整米。

第四节　像片调绘的综合取舍

地面上的地物很多，从广义角度看，可以说整个地面都被地物覆盖着，要将全部地物都表示在缩小千倍、万倍甚至几十万倍的图纸上是不可能的。因为在这种情况下，许多地物都要扩大以后才能在图面上表现出来，加上图面的各种注记也要占据一定的面积，这样就会造成表示内容所需要的图幅面积超出了图幅的承受能力，也就是说，地形图在表示地面物体时不能超出自己的承受能力，必须对地面物体进行有选择性的表示。

一、综合取舍的概念

所谓综合，就是根据一定的原则，在保持地物原有的性质、结构、密度和分布状况等主要特征的情况下，对某些地物分不同情况，进行形状和数量上的概括。所谓取舍，就是根据测制地形图的需要，在进行调绘过程中，选取某些地物、地貌元素进行表示，而舍去另一些地物、地貌元素不表示。因此，综合取舍的过程就是不断对地面物体进行选择和概括的过程。

综合还包括两层意思：一是将许多同性质而又连接在一起的某些地物，如房屋、稻田、旱地、树林等聚集在一起，不再表示它们单个的特征，而是合并表示它们总的形状和数量；二是在许多同性质的地物中，还存在某些别的地物，如稻田中有小块旱地，毗连成片的房屋中还有小块空地等，这些地物如果被舍去，则意味着已经将它们合并在周围的多数地物中，改变了它们原有的性质，这也算是综合。这些地物如果被选取（如稻田中的小块旱地比较大，有一定目标作用，应单独表示），则意味着它应从周围地物中分离出来，不能综合。

因此，综合与取舍的概念往往又是联系在一起的，综合过程中有取舍，而取舍过程中也有综合，不要孤立地去看待它们。

二、综合取舍的目的

（1）使地面物体在地形图上得到合理的表示。

（2）使图面所表示的内容具有一定的层次，主次分明，重点突出。

测制地形图是为了给经济建设提供基础资料，因此综合取舍的目的还在于从众多的地物中选取对经济建设有价值的地物进行表示，在对某些地物进行综合表示时，应保留它们对经济建设有作用的某些性质和特征。从这一观点出发，所谓重要地物就是指在经济建设中有重要作用的地物，反之就是次要地物。综合取舍时选取重要地物进行突出表示，对次要地物则可以适当综合表示或舍去。

（3）更真实地、艺术地表现地区的特点，反映地物的本质，并使重要地物得到准确表示。

繁杂的地物如果都描绘在地图上，往往会掩盖这一地区的本来面貌和某些反映地物本质的特征，而且还会使重要地物得不到准确表示。

总的来说，综合取舍的目的就是：用合理的表示方法，使地形图描述的地表状况，具有主次分明的特点，保证重要地物的准确描绘和突出显示，反映地区的真实形态，从而使地形图更有效地为经济建设服务。

三、综合取舍的原则

综合取舍是调绘过程中比较复杂、比较难以掌握的一项技术。有的地物可以综合，如毗连成片的房屋、稻田、树木；有的地物不能综合，如道路、河流、桥。同一地物在某种情况下可以综合，如房屋毗连成片；而在另一种情况下又不能综合，如房屋分散或整齐排列。同一地物在有些地区应该表示，如小路在道路稀少的地区应尽量表示；而在另一地区则可以舍去或者选择表示，如道路密集的地区。这就要求调绘人员认真理解综合取舍的精神和有关规定，而且只有通过长期实践，不断总结经验，才可能较好地掌握这项技术。

运用综合取舍进行调绘，还应遵循以下原则：

（1）根据地形元素在经济建设中的重要作用决定综合取舍。地形图主要是服务于国民经济建设的，因此地形图所表现的内容也应该服从这一主题。凡是对经济建设有重要作用的地形元素，都是调绘时选择表示的主要对象，如铁路、公路、居民区、水源、三角点、水准点、电力线、较大面积的树木，以及在地图判读、定位、设计、施工中进行量算具有重要作用的各种突出于地面的独立地物，如宝塔、烟囱、独立树等在经济建设中都有各自不同的作用，也是在调绘中应着重表示的地形元素。

（2）根据地形元素分布的密度进行综合取舍。地形元素的作用在一定条件下也有相对性。例如，在水网地区个别的水源就显得不那么重要，但是在干旱地区水源的重要性就大大提高了，因此调绘时要根据地形元素分布的密度考虑综合取舍问题。一般情况是，某一类地物分布较多时，综合取舍幅度可大一些，即可适当多舍去一些质量较次的同类地物；反之，综合取舍幅度就应小一些，即尽量少舍多取或进行较小的综合。例如，在人口稠密的地区小路很多，则只选择主要的进行表示；在水网地区，到处都是水，舍去几个小水坑、小水塘是常有的事；在树木生长较多的地方，田间的散树也多，可以少表示或不表示。但是，如果这些地物出现在人烟稀少的地区、干旱地区、很少生长植物的沙漠地区就必须表示，否则将算是重大遗漏。

(3)根据地区的特征决定综合取舍。在根据地形元素分布密度进行综合取舍的同时，又要注意反映实地地物分布的特征，否则就会使地形图表现的情况与实地不符，面貌失真，降低地形图的使用价值。例如，小路很多的地区，如果大量舍去，结果图面上变得与人烟稀少地区的小路分布差不多了，这就失去了这一地区小路分布的特征。同样，水多的地方应相对地反映水多的特点，树多的地方应相对反映树多的特点。也就是说，在综合取舍过程中，也要注意地形元素的相对密度，即：实地密度大，图上所反映的密度也大；实地密度小，图上所反映的密度也小，这才符合客观分布情况。综合取舍中，必须辩证地处理两者之间的关系。

(4)根据成图比例尺的大小进行综合取舍。成图比例尺越大，图面的承受能力也越大，用图部门对图面表示内容的要求也越高，图面就应该而且有条件表示得详尽一些。因此，调绘中，综合取舍的幅度就应小一些，即多取、少舍、少综合；反之，成图比例尺越小，综合取舍的幅度就可以大些，即可以相对地多舍、多综合一些地形元素。

(5)根据用图部门对地形图的不同要求进行综合取舍。不同专业部门对地形图所表示的内容以及表示的详尽程度也有不同要求。例如，水利部门要求详细表示水系分布、水工建筑、地貌形态、居民地分布、交通条件等内容，林业部门要求详细表示森林分布状况、生长情况、树种名称、郁密度、森林的采伐情况、林中的空地、通行情况等。总之，这些具有专用性质的地形图都各有侧重，调绘时可根据不同的要求决定综合取舍的内容和程度。

正确运用以上原则的同时，还必须结合规范、图式的有关规定和实际情况，决不能照套照搬，采取统一的模式。总之，经过综合取舍，应能达到图面清晰、负载合理、重点突出、主次分明、全面反映该地区的地理特征之目的。

第五节　调绘的准备工作

一、像片调绘的准备工作

像片调绘的准备工作，是在航外测量各项总的准备工作已经完成的基础上进行的。在具体进行调绘以前，还有一些必要的准备工作，这就是调绘像片的准备，调绘面积的划分和拟定调绘计划以及量、绘工具的准备等工作。

(一)调绘像片的准备

首先应和控制像片一样，对调绘像片进行编号，然后选择最清晰的像片作为调绘像片，同时对像片的质量进行一次仔细的检查。这时主要检查像片影像的质量是否能符合调绘的一般要求，有无云影、阴影、雪影、航摄漏洞等情况；检查像片比例尺是否能保证调绘质量，最好的办法是看看各种依比例尺表示的地物是否能清楚地在像片上描绘;如果像片比例尺太小,可申请放大。

航摄像片比较光滑,调绘时不易着铅,清绘时又不易上墨。因此,调绘前应对像片进行适当处理。一般的方法是用沙橡皮(即硬橡皮)在像片的正面适当用力来回擦拭,直到能清楚着铅,但注意不要擦坏影像。

(二)调绘面积的划分

调绘面积是一张调绘像片进行调绘的有效工作范围。因为一幅图包括若干张航摄像片,而且像片之间又有一定重叠,这就一定会产生调绘像片之间的接边问题,必然要划分工作范围。这是调绘之前应该进行的工作,也是很重要的工作。

图5-1表示划分调绘面积的一般情况和接边整饰。

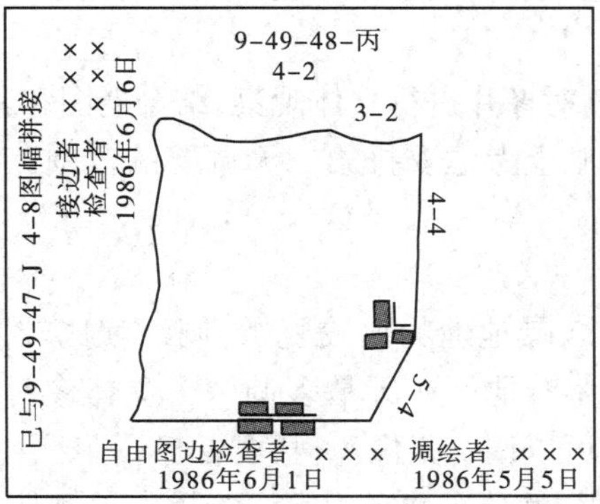

图5-1 调绘面积的一般情况和接边整饰

调绘面积的划分要求如下:

(1)调绘面积以调绘面积线标定。为了充分利用像片,减少接边工作量,正常情况下,采用隔号像片作为调绘像片来描绘调绘面积线。

(2)调绘面积线绘在隔号像片的航向和旁向重叠中线附近,这样可以充分利用像片上影像比较清晰、变形较小的部分进行调绘。

(3)调绘面积线离开像片边缘1 cm以上。

(4)当像片控制采用全野外布点时,调绘面积的四个角顶应在四角的像片控制点附近,且尽可能一致。偏离控制点连线不应大于1 cm。因为内业不能超出控制点连线1 cm以外测图,超过上述规定时,一部分内容要转到另一个立体像对才能测绘,这样会给内业增加不便。

(5)划分调绘面积不允许有漏洞或重叠。所谓漏洞就是一部分地面不在任何调绘范围之内,所谓重叠就是一部分地面同时出现在相邻的两张调绘像片的调绘面积内。显然,前一种情况使一部分地区成为空白,内业无法测图;后一种情况则增加了重复调绘的工作量。

(6)调绘面积线在平坦地区一般绘成直线或折线;在丘陵地和山地,则要求像片的东、南边绘成直线或折线,像片的西、北边根据邻片相应的直线或折线在立体观察下转绘成曲线。这是因为地形起伏所产生的投影差,使像片上的直线在相邻像片上变成了曲线,此时如果在相邻像片上都是通过相应端点连成直线,则必然产生调绘面积的重叠或漏洞。

(7)调绘面积线应避免分割居民地和重要地物,且不得与线状地物重合。因为在这种情况下，由于调绘面积线的误差影响，调绘面积线两边的地物产生重叠或漏洞。

(8)图幅边缘的调绘面积线，若为同期作业图幅接边，可不考虑图廓线的位置，仍按上述方法绘出，以不产生漏洞为原则；若为自由图边，实际调绘时应调出图廓线外 1 cm，以保证图幅满幅和接边不发生问题。

(9)图幅之间的调绘面积线用红色，图幅内部用蓝色，并以相应颜色在调绘面积线外注明与邻幅或邻片接边的图号、像片号，这样要求主要是为了便于区分和查找相邻调绘像片。

(三)拟定调绘计划

调绘面积线划定后，首先要对调绘面积内的地形特征、地物分布情况、种类、密度、交通情况等进行分析，如居民地的分布及类型特征，水系、道路、植被、地貌、境界以及地理名称的分布情况及表现情况等。初步掌握这些情况后，就可以估计调绘的困难程度，调绘的重点应放在哪里，调绘的路线应如何安排，调绘中可能出现哪些问题。据此即可对第二天准备调绘的某一张像片，做一个小计划。

拟定调绘计划就是通过对像片进行立体观察，结合老图和其他有关资料，对调绘地区进行初步分析，并在分析的基础上考虑安排第二天调绘的范围(工作量)、重点、路线，以及调绘中应注意解决的问题。

例如：

(1)确定范围：居民地多，其他地物比较复杂，调绘就比较困难；居民地少，其他地物也较简单，调绘就比较容易。困难地区一天最多调一个立体像对(1∶10 000 测图，23 cm × 23 cm 的像幅)，简单地区一天可以调一张像片，甚至更多。

(2)根据调绘范围内地物的分布情况确定调绘重点。例如：居民地很多，应以调绘居民地为重点；水网地区应将调绘水系列为重点；山区、高山区、居民地稀少的情况下也可能以调绘小路和植被为重点。总之，应根据实际情况来确定。

(3)调绘路线的选择要灵活，目的只有一个：在保证所有地方都跑到，全面完成调绘工作的情况下，尽量少走路，节省时间，提高工作效率。调绘路线主要根据地形情况和调绘重点进行选择。

平地：居民地多，应沿着连接居民地的道路进行调绘。调绘路线可采用 S 形或梅花形，但沙漠、草原、沼泽等人烟稀少的平坦地区，应沿着主要道路进行调绘。

丘陵地：居民地一般多在山沟内，调绘时主要是跟着山沟转。但有时为了走近路，或者调绘山脊上面某些地物，也要穿过某些山脊。因为丘陵地山都不高，调绘时有更多的灵活性。

山地：一般采用分层调绘的方法，即先沿沟底，然后上山坡，一层调完再上更高一层，直到一条大沟调绘完再转到另一条大沟。

大城市、大厂矿、机关等大居民地应先调外围，再进到里面分块调绘。

调绘范围内如果有铁路、公路和较大的河流，一般应作为调绘路线、沿线调绘。这样，便于详尽地表示其附属建筑物。

如果是一个作业组，还应考虑拟定整个组完成全部调绘任务的总体计划，总体计划如下：

(1)人员的分工及调绘任务的划分。

(2)每一幅图完成任务的时间及搬家时间。

(3)每期任务的住地选择、各人通信联络方式。

(4)生活及其他安排计划。

(5)收测时间。

调绘是比较复杂的工作,事先必须把问题想得多一些,计划安排得周到一些,这样才会取得好的调绘效果。

(四)调绘工具的准备

调绘的工具也应考虑周到。除调绘像片外还应带上配立体的像片、像片夹、老图、立体镜、铅笔、小刀、砂纸、橡皮、钢笔、草稿纸、皮尺或其他方便的量、绘工具,挎包、刺点针以及其他必要的安全防护用品,如草帽、药品等。另外,每一张调绘像片都要贴一张透明纸,透明纸的一边贴在像片背面边缘,透明纸的大小以翻折以后能盖住像片正面为原则,它的主要作用是在调绘时用做记录和描绘。

二、线划回放纸图的调绘准备

(一)资料准备

准备的资料主要包括任务书、测区概况、踏勘资料、技术设计书、控制成果、测区像片、内业测图检查报告、技术报告、规范、图式等。

(二)回放图及 DLG 数据、图形文件准备

回放图及 DLG 数据、图形文件主要包括:了解图纸与喷墨是否防水,图纸回放打印,图纸数量与打印质量检查,回放图数学精度检查,DLG 数据及图形文件拷贝。

(三)制定调绘计划

调绘计划主要内容:人员安排与组织,工作量计算与任务分配,完成任务时间安排,通信联络方式,调绘重点的确定,调绘路线的确定,接边安排,检查成果和上交成果时间。

(四)器材、用品准备

器材、用品主要包括:室内编辑转绘用计算机,打印机,耗材,野外用图板,立体镜、补测及检查用仪器设备,钢尺或皮尺、钢卷尺,工具包,绘图细水笔(黑、红、蓝、绿、棕色)、铅笔、三角板、记录纸张、聚酯薄膜、透明纸张,记录手簿,交通工具,通信器材,防护用品、用具等。

第六节　像片调绘的基本方法和有关规定

一、像片调绘的基本作业程序和内容

(一)准备工作

准备工作包括划分调绘面积,准备调绘工具,做好调绘计划等内容。

(二)像片判读

像片判读的基本知识已经在第五章作了详细介绍。这里就是应用像片判读,对照实地确定各种地形元素的性质,以及它们在像片上的形状、大小、准确位置和分布情况,以便在像片上进行描绘。

(三)综合取舍

综合取舍就是在像片判读的基础上,对地形元素进行合理的概括和选择。这是调绘过

程中的重要环节。

(四)着铅

着铅就是在综合取舍的前提下,用铅笔将需要表示的地形元素准确、细致地描绘在透明纸上,这是着墨的重要依据。

(五)询问、调查

询问、调查主要是指向当地群众询问地名和其他有关情况,调查各级行政区界线的位置和可能没被发现的地形元素。同时,应将所得结果准确记录在像片上或透明纸上。

(六)量测

量测陡坎、冲沟、植被、水井等需要量测的比高、高度、深度,并作出相应记录。

(七)补测新增地物

新增地物是指摄影后地面上新出的地物,在像片上没有它们的影像,需要在实地补绘。个别新增地物可根据与其他地物的相对位置补绘,大面积的和无法补绘的,应作为航摄绝对漏洞处理。

(八)清绘

清绘就是根据实地判绘的结果,在室内着墨整饰。这时应按照图式规定的各种符号和规范的有关要求,认真、仔细地描绘。

(九)复查

清绘中还有不清楚的地方以及其他问题,应再到实地查实、补绘。

(十)接边

接边就是在调绘边线的地方检查与邻幅或邻片调绘的内容是否衔接,如本片调绘的道路通过调绘边线进入相邻调绘像片,相邻像片也必须有同一等级的道路与之相接,而且相接的位置应吻合。如果有某一地物接不上,则必须查实、修改,一直到全部接好。

以上简单介绍了像片调绘的一般过程,有些内容还要在以后的章节中详细介绍。

从以上介绍的情况可以看出,野外调绘是获得调绘成果的重要基础,必须扎扎实实做好这一工作。

二、像片调绘的基本方法与经验

(一)采用远看近判的调绘方法

所谓远看,就是调绘时不但要调绘站立点附近的地物,而且要随时注意观察远处的情况和目标。因为有些地物,如烟囱、独立树、高大的楼房,从远处观察十分明显突出;到近处时往往由于地形或其他地物的阻挡,反而看不清或者感觉不出它们的重要目标作用了。另外有些地物,如面积较大的树林、稻田、旱地、水库等,从远处观察,容易看清它们的总貌、轮廓,便于勾绘;到近处时,由于视野狭窄,只能看到局部,描绘时反而感到困难了。

但是,有些地物远处还不能判定准确位置,如独立物体,这就必须在近处仔细判读它们的位置。因此,调绘独立地物往往采用远看近判相结合的调绘方法。

(二)应注意以线带面的调绘方法

以线带面就是调绘时以调绘路线为骨干,沿调绘路线两侧一定范围内的地物,都要同时调绘,走过一条线,调绘一大片。这样可以加快调绘速度。

（三）着铅要仔细、准确、清楚

着铅（着墨）是调绘过程中最重要的记忆方式。它是在准确判读和进行综合取舍后记录在像片或透明纸上的野外调绘成果，是室内清绘和进行矢量化编辑的主要依据，因此必须仔细、准确、清楚。除像片上明显、易记的地物，如铁路、公路、河流、水库、稻田、树林等可以不着铅或只进行简单注记外，一般调绘的地物都要仔细着铅，即在像片上或透明纸上用铅笔详细勾绘出它们的轮廓，并且要求位置准确、线条清楚，在室内清绘时能准确区分。对于独立地物，必要时应在像片上准确刺出它们的中心点位置。

着铅时既不能过于简单，也不要太详细，因为太详细使得像片和透明纸上过分繁杂，反而不清楚了。因此，调绘者还必须培养专业记忆功能，让有的调绘内容牢牢记在自己头脑中，这样还可以加快调绘速度。

（四）调绘中要注意培养"三清、四到"的良好习惯

"三清"就是站站清、天天清（片片清）、幅幅清。"清"有：清楚、清绘、清晰之意。"站站清"就是调绘一处就把这里的问题全部搞清楚。"天天清"就是头天调绘的内容第二天全部清绘完，一般不允许隔天清绘，更不允许隔几天以后才清绘，这样的成果被认为是不可靠的成果。因为一天调绘的内容多，隔的时间久了，记不清，容易绘错。"幅幅清"就是指一幅图一幅图彻底搞清楚，再进行下幅图的工作，尤其是收尾工作，如接边、复查、检查验收、修改、填写图例表等，一定要抓紧做完，不留尾巴。"四到"指跑到、看到、问到、画到。"四到"的总目标还是看清、绘准，因此只要看清、绘准了，也就达到了调绘的要求。

（五）注意依靠群众，多询问、多分析

调绘过程中有许多情况必须向当地群众询问、调查，以获得重要的绘图依据。例如，地名、政区界线、地物的季节性变化、某些植物的名称、隐蔽地物的位置等，都必须向当地群众调查才知道，因此依靠群众，尊重群众，向当地群众请教，是每个测绘工作人员应有的态度和重要的工作方法。

可能由于语言不通、文化水平的限制、表达能力不强等各方面的原因，在询问过程中往往出现问不清楚或说错、误解等情况。因此，为了获得准确、可靠的数据或结果，必须多询问，同时要多加分析，不要轻易下结论。

（六）注意发挥翻译向导的作用

在少数民族地区或者方音方言较重的地区，一般应有翻译或向导协助调绘工作，要充分发挥他们的作用。翻译向导一般应是当地人，懂当地语言，有一定的文化程度，熟悉当地情况，可称得上"活地图"，充分发挥他们的作用会给调绘工作带来很多方便，同时在生活上也会得到很多帮助。

调绘方法有许多地方是很灵活的，必须在实际工作中不断总结经验充实自己，以提高自己的作业水平。

三、调绘对军事设施和国家保密单位的表示规定

（一）表示原则

（1）军事设施和国家保密单位的调绘工作，应事先与有关单位联系，经同意后方可进入内部进行实地调绘；若不同意进入内部进行实地调绘，则调绘人员可采用航摄像片内判技术在室内直接判调的方法解决。

(2)调绘人员在工作过程中所看到的军事禁地和国家保密单位的情况，不得转告无关人员，严防口头泄密。

(3)不便表示的军事设施，须用与周围地形、地物相适应的符号进行伪装（如稻田、旱地、房屋、森林、沙漠等），不能看出破绽。

(4)除本规定中对某些具体地物提出的表示方法外，其他均应如实反映地面的地物状况。

(5)凡属保密单位，图上一般不注记真实名称。

(6)利用自然地形做掩体的洞库（如武器库、弹药库、飞机库等）以及地下的设施，均不表示。

（二）面向表示对象的规定

1. 各种试验基地

导弹发射基地、原子弹、氢弹试验基地、火箭发射基地、卫星发射基地、炮兵基地、坦克基地等，均按以下规定表示：

(1)具体的发射、试验位置均不表示，但要用周围的相应植被进行伪装。

(2)通往基地的专用道路：单线道路可如实表示；双线道路绘至最近的较大村庄，从村庄至基地的双线道路降为机耕路表示。铁路绘至最近的城镇为止。

(3)若双线道路和铁路并非专用道路，而是经过各种试验基地又通往其他城镇时，则道路在图上应如实表示。

(4)试验基地内的地面观测站、办公室、生活区等用普通房屋符号表示。

(5)试验基地内的油库、仓库（包括洞内的油库、仓库进出口）、气象站、雷达天线、指示灯塔等，有房屋的用普通房屋符号表示，否则一律不表示。

(6)图上名称可用公开名称进行注记。

2. 飞机场

(1)飞机场均需表示，在总范围内绘一飞机符号。

(2)通往机场的道路均如实表示，内部道路择要表示。

(3)显示机场总范围的铁丝网、围墙等垣栅，图上如实表示。

(4)机场内的生活区以及其他类似的房屋，均用一般居民地符号描绘。

(5)机场内的机窝（机库）、油库、气象站、管线、指示灯、雷达天线、指挥塔以及其他机场性质的设施，有房屋的用普通房屋符号表示，没有房屋的一律不表示。

(6)民用飞机场的名称均以真实名称注记。军用和军民合用的飞机场不注真名称，可用附近较大城镇名称作为机场名称进行注记。

3. 港口

(1)军港不表示码头。

(2)通往港口的道路真实表示，内部道路择要表示。

(3)港口内的办公区、生活区均用一般居民地符号描绘。

(4)军港内的船坞、油库、气象站、雷达天线以及其他反映港口性质的设施，图上均不用符号表示，有房屋的用普通房屋符号表示，没有房屋的一律不表示。

(5)图上港口名称，商港均用真实名称注记，军港用自然名称注记。

4. 军队营房、兵工厂、对外保密的国家机关

(1)位于城镇居民地内部或周围时,图上用一般居民地符号表示。远离城镇单独构成一个建筑群时,图上可表示出其范围,内部建筑进行较大综合,外围的铁丝网、围墙等均用相应符号表示。

(2)外部道路如实表示,内部道路择要表示。

(3)图上名称,位于城镇内部或周围的,一般可不注记;远离城镇的可用公开名称注记。

5. 军用仓库

武器库、弹药库、用品仓库、油库等均按下面规定执行:

(1)洞库、地下库(包括洞库地下库的进出口),图上均不表示。

(2)地面上的武器库、弹药库、油库等,有房屋的用普通房屋符号表示,没有房屋的一律不表示。仓库周围的围墙等垣栅用相应的符号表示。

(3)通往仓库的道路如实表示。

(4)图上不注记任何名称。

6. 靶场

(1)靶场、炮位、掩体等图上不表示。

(2)图上用公开名称注记。

(3)靶场内其他地物均如实表示。

7. 监狱、劳改机构

(1)位于城镇内部或周围的监狱、劳改机构,用一般居民地符号表示。远离城镇单独构成建筑群的,一般也应如实表示,内部进行较大综合。

(2)外部道路如实表示,内部道路择要表示。

(3)调绘时用公开名称进行注记。

8. 军用通信设备

(1)军事专用的通信线和通信电缆,图上均不表示。

(2)军事专用的微波通信站只表示普通房屋,天线位置在图上不表示。

(3)军事专用的无线电发射天线,图上不表示。

9. 稀有金属矿

地壳中贮藏量少、矿体分散或提炼较难的金属,如铌、钛、锂、镓、铟等,为稀有金属矿。

(1)图上不表示矿井出入口。

(2)露天采掘的矿场用乱掘地符号表示。

(3)图上不注记任何名称。

(4)其他地物均可如实表示。

10. 兵要地志

(1)地图上一般不表示直接与军队行动有关的兵要地志内容。

(2)取消"制高点"名称,改为"地形特征点",主要指山顶、鞍部等位置。

(3)岗楼、旧碉堡,图上如实表示。基地或阵地的岗楼、碉堡、地堡等,图上不表示。

复习题

1. 什么是像片调绘?为什么说像片调绘是航测成图过程中很重要的工作?

2. 像片调绘和像片判读有什么联系与区别？
3. 像片调绘有哪些主要工作内容？
4. 对像片调绘工作有哪些基本要求？
5. 地形图用图式符号表示各类地形元素有哪些优点？
6. 航摄像片与地形图有哪些区别？
7. 图式符号制定的原则是什么？
8. 调绘的十大要素包括哪些内容？
9. 什么是不依比例尺、半依比例尺、依比例尺表示的图式符号？
10. 图式符号的定位有哪些规定？
11. 图式符号的方向有什么含义？有何规定？
12. 光线法则是如何规定的？哪些地物在描绘时须考虑光线法则？
13. 图式符号使用方法与要求有哪些？
14. 什么是综合取舍？综合取舍的目的是什么？
15. 综合取舍有哪些原则？
16. 像片调绘前应做哪些准备工作？调绘面积的划分有哪些要求？
17. 叙述调绘的作业方法。
18. 调绘中所说的“三清”、“四到”为何意？

第六章　中小比例尺各类地形元素的调绘

第一节　永久性测量控制点的调绘

永久性测量控制点是指实地设有永久性固定标志的测量控制点，它包括三角点、GPS点、小三角点、水准点、独立天文点及埋石的高级地形控制点，如图6-1所示为其表示符号。这些控制点是测制地形图和各种工程测量施工放样的主要依据，标志完整的测量控制点，航测成图必须以相应符号精确表示，还应注出控制点的点名和高程（以分数形式表示，分子为点名、分母为高程）。一般注在符号右侧（有比高时，比高注在符号左侧）。测量控制点的高程凡经等外水准以上精度联测的高程注至0.01 m，其他注至0.1 m。其可供内业加密、测图以及作为重要地物描绘之用。

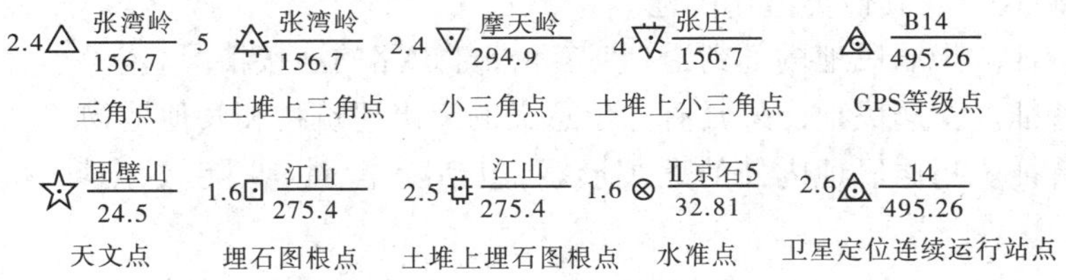

图6-1　各种控制点的表示符号

永久性测量控制点虽然属于需要调绘的内容之一，但从表示精度和工作方便出发，一般均在航外控制测量过程中刺点并以相应符号整饰在控制像片上，再由内业按坐标展绘出。因此，调绘时一般不调绘这些控制点，永久性测量控制点的刺点和整饰方法等有关内容已在航外控制测量部分作了详细介绍，这里不再重复。

位于居民地内的测量控制点，如果影响居民地的表示，其点名和高程均可省略。用烟囱、水塔等独立地物作控制点时，图上除表示相应地物符号、注出地物比高、点名和高程外，还应注出测量控制点的类别，如三角点。当无法注记时，可在图外说明，例如图内王村西北的水塔为三角点。

三角点是指利用三角测量方法或精密导线测量方法测定的国家等级的三角点和精密导线点。

小三角点是指测角精度为5″或10″小三角和同等级的其他控制点。

埋石图根点是指埋有标石的或天然岩石上凿有标志的精度低于小三角点的图根点。

以上三种点设在土堆上且土堆不能依比例表示的，在其相应符号上向外用一小短线表示。

水准点是指利用水准测量方法测定的国家等级的高程控制点。

卫星定位连续运行站点是指利用卫星定位技术测定的AA级控制点，CORS基站依此表示。

卫星定位等级点是指利用卫星定位技术测定的国家等级控制点，包括 A～E 级。

天文点是指利用天文观测方法直接测定其地理坐标和方位角的控制点。测有大地坐标的天文点用三角点符号表示。

第二节　居民地及设施的调绘

居民地是重要的地物要素，是地形图的重要内容。因为居民地是人类生活、居住以及从事各种社会活动、生产活动的主要场所；城市、集镇居民地是各地政治、经济、文化的中心；在国民经济建设中，居民地也是各级部门最关心的问题之一；在识图、用图方面，居民地也有很好的方位作用。因此，对居民地的调绘，正确反映居民地的特征，具有十分重要的意义。

一、居民地的一般特征

调绘居民地时应着重表示以下特征：

(1)外形特征。指独立房屋的外部形状和房屋(包括围墙、栅栏)组合的外部轮廓。

(2)类型特征。指居民地内部的排列、组合形式，分布特点，建筑形式，如散列式、街区式、集团式、窑洞式以及其他类型居民地。

(3)通行特征。指居民地内部街道、巷道和外部道路的连接情况。

(4)方位特征。指居民地内外具有方位意义的突出建筑物和其他地物。

(5)地貌特征。指居民地内外的地貌形态，包括陡岸、冲沟、陡坎、土堆、坑穴等地貌元素的表示。

二、居民地的影像特征

居民地的影像特征主要是指房屋、街道的影像特征。实地调绘时须根据影像特征与地物对照进行判读。

房屋在像片上的影像可分为三部分：

(1)房屋顶部影像。在俯视摄影的航空像片上是判读地物的主要部分。房顶影像与房屋的形状、结构，材料性质，太阳光照射的方向及房屋在像片上的位置有关。房屋的形状多为长方形或由长方形组合成的几何图形，少数房屋也有正方形、三角形、圆形、半圆形等各种几何形状。街区房屋外部轮廓线多为折线，少数为圆弧线。房屋的结构，主要指房顶的结构对构像产生影响。我国房屋房顶多为平顶、人字形顶或向一面倾斜的房顶；蒙古包顶部则呈圆锥形；窑洞隐于山体之内，则无顶部可言。房顶的建筑材料一般为砖、水泥、瓦、草、土等物，这些材料在像片上构像所呈现的色调其深浅各不相同，详细情况已在第二章中述及。

(2)房屋的侧面影像。这是由房屋高度所产生的投影差引起的，它的大小与房屋高度及在像片上的位置有关；但对于平房或低层楼房，这种侧面影像很小，甚至消失。房屋是突出于地面的物体，房屋的侧面影像是因为有投影差才出现的，投影差的大小，即房屋侧面影像的大小(包括房屋顶部变形)均与房屋在像片上所处的位置有关。

(3)阴影。房屋的阴影是由于太阳光照射而产生的，低矮的房屋阴影往往像一条黑线附加于房屋影像一侧或两侧，其色调较深，与周围地物有明显区别，容易识别。在单片目视判读时，如果发现有从白色到深灰色一边或两边的边缘有明显黑线的几何图形影像，在立体观察时有突出于地面的立体效应则基本上可判为房屋。居民地内部房屋的阴影特征如图 6-2所示。

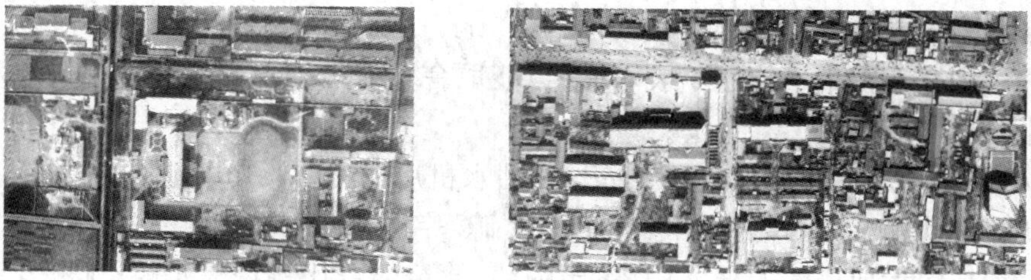

(a)　　(b)

图 6-2　居民地内部房屋的阴影特征

对于街区式居民地,应准确判定街道位置。街道的特点表现为影像呈线状或带状分布,与房屋边线之间有明显的色调差别;街道之间互相贯通,通至居民地边缘的街道与居民地外的道路相接;街道的色调取决于铺面材料,水泥碎石或土面街道,一般为白色,沥青或雨后的土面街道为灰色或深灰色;较窄的小通道由于房屋阴影遮盖了全部路面有时表现为一条黑线;有树木的街道有成带状分布的树冠影像。

三、不同类型的居民地的特征和表示方法

(一)独立房屋

独立房屋是指在外形结构上自成一体的各种类型的单幢(独立)房屋。只要是在长期固定,并有一定方位作用的独立房屋,以及居民地内外能反映居民地分布特征的独立房屋,不管房屋大小、形状、用途、质量如何,也不分住人或不住人,均以独立房屋表示。各种独立房屋构成的居民地的表示如图 6-3 所示。

独立房屋分为不依比例尺、半依比例尺、依比例尺表示的三种类型。

(1)不依比例尺表示的独立房屋。如果独立房屋的图上长度小于 1.0 mm、宽度小于 0.7 mm,用不依比例尺符号表示,称为不依比例尺表示的独立房屋。图式符号为黑色,外业可以红色描绘。

(2)半依比例尺表示的独立房屋。如果独立房屋的图上长度大于 1.0 mm、宽度小于 0.7 mm,用半依比例尺符号表示,称为半依比例尺表示的独立房屋。以黑色描绘。

(3)依比例尺表示的独立房屋。图上长、宽尺寸分别大于上述规定的单幢房屋,用依比例尺符号表示,即长和宽均依比例尺描绘,并在中间涂染灰色表示。

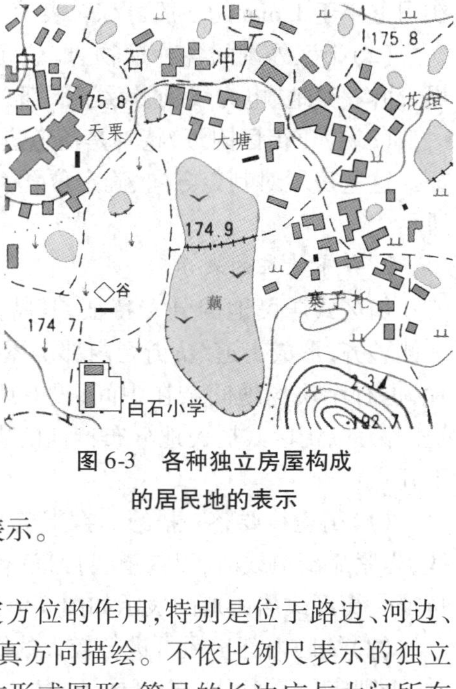

图 6-3　各种独立房屋构成的居民地的表示

调绘独立房屋应注意以下问题:

(1)保持真方向描绘。因为独立房屋方向有判定方位的作用,特别是位于路边、河边、村庄进出口处的独立房屋更为重要,因此一定要保持真方向描绘。不依比例尺表示的独立房屋,符号的长边代表实地房屋屋脊的方向;若为正方形或圆形,符号的长边应与大门所在

边一致。依比例尺和半依比例尺表示的独立房屋也要注意实际形状和位置准确。

(2)判绘要准确。调绘时判读要仔细,不要将已拆除的房屋或者菜园、草垛、瓜棚等当做独立房屋描绘。

(3)当独立房屋分布密集不能逐个表示时,只能取舍不能综合。此时外围房屋按真实位置绘出,内部可适当舍去。

(4)有特殊用途的独立房屋应加说明注记,如抽水机房、烤烟房,应分别加注"抽"、"烤烟"等说明。新疆等地用于晾晒葡萄干的晾房加注"晾"字。

(5)有围墙或篱笆形成庄院的独立房屋,当围墙、篱笆能依比例尺表示时,则视实际情况用相应符号表示,否则只绘房屋。

(6)正在修建的房屋,已有房基的用相应房屋符号表示,否则不表示。

(7)受损坏无法正常使用的房屋或废墟,图上只表示有方位意义的破坏房屋。图上面积小于1.6 mm^2 的破坏房屋一般不表示,但在地物稀少地区可用符号表示。

(二)街区式居民地

房屋毗连成片且按一定形式排列,构成街道(通道)景观的居民地称为街区式居民地。街区是指按街道(通道)分割形式排列的毗连成片的房屋建筑区。调绘街区式居民地,一般是先调外围,绘出外围轮廓和方位物,搞清进入居民地的各级道路;然后进入居民地内部,仔细区分主、次街道,调绘居民地内部的突出建筑物以及其他地物、地貌元素,对街区内的房屋进行综合取舍等。城市较大则应按街区分片,采取外围调绘和室内穿插相结合的方法进行。

1. 外形特征的表示

街区式居民地的外形特征包括街区外缘的轮廓边线和街区外围的各种地物、地貌的分布特征。

(1)街区外缘的轮廓边线,在能显示其特征的前提下,除按真实位置描绘外,凸凹部分在图上小于1 mm的一般可综合表示。

(2)街区外围的各种地物、地貌元素,包括散列分布的独立房屋、河流、道路、垣栅、土堤、冲沟、菜地、电力线、通信线等,都必须按规定详细表示,以反映其分布规律。

(3)位于街区附近,特别是街道进出口附近的独立房屋,不能综合为街区,以免失去特征。这些房屋对判定方向、确定位置有较大作用。街道进出口处独立房屋的表示如图6-4所示。

2. 分布特征的表示

街区式居民地的分布特征,其特点是:靠街道一侧整齐,形成街道线;街区内部房屋拥挤、毗连成片,也有小块场地间杂在中间,没有明显的出入通道。因此,街区式居民地分布特征的表示应注意以下几点:

(a)综合正确　　(b)综合不当

图6-4　街道进出口处独立房屋的表示

(1)街道线要整齐描绘。靠街道一侧的房屋边线,当紧靠街道线时,以街道线代替;有明显凹进或突出的地方要按实际情况表示,以显示其特征。街区式居民地的表示如图6-5(a)所示,图6-5(b)为街区式居民地的一般摄影像。

(2)街区内部房屋可进行较大的综合,即房屋间距在图上小于1.5 mm时,可以综合表示;否则应分开表示。街区内的空地,可根据南、北方居民地的特征进行取舍,大于图上4~

9 mm² 时应表示。

(3)房屋排列整齐或具有散列分布特点的机关、学校、医院、工厂、新住宅区等,不应作为街区房屋表示,即应逐个表示,个别情况可进行小的综合,以明确其分布特征。街区与街道的概念的区别:街区是指街道两边的房屋分布,街道是指街区之间的通行道路。但是,街道旁边不一定是街区式居民地,也可以是机关、学校、工厂等房屋分散的居民地;一般情况下,这种分散式居民地与街道之间都有明显的间隔地物,如围墙、栅栏等。因此,应注意街区式居民地与分散式居民地有显然不同的特征,也有不同的表示方法。不能把街区式居民地像分散式房屋那样分开表示,也不能把分散式居民地像街区式居民地那样综合,这样才能保持各自的特征。

(4)由许多独立庄院组成的村庄(如图 6-6 所示),街道(通道)按实际情况表示,房屋一般不能综合;当有围墙时,街道线可用围墙表示。

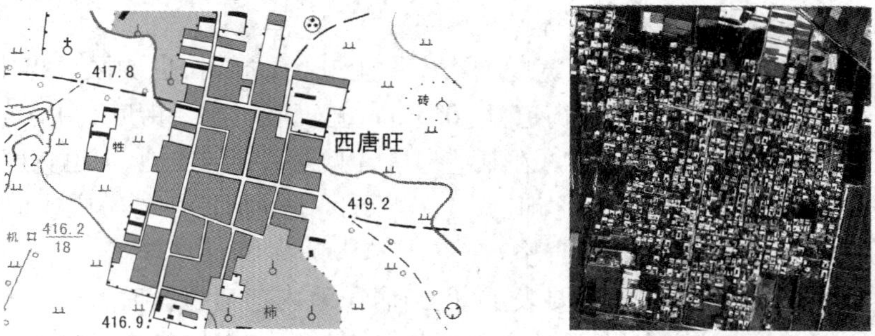

(a) (b)

图 6-5　街区式居民地

(5)街区内突出房屋、高层房屋和超高层房屋的表示。

突出房屋指形态或颜色与周围房屋有明显区别并具有方位意义的房屋,符号如图 6-7 中 a 所示。突出房屋的轮廓线加粗为 0.25 mm。藏族地区有方位意义的经房也用符号 a 表示,并加注"经"字。

多幢 10 ~ 18 层的房屋构成高层建筑区,符号如图 6-7 中 b 所示。

超高层房屋指高度与周围房屋有明显区别,19 层以上并具有方位作用的房屋,以外围轮廓加晕线绘出,符号如图 6-7 中 c 所示。

图 6-6　独立庄院组成的村庄

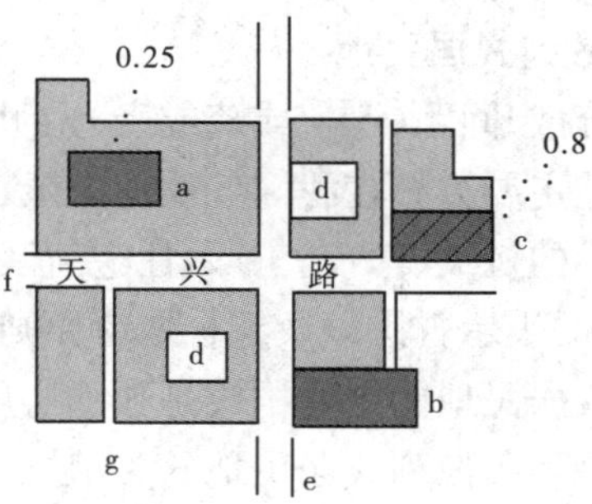

图 6-7　街区及突出房屋的表示

3. 通行特征的表示

街区式居民地的通行特征主要是指街道(巷道)的分布以及主次街道的划分。街道指街区中比较宽阔的通道。街道的宽度实际反映了街道的通行能力。街道按其路面宽度、通行情况等综合指标区分主干道、次干道和支线。

描绘街道要求做到主次分明、取舍恰当、街道进出口和街道交叉口位置要准确。如果街道交叉口实际是错开的，并不是对直的十字形状，表示的时候则应反映出其实际特征，不能人为地绘齐对直。

主干道指城市道路网中路面较宽、交通流量大、起骨干作用的通道。主干道边线用0.15 mm的线粗、按实地路宽依比例尺或用0.8 mm路宽表示。

次干道指城市道路网中的区域性干道，交通流量较大，与主干道相连构成完整的城市干道系统。次干道边线用0.12 mm的线粗、按实地路宽依比例尺或用0.8 mm路宽表示。

支线指城市中联系主、次干道或内部使用的街巷、胡同等。支线用0.12 mm的线粗、0.5 mm路宽表示。

大、中城市的主要街道应加注名称。

较小的居民地，当街区内的街道宽度均小于图上0.5 mm时，也要区分出主、次干道或支线，并用0.8 mm宽度表示主要的街道，用0.5 mm宽度表示次要街道。主、次街道以其作用大小区分，不管街道的宽度和大小。在某些地区，河、渠贯穿居民地，街道宽度按上述尺寸表示会影响街区特征时，可适当缩小街道宽度。当街区中的街道线与房屋或垣栅轮廓线间距在图上小于0.3 mm时，街道线可省略。

居民地内的街道（巷道）一般均要表示，但当居民地内巷道过密时，次要街巷可进行适当取舍：取连接街道或者道路的巷道，舍去死胡同；取较宽、较直的巷道，舍去拐弯较多、较窄的巷道。

4. 方位特征的表示

居民地的方位特征主要包括居民地的外轮廓和居民地内外具有方位目标作用的突出建筑物及其他地物、地貌元素。

居民地内外的突出建筑物包括突出房屋、烟囱、水塔、宝塔、教堂、大会堂、纪念碑、纪念像、钟鼓楼、无线电塔等，均应以相应符号准确描绘。

其他地物、地貌元素包括独立树、空场地、土堆、河流、渠道、桥梁、陡崖、路堤、路堑以及穿过城域的铁路等都要表示。其中，地貌元素不仅具有方位作用，同时反映了居民地的地貌特征。

（三）散列式居民地

房屋分散，间距较大，或疏或密，无明显街道，散列分布的居民地称为散列式居民地。散列式居民地主要分布在我国各地的山区、南方的丘陵地区和水网地区。

城市中的机关、学校、工厂、住宅新区，房屋间距较大，排列整齐的房屋也属于散列式居民地，它们的表示方法以及综合取舍原则基本一样。

散列式居民地的主要构成是独立房屋和三五成群连接在一起的小居住区。独立房屋的综合取舍是表示散列式居民地的关键。

散列式居民地中，独立房屋的综合取舍应遵循以下原则：

(1)独立房屋密集的居民地，对于房屋三五成团，连接紧密的房屋可以综合为小居住区（即小街区）表示，其余的房屋应逐个表示。这样仍可以反映房屋的疏密分布特征。但此时必须注意，不能综合过大，否则会失去散列分布特点。

（2）独立房屋比较稀疏的居民地，对村庄外围的独立房屋，包括村口、路旁、河渠边以及远离村庄的独立房屋必须准确表示；村庄内部的独立房屋如果逐个表示有困难可以适当舍去，但不能随便综合。

排列整齐的散列式居民地，仍按上述原则处理，以反映其分布特征。

图6-8（a）表示农村中散列式居民地表示情况，图6-8（b）表示城市中散列分布的房屋表示情况。

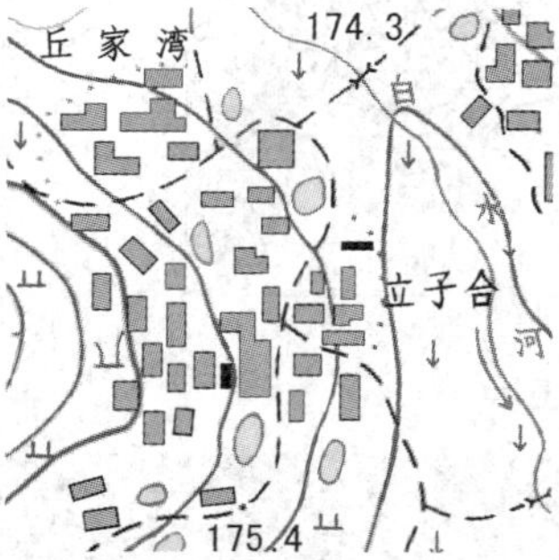

(a) 农村中散列式居民地

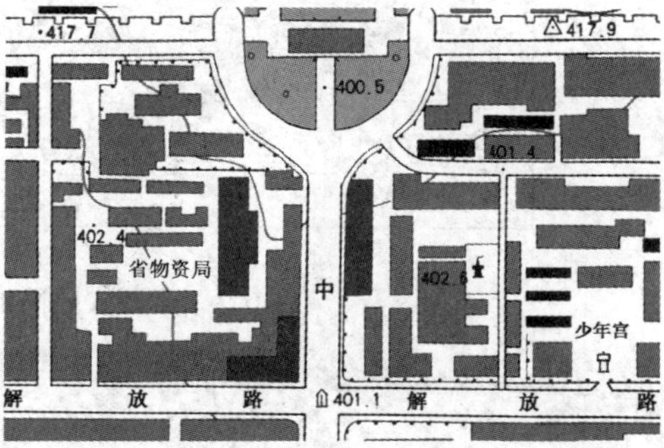

(b) 城市中散列分布的房屋

图6-8　散列式居民地的表示

（四）集团式居民地

房屋毗连成片，而无街道景观的居民地称为集团式居民地。这种居民地不但整个居民点的房屋都连在一起，而且房屋结构几乎为一整体；房屋内部除天井外没有其他空地，进出都是在走廊上穿行，与街区一样；但外围零乱，分布有少量独立房屋，无街道连接。这种居民地主要分布在南方农村平原地区。

调绘这种居民地时，房屋毗连部分以街区表示，可以进行较大的综合；外围独立房屋一定要准确表示，以显示其分布特征。

（五）窑洞式居民地

窑洞式居民地是我国西北、华北等黄土高原地区农村的主要建筑形式之一，这是根据当地的土壤、气候、建筑材料缺乏、经济条件等因素形成的一种具有特殊风格的居住形式，是在坡壁或坑壁上挖成的洞穴式居住场所。窑洞式居民地分为地面上窑洞和地面下窑洞两种。地面上窑洞是指依自然坡壁削坡，然后向里开挖而成的窑洞；地面下窑洞是指在平地上向下开挖一平底大坑，然后向坑壁开挖成窑洞。根据窑洞的分布情况，又可分为散列分布的窑洞和成排分布的窑洞、单层窑洞和多层窑洞，以及窑洞与房屋配合居住等形式，应区分不同情况进行表示。窑洞式居民地的表示，如图6-9所示。

1. 窑洞的判读特征

（1）建在向阳面的窑洞，开挖时削坡的棱线比较清楚，航摄像片的影像为一很小的黑色缺口，这是判读窑洞的较好的特征；但当窑洞被沟壁阴影遮盖时，不易判读，此时应借助立体观察配合其他特征进行判读。

（2）窑洞前一般都有小院或小空地，在航摄像片上呈白色，根据小块白色影像配合周围地形可判读窑洞位置。

（3）黄土地区树木、灌木较少，但大部分窑洞前都种有零星树木或灌木，在像片上呈黑色影像，可以作为判读窑洞的参考特征。图6-10为窑洞地面摄影像片和航摄像片。

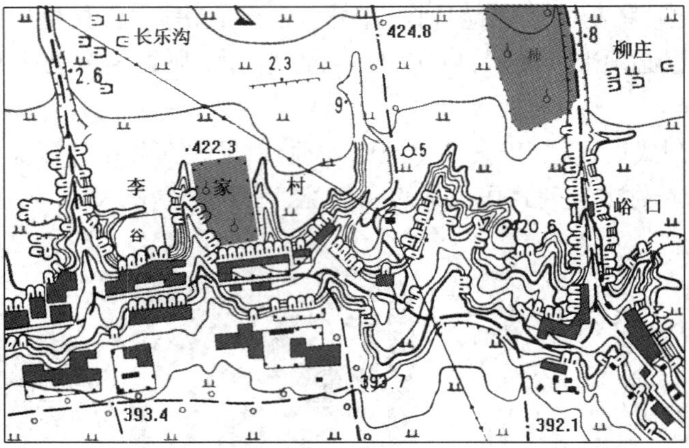

图 6-9　窑洞式居民地的表示

(a) 窑洞地面摄影像片

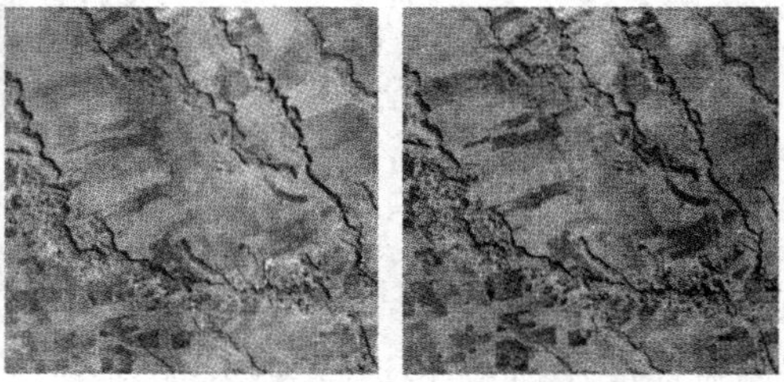

(b) 窑洞式居民地航摄立体像对

图 6-10　窑洞地面摄影像片和航摄像片

2. 地面上窑洞的表示和要求

(1)窑洞的符号要按真方向描绘,一般应与等高线大致垂直,定位点应绘在洞口位置上。

(2)散列分布的窑洞应注意表示外围的分布特征,显示窑洞的分布范围;外围分布的窑洞一般均要表示,不能舍去。居民地内的窑洞不能逐个表示时,在其分布范围内择要表示。无方位意义的零散窑洞一般不表示。

(3)窑洞在一个坡壁上毗连成排,排跨度在图上长度小于 2.6 mm 的,用一个符号表示;图上长度大于 2.6 mm 的,两端符号按真实位置表示,中间按长度并联配置符号。如图 6-11 所示。

(4)在坡壁上呈多层分布的窑洞式居民区,不能逐层表示时,上、下两层按真实位置表示,中间各层按层状分布特点择要表示,如图 6-12 所示。

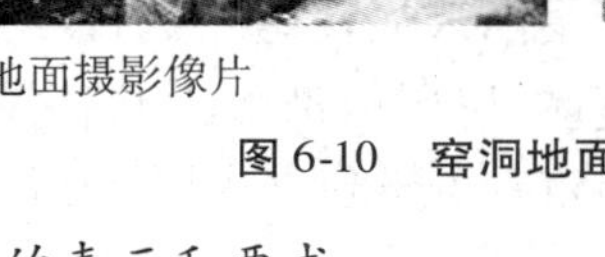

图 6-11　窑洞毗连成排时的表示

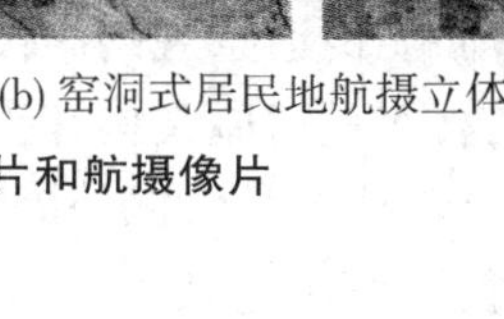

图 6-12　窑洞多层分布时的表示

(5)紧靠街道或双线路的窑洞,应将窑洞符号紧靠双线路或街道边线绘出,虚线路两侧的窑洞与道路符号之间应保持 0.2 mm 间距,如图 6-13 所示。

(6)窑洞居住区内有普通房屋时,应以相应的房屋符号表示,废弃窑洞加注“废”字。

(7)岩石陡壁上的窑洞择要表示,并加注“石”字,著名的应加注名称。用砖石在地面上建成的窑洞式房屋,以房屋符号表示。

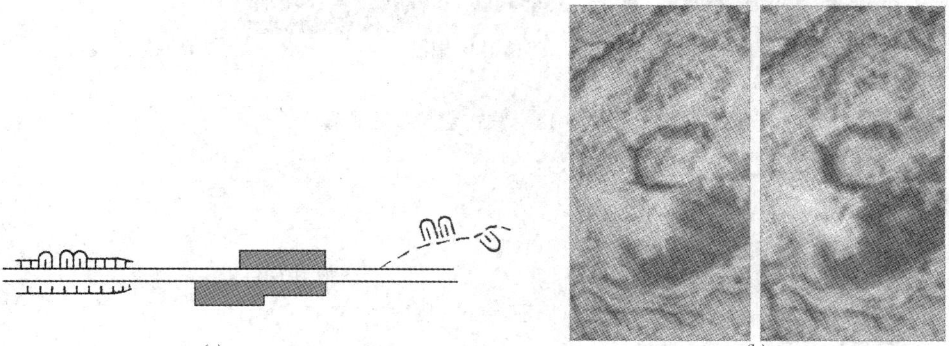

(a) (b)

图 6-13 窑洞与道路的表示关系

3. 地面下窑洞的表示和要求

(1)地面下窑洞的坑壁轮廓在图上小于一个符号时用不依比例尺符号表示,其符号底部表示出入口的坑壁,符号表示在坑轮廓的位置上,如图 6-14(a)所示。

(2)地面上坑口较大能依比例尺表示的地面下窑洞,则沿其坑壁四周表示陡坎(陡坎表示不下时可表示为实线),中间配置窑洞符号(符号垂直于南图廓),如图 6-14(b)所示。

(3)地面上坑口较大,坑口外建有围墙能依比例尺表示的地下窑洞应在坑口外加绘围墙符号,如图 6-14(c)所示。

(4)坑内杂有房屋的地下窑洞,房屋以相应符号表示,如图 6-14(d)所示。

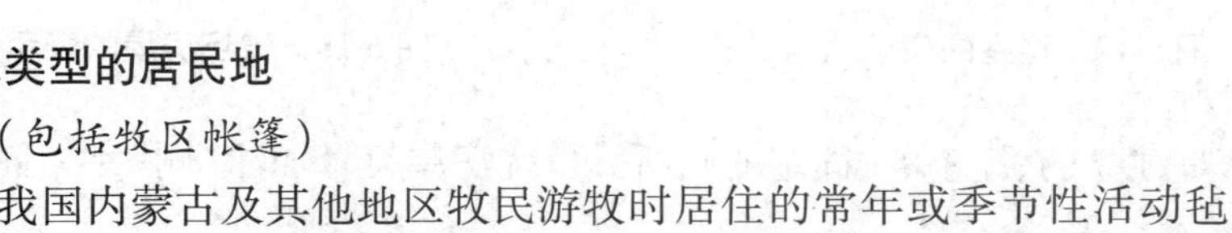

(a) 不依比例尺 (b) 无围墙 (c) 有围墙 (d) 房屋与窑洞混杂

图 6-14 地面下窑洞的表示

(六)其他类型的居民地

1. 蒙古包(包括牧区帐篷)

蒙古包是我国内蒙古及其他地区牧民游牧时居住的常年或季节性活动毡房或帐篷,如图 6-15(a)、(b)所示。在航摄像片上呈灰白色圆点,中央有一黑色小点,立体感比较明显。蒙古包在地物稀少地区具有重要的作用。无论是季节性的或固定的蒙古包均用图 6-15(c)所示的符号描绘。符号表示在驻扎地的中心位置。有名称的应加注名称,季节性的加注居住月份。

2. 棚房

棚房是指有顶棚而四周无墙壁或仅有简陋墙壁的建筑物。与其他房屋连接在一起或街区内的棚房不单独表示;独立的或远离居民地的棚房有良好的方位作用,一般应表示;不依比例尺的棚房仅在地物较少并具有一定方位意义时才表示。其表示符号见图 6-16。季节性

(a) 蒙古包　(b) 牧区帐篷　(c) 蒙古包的表示

图 6-15　蒙古包与牧区帐篷

(a) 依比例尺表示的棚房　(b) 不依比例尺表示的棚房

图 6-16　棚房

使用的棚房和渔村也用此符号表示，并加注使用月份，有名称的注出名称。临时性的棚房不表示。

3. 菜窖、温室、花房

菜窖、温室、花房是有防寒、加温和透光等功能的，供种植蔬菜、瓜果、花卉等喜温植物的房屋或棚房。单个温室、大棚等不论其建筑结构和形式，图上长度大于 2 mm 且宽度大于 1. 5 mm 的依比例尺表示，并加注“菜”、“果”、“花”等简要说明注记；长度小于 2 mm 或宽度小于 1. 5 mm 的和临时性的不表示。但对多个小温室和成群分布大棚，其图上分布范围大于 25 mm^2 的用地类界表示其范围，其内适当配置符号，如图 6-17 所示。

4. 破坏房屋

破坏房屋指受损坏无法正常使用的房屋或废墟。只表示有方位意义的破坏房屋，图上面积小于 1. 6 mm^2 的破坏房屋不表示，但在地物稀少地区不依比例表示。其表示符号如图 6-18所示。

(a) 依比例表示的符号　(b) 成群分布的表示

图 6-17　温室的表示

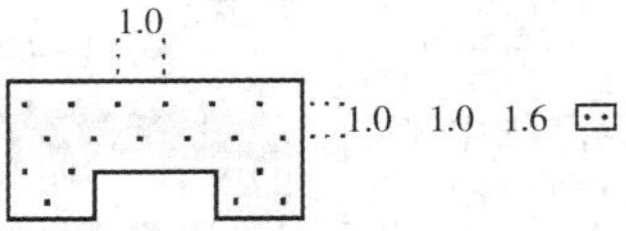

(a)　(b)

图 6-18　破坏房屋的表示

5. 公共厕所

公共厕所是独立的、完整的、固定的厕所。单幢房屋符号加注“厕”字。简陋的不表示。

四、垣栅的调绘

垣栅包括城墙、围墙、篱笆、铁丝网等拦载式建筑物，它们构成了居民地外轮廓的形状，也是居民地与其他地物很好的分界线。城墙不仅具有重要的方位作用，而且是极其珍贵的民族文化的象征，因此调绘垣栅时更要注意城墙的表示。

（一）垣栅的判读

垣栅是线状地物，大多数形体较小，在航摄像片上的影像表现不明显，难于判读出准确的位置；但如果地面背景色调与地物本身色调有较大反差，配合立体观察也能准确判定。对于影像不明显的垣栅，调绘时则应根据实地附近的明显地物补测其位置。城墙形体较大、顶面较宽,在航摄像片上有明显的构像,立体效果也比较明显。围墙的构像为浅色线状,但由于阴影的关系,围墙一侧常常有一条黑色线状阴影,在立体观察时有立体感。

(二)城墙

城墙是指古时遗留下来的,用于防卫绵亘数里或数千里的高大城垣。一般分布在古老的城市周围。万里长城雄伟壮观,也用城墙符号表示。

山寨四周的围墙,其厚度在 1 m 以上,具有城墙一样的防卫功能者,亦按城墙描绘。调绘城墙时应注意准确判定基底内外轮廓线的位置,同时正确区分并按下述要求对城墙各部分及其附属建筑设施进行表示。

城墙底宽度大于图上 1.5 mm 时,依比例尺表示;小于 1.5 mm 时,按不依比例尺符号表示,符号底线表示内侧轮廓线。依比例尺符号将外侧轮廓线向内表示成城垛形式,不依比例尺符号城垛向外侧。城墙上的地物(城门、城楼等)用相应符号表示,符号顶部朝向城外方向。宽度大于符号尺寸的依比例尺表示。有城楼的城门只表示城楼。无城楼的城门以城门符号表示,城门按实际宽度分别用依比例尺或不依比例尺符号表示。有道路连接的城墙通行缺口按豁口符号表示,否则按损坏部分表示。有专有名称的城墙应调注专有名称。城墙的表示如图 6-19 所示。城墙、长城应加注比高。

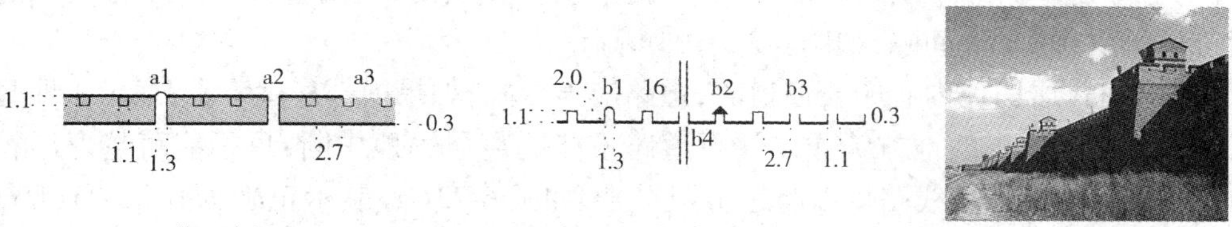

(a) 依比例尺　　(b) 不依比例尺　　(c) 古城墙

a1—城门;a2—豁口;a3—破坏部分;b1—城门;b2—城楼;b3—损坏部分;b4—豁口

图 6-19　城墙的表示

(三)围墙

围墙是指用土或砖、石砌成的起封闭阻隔作用的墙体。在居民地调绘中围墙是经常见到的一种地物。围墙是街道线、居民地外轮廓的一部分,具有可供判读的形态特征,而且还具有防护作用,在地籍图上许多围墙往往成为权属界线,因此它也是地形图上的一种重要地物,应注意表示。

围墙是线状地物,描绘时要求中心线位置准确。居民地外围和院落外围的土墙、砖石墙、土围、垒石围,其高度大于 1.5 m 的均用围墙符号表示;围墙长度在图上小于 5 mm 时,一般不表示。围墙与街道边线重合或间距在图上小于 0.3 mm 时,只表示围墙符号。此时黑色小方块应朝向房屋一侧以保持通道或街道整齐。围墙的表示如图 6-20 所示。高度不足 1.5 m 的矮小围墙,其图上长度大于 1.5 mm 时,可用黑色细实线表示其范围,不绘小方块符号。

旧城堡、山寨上的围墙应视其厚度以城墙或围墙符号表示。

(四)栏栅、铁丝网、篱笆

用木条、铁丝、铁条、竹子、灌木、活树或通电铁丝等组成的起封闭阻隔作用的障碍物。图上长度小于 5 mm 的或高度低于 1 m 的一般不表示。栏栅的表示如图 6-21 所示。通电的铁丝网应加注“电”字。垣栅与街道边线重合时,只表示垣栅符号。

图 6-20　围墙的表示

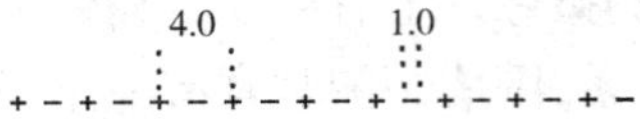

图 6-21　栏栅的表示

五、居民地和其他地物的关系及其表示方法

(一)居民地与道路的关系

(1)单线路或双线路进入街区式居民地时,如果两边街区不等长,此时应在短街区一边补齐街道线,如图 6-22 中①所示。但在任何情况下街道线不能代替铁路,铁路应以其本身符号表示。

(2)双线路进入街区式居民地时,如果一边有街区另一边无街区,则应在无街区一边加绘街道线,以显示街区式居民地的特征,如图 6-22 中②所示。

(3)如果单线路的一边有街区,且街道明显,则应加绘街道线,以街道两端和路相接,如图 6-22中③所示;否则道路可直接通过。

(4)独立房屋紧靠双线路时,以道路边线代替房屋轮廓线表示,如图 6-22 中④所示。

(5)独立房屋紧靠单线路时,房屋符号按真实位置绘出,道路直接从房屋旁边通过,与房屋符号保留 0. 2 mm 间隔,如图 6-22 中⑤所示。

(6)散列式居民地内有明显通道时,道路应连接好;如果内部房屋零乱,通道不明显,道路只绘到能明显绘出的地方为止。注意道路不能远离居民地中断,也不能跨越房屋符号。但在窑洞顶上通过的单线路可以跨越窑洞符号,如图 6-23(a)表示正确,如图 6-23(b)表示不正确。

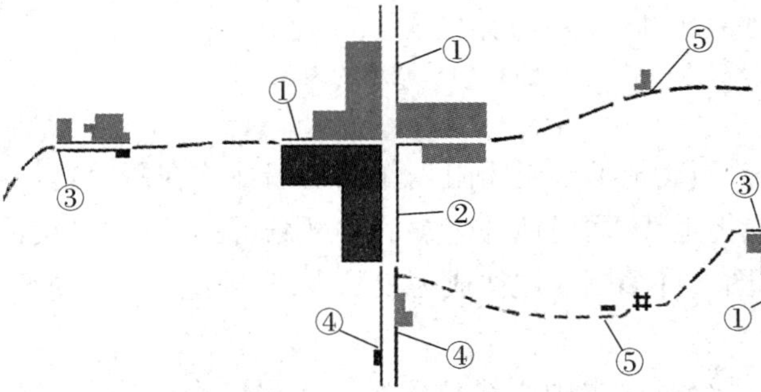

图 6-22　居民地与道路的关系

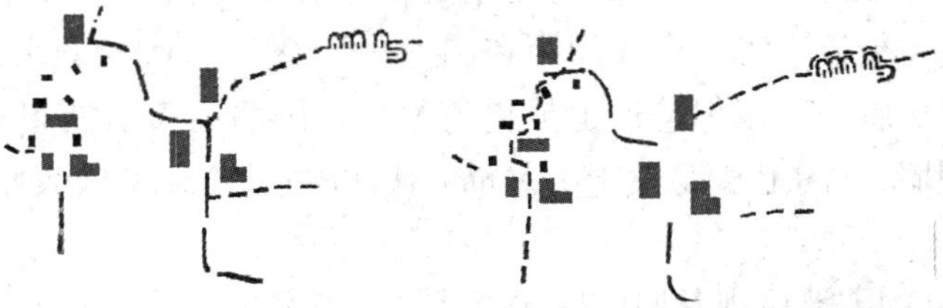

(a) 正确　　(b) 不正确

图 6-23　散列式居民地内道路的表示

(二)居民地与水系的关系

(1)位于河、湖内高架在水面上的房屋,按真实位置描绘;房屋部分伸入水面时,水涯线应绘至房屋符号边缘与房屋轮廓线相接;其他桥梁、道路按实际情况描绘,如图 6-24 所示。

(2)房屋紧靠河、湖岸边,其间无通道时,房屋边线可与水涯线共用;有通道时,房屋应移位表示,如图 6-25 所示。水网地区房屋建成“以河为街”的街区式居民地,其表示方法按上述原则进行。

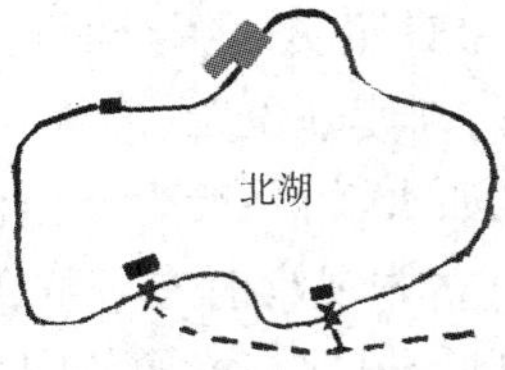

图 6-24　高架在水面上的房屋的表示

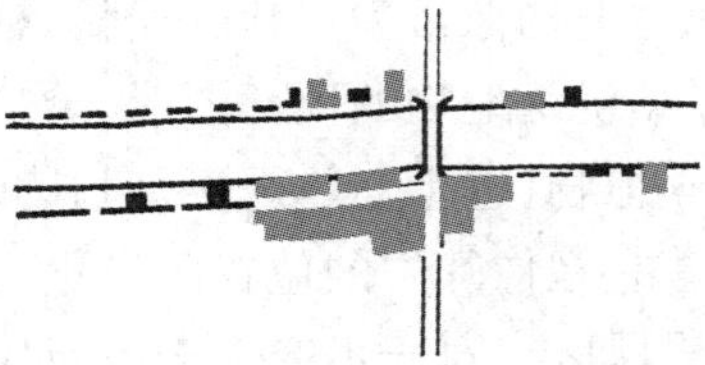

图 6-25　紧靠河、湖岸边房屋的表示

(三)居民地与垣栅的关系

在图 6-26 中:1 指垣栅与房屋边线紧靠时,不绘垣栅符号;2 指垣栅内外均有房屋时,不绘垣栅符号;3 指围墙可以代替街道线绘出,但街道线不能代替围墙;4 指房屋与垣栅的间距大于图上 0. 2 mm 或中间形成通道时,垣栅符号单独表示,垣栅与房屋之间至少留开 0. 2 mm 间距。

(四)房屋与堤的关系

如图 6-27 所示,上面为主要堤符号,下面为一般堤符号。图中所指有以下三种情况:

(1)房屋在堤上时,房屋按真位置绘出,堤的符号断开表示。

(2)房屋在堤坡时,房屋符号仍按真实位置绘出,房屋所在堤的一边,堤的符号断开。

(3)房屋在堤脚时,堤的符号按真实位置绘出,房屋符号紧靠堤的符号绘出。

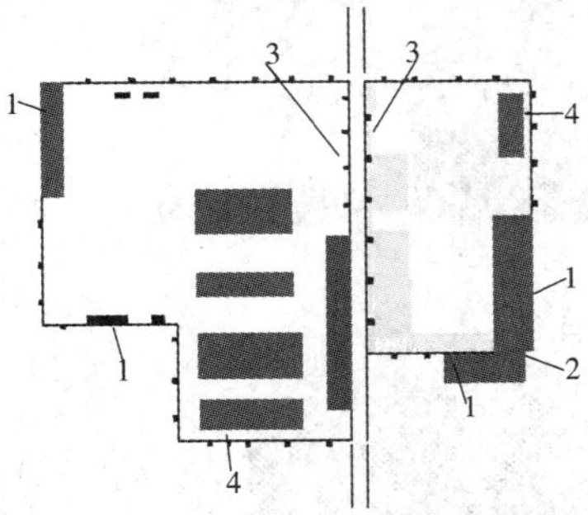

图 6-26　居民地与垣栅的关系

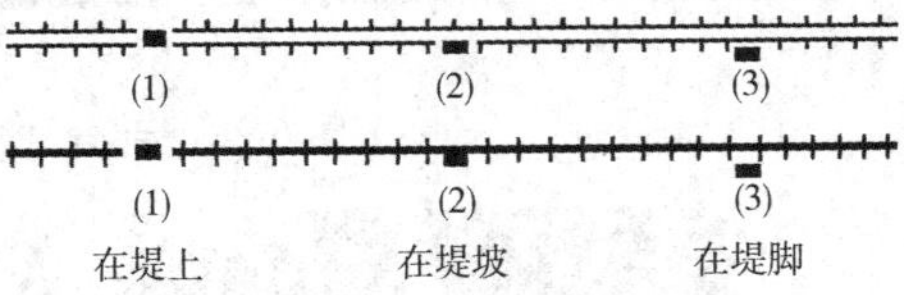

图 6-27　房屋与堤的关系

第三节　工矿建筑物、公共设施与独立地物的调绘

本节把工矿建筑物、公共设施与独立地物简称为独立地物。

独立地物是在形体结构上自成一体而具有特殊用途的独立物体。它具有判定方位、确定位置、指示目标的重要作用。

独立地物依其重要性和本身形态可分为两种:第一种是突出于地面的独立地物,其有明显的立体形态,从远处就能清楚地看到目标,有突出的方位作用,属于第一类方位物,如烟囱、宝塔、独立树等;第二种独立地物只具有平面图形而没有突出于地面的立体形态,但其位置固定、目标明显、易于在平面上识别,如打谷场、水井、桥等,大多数属于第二类方位物。

一、独立地物的判读方法

大多数独立地物都是突出于地面的形体较小或在垂直摄影情况下在像片上构像较小的重要地物,在像片上构像常为点状或线状,难于观察,但在对照实地调绘时可根据其与周围地物的关系,仔细辨认地物的顶部图形、摄影图形和阴影,判读其位置、形状和性质。对于高出于地面的独立地物,进行立体观察是判读的重要手段,如水塔:一般为一白色小圆点,塔体影像的大小随着它在像片中的位置而变化,有黑色阴影,立体观察时有竖立的形态,一般建于平坦地区的居民区。对于不突出于地面的独立地物,只能根据其构像的图形特征、色调来进行推理判断,如打谷场是农村晒、打粮食的场所,地面常以三合土打制或泥土压实,坚实而平整,在航摄像片上呈白色,多为方形(但也有不规则形状),旁边往往有一小房为保管房,较大的打谷场周围有围墙,且常常伴有土圆仓和草堆(跺)影像。综合分析上述情况,就可以得出正确的结论,其他独立地物可根据各自的影像特征采取同样方法进行判读。如图 6-28所示为部分独立地物的图片。图 6-29 所示为独立地物水塔、烟囱在航摄像对上的影像特征。

图 6-28　部分独立地物图片

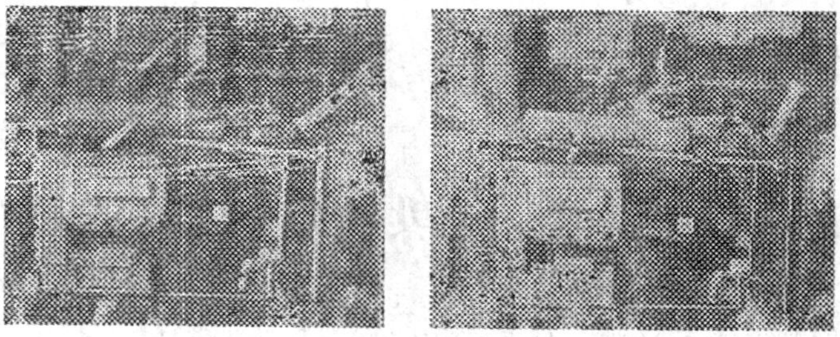

图 6-29　部分独立地物在航摄像片上的影像特征(立体像对)

二、调绘独立地物的基本要求

(一)准确表示

因为独立地物是判定方位、确定位置、指示目标的重要标志,故首先要求独立地物的位置必须准确。不依比例尺表示的独立地物,一般要求用刺点针刺出其中心点的位置,且描绘时刺点中心应与符号中心点严格一致;依比例尺表示的独立地物则要求准确绘出轮廓线位置，像片上无法精确判定位置的重要地物，必要时应采用实测的方法确定。独立地物种类多，要注意准确定性，符号运用无误。

（二）取舍适当

独立地物的区分仍然是相对的，因此在众多的地物中必须进行选择，优先表示最突出的独立地物，从普遍中选特殊。例如：工业地区烟囱很多，此时可舍去部分次要的烟囱，选取高大突出的烟囱表示；而在地物稀少的地区，有些地物也许并不高大，如一棵普通的小树或者一个小水坑，却因为周围地物极为稀少而显得突出，必须表示。这就是选择独立地物的方法。

另外，独立地物的调绘对能够反映地区的经济文化特征的地物要表示出，如科学考察站、电视发射塔、卫星地面接收站、游乐场、大型停车场、飞机场、纪念碑、艺术塑像、文物碑石、古遗址等。

居民地外独立的且不能依比例表示的医院、学校应适当选取用符号表示，凡能依比例表示的应适当注记名称或在其范围内加绘医院、学校符号。

三、独立符号的运用

图式虽然给出了许多符号来表示地物，但毕竟有限，与地面上实际存在的地物种类相比仍然相差很远；尤其是随着时代前进，新的地物又不断出现，在调绘中常常遇到某些地物找不到恰当的符号进行表示，特别是调绘现代化的工厂、矿山，情况就更为复杂，因此要求调绘人员充分理解图式精神，尽量用图式给出的符号去表示各种各样的地物，解决实际存在的丰富多彩的地物表示问题。

符号种类不够用的情况主要表现在独立地物方面，因此这里只讨论独立地物符号的运用问题。

（一）根据独立地物的外形特征选用符号

图式中的许多独立地物符号反映了地物的外形特征，例如烟囱、水塔、宝塔、牌坊、独立树等，并将外形特征相似的独立地物概括成用同一符号去表示，例如钟楼、鼓楼、城楼、古关塞用同一符号表示，彩门、牌坊也用同一符号表示。于是，根据这一方法，在实际调绘中如果遇到某些独立地物在图式中不能找到对应的符号进行表示时，首先可以分析地物形状，地物形状如果接近或者相似于某一图式符号所表示的独立地物，就可以选用这种符号表示，并加注性质说明。例如：

（1）工厂中的塔形建筑物。如石油炼油厂的初馏塔、常压塔、减压塔、沉降塔、蒸发塔、提浓塔、吸收塔，化肥厂的造粒塔、脱硫塔、碱洗塔、再生塔、变换塔，火电厂的散热塔以及钢铁厂的高炉等，都具有形状高大、突出、近似圆筒形的特征，因此都选用塔形建筑物符号并加性质说明进行表示。

（2）矿渣堆、砾石堆，根据其形状与土堆相似的特点选用土堆符号加注性质说明进行表示。

（二）根据独立地物的作用和意义选用符号

有些地物具有类似的作用，但外形不同，例如油库、煤气库、氨水库，既有球形的，也有圆柱形的；另外也有一些地物外形不同但意义相近，如纪念碑、纪念像、纪念塔；还有外形不同但意义和作用都相同的独立地物，如无线电杆和无线电塔以及其他无线电发射或接收设备，这些独立地物也是用同一符号表示。因此，在实际调绘中既要根据独立地物的外形也要根据独立地物的意义和作用选择相似的图式符号。是侧重于外形还是侧重于意义和作用，必须由独立地物的实际情况决定。

（三）根据其他具体情况选择符号

现代工业有许多不同性质、不同形状、不同作用的专用建筑和设备，无论有多少选择符号的原则也很难全部概括，因此在实际调绘中，还必须根据其他具体情况选择比较合理的图式符号进行表示。

如塔形建筑物，图式上规定散热塔、跳伞塔、蒸馏塔、瞭望塔等均用塔形建筑物符号表示，实际上这些地物既没有相近的作用和意义，而且形状的差别也较大，更没有一个所谓标准的塔形建筑物进行比较，要以上述原则去理解是很困难的。因此，有些符号的选择是很近似的，必须在概括的基础上再概括，也就是在不同的基础上还要去寻找相同的条件，这样才能灵活地运用给定的符号去解决作业中的问题。

塔形建筑物这个符号含义很广，实际运用这个符号表示的独立地物也较多。在实际调绘中，凡是高大、突出的独立地物，如果没有规定的专用符号，往往都用这个符号加注必要的说明进行表示。这充分表明了选择符号的原则性和灵活性，其他独立地物符号也可仿此运用。

（四）注意独立地物符号描绘的方向

独立地物符号绝大部分要求按垂直于南北图廓线的正方向描绘，但也有个别符号要求按真方向描绘或者与南图廓线斜角成45°角进行描绘。按真方向描绘的有山洞、泉、打谷场、球场、药浴池、桥、坝、探槽等，石灰岩溶斗符号要求与南图廓线斜角成45°角并符合光线法则进行描绘。

（五）注意独立地物符号描绘的位置

图式对个别独立地物符号描绘的位置作了特殊规定：气象站（台）符号应绘在风向标的中心位置上，厂房面积较小的发电站（厂）符号应绘在主要厂房位置上，面积较大的庙宇符号应绘在大殿位置上，加油站符号应绘在实地油箱位置或储油的房屋上。这些规定主要从实际情况出发，便于从图上确定独立地物的准确位置。

（六）注意图式符号的版本和比例尺

随着建设和本学科的发展，一定时期以后图式、规范都需要修改和补充；不同比例尺成图内容的详尽程度、成图精度都不一样，相应的图式符号的内容以及表示方法也有区别。因此，必须注意使用现行的相应比例尺的图式版本进行描绘。

（七）注意独立地物符号与其他地物符号在描绘时的避让关系

独立地物与其他地物不能同时准确、完整地表示时，处理这种避让关系的基本原则是：中断其他地物符号，或者将其他地物符号移位，保证独立地物符号完整、准确地描绘，符号之间应留开0.2 mm的间距，如图6-30所示。

如果两个独立地物紧靠在一起，符号不能按真位置同时绘出时，应选择其中主要的保持真位置准确绘出，另一个作相对移位。

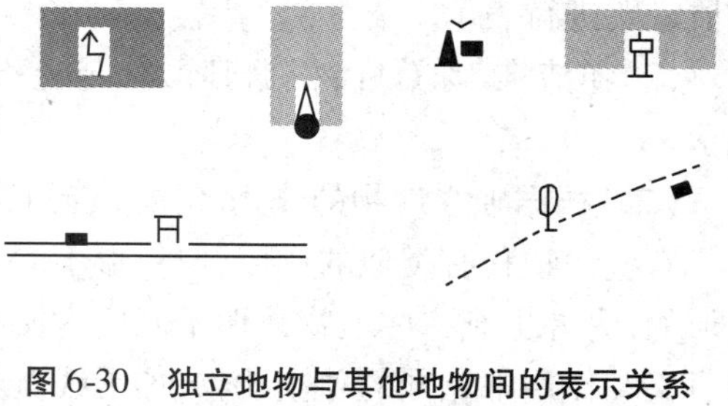

图6-30 独立地物与其他地物间的表示关系

四、部分独立地物的实地摄影像片及其表示方法

（一）纪念碑、柱、墩

如图 6-31 所示，各种比较高大、有纪念意义或具有方位作用的类似物体均用同一符号表示。有名称的加注名称，如“人民英雄纪念碑”。其表示符号如图 6-33（a）所示。北回归线标志塔是在北回归线上建造的标志性塔形构筑物，也用此符号表示，并加注“北”字。

(a) 纪念碑　(b) 纪念柱　(c) 纪念墩　(d) 雕 塑

图 6-31　部分独立地物的实地摄影像片

（二）亭

亭是指花园、公园或娱乐场所供游乐、休息或装饰性的，有顶无墙的建筑物，如图 6-32（a）所示。各种形式的亭状建筑物均用同一符号表示。

（三）钟楼、鼓楼、城楼、古关塞

钟楼、鼓楼是放置大钟（鼓）的古式楼宇，城楼是建造在城门上供远望用的楼宇，古关塞是古时的关口要塞，如图 6-32（b）、（c）所示。

钟楼、鼓楼、城楼、古关塞能依比例尺表示时，以实线表示轮廓，其内配置符号，有专名的要加注名称；否则按不依比例尺符号表示。

(a) 亭子　(b) 钟楼（西安）　(c) 古关塞（雁门关）

图 6-32　亭子、钟楼、古关塞实地拍摄像片

（四）文物碑石

文物碑石是指大型的、具有保护价值的各种碑石及其他类似物体。其表示符号如图 6-33（b）所示。

（五）塑像、雕塑

塑像、雕塑是指具有纪念意义或为美化环境而修建的大型艺术性的雕塑或造型及古代遗留下来的石雕等类似物体，如图 6-31（d）所示。图上表示有方位意义的或特殊意义的，其表示符号如图 6-33（c）所示。

（六）庙宇

庙宇是指佛教、道教活动的寺、庙、庵、洞、宫、观、孔庙、神庙等宗教建筑物。如图 6-34

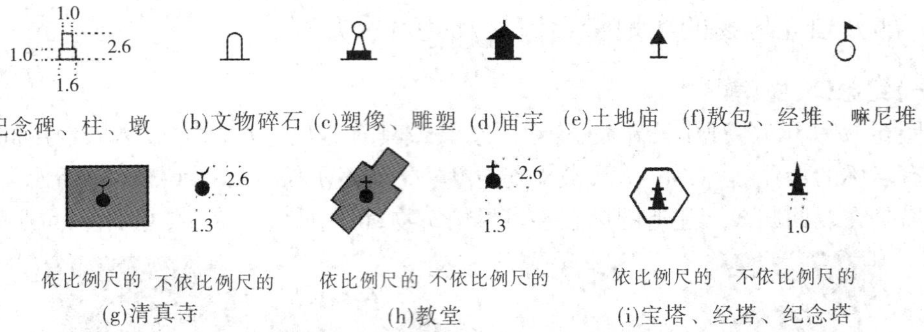

图 6-33　几种独立地物的表示符号之一

庙宇　　成吉思汗庙　　归化寺(云南中缅)

图 6-34

所示为部分庙宇的地面摄影影像。均用同一符号表示。庙宇很大时,符号表示在大殿位置上,并以相应的符号表示外围及内部地物,有名称的加注名称。其他建筑物以相应符号表示,其表示符号如图 6-33(d)所示。已改为其他用处的庙宇不再用庙宇符号表示。土地庙指有偶像或牌位的各种独立小庙。仅表示有方位作用的,其表示符号如图 6-33(e)所示。

(七)清真寺

清真寺是指伊斯兰教举行宗教仪式及礼拜的场所,屋顶上一般设有月牙标志。图 6-35 为清真寺,应按相应规定表示。符号表示在主要建筑物上,依比例尺表示的房屋按真实形状表示。著名的加注名称。其表示符号如图 6-33(g)所示。

教堂如图 6-36 所示。教堂是基督教举行宗教仪式及礼拜的场所。在房屋的最高顶上有十字架作标志。依比例尺表示的教堂,其房屋按真实形状绘出,符号表示在屋顶十字架的位置上。著名的加注名称。在屋顶十字架的位置上加绘相应符号,其表示符号如图 6-33(h)所示。

图 6-35　清真寺

图 6-36　教堂

（八）宝塔、经塔

宝塔、经塔指宗教或纪念性塔形建筑物，如图6-37所示。宝塔、经塔，包括各种相类似的纪念塔均以相同符号表示。依比例尺表示的按真实形状表示轮廓，其内配置符号。有名称的加注名称。其表示符号如图6-33(i)所示

(a) 宝岩寺塔立体像对

(b) 延安宝塔

(c) 琉璃塔(北京香山)

(d) 苏公塔(吐鲁番)

(e) 二七纪念塔(郑州)

图6-37　宝塔

敖包、经堆、嘛呢堆，为少数民族地区简易的进行宗教活动的场所。图上仅表示有方位意义的。其表示符号如图6-33(f)所示。

（九）牌坊、彩门、牌楼

牌坊、彩门、牌楼是指横跨道路，起装饰作用具有纪念意义的单门或多门框架式建筑物。图上按真实方向表示。图6-38为牌坊、彩门、牌楼的实地像片，应按规定表示。

图6-38　牌坊、彩门、牌楼

（十）坟地、公墓

坟地、公墓是指山坡、村庄外的坟墓比较集中的坟墓占地，公墓是具有一定规模的带有经营性质的殡葬用地。图上面积大于25 mm^2 的坟地、公墓用地类界表示其范围，在其范围内适当表示坟地符号。公墓内的建筑物和其他设施用相应符号表示，并加注名称。图上面积小于25 mm^2 的有方位意义的坟地和公墓分别用相应符号表示，如图6-39(a)所示。藏族地区的“天葬场”、傣族的“龙山”也用此符号表示，并加注“天葬”、“龙山”等字。

独立大坟指有明显方位意义的、形体比较高大的坟墓。大的陵墓应表示其范围线，并加绘等高线，有专名的应注出名称，如图6-39(b)所示。

图6-40为几种坟地和古遗迹的地面影像。

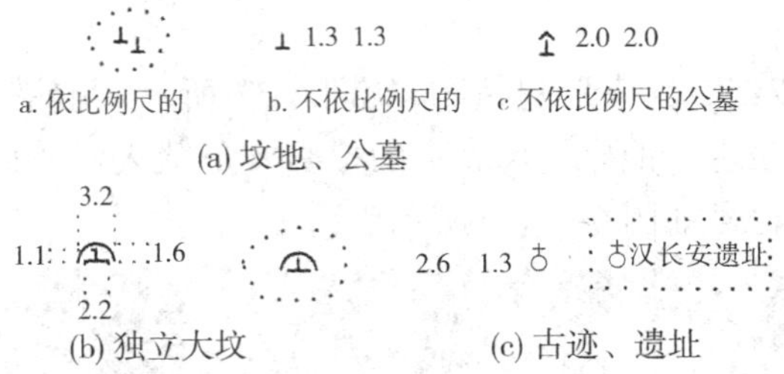

图 6-39

(a) 少林寺塔林　(b) 伊斯兰墓地　(c) 北京八宝山革命公墓

(d) 独立大坟(柳州柳宗元衣冠墓)　(e) 古遗迹　(f) 平型关战役遗址　(g) 圆明园

图 6-40　几种坟地和古遗迹的地面影像

(十一) 古迹、遗址

古迹、遗址是指古代各种建筑物和残留地,如图 6-40(e)、(f)、(g)所示为古遗迹、遗址景观的地面影像。有名称的加注名称,如唐华清池,范围比较大的古遗址用地类界表示,其内不配置符号,只加注遗址名称,如图 6-39(c)所示"汉长安遗址"。

(十二) 旧碉堡、旧地堡

近代战争中留下的,用砖、石、水泥等砌成的近似封闭的矮柱状建筑,四周留有射击孔,通常部分埋在地下的防御工事。图上仅表示位于居民地外有方位意义作用的旧碉堡、旧地堡。如图 6-41 所示为其地面摄影影像。

烽火台,古代用烟火传递信号的高台。烽火台应加注比高。

(a) 碉堡　(b) 地堡　(c) 旧碉堡立体像对

图 6-41　旧碉堡、旧地堡的地面摄影影像

(十三) 塔形建筑物

各种用于散热、跳伞、蒸馏、瞭望等的塔形建筑物,如图 6-42 所示。各种塔形建筑物均用同一符号表示,图上应加注相应的“散热”、“伞”、“蒸馏”、“瞭”等注记。依比例尺表示的以实线表示其形状轮廓,其内部配置相应符号。其表示符号如图6-43(h)所示。

(a) 散热塔　(b) 跳伞塔　(c) 瞭望塔　(d) 蒸馏塔　(e) 造粒塔

图6-42　塔形建筑物

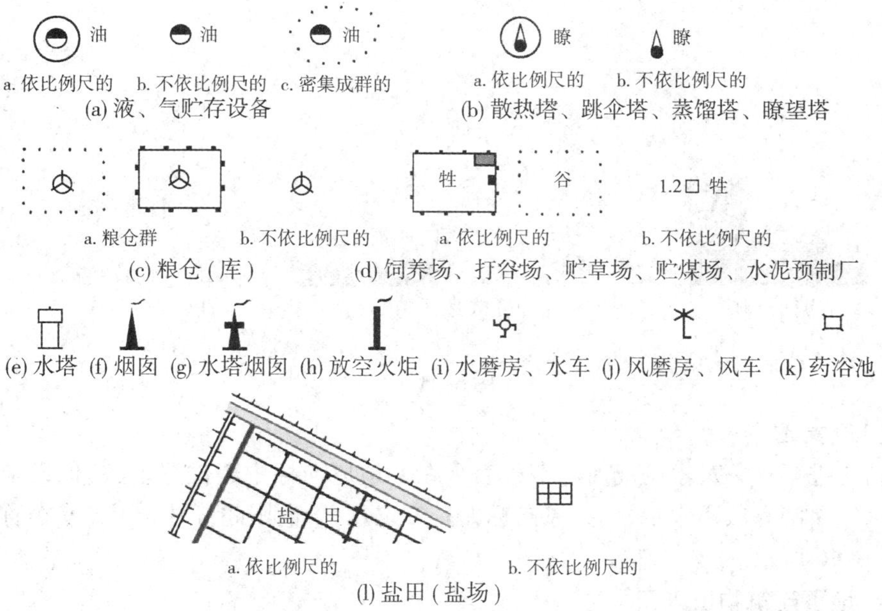

图6-43　独立地物的表示符号之二

(十四)水塔

提供供水水压的塔形建筑物,如图6-44(a)、(b)所示。当实地水塔很多时仅选择有方位作用的,以相应符号表示。其表示符号如图6-43(e)所示。

(a) 锥形水塔　(b) 柱形水塔　(c) 烟囱　(d) 水塔烟囱　(e) 放空火炬

图6-44

(十五)烟囱

排放燃烧废气的中空塔形建筑物,如图6-44(c)所示。烟囱较多时,应选择突出的有方位作用的高大烟囱，以相应符号表示。其表示符号如图 6-43(f)所示。

水塔烟囱指水塔和烟囱合为一体的建筑物，如图 6-44(d)所示。其表示符号如图 6-43(g)所示。

(十六)电视发射塔

电视发射塔是指架设广播电视天线的塔形建筑物。符号表示在电视发射塔的中心位置，并加注塔高，如图 6-45(a)所示。电视发射塔、电视差转台等均用同一符号表示，并加注“电视”、“差转”等注记。电视接收天线不表示。

移动通信、微波传送塔是指发射或接收无线电、微波信号的无线电杆、架、塔设备。图 6-45(b)为微波传送塔地面摄影像片。符号表示在杆、架、塔的位置处，并加注“通信”、“微波”等字。

(a) 电视发射塔　(b) 微波传送塔　(c) 表示符号

图 6-45

(十七)气象站

气象站是进行气象观察的场所。符号表示在实地风向标中心位置上，其他设施按相应符号表示。气象哨一般不表示，但其风向标如有方位意义，也用此符号表示。有名称的加注名称，如图 6-46 所示。

(十八)地下建筑物出入口

地下建筑物出入口是指地下通道、地铁、防空洞、地下停车场等地下建筑物出入口。图上按真实方向表示，符号中的尖端表示入口方向。废弃的防空洞出入口不表示。地铁站需在出入口处适当位置加注站名。

(十九)房屋内的机井

机井房如图 6-47 所示。实地调绘时应绘房屋符号，并用蓝色加注“机”字。

(二十)贮水池

水池、水窖如图 6-48 所示。固定的贮水池、大型水窖均应表示。

图 6-46　气象观测站

图 6-47　机井房

图 6-48　水池、水窖

(二十一)抽水机站

大型抽水机站，应以房屋符号表示，并加注“抽”字。

(二十二)发电厂(站)

发电厂(站)是指以煤、油、水、风、核、潮汐等能源发电的场所。用相应的符号表示内部地物,并加注发电厂(站)名称。当图内不能容纳注记时,可配置符号代替注记,符号表示在主要厂房或发电设备的位置上。核电站和固定的风力发电站、水力发电站分别加注“核”、“风”、“水”字。

(二十三)矿井井口

矿井井口是指地下开采矿物的坑道的出入口。

竖井指垂直地面的上坑道,斜井指斜交地面的土坑道,平硐指平入矿层的主坑道。符号的交叉点表示在主坑道的入口处。在1∶5 000图上,斜井符号的两个直角顶点的中心表示井口位置,表示坑道的两条平行线按真实方向表示,符号尾部朝向坑道内部;平硐符号按真实方向表示在出入口的闸门位置上。

开采的矿井应加注相应的产品名称,如“铁”、“煤”、“铜”、“硫”等。通风井、进水井加注“风”、“水”字。矿上其他地面建筑物用相应符号表示。废弃的矿井较多时,可择要表示。机械化程度低的矿井,以小矿井符号表示。其表示符号如图6-49(a)、(b)所示。

(二十四)探槽

专用于地质勘探的由人工挖掘的沟槽。图上应加注“探”字,图上长度小于5 mm的不表示,如图6-49(c)所示。

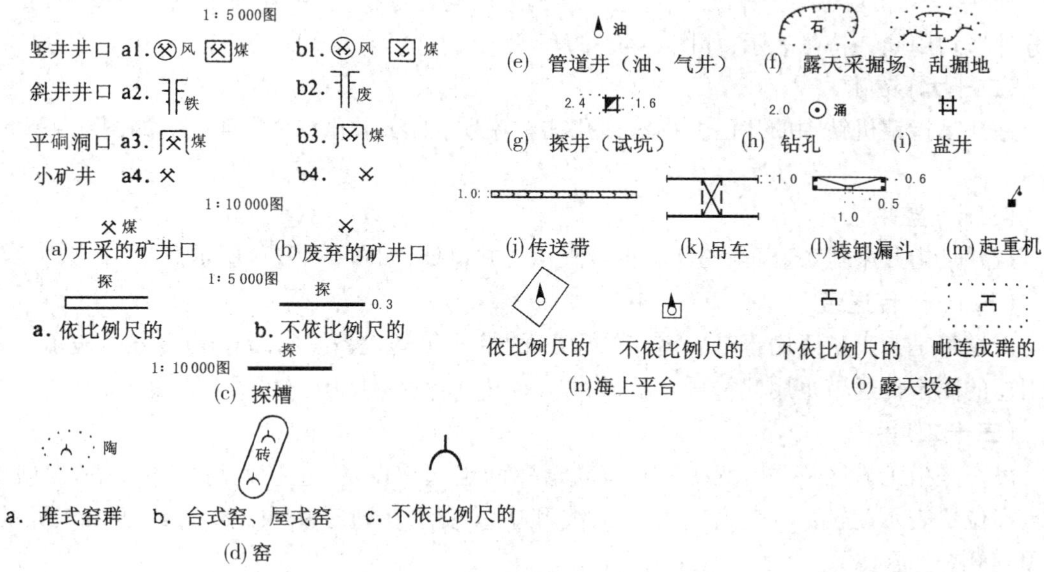

图6-49 独立地物的表示符号之三

(二十五)管道井(油、气井)

管道井(油、气井)指开采石油、天然气等矿产的工业井。如图6-50所示为其地面景观影像。符号表示在井口处,并加注相应的产品名称,如“油”、“气”等字,如图6-49(d)所示。

(二十六)液、气贮存设备

液、气贮存设备指贮存液体、气体的大型容器或建筑物以及有方位意义的其他类似物体,如石油罐、煤气罐、氨水库、贮氧器等。图上应简注贮存物的名称,如“油”、“气”等字。依比例尺表示的贮存建筑物按实地形状用细实线表示出外轮廓,中心位置配置不依比例尺符号。密集时可适当取舍,并用地类界表示范围。图 6-51(a)为球形贮氧容器,图 6-51(b)为煤气柜景观。其表示符号如图 6-43(a)所示。

(a) 油井(抽油井)　(b) 气井

图 6-50　油井(抽油井)、气井

(a) 球状　(b) 罐状

图 6-51　液、气贮存设备

(二十七)露天采掘场、乱掘地

露天采掘场、乱掘地是指露天开采矿物及挖掘沙、石、黏土等场地(包括乱掘地)。陡坎符号表示在挖成明显陡坎的地方,其范围用地类界表示,并加注开采品种说明,如"沙"、"石"、"土"等字。如图 6-49(f)所示。特别凌乱的乱掘地用地类界表示范围,其中适当表示陡坎符号。场地密集不能逐个表示时,保持分布特征择要表示。图上面积大于 4 cm^2 的内业应加绘等高线。图上面积小于的 10 mm^2 不表示,但有方位意义的可适当放大表示。有专有名称的采掘场加注名称。

(二十八)探井(试坑)

探井(试坑)为勘探各种矿床、地层岩性和地质构造等情况,由地面垂直向下挖掘的坑。不分外形均用同一符号表示,如图 6-49(g)所示。

(二十九)钻孔

钻孔是指钻机钻探的孔位。特殊钻孔加注说明,如涌水孔加注"涌"字,如图 6-49(h)所示。

(三十)盐井

盐井是指开采盐矿、卤水的井。符号表示在井口处,如图 6-49(i)所示。

(三十一)传送带

传送带是指工矿区用于有固定支柱(架)的带式传送设备。符号按真实方向表示。其他用途的固定传送带也用此符号表示,如图 6-49(j)所示。1∶10 000 图上不表示。

(三十二)吊车

吊车是指工矿区、车站、码头等具有轨道的固定起重设备(包括龙门吊和天吊)。轨道按真实位置表示,连接两轨道间的交叉线和虚线表示在轨道中央,如图 6-49(k)所示。1∶10 000图上不表示。

(三十三)装卸漏斗

装卸漏斗是指工矿区、车站等装卸矿物的固定设备。小黑块表示漏斗两端的支柱位置,如图 6-49(l)所示,1∶10 000 图上不表示。

(三十四)起重机

起重机是指用于起吊重物的大型机械设备,其表示如图 6-49(m)所示,1∶10 000 图上不表示。

(三十五)窑

窑是指烧制砖瓦、陶器、木炭、炭黑、焦炭、水泥、石灰等产品的场所。用同一符号表示,并加注产品名称，如“砖”、“陶”、“炭”、“灰”等，有方位意义的废窑加注“废”字。

窑场内的其他地物如房屋、烟囱等设施用相应符号表示。堆式窑群当范围较大时，用地类界表示范围；台式窑和屋式窑用细实线表示轮廓，其内适当配置窑的符号。有名称的窑应加注名称。窑群范围较大时应绘出范围并在其内配置窑的符号，如图6-49(d)所示。

(三十六)海上平台

海上平台指海上固定的长期作为开采石油、天然气等矿产的钻井架及作业平台。能依比例尺表示的按实地形状用细线表示，在其内部适当位置配置符号，不能依比例尺表示的按规定符号表示。海上平台应加注相应的产品名称，如“油”、“气”等字，如图6-49(n)所示。

(三十七)露天设备

露天设备是指装置在室外的生产设备，如反应锅、化工的催化、裂化装置、铂重整装置等。毗连成群的可用地类界表示范围，中间配置符号。有名称的加注名称，如图6-49(o)所示。

(三十八)粮站、粮仓

粮站、粮仓是指固定的储备粮食的建筑物。群体分布又不能逐个表示的，用相应符号表示范围，其内配置符号。以房屋作粮食库时，用房屋符号表示，并加注“粮库”注记。其表示符号如图6-43(c)所示。

(三十九)饲养场、打谷场、贮草场、贮煤场、水泥预制厂

饲养场、打谷场、贮草场、贮煤场、水泥预制厂是指较固定的分别用于饲养、打谷、贮草、贮煤等的场地以及水泥预制厂等。以相应的符号表示范围及内部建筑物及设施，并分别加注“牲”、“谷”、“草”、“煤”、“砼预”等。不能依比例尺表示的用相应符号按真实方向表示，一般仅表示有方位意义的。当球场和打谷场兼用时，以球场表示。临时性的不表示。其表示符号如图6-43(d)所示。

(四十)放空火炬

放空火炬是指燃烧石油及化工生产中产生的可燃烧气体的塔形或管形设施，如图6-44(e)中所示。其表示符号如图6-43(h)所示。

(四十一)水磨房、水车

水磨房、水车是指以流水为动力用以磨粮、抽水的固定装置。符号表示在水车的位置上。水磨房、水车很多时，选择有方位意义的表示。其表示符号如图6-43(i)所示。

(四十二)风磨房、风车

风磨房、风车是指以风力为动力，用以磨粮或发电的固定装置。符号表示在风车位置上。其表示符号如图6-43(j)所示。

(四十三)药浴池

药浴池是在草原地区专门修筑的、专供牲畜涉过的盛有消毒液的池子，供牲畜消毒防疫使用，如图6-52所示。在人烟稀少的草原上有良好的方位作用。按图式规定符号以真方向表示。其表示符号如图6-43(k)所示。图6-53为药浴池地面摄影立体像对。

(四十四)盐田、盐场

盐田、盐场是指在海边利用海水晒盐和在内陆挖凿盐池、盐坑提取卤水制盐的场所。面积较小的用不依比例尺符号按真实方向表示，大于不依比例尺符号尺寸的依比例尺表示。各种形状的分格线按实地堤、田埂疏密程度和规划特征表示。有名称的加注名称，无名称的

图 6-52　药浴池地面影像

图 6-53　药浴池地面摄影立体像对

加注“盐田”。

盐田内的沟渠、堤等其他地物则用相应符号表示。内陆盐地、盐坑无堤或无沟的用地类界表示其范围，加注“盐田”二字。

（四十五）水产品养殖场

水产品养殖场是指基于海水环境中的动植物养殖场。以地类界表示范围，内注水产名称，如“紫菜”、“珍珠”、“海带”等。

（四十六）积肥池

积肥池是指用于积肥的池子、粪池、沤池等。图上仅表示居民地外坚固的较大的积肥池。积肥池密集时用地类界表示分布范围，其内适当配置符号。氨气池、沼气池也用此符号表示，并分别加注“氨”、“沼”字。

（四十七）学校

学校是指专门进行教育的机构及场所，分大学和中、小学。用相应符号表示内部建筑物及设施，并分别加注名称。当图内容纳不下名称注记时，可用符号代替名称注记，符号表示在主要建筑物上。

（四十八）医院

医院是指专门进行治疗和护理病人的具有一定规模的正式医疗服务场所，不包括医疗点等。用相应符号表示内部建筑物及设施，并加注名称。当图内容纳不下名称注记时，符号表示在主要建筑物上。

（四十九）医疗点

医疗点是指提供简单医疗服务的场所，如医务室、医疗站、急救站等，不包括医院。图上仅表示街区外独立的医疗点。

（五十）体育馆、博物馆、科技馆、展览馆

体育馆、博物馆、科技馆、展览馆是指用做各种室内体育运动并备有体育设施的，或征集、保藏、陈列和研究代表自然和人类活动的实物，并为公众提供知识、教育和欣赏的，或专供举办各种展览活动的管所。各种综合性的体育馆、科技馆、博物馆、展览馆均用此符号表示，并注出名称。名称注记注不下时，应注出简注“体”、“科”、“博”、“展”等。

（五十一）露天体育场、网球场、运动场、球场

各种无盖体育运动场所，分有看台和无看台两种。有看台的按看台上下轮廓表示，并加注名称。符号中的虚线表示出入口的位置。无看台的按跑道实际位置表示，并加注“体育场”。网球场、小型运动场、溜冰场、球场在其轮廓线内加注“网球”、“运动场”、“溜冰”、“球”字。

（五十二）游泳场（池）

游泳场（池）是指固定的专供露天游泳的场所。加注“泳”字。大型游泳场亦可以注出名称。

（五十三）垃圾场

垃圾场是指固定的集中进行清理或堆放、填埋垃圾的场所。用相应符号表示范围及内部建筑物及设施，并加注名称注记，无名称的加注“垃圾场”。

（五十四）水文站

水文站是指测验河、湖、水库及沿海海域水位、流速、流量及含沙量等水文数据的场所。其符号表示在水尺位置，有名称的加注名称，无名称的注“水文”。水位站、流量站、验潮站分别加注“位”、“量”、“验”字。其基点等级水准联测的，符号改用以水准点符号加分式注记表示；用其他方法测定高程的，用特殊高程点符号加分式注记，如$\left(\frac{\text{水文}}{78.3}\right)$表示。水文、水位等站的房屋以相应的房屋符号表示。

（五十五）地震台

地震台是指进行监测和处理地震信息的场所。用相应的符号表示内部地物，并加注名称，当图内容纳不下说明注记时，可用符号代替说明注记，符号如图 6-54（a）所示，表示在观测台（站）上。

（五十六）天文台

天文台是指进行天文观测的场所。用相应的符号表示内部地物，并加注名称。当图内容纳不下说明注记时，可用符号代替说明注记，符号如图 6-54（b）所示，表示在观测台上。

（五十七）环保监测站

环保监测站是指进行环境污染监测、环境保护的测站包括地表水、大气、酸雨、噪声、土壤、放射性等项监测。凡地表有固定点位，且有监测设施的监测站（点）均用如图 6-54（c）所示符号表示，并加注相应的简注，如“大气”、“酸雨”、“噪声”等字。

（五十八）科学试验站

科学试验站是指进行各种科学试验的场所。用相应的符号表示内部地物，并加注专有名称注记。当图内容纳不下说明注记时，可用符号代替说明注记，符号如图 6-54（d）所示，表示在主要建筑物上。

(a) 地震台 (b) 天文台 (c) 环保监测站 (d) 科学试验站 (e) 卫星地面接收站 (f) 露天舞台、观礼台、检阅台

图 6-54

（五十九）卫星地面接收站

卫星地面接收站是指地面跟踪卫星轨道或接收卫星发回数据的科学测站。用相应的符号表示内部地物，卫星地面站符号如图 6-54（e）所示，表示在主要建筑物上。

（六十）露天舞台、观礼台、检阅台

露天舞台、观礼台、检阅台是指便于观众观看的高出地面的场所。图上面积大于 20 mm^2 的依比例尺表示，并加注“台”字，如图 6-54（f）所示。图上面积小于 20 mm^2 的不表示，1∶10 000 图上不表示。

（六十一）柱廊

柱廊指由支柱和顶盖组成，供人通行的走廊。符号中的小圆圈代表支柱，在两端和拐角处按实地位置表示，其余可适当配置，如图 6-55 所示。图上长度小于 5 mm 的不表示。

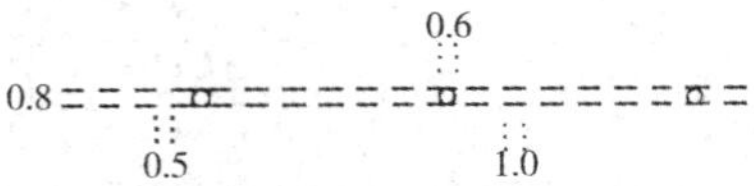

图 6-55　柱廊的表示

(六十二)建筑物下的通道、门洞、下跨道

建筑物下的通道、门洞、下跨道的表示如图 6-56 所示。

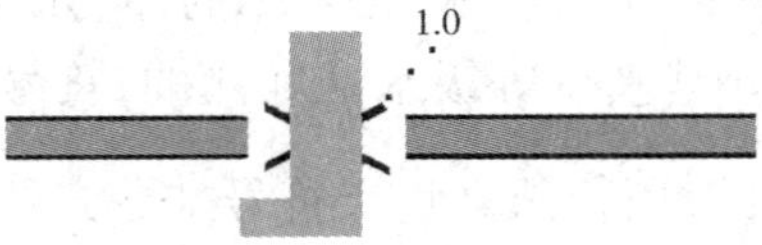

图 6-56　通道、门洞、下跨道的表示

(六十三)台阶

台阶是指砖、石、水泥砌成的阶梯式构筑物。房屋、河岸边、码头及大型桥梁等地的台阶均用此符号表示,图上长、宽大于符号尺寸的依比例表示,图上长度小于 2 mm 的可不表示。

(六十四)岗亭、岗楼

岗亭、岗楼是指用于值岗警卫的亭楼。固定的交通岗亭、警卫亭、警卫楼均用此符号表示。比例尺大于 1∶10 000 时需表示。

(六十五)假石山

假石山是指在公共场所建造的一种山状装饰性设施。能依比例表示时,用地类界表示其实地范围,其内配置符号,图上面积小于符号尺寸的不表示。比例尺大于 1∶10 000 时需表示。

第四节　交通线路及其附属设施的调绘

交通线路是进行物资交流、搞活经济以及人们从事生产劳动、进行社会交往、出外旅游等的重要条件,对发展国民经济建设有十分重要的作用。交通线路分为陆上道路、水上航道和航空线路三种。但道路的情况更复杂,地形图上必须按照有关规定仔细的调绘。本节主要讲述道路及其附属设施的调绘。

陆上道路的共同特性是呈网状分布,起着连接居民地的作用,在航摄像片上的构像为白色或灰色带状影像。铁路在航摄像片上的构像是中间为灰黑色,两侧为白色的带状影像,无明显的转折点,转弯处曲率半径较大,形成圆滑的曲线;立体观察时不易察觉其坡度变化;有造型正规的附属建筑物和立交桥,如为电气化铁路,则路基旁有等间隔排列的电杆,明显易判。公路的影像色调与铺面材料有关,沥青路面为灰色至深灰色;其他铺面材料如水泥、砾石、碎石等为白色;雨后摄影的影像色调较深。机耕路、乡村路、小路在航摄像片上的色调一般为白色或灰白色,但其弯曲形态和路面宽度与铁路、公路有明显区别,且基本上没有附属建筑物。

道路一般可分为铁路、公路、城市快速路、机耕路、乡村路、小路、内部道路等七种。图 6-57 为道路影像的航摄立体像片,铁路、公路、机耕路、小路在像片上均有构像。

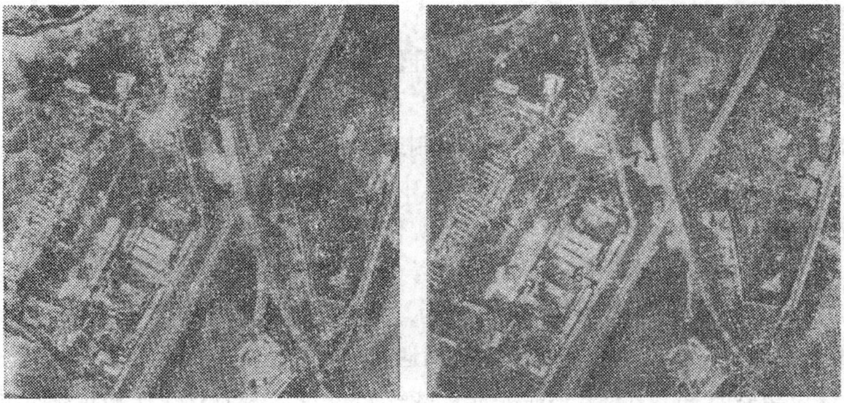

图 6-57　道路影像的航摄立体像片

一、调绘道路的基本要求

(1)在调绘中要正确区分道路的类别和等级,以显示不同道路的不同作用和通行能力,以及受天气季节影响的情况。

(2)道路的位置要准确,即道路应依实地位置在像片上准确描绘,道路的中心线不能移位,各种附属建筑物和附属设施均应准确表示,尤其是乡村路和小路,在影像不清楚时必须仔细判绘,不允许有较大的移位,更不能无中生有。

(3)道路的取舍要合理、恰当,主要是指对小路、乡村路。机耕路的取舍应能突出道路的重要作用并反映道路的分布特征。

(4)注意表示道路两侧的地物、地貌,因为道路两侧的地物、地貌,与处于其他位置时相比较,有更重要的方位目标作用。

(5)道路与两侧地物、地貌的关系应交代清楚,如道路跨过河流、沟谷,道路通过山坡、山脊,道路进入居民地,道路与道路相交等,均应按规定进行连接并调绘相应的交叉建筑物。

(6)各种数字和文字注记要正确。

二、铁路

铁路在各类道路中是最重要的起骨干作用的一类道路,铁路运输也是国家最重要的运输方式,因此必须准确细致地进行调绘。

铁路符号无论在任何情况下(除遇独立地物外)都要完整绘出,铁路通过居民地时,靠近铁路两侧的房屋可移位表示,以保证铁路符号位置准确。

铁路在航摄像片上的影像特征十分明显,易于判读,因此调绘铁路主要是区分铁路类别,调绘铁路沿线的附属建筑物和附属设施。

铁路是通行火车或其他轨道机车的道路。按铺设轨道的路线数、轨距以及机车的动力牵引方式区分为单线铁路、复线铁路、电气化铁路、窄轨铁路和轻便铁路五个类别。

(一)单线铁路

单线铁路指在路基上铺设一条标准铁轨(轨距为 1.435 m)的线路,其表示如图 6-58(a)所示。

（二）复线铁路（双线铁路）

复线铁路指在一条路基上铺设有两条标准轨线路的铁路。

双线铁路与单线铁路，调绘时应注意区分。不能把双线铁路绘成单线铁路，更不能把单线铁路绘成双线铁路。当双线铁路因地形限制或其他原因中途分开成两条单线铁路时，如果不能分别用单线铁路符号绘出，则应选择其中一条线路用双线铁路符号准确表示，另一条不表示。如果能分别用单线铁路符号绘出真实位置，则应以单线铁路符号分别表示，但两条线路间距不应小于0.3 mm；不绘双线铁路符号。当不能按真实位置分别表示两条线路时，以两条标准轨的几何中心为准用相应符号表示，如图6-58(b)所示。

如果不是双线铁路，有时两条单线铁路相遇，彼此平行而不能各自绘出符号，应各自稍向外移位，仍以单线铁路表示，决不能绘成双线铁路符号。因为双线铁路是指火车在两地之间可以同时对开的铁路，上述情况如果绘成双线铁路显然是错误的。

（三）电气化铁路

电气化铁路指以电力作为机车动力的铁路（包括单线或双线铁路）。电气化铁路可从铁路上方是否有专供火车机车使用的电力线进行判定。单线或双线铁路以图式规定的相应符号表示，电气化铁路则在相应铁路符号上（将符号断开）加注“电”两字。

（四）窄轨铁路

窄轨铁路指轨距窄于标准轨距的铁路。这种铁路多为未经改建的老铁路或地方性铁路，已不多见。仍分为单线或双线以图式规定的窄轨铁路符号表示，如图6-58(d)、(e)所示。临时性的不表示。

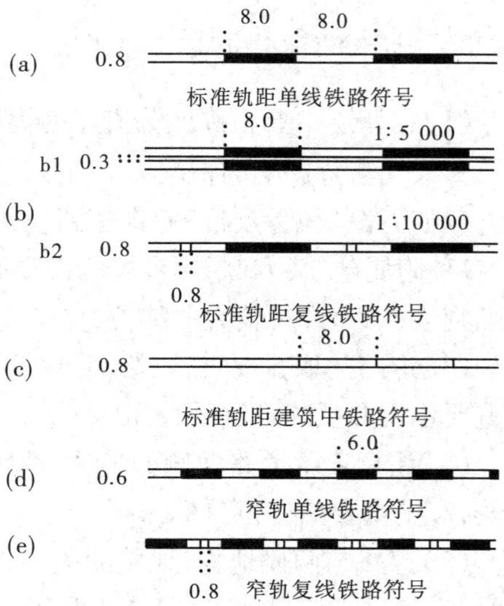

图6-58　铁路的表示

（五）简易轨道（轻便铁路）

简易轨道（轻便铁路）一般指工矿区内部供机动牵引车、手压机式手推车行驶的固定小型铁路。路基只经过简单修建，铁轨既轻又窄，运载量不大。长期固定的轻便铁路用规定符号表示。临时性的不表示。

（六）建筑中的铁路

建筑中的铁路是指正在修建中的、其路基已基本成型的铁路线路，不分复线或单线均用如图6-58(c)所示符号表示。其附属建筑物，已定性的用相应符号表示，未定性的不表示。

（七）其他铁路及与铁路性质相近的运输线路

除上述几种类别的铁路外，与铁路性质相近的运输线路应注意调绘表示。

1. 地铁

城市中铺设在地下隧道中高速、大运量的用电力机车牵引的铁道，个别地段由地下连接到地面的线路也视为地铁，其表示如图6-59所示。

2. 磁浮铁路、轻轨

磁浮铁路、轻轨均为封闭运行的快速轨道交通线路。磁浮铁轨是专供采用磁浮原理的高速列车运行的铁路。轻轨是指城市中修建的高速、中运量的轨道交通客运系统。其均用

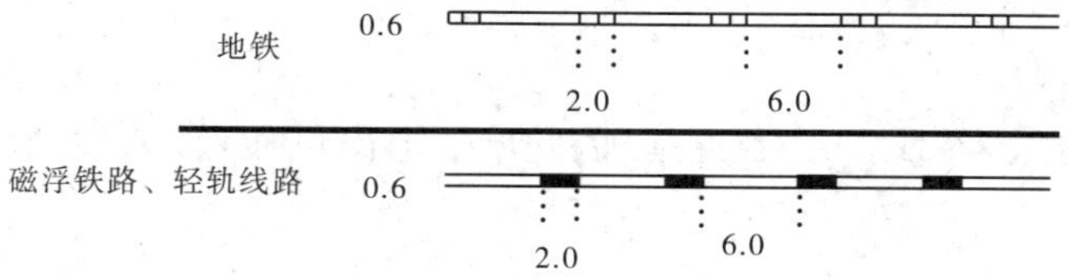

图 6-59　地铁的表示

图 6-59中符号表示,磁浮铁轨加“磁浮”简注。轻轨(或磁浮)列车停靠及乘客上下车的场所(轻轨站)用相应地物符号表示,并加注专有名称注记。

3. 缆车道

缆车道是指在陡坡上铺设铁轨,利用电力以钢缆牵动车箱沿轨道上下行驶的一种运输车道。主要供在山坡上运送行人或货物使用。一般线路不长,机房在上,上、下都有行人或货物进出的小房。调绘时缆车道用轻便铁路符号表示,临时性的不表示。上、下小房用相应房屋符号表示。其表示如图 6-60 所示。

4. 架空索道

架空索道是指用于跨越河流、山谷和地面障碍物、用绞车牵引钢缆在支架上空运物质或人员的一种钢缆线运输设备。它是将钢缆装置在高架上,在跨越地段的两端用钢筋水泥墩固定;吊运物体用滑轮挂钩悬吊在钢缆上,以电为动力,用另一根钢缆牵动吊运物体来回运输。图上只表示固定的,两端的支架位置应判绘准确,按实地位置用圆点表示,中间配置表示。其表示如图 6-60 所示。

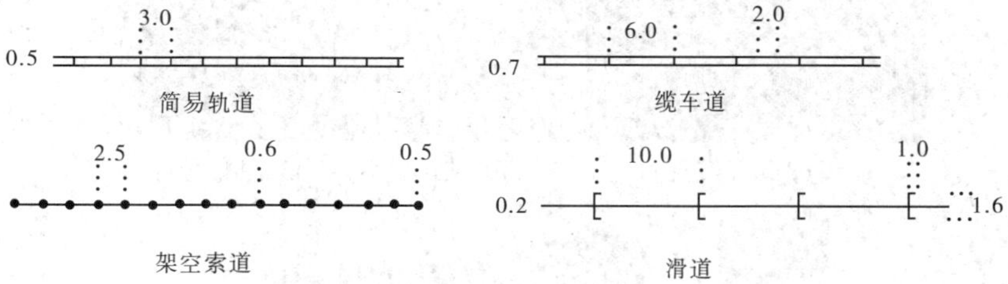

图 6-60　架空索道、滑道的表示

5. 滑道

滑道是指在山谷或山地斜坡上建设或挖凿的供滑行运输用的槽子。它直通山脚或河流,用以运送木材、矿石等。符号上“⊔ ”形的缺口朝上坡方向,底线垂直于路线。其表示如图 6-60所示。

(八)铁路附属设施

1. 火车站

火车站是铁路上指挥调度车辆和人员、货物集散的场所。需要调绘的地物较多,尤其是大型火车站更是繁杂,必须细心判绘。

车站内的房屋,如售票房、候车室、高架候车室、检车室、巡道房、机车库、仓库等,不区分用途和建筑材料一律按实际情况以房屋符号表示。房屋的综合应能反映其分布特征。火车站的站名必须调注,如“郑州站”。车站内的站台、货台以及车站广场不单独表示,但站台和货台上的房屋(包括棚房),广场上的塑像、喷水池等独立地物应按相应符号表示。会让站有名称的也应注记。

2. 地下道出入口

地下道是输送旅客出站的主要通道,因此地下道出口和入口应以地下建筑物出入口符号表示。

3. 天桥

天桥是指车站内横跨轨道供人行走的桥梁。图上按真实方向表示,符号两端为实地天桥两头的位置。在车站内高架于站线之上,用于输送旅客进入站台的桥形建筑物,在站内目标明显并具有十分重要的作用,须按规定符号表示,如图 6-61(e)所示。

4. 站线

站线是指在车站内提供给列车过站、会让、停留使用的全部轨道线,是站区内分出的铁路岔线。因此站越大,来往列车越多,站线越多。较大的编组站,站线多大几十条,其分布范围也比较大,在航摄像片上的影像特征很明显,易于判绘。

调绘时如果能按符号规格全部表示则逐条绘出;不能全部表示则将外侧站线准确绘出,中间站线均匀配置,但站线间距不应小于图上 0.5 mm。

5. 机车转盘

机车转盘是提供给机车转换方向的设备。它的主体部分是一个铺设有多条轨道可以转动的大圆盘;当需要转换方向的机车驶入圆盘时,圆盘转动到所需的方向,机车即可进入新的轨道,如图 6-61(a)所示为机车转盘地面景观摄影影像。机车转盘是火车站的重要附属设施,必须注意表示。

(a) 机车转盘　(b) 车挡　(c) 矮柱信号灯

(d) 高柱信号灯　(e) 天桥　(f) 水鹤

图 6-61　火车站内的设施图片

6. 车挡

车挡是指铁路支线终点设置的拦载物。它不仅有挡车作用,也可在设计新线路时考虑接头用。调绘时不区分拦载物形状、大小以及材料性质,均用同一符号表示。

7. 信号灯、柱(机)

信号灯、柱(机)是指铁路上设置的用灯光或其他信号指示火车能否通行的设备,是良好的夜间方位目标。图上只表示站线外有方位作用的信号灯、柱。

8. 水鹤

水鹤是指供机车注水的设备。在 1∶10 000 图上不表示水鹤。

火车站各项调绘元素的表示方法如图 6-62 所示。

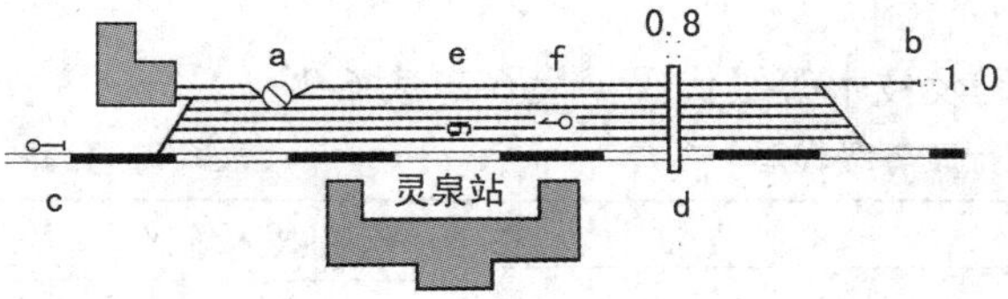

a—机车转盘；b—车挡；c—信号灯、柱；d—天桥；e—站线；f—水鹤

图 6-62　火车站的表示

三、公路

公路是连接城乡、输送货物和旅客、发展国民经济的重要通道，调绘时必须全部表示，不得舍去。公路在航摄像片上的影像特征比较明显，不难判读：但公路与等外公路、等外公路与机耕路有时难以区分，应注意调查分析。沿公路调绘时应注意表示路堤、路堑、桥梁、涵洞、行树、隧道等附属地物。公路两侧的地物也应着重表示。公路进出居民地以及和其他地物之间的关系应交代清楚。

（一）高速公路

高速公路指具有中央分割带、多车道、立体交叉、出入口受控制的专供汽车高速行使的公路。其路基质量高，路面宽，坡度小，转弯少且转弯半径大，附属建筑物和附属设施完整，管理质量高，全封闭或半封闭，可供汽车分道昼夜高速行驶的公路。这里所指的附属建筑物和附属设施包括桥梁、涵洞、排水沟渠、隧道、立交桥、隔离绿化墙、分道隔离墩、加油站、监管站、道班、路标、信号以及照明等建筑物和设施。能适应汽车每小时 120 km 或更高的速度行驶。

高速公路是我国为适应国民经济建设发展起来的一种具有现代化设施的重要道路，应注重表示，如图 6-63 所示。

对于已基本形成路基的建筑中的高速公路，用相应符号表示。

（二）等级公路

等级公路是指路基坚固，路面质量较好，附属建筑物和附属设施较完善，晴雨天均能通行汽车的道路。判定路基是否坚固，主要是看路堤和路堑是否坚固，排水沟、涵洞是否完善。公路的铺面材料一般有水泥、沥青、碎石、砾石等。铺面宽是指铺装路面材料的宽度，即行车部分的宽度。路面宽度是指公路两侧行树之间的距离，若无行树则是指两侧排水沟内侧边缘之间的距离。公路的宽度是指公路路基宽度。

公路按其行政等级分别用相应的国道，省道，专用公路，县道、乡道及其他公路符号

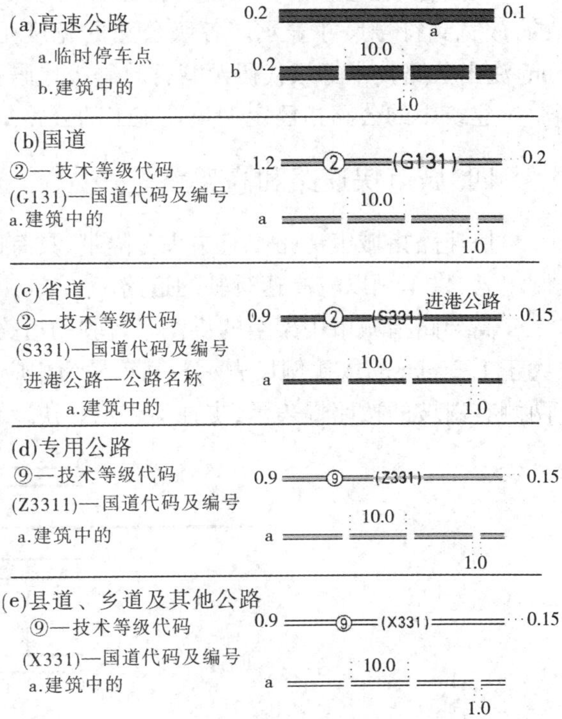

图 6-63　各级公路的表示

表示，如图6-63(b)、(c)、(d)、(e)所示。

公路行政等级代码及技术等级代码见表6-1、表6-2。

表6-1　公路行政等级代码

公路行政等级	代码
国道	G
省道	S
县道	X
乡道	Y
专用公路	Z
其他公路	Q

表6-2　公路技术等级代码

公路技术等级	代码
一级公路	1
二级公路	2
三级公路	3
四级公路	4
等外公路	9

国道指具有全国性的政治、经济、国防意义，并确定为国家级干线的公路；省道指具有全省政治、经济意义，连接省内中心城市和主要经济区的公路以及不属于国道的省际间的重要公路；专用公路指专供特定用途服务的公路；县道、乡道及其他公路指连接县城和县内乡镇的，或国道、省道以外的县际、乡镇际的公路。

等外公路是指路基不很坚固，路面只经过简单的修筑，质量较差，只有主要的附属建筑物，如主要的桥梁、涵洞，附属设施如道班、里程碑、路标等很少，甚至没有。

等外公路大都是沟通县、乡、村，直接为农业、林业或工厂、矿山运输的支线公路，汽车流动量不大，会让车困难。

农村修筑的规划路，若路基质量较好，能通汽车的可用等外公路符号表示，并加注"土"字。

调绘各级公路时，各级公路宽度在图上大于符号尺寸的，依比例尺表示；小于符号尺寸的，放宽到符号尺寸表示。各级公路的宽度是指公路路基上沿的宽度。图上每隔15～20 cm注出公路技术等级代码及其行政等级代码及编号。

建筑中的公路指已定型正在施工的公路。分别以相应级别符号虚线表示。

四、城市快速路和高架路

快速路指城市道路中有中央分隔带、具有四条以上车道、全部或部分采用立体交叉与控制出入，供车辆以较高速行驶的道路。

高架路指城市中架空的供汽车行驶的道路。图上宽度小于1.2 mm的按1.2 mm表示，大于1.2 mm的依比例尺表示。其符号为相应道路加点表示。连接高架路与地面道路引道两侧有斜坡的按路堤表示，支柱不表示。快速路和高架路的表示见图6-64。

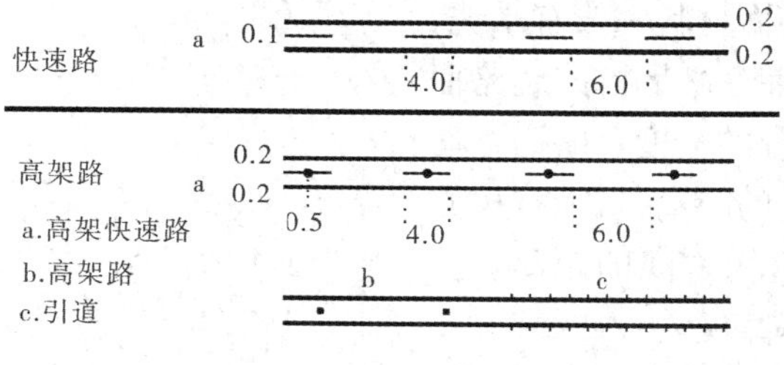

图6-64　城市快速路和高架路的表示

五、机耕路

我国北方也叫大车路，路面经过简易铺修，但没有路基，一般能通行拖拉机、大车等的道路，某些地区也可通行汽车。这种路基本上没有附属建筑物和附属设施；有些地区的机耕路甚至看不见人工修建的痕迹，仅由大车碾压而成。山区通行小型拖拉机的道路，虽经简易修建，但坡陡、弯急、路窄，路面凹凸不平，跨沟过谷，一般没有桥梁，不能通行载重汽车，其表示如图 6-65 所示。

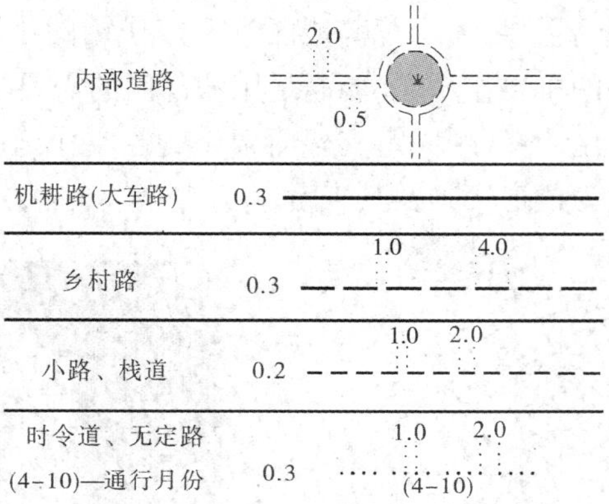

图 6-65　机耕路、乡村路的表示

我国北方地区用于下地生产的机耕路很多，可适当取舍，但通往河边、山区、矿井、采石场、林场、窑场、渡口、车站等处和连接公路、铁路的机耕路必须表示。

六、乡村路

乡村路是指连接乡村之间且不能通行大车、拖拉机的道路。路面不宽，有的地区用石块或石板铺成。一般是通往城镇，连接集市、乡政府、国营农场和大居民地的农村主要道路，其表示如图 6-65 所示。

农村中的乡村路在图上占有十分重要的地位，能否恰当地表示乡村路是能否突出农村道路类别的重要环节。但外业调绘时对乡村路和小路不易区分，因此应注意以下几点：

(1) 乡村路的起点、终点都应该是上述情况所指出的重要去处，而决不是一般的小居民地或不重要的地方，即不能在这些地方中断。

(2) 乡村路应是汇集小路，连接高级道路，起明显骨干作用的道路；在没有高一级道路的情况下，在调绘像片上会清楚地看到这种路通向长远，纵横于小路之间，十分重要。

(3) 贯通成网就是一副图或者一个地区的乡村路和其他高级道路互相沟通，把大居民地和其他重要去处连接成一个整体，形成合理的能反映实地道路分布特征的道路网。

(4) 由于乡村路在实地无明显可靠的特征，因此调绘乡村路应事先在老图或像片上进行分析、判断，然后到实地有目的的调查、询问，得出正确结果，这样可以避免把乡村路绘错或者忘了调绘乡村路。

图 6-66 为乡村路符号的运用和在一般地区的表示情况，其他为小路和散列式居民地。

在山地、谷地、森林地区，以及在沙漠、半沙漠等荒辟地区的驮运路均用乡村路符号表示。

七、小路

小路指次于乡村路、驮运路的其他供单人单骑行走的道路，其表示如图 6-66。小路是人们在住地附近从事生产劳动和社会交往的便道，因此小路的密度随着居民地增多而增多；荒辟地区小路十分稀少，调绘时首先要反映这一主要的分布特征。

在小路稠密的地区，要注意对小路进行合理适当取舍。如两居民地之间有多条小路，则只表示距离短而行人又常走的一条；舍去与铁路、公路、机耕路、乡村路、平行相近的小路而选择离这些路较远的小路；要尽量表示荒辟地区有一定作用的小路。小路的取舍既反映小路的分布情况又突出小路的重要作用，才能满足用图部门的需要。

人行栈道指开凿于悬崖绝壁，用固定支架而架设的悬空小道，也用同一符号表示，并加注“栈道”，如图 6-67 所示为栈道实景及其表示。

图 6-66　乡村路符号的应用

图 6-67　栈道

时令路、无定路应以相应符号表示。时令路是指在一定季节才能通行的小路，须加注通行月份。这种路分布在河、湖边或高寒地区，涨水或下雪后便无法通行。无定路是指海边、湖边、河流沿岸、草原、沙漠、戈壁滩等地只有走向而无固定路线的道路。

八、内部道路

内部道路是指公园、工矿、机关、学校等内部有铺装材料的道路。宽度大于图上 1 mm 的依比例尺表示；宽度小于图上 1 mm 的，可适当取舍择要表示，但应能反映内部主要通行特征，其表示如图 6-65 所示。

九、道路及水运的附属建筑物和附属设施

（一）桥梁

桥梁是指车辆和行人跨越河流、海峡、沟谷、渠道等障碍物的交通建筑物。较大的桥梁具有显著的方位目标作用和重要的政治、经济、军事意义，因此调绘中一定要准确表示。

桥梁可依通行能力分为车行桥和人行桥两大类。无论是车行桥还是人行桥，其图上长度大于 1 mm 时，依比例尺表示，否则按不依比例尺符号表示。

1. 车行桥

车行桥指跨越水面、沟壑或道路等，供火车、汽车等大型交通工具通行的架空通道。分单层的铁路桥或公路桥、铁路公路两用的双层桥(如武汉、南京长江大桥等)和铁路公路并行的桥梁。等级公路上桥梁应加注载重吨数。

图上不分造型种类、建筑材料，符号按真实方向表示。桥宽和桥长在图上大于 0.8 mm 和 1 mm 的应分别依比例尺表示，桥长在图上小于 1 mm 的用不依比例尺表示。四级公路以上的桥梁应加注载重吨数。

2. 漫水桥

漫水桥指桥面建在洪水位之下，洪水位时洪水漫过桥面的桥。浮桥指由船、筏、浮箱等作为桥墩或桥身的桥，必要时桥的一部分可以开启，以便上、下游船只通过。能通行车辆的漫水桥、浮桥等以相应符号表示，并分别加"漫"、"浮"等简注。

3. 引桥

引桥是指连接双层桥和路堤的架空部分。引桥分铁路引桥和公路引桥，引桥和连接引桥的铁路、公路按实地情况用相应的符号表示，如图 6-68 所示。

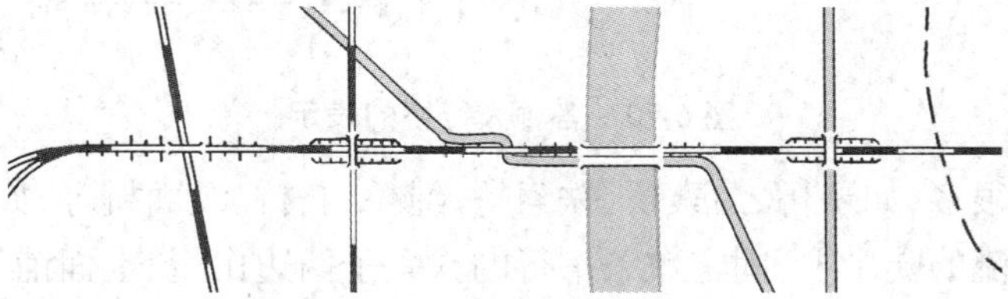

图 6-68　桥梁并行与引桥的表示

4. 立交桥

立交桥是指道路与道路在不同高程上的空间立体交叉，上、下各层公路之间由匝道互相连通的桥梁。按投影原则下层被上层遮盖的部分断开，上层保持完整，如图 6-69 所示。

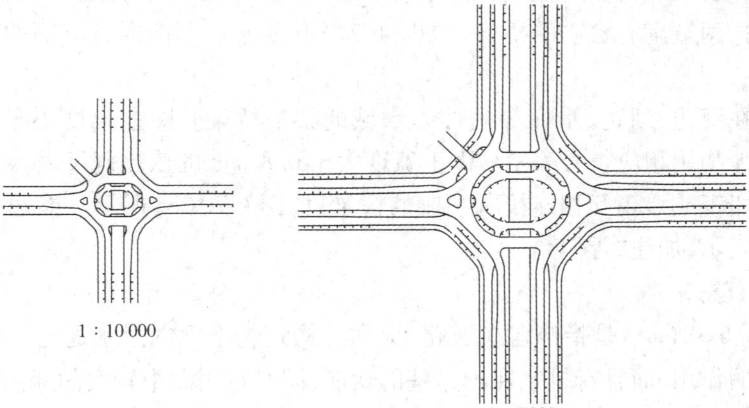

图 6-69　立交桥的表示

匝道是互通式立体交叉上、下各层道路(公路、快速路、主次干道)之间供转弯车辆行使的连接道。连接公路的匝道面色与所连接的公路面色一致；当连接不同等级公路时，匝道面色取低等级的公路面色。

5. 过街天桥

过街天桥是指城市中供人跨越街道的桥梁，其表示如图 6-70(a)所示。

6. 人行桥

人行桥是指不能通行车辆、仅供人通行的桥梁。均用如图 6-70 所示符号按真实方向表示。桥梁符号长度略大于河流宽度。桥长在图上小于 1 mm 的用不依比例尺符号表示，大于 1 mm 的依比例尺表示。时令桥、亭桥也用此符号表示，并分别加注通行月份或“亭”字。

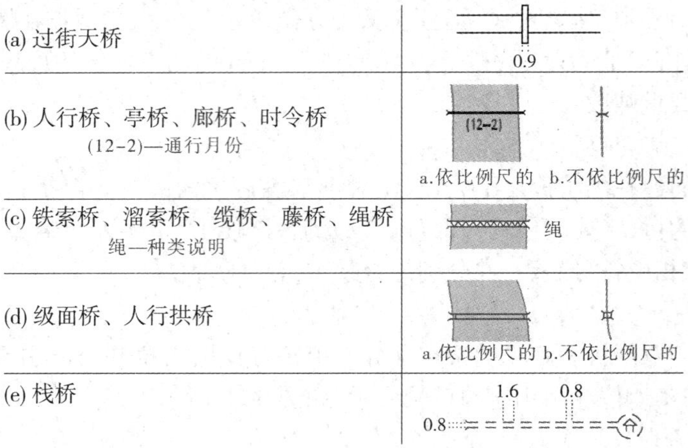

图 6-70　各种人行桥的表示

人行桥的种类很多，如亭桥、溜索桥、铁索桥、绳桥、藤桥、级面桥等，如图 6-71 所示。

铁索桥指在河流的陡岸上，固定数条平行的铁索于两边山崖，上面铺木板供人和非机动车通行的桥梁，如图 6-71(g) 所示。溜索桥指在河流的陡岸上，用绳索倾斜地固定在两边山崖，绳上挂篮子，人在篮中滑溜而过的桥，如图 6-71(f) 所示。缆桥、藤桥、绳桥指在河流的陡岸上，用铁绳、竹缆或藤缆上下两条固定在两边山崖供单人攀踏而过的桥，如图 6-71(h) 所示。溜索桥、绳桥、缆桥、藤桥加注“溜索”、“绳”、“缆”、“藤”等简注。

级面桥是指两端砌有台阶的桥梁。如图 6-71(d) 所示。不能通行车辆的拱桥也用相同符号表示。

栈桥是指在海边、湖边、水库等处伸入水域的架空桥梁。图上长度小于 3 mm 的不表示。栈桥端的地物用相应符号表示。图上宽度大于 0. 8 mm 的依比例尺表示。

浮桥是以船筏或浮箱互相连接所组成的桥梁，如图 6-70(e) 所示。能通行车辆的以相应车行桥符号表示，加注“浮”字。

(二) 涵洞、隧道

涵洞(见图 6-72(a)) 是指修建在道路、堤坝等构筑物下面的过水通道。涵洞不仅具有跨越小溪小沟的作用，而且有排水保护路基的功能，同时在用图中较大的涵洞是较好的定位目标。因此，在沿铁路、公路调绘时要注意表示涵洞。

涵洞有多种修建形式：在侧墙上铺盖钢筋水泥板称为板式涵，用拱圈或拱箱修建的称为拱涵或箱涵，在路基下铺设管道的称为圆管涵。铁路或公路上的涵洞，不区分建筑形式均以同一符号表示。

调绘时注意涵洞与桥的区分：凡跨径小于 5 m，顶部填土较厚，或其修建形式为矩形、梯形、管形者均属涵洞而不是桥。

铁路或公路上修建较正规的涵洞一般均须表示，机耕路及其以下道路附属的涵洞一般

(a) 亭桥　(b) 岷江上的竹索桥　(c) 江西武阳威时令桥　(d) 级面桥

(e) 广西梧州的浮桥　(f) 溜索桥　(g) 大渡上的铁索桥　(h) 雅鲁藏布江上的藤桥

图 6-71　几种人行桥景观的地面摄影影像

不表示。有的涵洞主要是为了下雨时排除山坡或山谷流来的雨水而修建的，因此绘涵洞时不一定要有沟渠通过，但如果有沟、渠通过公路或铁路就必须绘出桥或者涵洞符号，这样才是合理的表示。

隧道主要是指建造在山岭、河流、海峡及城市等地面下的通道，分火车隧道与汽车隧道，如图 6-72(b)所示。图上长度小于 2 mm 的不表示。其他道路穿过山洞，其山洞部分也用隧道符号表示。调绘时应注意准确判绘进、出口位置，符号按真方向描绘。进、出口之间用短虚线描绘。其表示方法如图 6-72(e)所示。

我国山西、西南的铁路隧道较多，不少隧道长达数千米，有的隧道也不是直线隧道。因此，有的弯曲隧道需实地测定其道壁位置，这样才能在调绘像片上准确描绘，或者内业根据施测数据直接绘出。测定隧道位置最简单的方法是用电磁波测距导线。

铁路或公路通过陡坡下的路段，为防止塌方、雪崩或流石的破坏，在其铁路或公路上方修筑的隧道式建筑，洞体有一部分露在外面，并留有窗孔可让阳光直接射入洞内，因此称为明硐。这种明硐也用隧道符号表示，并加注“明硐”，如图 6-72(d)所示。

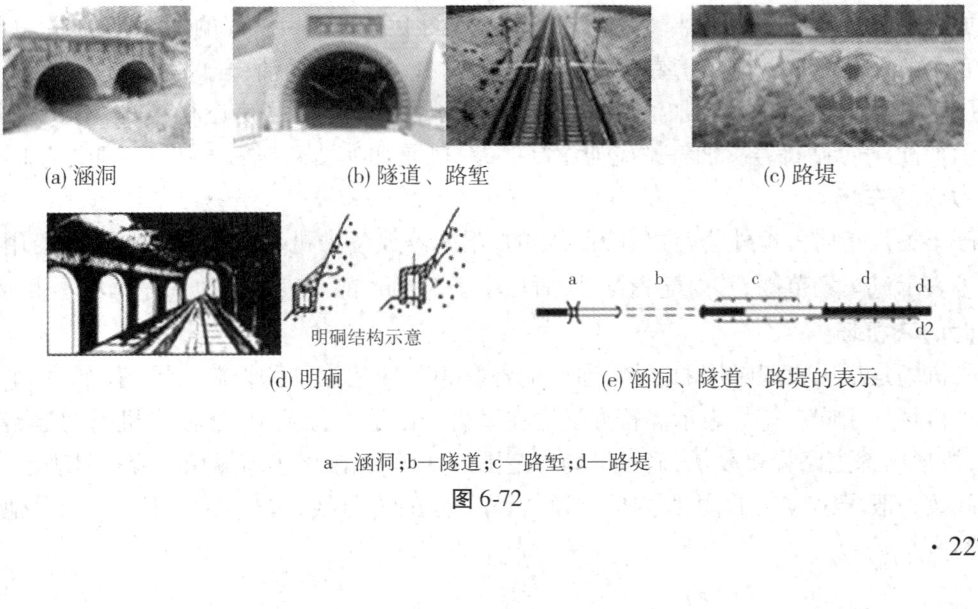

(a) 涵洞　(b) 隧道、路堑　(c) 路堤

(d) 明硐　(e) 涵洞、隧道、路堤的表示

a—涵洞；b—隧道；c—路堑；d—路堤

图 6-72

(三)路堤、路堑

路堤是道路通过洼地或跨越沟谷时,为使路坡度减小,在地面上人工修筑的高于地面的路段。比高在 1 m 以上且图上长度大于 5 mm 时才表示,比高大于 2 m 的应加注比高。堤坡的投影宽度在图上大于 0. 5 mm 的用依比例尺长短线表示,小于 0. 5 mm 的均用 0. 5 mm 短线表示。路堤上缘线与道路符号间隔大于 0. 2 mm 时,上缘线应表示, 如图 6-71(e)中 d2 所示。

路堑是道路通过山地时,为了保持线路和路面平直,减少坡度,由地面向下挖掘,道路两侧向内形成的高于路基的陡坎路段。比高在 1 m 以上且图上长度大于 5 mm 时才表示,比高大于 2 m 的应加注比高。山坡上的道路,当路堑很密时可摘要表示,如图 6-71(b)所示。

对于劈山修路或跨谷修筑堤的路段要另行对待,即这时长度虽小于规定要求也要适当放大表示,否则与地貌的关系将不协调。

(四)山隘

山隘是指道路通过鞍部、山口、隘口的重要交通口。山隘一般应注高程。季节性通过的应注月份,有名称的加注名称。

(五)长途汽车站

长途汽车站(场)是指乡镇以上的供长途旅客上下车的场所。能依比例尺表示的汽车站,用房屋符号表示。不能依比例尺表示的汽车站,符号配置在主要建筑物或候车大厅位置上。汽车站应加注车站名称。

(六)收费站

收费站是指设置在公路上头或桥头,向过往车辆收取通行费用的场所。收费站长度或宽度在图上大于符号尺寸的,依比例尺表示。表示时,应超出道路边线 0. 2 mm;小于符号尺寸的,放宽到符号尺寸表示。其表示符号如图 6-73 所示。

(a) 依比例尺的　(b) 半依比例尺的　(c) 不依比例尺的

图 6-73　收费站的表示

(七)加油站

加油站是指机动车辆添加动力能源的场所。图上只表示街区外的加油(气)站,能依比例尺表示的加油(气)站,用房屋(或棚房)符号表示,并配置加油(气)站符号,符号配置在加油(气)柜的位置上或数个加油(气)柜分布范围的中心上。当房屋很小时,不表示房屋,只表示加油(气)站符号。加气站应加注"气"字,既是加油站又是加气站的应加注"油气"。

(八)停车场

停车场是指居民地外公路边有人值守的,用来停放各种机动车辆的场所。图上用地类界符号表示汽车场范围,其内配置符号,面积小于 5 mm^2 的不表示。地下停车场不表示。

(九)飞机场

飞机场是指飞机起降用的区域,通常配备有相关的建筑物和设施。民用、军用、军民合用的飞机场均用同一符号表示。符号配置在飞机场的适中位置上,通往飞机场的道路如实表示,机场内部道路择要表示;显示机场总范围的铁丝网、围墙等垣栅用相应符号表示;机场生活区按一般居民地表示,机场内的跑道、机库、气象站、管线、雷达天线、塔台以及其他反映机场性质的设施,有房屋的用房屋的符号表示,没有房屋的一律不表示。

民用机场注记真实姓名,军用和军民合用的机场不注真名,而用附近较大的乡镇真名称作为机场名称。

(十)道路的附属设施

(1)中国公路零公里标志是指设在北京、作为中国公路北京至通达地距离的起始点(零公里)标志。符号表示在标志中心处。省、市级公路零公里标志也用此符号表示。

(2)路标是指设置在道路边上指示道路通达情况的柱式标志。具有良好的方位作用,可选择表示。

(3)里程碑指设在道路边的表示距线路起点距离的里程标志。一般不表示,在地物稀少地区应选择表示,并注出公里数。

(4)行树、狭长灌木指沿道路一侧或两侧栽种的成行树木或灌木,以相应符号表示。

(十一)水上运输附属设施

1. 水运港客运站

水运港客运站是指供水上乘客出入、办理票务和候船的场所。符号表示在客运站主要建筑物位置上。

2. 码头

码头是指供船舶停靠、上下旅客及装卸货物的场所。顺岸式码头指顺岸边修筑的固定的码头,堤坝式码头指由岸边伸向水域修筑的狭长堤坝固定式码头,浮码头指能随水面的涨落而上下浮动的码头。

各式码头按其建筑形式用相应的符号表示,如图6-74(a)所示。码头在图上宽度小于0.5 mm、长度小于2.0 mm的不依比例尺表示;图上宽度小于0.5mm、长度大于2.0 mm的半依比例尺表示;图上宽度大于0.5 mm、长度大于2.0 mm的依比例尺表示。有名称的码头应注出名称。

兼作码头用的防洪堤用堤坝式码头符号表示。浮在水面上用做码头的构筑物(趸船式码头、栈桥式码头)用浮码头符号表示。码头上的其他地物,如台阶,用相应符号表示。

3. 干船坞

干船坞是指供检修或建造舰船的池形建筑物。符号按真方向表示,如图6-74(b)所示。当图上面积大于符号尺寸时,依比例尺表示。

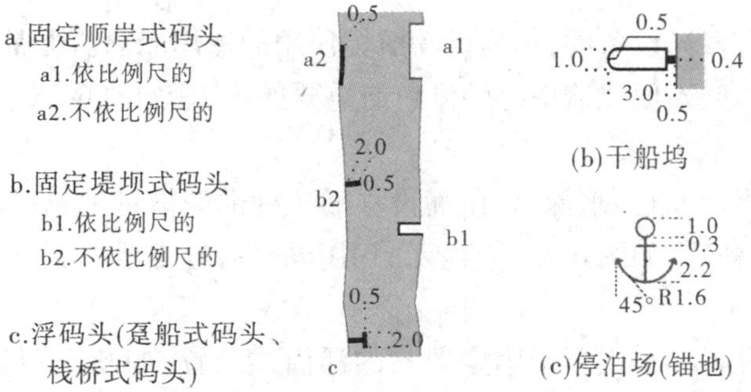

(a)码头

图6-74

4. 停泊场(锚地)

停泊场(锚地)是指港口水域中,指定的专供船舶抛锚停泊、避风、检疫及船队进行编组的地方。符号表示在停泊场中心处,如图6-74(c)所示。

5. 灯塔

灯塔是指建筑在水运航线附近的岛屿、礁石或港口海岸等显要位置,安装有发光设备,引导船只航行的塔形导航设施,如图6-75(a)所示。符号表示在塔形建筑物中心处。

6. 灯桩

灯桩是指设置在铁架、水泥柱、木桩上,设有发光装置的导航设施,如图6-75(b)所示。符号表示在桩位处。

7. 浮标、灯浮标

浮标、灯浮标是指设置在江、河、港湾中,用来指示安全航道或航道附近阻碍航物的各种形式的浮动水上标志,如图6-75(c)所示。符号表示在浮标位置处。

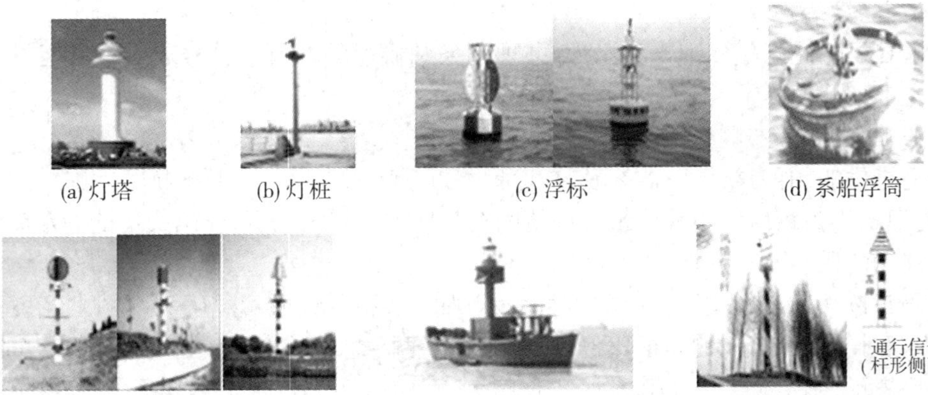

(a) 灯塔　(b) 灯桩　(c) 浮标　(d) 系船浮筒

(e) 岸标、立标　(f) 灯船　(g) 信号杆

图6-75　水上航行标志

8. 岸标、立标

岸标、立标是指设在岸边、礁石、浅滩等地方的各种固定助航标志。导标、接岸标、过河标等,如图6-75(e)所示。均用此符号表示。

9. 灯船

灯船是指装置有发光设备的,作为浮动航标使用的专用船只。通常设置在离岸较远,岸上航标作用达不到而又不便建造塔灯的港口或重要航道上,如图6-75(f)所示。

10. 信号杆

信号杆是指为指示通行、水深、风讯而设立的一种助航信息标志。通行信号杆(台)、水深信号杆、风讯信号杆等,如图6-75(g)所示,均用同一符号表示。

11. 系船浮筒

系船浮筒是指设置在水上用于固定船只的浮筒式装置,如图6-75(d)所示。符号表示在浮筒位置处。

12. 通航河段起止点

通航河段起止点是指示通航河段的起点与终点。通航河段起止点箭头方向朝向通航河段。

13. 渡口

渡口是指运人员、车辆过河、过海的场所，渡口是河道上重要设施之一，必须认真表示。渡口分人渡、汽车渡和火车渡等，如图6-76(a)、(b)所示。能载渡人、马和大车的渡口用行人渡口表示，并在渡口符号上加注“人渡”二字。能载渡汽车和火车的渡口加注载重吨数，火车渡还应加注“火车”二字。

(a) 人渡

(b) 车渡

(c) 徒涉场

(d) 跳墩

图6-76

14. 徒涉场

徒涉场是指能人、畜、车辆能涉水过河的场所(包括浅水河中供人跨过河的跳墩及漫水路面)，如图6-76(c)、(d)所示。在交通困难地区有重要作用，因此双线河上的徒涉场必须表示。调绘时必须通过询问当地群众来确定。季节性的徒涉场应加注通行月份。浅水河中供人跨步过河的跳墩和漫水路面等，也以徒涉场符号表示。

单线表示的河、渠上的徒涉场，以道路符号压盖河、渠表示。

十、调绘道路时应注意的问题

(1)同级道路彼此平行、靠近时，双方各自移位一部分表示。但两条道路符号的边线可以公用，如图6-76所示。

(2)不同等级双线道路彼此平行、靠近，不能同时绘出各自符号时，应以高一级道路为主按真实位置绘出，次一级的可省去一条边线，如图6-77右侧所示。

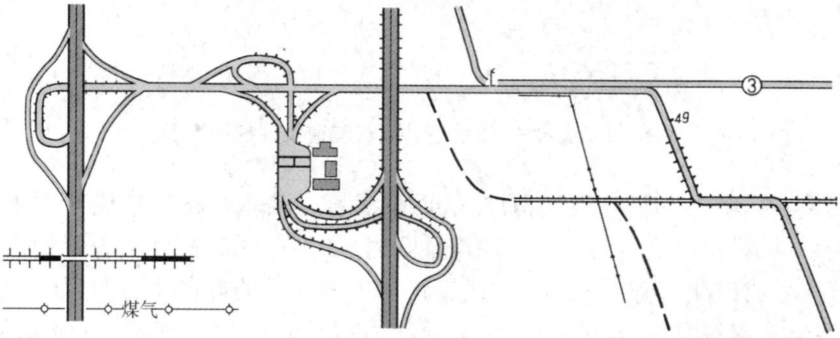

图6-77　公路交叉、连接、并行、堤上路、路标、里程碑的表示

(3)如果上述两条路不在同一水平面上:当上面为铁路、下面为公路时,则铁路按真位置绘出,并绘堤的符号,公路可省去一条边绘出;当上面为公路、下面为铁路时,铁路仍按真位置表示,公路可相对移位并按规定表示。

盘山公路不能各自绘出边线时也属于这类情况。图6-78所示为盘山公路实地摄影像片及描绘的方法。

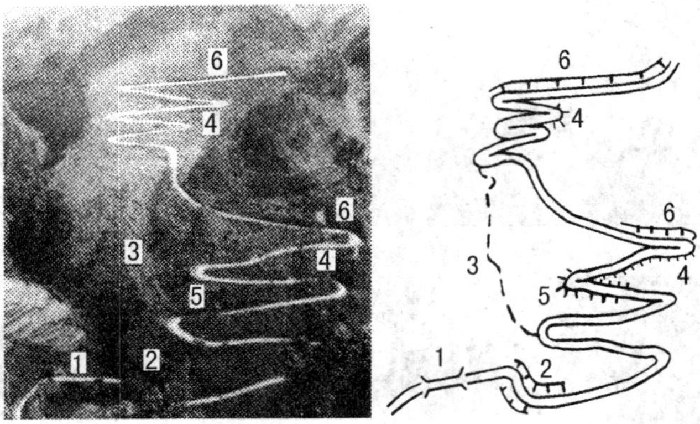

1—桥梁;2—路堑;3—捷径路;4,5—路堤;6—陡坎

图6-78　盘山公路及其表示

(4)铁路一般不得移位表示,通过居民地时也不得缩小符号尺寸。当遇到突出的独立地物紧靠铁路时(如信号灯),独立地物按真实位置表示,铁路符号可断开。铁路与双线河平行靠近,符号不能同时绘出时,应以铁路为准,双线河移位表示;公路与双线河不能同时绘出符号时,则应以双线河为准将公路移位表示。

铁路、公路与单线河、渠平行靠近,不能同时准确绘出符号时,应以铁路、公路为准,单线河、渠符号移位表示;单线路与单线河渠之间如果产生上述矛盾则应以单线河、渠为准,而将单线路移位表示。

(5)道路上的各种附属物和设施均应表示清楚,例如双层桥、输水槽、涵洞、隧道及地铁的表示,如图6-79所示。

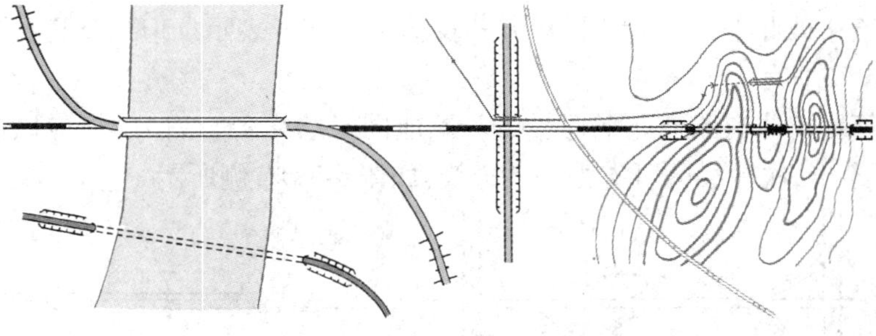

图6-79　双层桥、输水槽、涵洞、隧道及地铁的表示

(6)道路与冲沟重合时,冲沟可稍加宽,以陡崖符号表示。路与单线冲沟重合时,道路与地貌的关系:机耕路以上道路与双线冲沟重合时,如不能同时按真实位置绘出符号,冲沟可适当放宽符号或以陡崖符号表示。虚线道路与单线表示的冲沟重合时,如果单线冲沟不太重要,则只绘道路符号,冲沟可不表示;如果冲沟必须表示,则道路绘至冲沟边缘中断。

道路等级要分明。公路在中途变换等级,可按实际情况处理。单线表示的道路不得中途变换等级。

(7)道路交叉、道路过沟时,如果没有其他交叉建筑物,则所描绘的符号均应实线相交,不能在交点上留出缺口,因为只有这样才能准确判定交叉点的位置。

(8)铁路、公路、机耕路的转弯处应表示合理,不能把曲线绘成折线,以突出拐弯点的准确位置。

(9)在山区调绘道路时一定要看立体描绘,注意准确判绘道路位置,防止道路产生大的移位,造成爬悬岩、掉深涧的错误。

(10)铁路、公路以及人烟稀少地区的主要道路在自由图边出图廓时,要在图边处注出通往附近主要村镇的名称和公里数(铁路注至车站),如"至××村4 km."。

(11)道路与堤的关系应按以下原则处理:堤上为双线路时,以表示双线路为主,堤作为路堤表示;堤上通过单线路时,以表示堤为主,单线路接于堤的两端;如果单线路在堤的中部与堤相接时,道路符号与堤的符号应实相交,如图6-80所示。

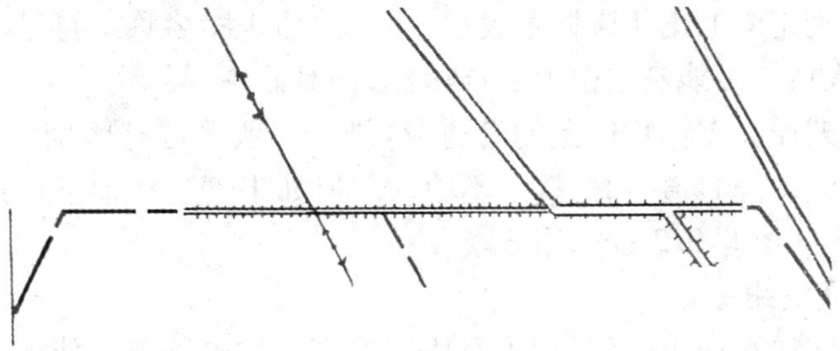

图6-80　道路与堤的关系

第五节　管线及附属设施的调绘

铺设于地面上或地面下的各种输油、输气、输水管道和架设在地面上的电力线、通信线总称为管线。管线在国民经济建设和人民生活中均有重要作用,同时也是判定方位的目标。

一、管线的判读

管线是线状地物,大多数形体较小,在航摄像片上的影像表现不明显,难以判读出准确的位置,但当地面背景色调与地物本身色调有较大反差时,配合立体观察也能准确判定。对于影像不明显的管线,调绘时则应根据实地附近的明显地物补测其位置。电力线、通信线主要是判定转折处电线杆或铁塔的位置。在地面背景色调较有利的条件下,这些杆和塔都有较明显的构像和黑色的阴影。管道在像片上的构像为黑色或灰白色线状图形。

二、管线的调绘

管线的调绘主要是准确判定起点、终点、转折点或转弯处的位置,然后用相应符号表示。如果管线所经过的范围内没有转折点或转弯处,则应在管线进、出该调绘范围边缘各准确判定一个定位,然后连成直线用相应符号描绘。

实地判定点位应注意仔细对照四周明显地物点与该点位置的关系,待准确判定后,一般须用针将点位刺出,并在像片背面做出标记。对于难以判定的点位,可用皮尺量距,以两个以上明显地物点作起点,采用距离交会法确定。对山区调绘应勤看立体判读。由于待判点周围地物相对较少,以距离交会受到限制,可以方向交会法帮助判定位置。

管线符号中的转折点或交叉处代表实地相应点(或处)的真实位置,必须准确判定。

(一)管道

管道指输送油、汽、气、水等液体和气态物质的管状设施。管道在工农业生产和人民生活中有重要作用,尤其是长距离输送的大型管道,更具有十分重要的经济价值。

管道按架设分为地面上、地面下和架空三种情况,其表示符号如图 6-81 所示。图上长度不足 1 cm 的和街区内的(包括工厂内的)管道不表示。

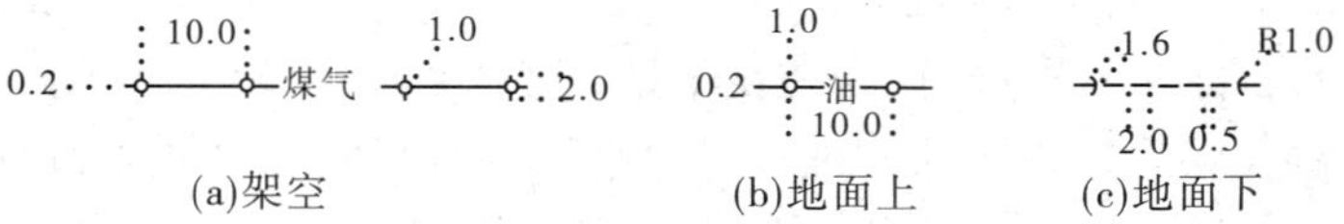

图 6-81　管道的表示

地下管道能判别走向的用相应符号表示,并加注输送物名称。符号虚线部分表示地下管道,并表示其出入口。不能判定位置的,或表示有困难的不表示。

架空管道是指架设在支撑物体上的管道,符号与一般管道有区别,用图 6-81(a)表示,当管道架空跨越河流、冲沟、道路时,符号不中断。但如果管道从地下通过双线路时应在道路两侧中断,符号之间留开 0. 2 mm 间隔。

(二)电力线、通信线

电力线指用以输送 6. 6(10) kV 以上且固定的高压输电线路。陆地通信线指供通信设备使用的陆地电缆、光缆线路。

6. 6(10) kV 以下的电力线及由乡到村一级的通信线,一般不表示。但在地物稀少地区,对于杆架正规、固定的通信线路应表示。

在电力系统中,36 V 以下的电压称为安全电压,1 kV 以下的电压称为低压,低压线是指担负着分配电能架空线路或电缆线路作用的,电压为 1 kV 以下的电力线路。1kV 以上的电压称为高压。电力系统电压等级有 220/380 V(0. 4 kV)、3 kV、6 kV、10 kV、20 kV、35 kV、66 kV、110 kV、220 kV、330 kV、500 kV 等。电压的判断主要看每组瓷瓶串列的数量,由于每个绝缘子最大耐压为 17 kV,所以 1 个绝缘子一般是 10 kV 的,3 个或 4 个是 35 kV 的,7 个或 8 个是 110 kV 的,另外南方要比北方多 1 个绝缘子。220 kV 的导线一般每条是两根并列的,叫二分裂导线,500 kV 的一般为四分裂导线,750 kV、800 kV、1 000 kV 的我国还没有投入运营,正在搞试点。高压输电线的电力输送距离一般是 10 kV 为 10 km、35 kV 为 20 ~ 50 km、66 kV 为 30 ~ 100 km、110 kV 为 50 ~ 150 km、220 kV 为 100 ~ 300 km、330 kV 为 200 ~ 600 km、500 kV 为 150 ~ 850 km。

(三)调绘电力线、通信线和管道时应注意的问题

(1)在地物密集以及电力线较多的经济发达地区可以不表示输电线。

(2)沿铁路、公路和主要堤两侧的电力线、通信线,在图上距道路或堤的符号边线 5 mm 以内可不表示;在分岔处、转折处和出图廓时在图内表示一段符号以示走向。

(3)当两条以上线路相距小于图上 3 mm 时,可舍去其中电压较低或输送距离短者。

(4)当电压在 35 kV 以上时,应加注电压数(以 kV 为单位)。电杆(塔)在 1∶5 000 图上按实地位置表示,在 1∶10 000 图上均匀配置。

(5)凡是进入地下的输电线、通信线应准确判绘进出地口位置，其符号如图6-82(a)、(b)所示。

(6)高压输电线一般不中断,电力线、通信线除通过街区式居民地必须间断外,通过其他地物如河流、道路、水库等均不中断,但遇独立地物时如果影响符号清楚则应断开。

(7)识别6.6 kV以上的电力线有一定困难,但一般可根据杆架上的瓷瓶片数(一片以上),相邻杆架之间的档距(一般大于80 m)以及电力线的输送距离(一般大于8 km)特征进行判断。如果实地鉴别有困难则应到有关部门询问确定。

(8)通信线一般只表示地物稀少地区且较固定的或有方位意义的线路。光缆应加注“光”字,较长时图上每隔15 cm重复注出。

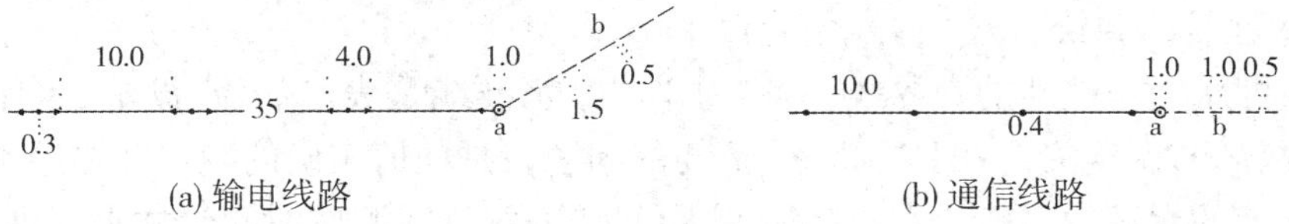

图6-82　线路的表示

(9)变电站(改变电压和控制电能输送与分配的场所)范围能依比例尺表示的,用图6-83(a)所示符号按真形表示轮廓,其内配置符号,不能依比例尺表示的,符号表示在大变压器的位置上,如图6-83(b)所示符号。安装在电线杆、架上的小型变压器不表示。

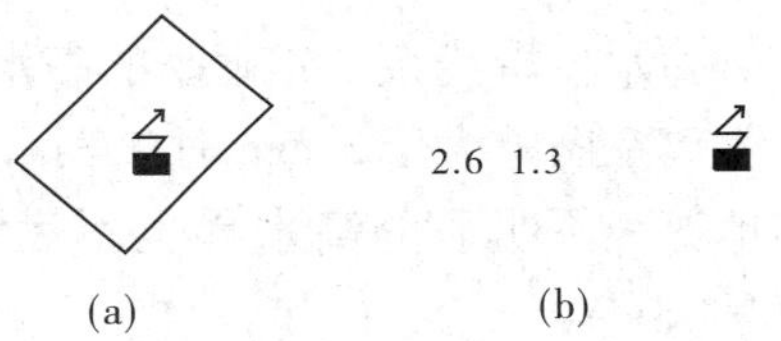

图6-83　变电站(室)的表示

(10)在山区调绘时,因投影差的影响,实地是直线的输电线、通信线在像片上不再是直线,线路的延伸方向会发生较大变化,调绘像片之间的接边常常发生矛盾。因此,外业调绘电力线、通信线时,无论调绘面积线附近有无转折点均要判刺一个电杆位置,然后将相邻调绘像片的线路都绘到同一点上相接。

第六节　水系的调绘

水系是测绘部门对地形图上表示的水源地、水流经之地、水的汇聚之地等,如井、泉、渠道、江河、水库、湖泊、海洋等各种自然和人工水体的总称。与水系密切相关的附属物和各种水工设施,如滩涂、河心洲、岛屿、堤坝、码头、水闸、航行标志等,也是水系调绘的重要部分。

水系对人类有极其重要的意义。水是人类生命的源泉,与人们的日常生活密切相关。水系是发展农业、林业、渔业、航运、水电等的重要条件。但另一方面,水流泛滥又给人类带来灾难,给陆地交通、交通施工等造成障碍,因此水流的利用和防护对国民经济建设有很大影响,对于水系的调绘必须认真、仔细、全面、准确、如实地反映水系表现出的各类特征。

一、调绘水系的一般要求

(1)水系的类别、等级要划分适当。水系的类别主要是指常年有水、季节性有水的(如时令河、时令湖)和雨后短暂时间有水的(如干河、干湖)三种情况,在调绘时应准确区分。

水系的等级主要是指水系应划分为不依比例尺(如井、泉)、半依比例尺(如单线沟渠)、依比例尺(如较大的河、湖)几种不同规格进行表示,以分别显示其作用、位置、形状、大小等特征。

(2)调绘水系要求做到取舍适当、主次分明、连成体系、能反映实地水系的分布规律。

(3)河、湖、海中的岛屿应全部绘出,正确绘出海岸线(多年高潮水位线)及不同性质的干出滩(即海岸线与低潮位之间的海滩地带,如沙滩、沙砾滩、岩滩、淤泥滩等)。

(4)正确区分、精确绘出各种水利工程、水上运输等建筑物,如渡口、码头、水库等。

(5)正确调注河流、湖泊、时令湖、水库、池塘等的专有名称。

二、河流、湖泊、水库、池塘的调绘

(一)水涯线的调绘

水涯线即水面与陆地的交界线,又称为岸线。水涯线是表示河流、湖泊、水库的形状和大小的重要界线,调绘河流、湖泊、水库,重要的问题就是如何正确的判定并描绘水涯线。河流、湖泊、水库的水涯线一般绘在摄影时的水位处,若摄影或测图时间为枯水或洪水期,所测定的水位(常年大部分时间的平稳水位)相差很大,应按常规水位岸线实地调绘并加以改正。

高水位岸线系常年雨季的高水面与陆地的交界线,又称高水界。高水界与水涯线之间的距离在图上大于3 mm时应表示高水界。单线表示的河流其高水界不表示,池塘、水库和实地界线不明显的高水界也不表示。当高水界与陡岸重合时,则省略高水界,表示陡岸符号。

高水界与水涯线之间有岸滩的,用相应的岸滩符号表示。

(二)地面河流、地下河段、消失河段时令河的调绘

地面河流是指地面上终年有水的自然河流。河流宽度在图上大于0.5 mm的用双线依比例尺表示,小于0.5 mm的用0.1 ~ 0.5 mm的渐变单线表示,如图6-84(a)所示,图中a为水涯线,b为高水位线,c为岸滩。实地河流宽度对应图上的表示宽度见表6-3。

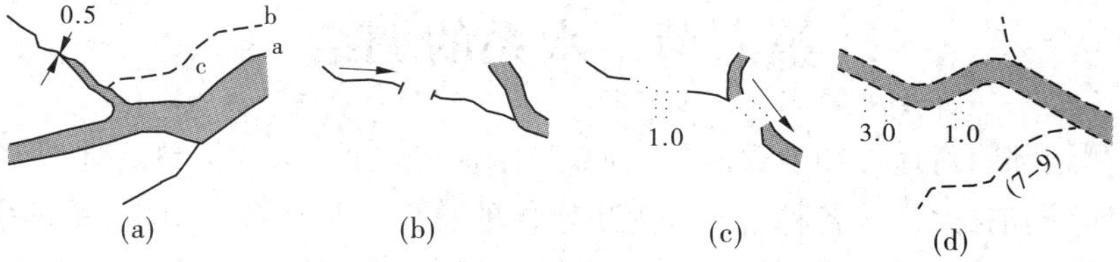

图6-84　河流的表示

表6-3　实地河流宽度对应图上的表示宽度

比例尺	实地河流宽度(m)	图上符号宽度
1:5 000	<2.5	0.1 ~ 0.5 mm单线
	>2.5	双线依比例尺表示
1:10 000	<5	0.1 ~ 0.5 mm单线
	>5	双线依比例尺表示

地下河段指河流、渠道流经地下的河段,如图6-85中"1"、"2"所示,其在地面上的出入

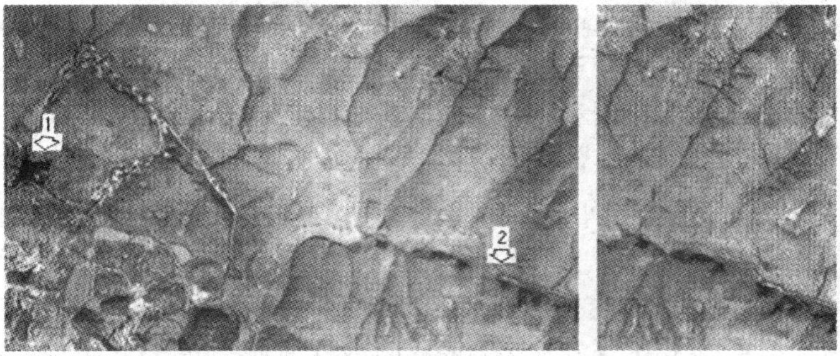

图 6-85　地下河流（云南燕子洞立体影像）

口应表示准确。其符号用圆弧表示在水流进出口的位置，如图 6-84（b）所示。河流流经山洞时，用山洞符号表示。

消失河段指河流流经沼泽、沙地等地区，没有明显河床或表面水流消失的地段。消失河段分别按实地宽度（单线河与双线河）用一排或两排的点线表示，如图 6-84（c）所示。图上长度小于符号三个点的间距可不表示。

时令河是指季节性有水的自然河流。其特点是：雨季水位急剧上涨，雨季过后水位逐渐低落，旱季无水。在高寒地区，时令河有水的季节则与冰雪融化的季节有关。以其新沉积物（淤泥）的边界为时令河岸线（不固定水涯线），加注有水月份。时令河宽度在图上大于 0.5 mm 的用双虚线依比例尺表示，小于 0.5 mm 的用 0.1 ~ 0.5 mm 单虚线表示，如图 6-84（d）所示。实地时令河宽度对应图上的表示宽度同表 6-3。单线表示的时令河，其符号实部长度可根据河流的长度渐变为 0.5 ~ 3.0 mm，空白部分渐变为 3.0 ~ 1.0 mm。

（三）运河的调绘

运河是指跨流域开凿的，可供调水、航运的人工水道。运河在图上的表示宽度应根据河岸间的距离确定。运河河段有名称的加注名称。南水北调工程也用此符号表示，并加注相应的名称注记或加注“南水北调工程”注记。

（四）干河床（干涸床）的调绘

干河床指降水或融雪后短暂时间内有水的河床或河流改道后遗留的河道，如图 6-86 所示。

干河床分为河道干河床（如图 6-87 中的 a 所示）和漫流干河床（无明显河床的干河）（如图 6-87 中的 b 所示）。

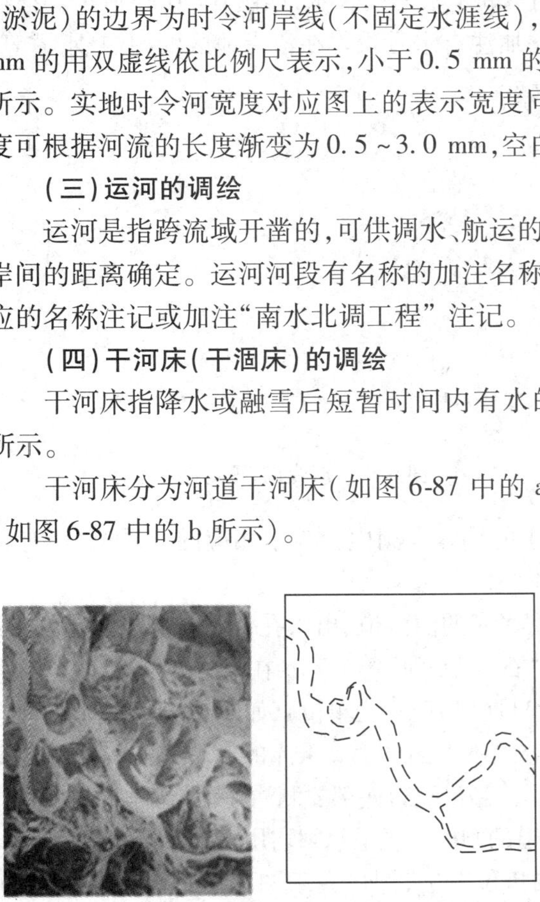

图 6-86　干河床及其取舍表示

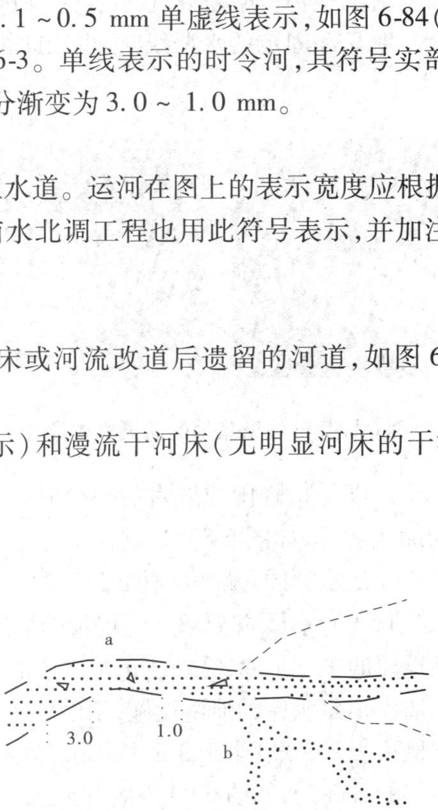

图 6-87　河道干河床与漫流干河床的表示

干河床宽度在图上小于0.5 mm的以0.1~0.5 mm的渐变单线表示，宽度大于0.5 mm的依比例尺用双线表示，如图6-87所示；宽度大于3 mm的河床内应表示等高线及相应的土质符号。实地干河床宽度对应的表示宽度同表6-3。

单线表示的干河床符号的实部长度可根据干河床长度，渐变为0.5~3.0 mm，空白部分渐变为3.0~ 1.0 mm。干河床的河岸依流水侧蚀的情况可与冲沟符号配合表示。漫流干河用相应的土质符号表示。

(五)湖泊、池塘、水库的调绘

湖泊是指陆地上洼地积水或人工挖掘形成的水域宽阔、水量变化缓慢的水体。湖泊岸线以常水位位置确定，池塘岸线一般以塘坎边缘线描绘。图上面积小于2~4 mm^2 的池塘一般不表示(根据地区特点选用)，缺水地区图上面积小于2 mm^2 的可扩大到2 mm^2。池塘一般只取舍，不综合，但在大面积的基塘区或只有土埂相隔的池塘，可适当综合。不论取舍或综合，均应保持其原有的形状特征及与其他地物、地貌的相关位置。图6-88为池塘密集地的航摄立体像对。

湖泊、池塘的水是咸水(矿化度在1~35 g/L)或盐水(矿化度>35 g/L)时，应加注“咸”、“盐”字，湖泊、池塘、水库用以人工养鱼或繁殖鱼苗的需加注“鱼”字。湖泊、池塘等水域部分加注“水”、“塘”字。

时令湖是指季节性有水的湖泊、池塘。用不固定水涯线表示，如图6-89(a)所示。描绘时以其新沉积物(淤泥)的上边界为水涯线，并加注有水月份。在沼泽地区的湖泊、水潭等，如没有明显和固定的水涯线时，也用此符号表示。

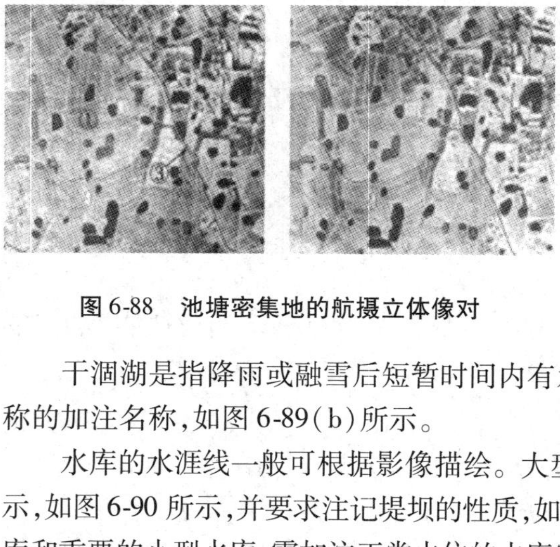

图6-88　池塘密集地的航摄立体像对

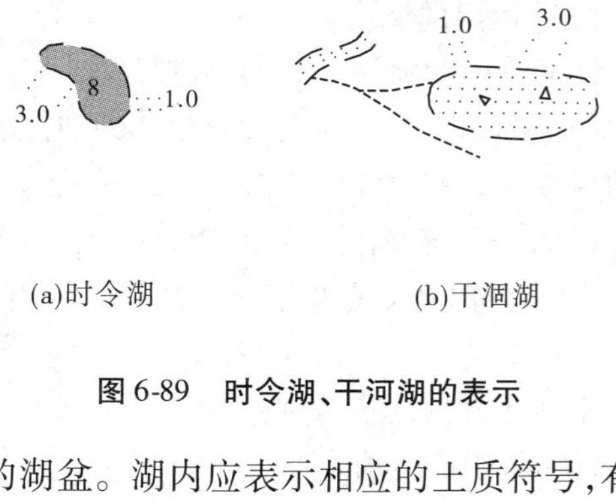

(a)时令湖　　(b)干涸湖

图6-89　时令湖、干河湖的表示

干涸湖是指降雨或融雪后短暂时间内有水的湖盆。湖内应表示相应的土质符号，有名称的加注名称，如图6-89(b)所示。

水库的水涯线一般可根据影像描绘。大型水库的溢洪道、出水孔、水闸均以相应符号表示，如图6-90所示，并要求注记堤坝的性质，如“石”、“水泥”等。容量在1 000万 m^3 以上的水库和重要的小型水库，需加注正常水位的水库容量(以万 m^3 为单位)，如图6-90中的a所示。

溢洪道是水库的泄洪设施，用以排泄水库容纳不下的洪水。水库的溢洪道按其实际宽度依比例尺表示，宽度小于3 m的可适当放大表示。溢洪道口底部要测注高程，高程测注在溢洪道底部的最高处，如图6-90中的b所示。溢洪道的闸门和坝上水闸均用水闸符号表示。

泄洪洞也是水库的泄洪设施，符号绘在洞口位置上，洞口大于图上1.0 mm的，依比例尺表示，如图6-90中的c所示。饮水孔、取水孔、灌溉孔、排沙洞等出水口，也用此符号表示。

水库堤坝内侧投影宽度与水涯线间的距离图上大于 0. 5 mm 的,应绘出水涯线;小于 0. 5 mm 的,可不绘水涯线。堤坝顶部宽度图上大于 0. 5 mm 的,用双线依比例尺表示,如图 6-90 中的 d1 所示;小于 0. 5 mm 的用单线表示,如图 6-90 中的 d2 所示。堤坝两侧的斜坡投影宽度图上大于 0. 5 mm 的,用依比例尺长短线绘出;小于 0. 5 mm 的,用 0. 5 mm 的短线绘出。拦水坝长度大于 50 m 的或坝高大于 15 m 的,须加注坝长、坝顶高程和建筑材料,如图 6-90中的 d1 所示。

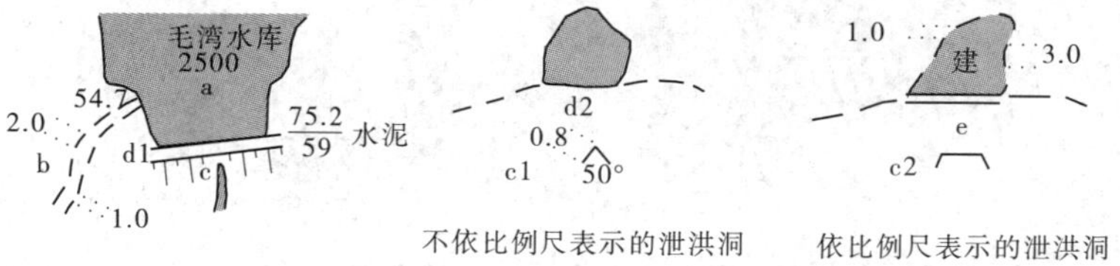

不依比例尺表示的泄洪洞　　依比例尺表示的泄洪洞

图 6-90　水库的表示

建筑中的水库如图 6-90 中的 e 所示。水库与堤坝之间的位置关系表示详见图 6-91。

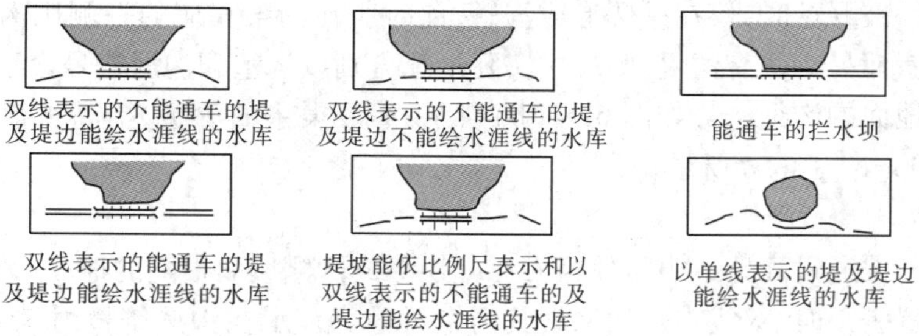

图 6-91　水库与堤坝之间的位置关系

三、沟渠的调绘

沟渠是人工修建的供灌溉、引水、排水的水道。对用于排险又排水的沟渠应加注“排”字。沟渠的宽度是指沟沿间的距离。沟渠应根据实地沟沿间的距离确定图上的表示,见表 6-4。

沟渠的水涯线以渠道边缘为准。平坦地区的沟渠一般比较平直和有明显的转折;山区的沟渠随着山形弯曲,近似于等高线的形状,如图 6-92 所示。

表 6-4　实地沟沿间的距离对应图上的表示宽度

比例尺	实地沟渠宽度(m)	图上符号宽度
1:5 000	<1	0. 2 mm(支渠)
	1 ~3	0. 5 mm(干渠)
	>3	双线依比例尺表示(干渠)
1:10 000	<3	0. 2 mm(支渠)
	3 ~5	0. 5 mm(干渠)
	>5	双线依比例尺表示(干渠)

图 6-92　山地水渠的表示

沟渠按其外形特征可分为一般的、有岸的和有沟堑的三种类型，其表示方法也有所区别。堤、沟堑比高小于 1 m 的沟渠用一般沟渠符号表示，如图 6-93(a)所示。

沟渠沿着斜坡开挖时，仅在一侧形成沟堑，此时应在沟渠相应的一侧用沟堑符号表示。如果一侧有沟堑而另一侧有沟堤，则应按实际情况分别以沟堑和沟堤符号表示。

沟底高于地面的沟渠符号如图 6-93(b)所示；灌溉渠系的源头，抬高水道、抽水设备的渠首用如图 6-93(b)中的 c 所示符号。

(一)沟堑

沟堑是指沟渠通过高地或山隘处经人工开挖形成两侧坡面很陡的地段。当沟堑上缘线无法按实地位置表示时，双线表示的沟渠其沟堑符号可表示在沟渠符号内，短线交错配置，水涯线断至沟堑符号上；单线表示的沟渠其沟堑上边缘线可适当外移，以保持相关位置的正确合理。沟堑比高在 1 m 以上且图上长度大于 5 mm 时才表示，比高大于 2 m 应标注比高，如图 6-93(c)所示。

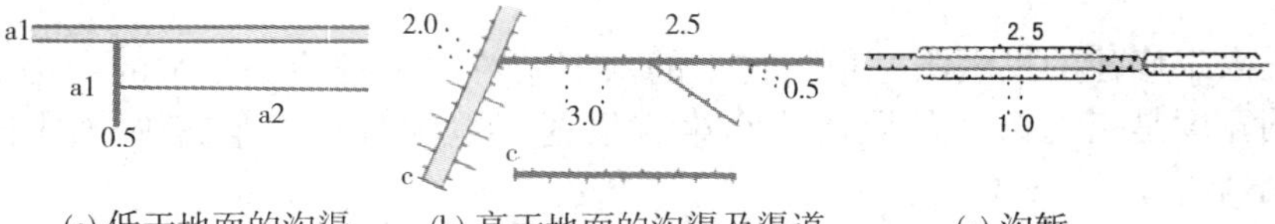

(a) 低于地面的沟渠　(b) 高于地面的沟渠及渠道　(c) 沟堑

图 6-93　沟渠与沟堑的表示

沟渠两边的堤岸用堤表示。堤顶宽度和堤坡的表示方法与堤的表示方法相同，详细表示情况如图 6-94 所示。

(二)坎儿井、地下渠道、暗井

坎儿井、地下渠道、暗井是指干旱地区引用地下水及雪水，并有竖井与地下暗渠相通。如图 6-95 所示，图上符号除两端的圆圈表示暗渠起、止处竖井的真实位置外，其余的均匀配置。废坎儿井加注"废"字。能判别出走向的地下渠道，也用此符号表示。

(三)输水渡槽(高架渠)

输水渡槽是指跨越山谷、道路或沟渠时的桥梁式输水设施，如水槽或水管，如图 6-96(a)、(b)所示为渡槽景观的地面摄影影像。输水渡槽长度大于符号尺寸的依比例尺表示，

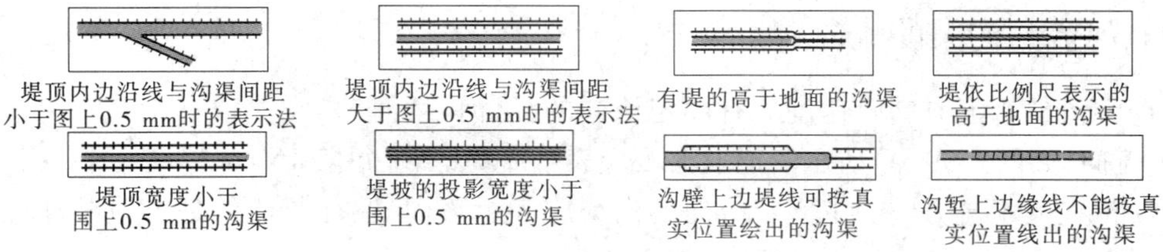

图 6-94　沟渠与堤、堑的表示

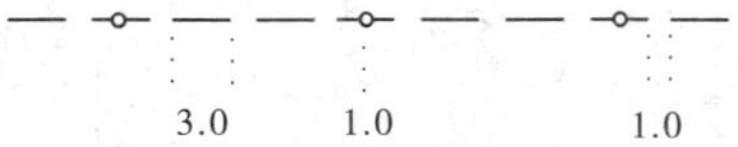

图 6-95　坎儿井、地下渠道、暗渠的表示

如图 6-97(a)所示。有专有名称的加注名称,废弃的输水渡槽加注“废”字。

(a) 一端接机井的渡槽　(b) 可通航的渡槽　(c) 高架引水倒虹吸管

图 6-96　渡槽与倒虹吸管景观的地面摄影影像

(四)输水隧道

输水隧道是指修建在山体中或地下的过水渠道设施,其表示如图 6-97(b)所示。

(五)倒虹吸

倒虹吸是指渠道与铁路、公路、河流等平面交叉时,在路下、水下或沟谷上设置的虹吸式过水通道。如图 6-96(c)所示为倒虹吸管景观的地面摄影影像。

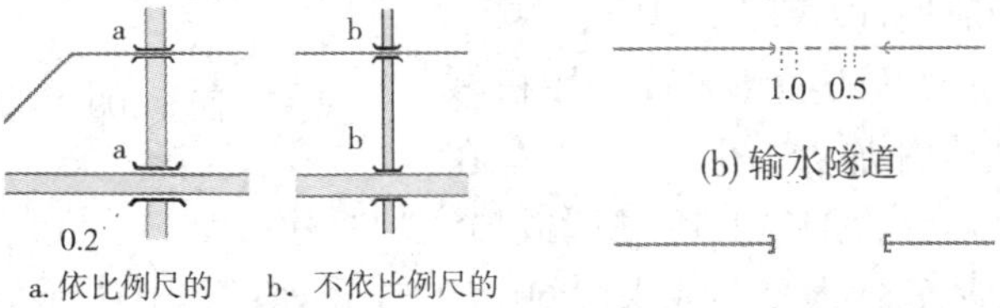

(a) 输水渡槽(高架渠)　(b) 输水隧道　(c) 倒虹吸

图 6-97　输水渡槽、输水隧道、倒虹吸的表示

(六)干沟

干沟是指经常无水、只在雨后短暂时期内有积水的、为挖成而搁置或废弃的沟渠。图上宽度小于 0. 5 mm 的用单线表示,大于 0. 5 mm 的用双线依比例尺表示,如图 6-98 所示。干沟深度小于 0. 5 m(1∶5 000 地形图)和小于 1 m(1∶10 000 地形图)或长度在图上小于 10 mm 的一般不表示。深度大于 2 m 的应标注沟深。旧战壕也用此符号表示,并加注“战壕”。

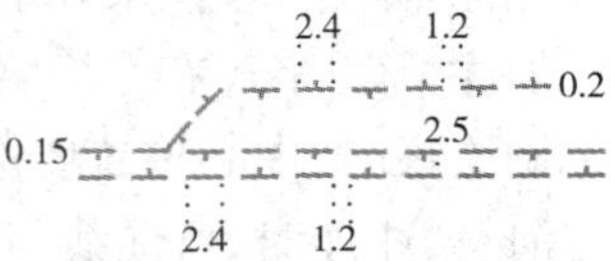

图 6-98　干沟

四、河流与沟渠的流向

(1)河流的水流方向及速度。有固定流向的江、河、运河应表示流向,如图 6-99(a)所示。通航河段应表示流速,图上每隔 15 cm 标注一个。

(2)沟渠的水流方向。有固定流向的沟渠应表示流向,在往复流的地方应标注往复流向,如图 6-99(b)、(c)所示。

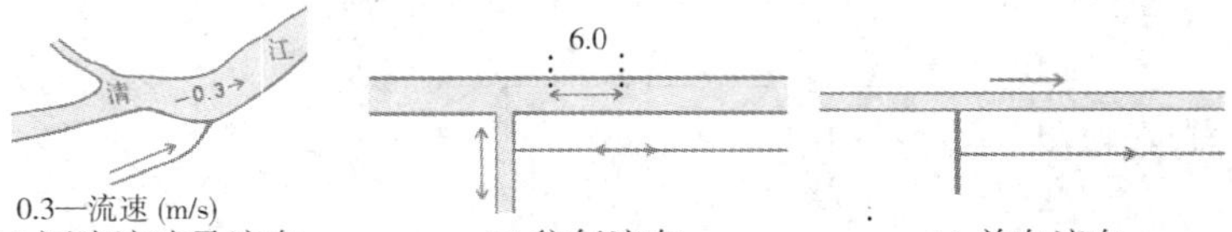

(a) 河流流速及流向　　(b) 往复流向　　(c) 单向流向

图 6-99　流速与流向的表示

五、水源的调绘

水源是人民生活的重要条件,在国民经济建设中也有重要作用,在沙漠、荒原等缺水地区更为重要,因此必须认真表示。

(一)水井的调绘

水井是人工挖成的用于提取所汇集的地下水的竖井建筑物。一般由井筒和井台两部分组成,有的水井还建有取水的提升设备。

居民地外水井一般均应表示,但缺水地区居民地内的水井也应表示。水井较多的地区可适当进行取舍。井口直径图上大于 2. 6 mm 的用图 6-100(a)中的 a 按实际形状以依比例尺的大口井表示,中间绘井符号。每幅图应均匀注出 3 ~5 个水井的地面高程。

干旱地区的干井、枯井也用相同符号表示,加注“干”、“枯”等字。自流井、温泉井、咸水井、苦水井、毒水井等分别加注“流”、“温”、“咸”、“苦”、“毒”等,有专用名称的加注名称。用机械或电力为动力取水的水井加注“机”字。水井在房屋内,表示房屋符号,旁边加注蓝色“机”或加注“井”字。

(a) 水井、机井　　(b) 地热井　　(c) 泉

图 6-100　井和泉的表示

地热井是指有大量天然水蒸气或水温 60 ℃以上的水井。其表示如图 6-100(b)所示。

(二)泉的调绘

泉水是指地下水集中涌出的出水口。如图 6-100(c)所示,符号的圆点表示水口位置,其弯曲线段表示泉水流向。一般应注泉口高程。矿泉、温泉、间流(歇)泉、毒泉、喷泉等分别加注“矿”、“温”、“间”、“毒”、“喷”等,有大量天然水蒸气或水温 60 ℃以上的水涌出的地热泉加注“地热”。泉水外部如果有建筑物,一般以表示建筑物为主,在建筑物符号旁边用蓝色加注“泉”字。有专用名称的泉应加注名称,如“趵突泉”。

调绘泉时,中心位置要准确判绘,符号的圆点表示泉的位置,弯曲线表示泉水流向。泉水与河、渠相连时,弯曲线与河、渠符号之间应间隔 0. 2 mm 表示。

(三)贮水池、水窖的调绘

干旱地区用于贮水的人工水池称为贮水池。贮积雨水的旱井称为水窖。贮水池、水窖均用贮水池符号表示,如图 6-101 所示。建于高处作水塔用的贮水池也用此符号表示。图上面积大于符号尺寸的,按实地形状依比例表示。贮水池在房屋内的,表示房屋的符号,旁边加注“水”字。单色图上贮水池、水窖符号旁应加注“水”字。

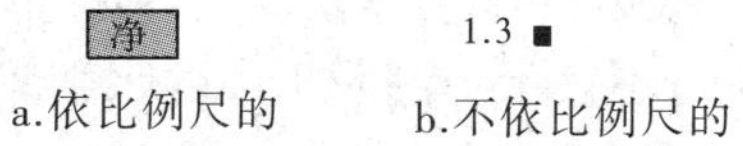

图 6-101　贮水池、水窖和地热池的表示

净化地、污水池及开采利用地热资源的地热池也用此符号表示,并加注“净”、“污”、“地热”字。其他类似建筑设施,如氨水池、消防水池、过滤池等也可用此符号表示,并加相应的注记说明。

六、沼泽地的调绘

沼泽地是长期湿润、泥泞或有积水的区域(包括季节性的湿草地)。凡人通过时没有特别困难的沼泽称为能通行的沼泽地,否则称为不能通行的沼泽地。按其通行情况分别用相应的符号表示,如图 6-102 所示。

盐碱沼泽、泥炭应加注“碱”、“泥炭”注记。沼泽地里面的植被用相应的符号表示,但最多不许超过两种。沼泽地内的湖泊、河流的水涯线,明显的用实线表示,不明显的用时令河、时令湖的水涯线符号表示。沼泽地内固定的、季节性的道路,按时令路的符号表示,并加注通行月份。

七、海岸、岛屿的调绘

我国大陆海岸线长达 18 000 km,海岸及其附近的海域是我国领土的重要组成部分,有十分重要的政治意义和经济意义。

(一)海岸线的调绘

调绘海岸主要是确定海岸线以及干出滩的性质,并以相应的符号描绘,如图 6-103 所示。

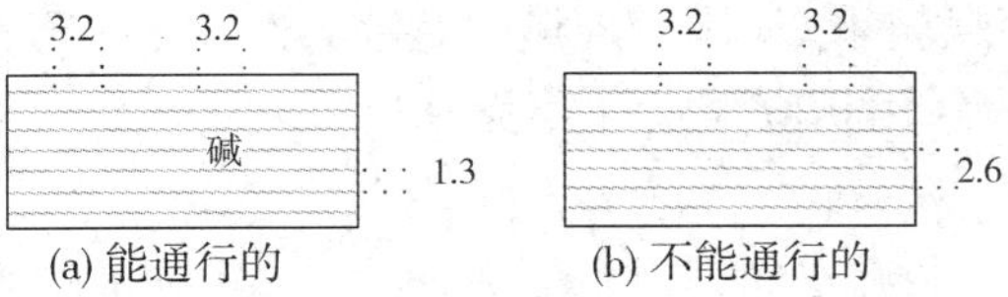

图 6-102　沼泽、湿地的表示

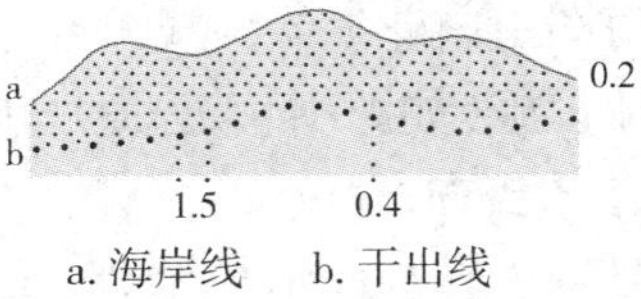

图 6-103　海岸的表示

海岸线是指海平面平均大潮(朔(初一)、望(十五)潮)高潮面的水陆分界痕迹线。干出线指海面最低低潮面的水陆分界线(最低低潮线)。一般可根据当地的海蚀阶地、海滩堆积物或海滨植物确定。

受潮汐影响的河口地段,其水涯线按海岸线表示。

海岸线以下的高程应经实测注记出,称为水深注记,通常称为水深。根据水深绘制等深线,等深线是海岸线以下深度相等各点的连线。对当地平均海水面可根据用图需要表示,并加注“平均海水面”。

(二)干出滩的调绘

干出滩又称为海滩,是指海岸线与干出线(最低低潮界)之间的潮侵地带。高潮时被海水淹没，低潮时露出。其内配置相应的土质及植被符号。干出滩的宽度在图上小于 3 mm 时可不表示。潮汐川中的水中滩、岸滩均用干出滩符号表示。

根据干出滩上构成物的性质不同，干出滩可分为沙滩、沙砾滩、岩石滩、淤泥滩、红树林滩等，各种干出滩分别用不同的符号表示，如图 6-104 所示。

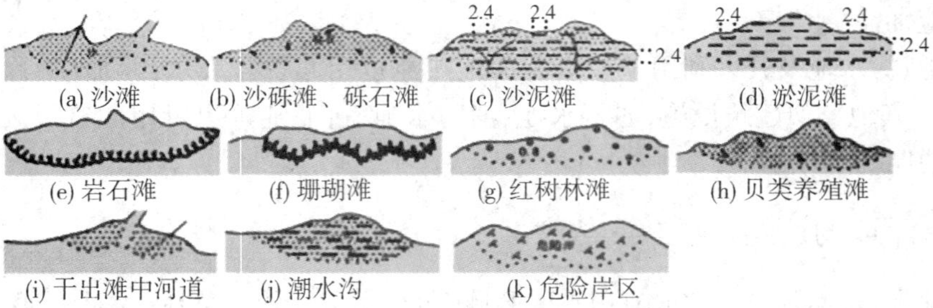

图 6-104　各类干出滩的表示

图 6-104 中：(a) 是以沙质为主的干出滩；(b) 是沙与砾石混合的或以砾石为主的干出滩，砾石滩加注"砾石"；(c) 是以沙泥混合的干出滩；(d) 是指泥泞下陷、通行困难的干出滩；(e) 是由坚硬的岩石组成的干出滩，符号沿干出线表示；(f) 是指由珊瑚虫遗体及其分泌出的石灰质堆积而成的干出滩；(g) 是指生长红树林群落（常绿的乔木或灌木）的干出滩，一般不能通行，符号散列配置，生长有芦苇以及其他植被的干出滩以相应的植被符号表示；(h) 是指人工养殖贝类的干出滩，对面积较大和固定的水产养殖滩，以相应类别干出滩表示，并散列配置贝类符号，海水中的水产养殖场，以地类界符号绘出范围，并加注产品名称；(i) 是指陆地河流延伸至散列配置中而形成的河道，河道按其宽度分别用双排或单排点线表示至干出线；(j) 是指潮水冲击干出滩所形成的水沟，只表示固定的和较大的，描绘潮水沟上、下游的点线符号时，应随水沟的消失而逐渐变细（0.5 ~ 0.2 mm）；(k) 是指船只不能靠近的海岸多礁石地段，表示时按实地范围散列配置符号，并加注"危海岸"。

干出滩及浅海部分应测注水深和等深线。立测法成图时，浅海部分的水深由外业施测，也可根据海图由内业编绘。浅海部分应测范围以海岸带地形图满幅为准。干出滩上的各种管线和工业设施（如海中管道、海底电缆等）用相应图式符号表示。

（三）潮汐流向

水面受潮汐影响而形成涨潮、落潮的水流方向，如图 6-105 所示。有羽尾的表示涨潮流，无羽尾的表示落潮流。海水潮流方向也用此符号表示。

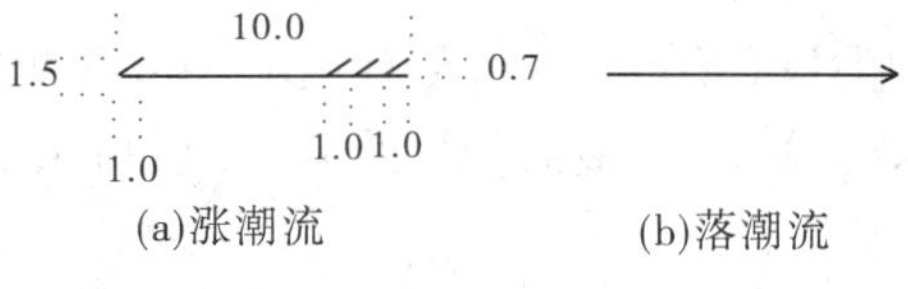

图 6-105　潮汐流向

（四）礁石的调绘

江、河、湖、海中突出水底，孤立水中隐现于水面的岩石统称为礁石。它对航行安全和船只靠岸有很大危害。海上礁石按隐现于水面的程度分为明礁、暗礁、干出礁三种，图 6-106 为礁石与海水面的关系剖面图。各种礁石如果无法判读位置又不能测定，可参照海图表示。

不依比例尺表示的礁石,成丛分布的在其范围内按测定位置用相应的符号表示。

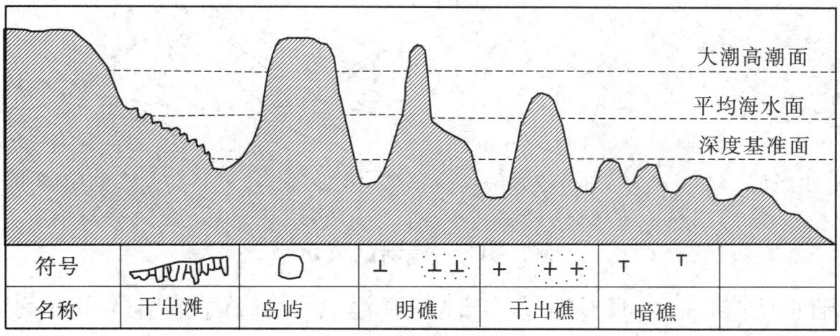

图 6-106　礁石与海水面的关系及其表示

明礁是平均大潮高潮面时露出的礁石。图上面积小于 4 mm^2 的用不依比例尺符号表示,面积大于 4 mm^2 的应绘海岸线按岛屿表示。江、河、湖中有方位和障碍作用的明礁也用此符号表示。

暗礁是最低低潮面下的礁石。通航河流中对航行安全有危害的暗礁也用此符号表示,并加注“干”字。干出礁是在平均大潮高潮下面、露出最低低潮面以上的礁石。依比例尺描绘的暗礁或干出礁,图上按范围绘出符号,并分别加注“暗”或“干”字。珊瑚礁也用此符号表示, 珊瑚礁依比例尺表示的,加注“暗”或“干”字;不依比例尺表示的分别用相应的不依比例尺礁石符号表示。

危险海区是指对航行存在危险的礁石分布范围,用地类界表示其危险区域。

各种礁石的表示方法如图 6-107 所示。

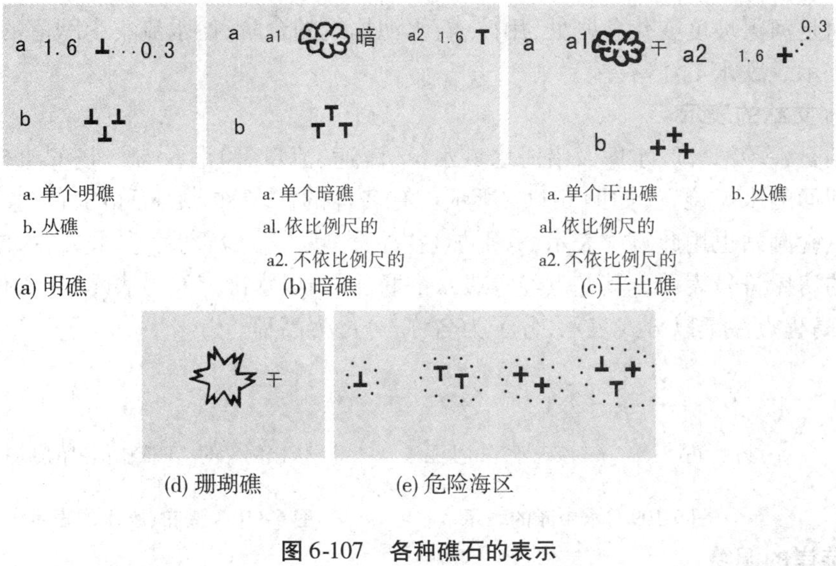

(a) 明礁　(b) 暗礁　(c) 干出礁

(d) 珊瑚礁　(e) 危险海区

图 6-107　各种礁石的表示

(五) 岛屿与岸滩

海岛、水中岛是指大海或河流、湖泊、水库中四周环水且常年露出水面的陆地。

沙洲是指河流、湖泊岸边高水位时淹没、常水位时露出的泥沙质小岛。其内配置相应的泥沙、沙砾、沙质或泥质符号或植被符号。图上面积小于 4 mm^2 的可不表示。

岸滩是指河流、湖泊岸边高水位时被淹没、常水位时露出的沉积沙滩地或砾、泥形成的滩地。其内配置相应的土质符号，有植被的还应配置符号，其符号如图 6-108 所示。

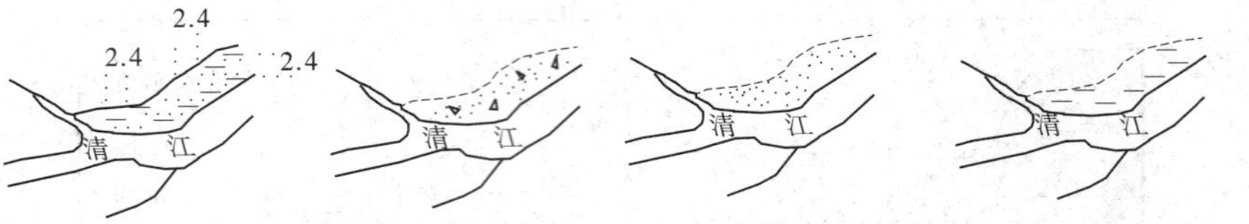

(a)沙泥滩　(b)沙砾滩　(c)沙滩　(d)泥滩

图 6-108　岸滩的表示

水中滩是指河流、湖泊、水库中常水位时被淹没、低水位时露出的沉积沙滩地或岩石形成的滩地。

石滩是指河床中有很多坚硬的岩石，顶部有的露出或隐于水面，水流经过岩石形成急流，水深有显著变化的河段，石滩是航行的障碍，调绘时应加以表示。图上按实地范围散列配置相应的泥沙、沙砾、石质等土质符号，石滩面积绘不下三个符号时可不表示，单线河上的石滩可不表示，如图 6-109 所示。图上面积小于 10 mm^2 的可不表示。

八、瀑布、石滩、陡岸的调绘

(一)瀑布的调绘

瀑布是从河床断面陡坡或山壁上倾斜而下的水流。瀑布有良好的方位作用、观赏价值和经济利用价值。调绘瀑布时，陡坎的位置应在立体观察下，准确判绘并以规定符号表示，如图 6-110 所示。当内业无法准确量测时，应在实地测注落差，有名称的加注名称，无名称的加注“瀑”字。

跌水河是河渠坡度变化急剧处，用砖、石水泥构筑的台阶，使水流集中跌落的地段，也用瀑布符号表示。跌水不注落差。

(二)水文站的表示

水文站是检验河、湖、水库及沿海水域水位、流速、流量、验潮及含沙量的机构。其符号绘在基本断面的水尺位置，如图 6-111 所示。有名称的注名称，无名称的注“水文”。水位站、流量站、验潮站也用此符号表示，分别加注“位”、“量”、“验”等字。水文、水位等站的房屋以相应的房屋符号表示。其基点经等级水准联测的，以水准点符号表示；用其他方法测定的，用特殊高程点注记以分式表示，分子为名称，分母为高程。

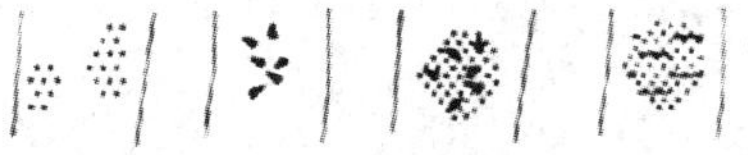

(a) 沙滩　(b) 石滩　(c) 沙砾滩　(d) 沙泥滩

图 6-109　水中滩的表示

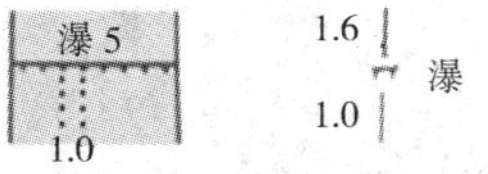

依比例尺的　不依比例尺的

图 6-110　瀑布、跌水的表示

(三)陡岸的调绘

陡岸是指岸坡陡峻、坡度在 70°以上、有明显上下坎沿的岸段。陡岸在图上长度大于 5 mm、比高大于 1 m 的才表示，比高大于 1 m 的应加注比高。

根据陡岸与水涯线之间的关系区分为有滩陡岸和无滩陡岸两种，有滩陡岸和无滩陡岸又区分为土质和石质两类，分别用不同符号描绘，如图 6-112 所示。

陡岸下缘与水涯线之间有滩的陡岸称为有滩陡岸，表示有滩陡岸时，符号用棕色描绘并

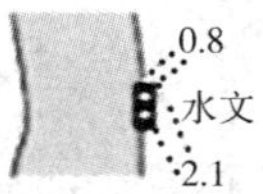

图 6-111　水文站的表示

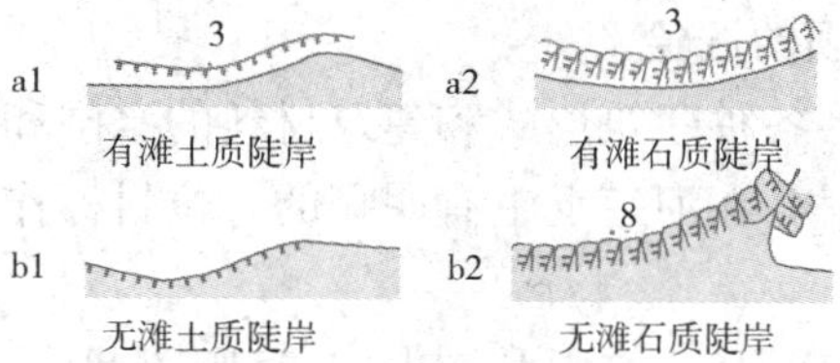

图 6-112　陡岸的表示

绘于水涯线外测。其岸顶线与水涯线均按实地位置表示。当岸坡的投影与水涯线间距较小,不能按实地位置表示时,陡岸顶线可适当外移,使陡岸符号与水涯线的图上间隔保留 0. 2 mm。

有滩陡岸与水涯线间宽度在图上大于 2 mm 时,应配置相应的土质、植被符号。

陡岸的陡坡直接伸入水面,其间无通行地段的称为无滩陡岸。双线表示的河上的无滩陡岸,其岸顶线与水涯线均按实地位置表示,水涯线可中断至陡岸符号处。单线表示的河上的无滩陡岸及双线表示的河内表示不下无滩陡岸符号时,陡岸符号可在水涯线外侧紧靠水涯线表示出。

双线河上的无滩陡岸,当河内能绘出符号时,陡岸顶线按实地位置描绘,水涯线中断在陡岸符号处;河内不能绘出符号时,以及单线河上的无滩陡岸,岸顶线可向外移位表示。

九、水系附属设施的调绘

(一)堤的调绘

堤一般指沿河流、湖泊、沟渠两侧,由人工构筑的高出地面防洪、防潮的挡水构筑物。有较规则的形态,横截面为梯形且为带状分布。分干堤和一般堤。

(1)不论土堤或石堤,凡基底宽大于 10 m 或堤高在 3 m 以上,有重要防洪、防潮作用的均用干堤符号表示,其他用一般堤符号表示。干堤应注意堤顶高程,一般每隔 10 ~ 15 cm 注一点。堤高大于 2 m 时,应注比高。重要的大型防洪堤、防潮堤应加注名称注记。堤高小于 1 m 的一般不表示。但有方位作用的堤,虽低于 1 m 也应表示。图 6-113 为干堤,图 6-114 为一般堤。

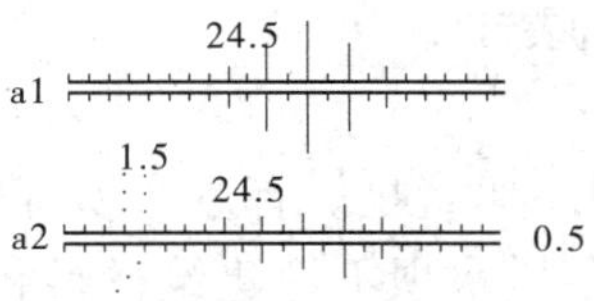

图 6-113　干堤

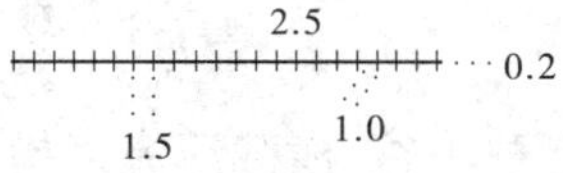

图 6-114　一般堤

(2)堤坡的投影宽度在图上大于 0. 5 mm 的用依比例尺长短线表示,小于 0. 5 mm 的均用 0. 5 mm 的短线表示。当水域边的堤内侧斜坡边沿线与水涯线间距在图上小于 0. 2 mm 时,水涯线可不表示。但当堤顶内侧线与水涯线的距离在图上小于 0. 5 mm 时,堤可不表示内侧边沿线及斜坡,外侧边沿线及斜坡按实地位置表示。

(3)堤上地物按相应符号表示。连接双线表示的道路,堤作为路堤表示;连接单线表示的道路时,不表示道路符号,路表示至堤端。

(二)闸、坝的调绘

闸、坝包括各种建筑形式和建筑材料的水闸和水坝,它是人们开发利用水利资源的重要水利工程建筑物,在河道上也有明显的方位目标作用。

1. 水闸

水闸是建在河流、水库和沟渠中,有闸门起闭,用以调节水位和控制流量的构筑物。水闸根据其作用分为进水闸、分水闸、节制闸、排洪闸、挡(拦)潮闸等。根据建筑情况分别用能通车的和不能通车的符号表示,孔径大于 1 m 的分水设备也用此符号表示。图上长度大于 1.9 mm 的,用闸门符号加依比例尺双线表示。图上不区分单孔闸门和多孔闸门,符号中的尖角指向上游。水闸表示如图 6-115 所示。闸上如有其他建筑物,用相应的符号表示。

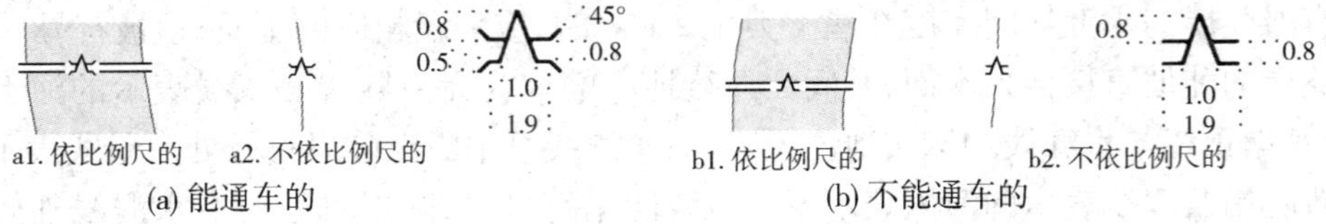

图 6-115 水闸的表示

2. 船闸

船闸是两端有闸门封闭,两闸门之间建有人工水道,将水位升高或降低,使船能在不同高低水位的水道间通行的设施。

船闸的闸门上部根据其通行情况区分能通车的闸门和不能通车的闸门,如图 6-116 所示;图上长度大于 1.9 mm 的闸门,同闸门符号加依比例尺双线表示。两闸间距小于 3 mm 的只表示主闸。

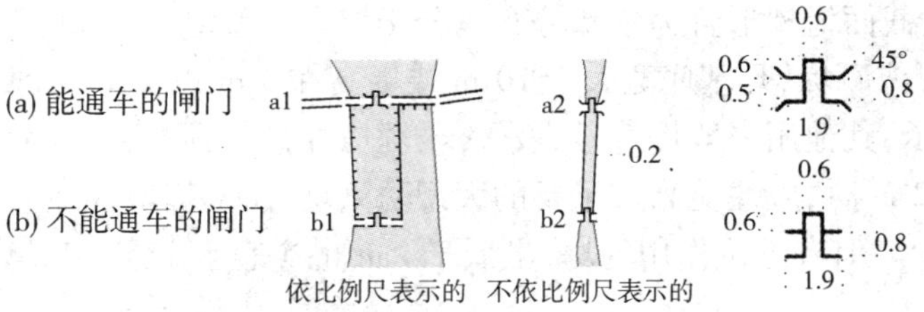

图 6-116 船闸的表示

3. 拦水坝

拦水坝是拦截山谷、横截河流以抬高水位的坝式建筑物。有重力坝、拱坝、支墩坝等多种形式,并有闸门、溢洪道、渠道、电站等配套设施。拦水坝不论建筑材料和建筑形式如何,只区分为能通车和不能通车两种类型表示,如图 6-117 所示。图上长度大于 2.0 mm 或宽度大于 0.8 mm 的依比例尺表示。坝长大于 50 m 或坝高大于 15 m 的应注坝顶高程、坝长及建筑材料。坝坡侧面的投影宽度在图上大于 0.5 mm 时,依比例尺表示坡长线;坝坡侧面的投影宽度在图上小于 0.5 mm 时,用 0.5 mm 的短线表示。

4. 滚水坝

滚水坝是横截河流,使河水经常或季节性地从坝顶上面溢过的坝式建筑物。不分建筑材料,均用同一符号表示,如图 6-118(a)所示。符号的短线朝向下游方向。图上长度大于 2.0 mm 或宽度大于 0.8 mm 的依比例尺表示。描绘时虚线绘在水流上方,短齿线绘在下方,水涯线在两端断开。单线表示的河上的滚水坝不表示。

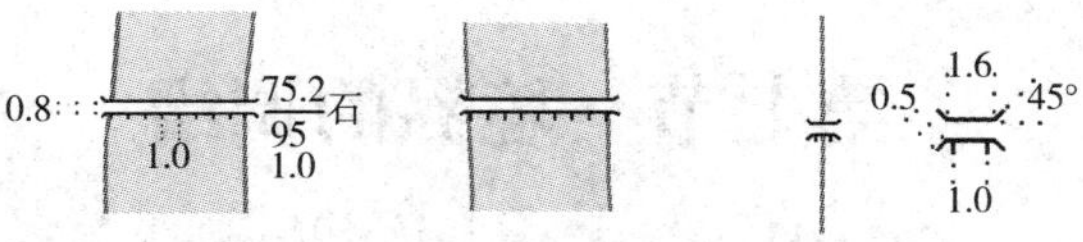

a1.依比例尺的　a2.坡宽依比例尺表示　a3.不依比例尺的

(a) 能通车的拦水坝

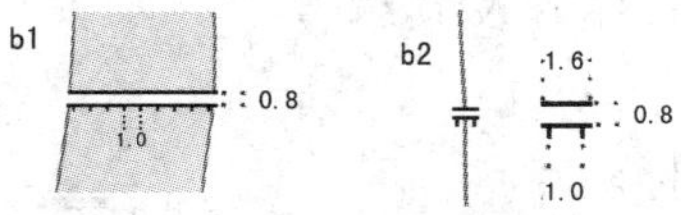

b1.依比例尺的　b2.不依比例尺的

(b) 不能通车的拦水坝

图 6-117　拦水坝的表示

与拦水坝相比较,没有十分高大的堤坝,坝的位置一般与水的主流方向相垂直,也有多种建筑形式;水翻越坝体时为白色影像,易于判读。

滚水坝主要是为灌溉、水磨、发电等提供具有一定水势的水源,因此一般由渠道连接;有时在不远处可见到水车、水磨房甚至小电站房等地物。由于坝顶经常过水,一般不能通行。

(三)防波堤、制水坝

防波堤是指防护港口、海湾的堤状建筑,伸入水面的防波堤两侧的水涯线不表示。

制水坝是指挡水护岸或节制水流的建筑,调节水流方向或减缓水流流速,防护港口、海湾的护岸式堤坝。防波堤、制水坝的表示如图 6-118(b)所示。图上长度小于 5 mm 的不表示。

(四)加固岸

加固岸是指用木桩、砖、石、水泥等材料建成的护岸建筑。加固岸的岸坡直接伸入水面,其间无通行地段的称为无滩加固岸,水涯线可中断至加固岸符号处;加固岸下缘与水涯线之间有滩的称为有滩加固岸,其岸顶线与水涯线均按实地位置表示。

图上小于 5 mm 的加固岸和单线表示的河流上的加固岸不表示;图上宽度小于 1.0 mm 的双线表示的河流上的无滩加固岸不表示。有滩的加固岸将蓝色符号改为黑色表示,如图 6-119(a)、(b)所示。

防洪墙是一种墙体和加固岸坡重叠组合的设施。其表示如图 6-119(c)所示。

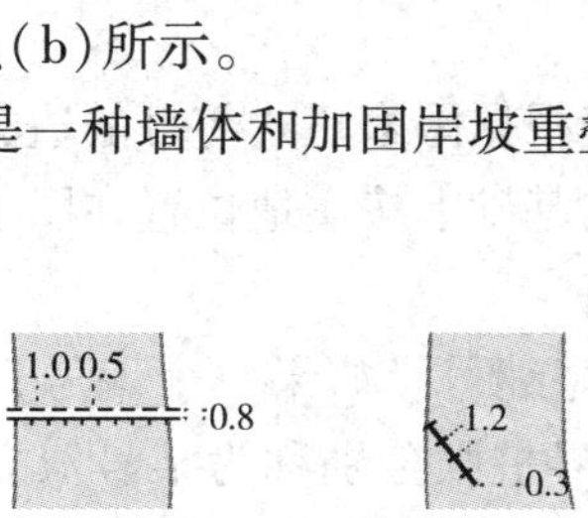

(a)滚水坝　(b)防波堤、制水坝

图 6-118　防波堤、制水坝的表示

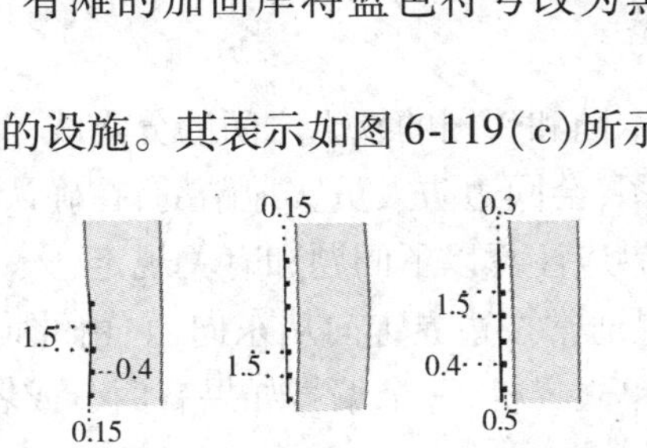

(a)无滩的　(b)有滩的　(c)有防洪墙的

图 6-119　加固岸的表示

(五)抽水站(水轮泵、扬水站)

抽水站是指独立安置在水源处,利用水的冲力自动扬水或利用水泵取水的电机设备或设施。不论大小,均用同一符号表示。设备安置在房屋内进行给、排水管理的抽水站和扬水站以房屋符号表示,并分别加注"抽"、"扬"字。

第七节　境界的调绘

境界是区域范围内的分界线，分为国界和国家内部境界两种。1∶10 000 地形图测图须表示的境界有九种，分别是：

（1）国界，内容包括界线、界桩、界碑及其编号、未定界，符号表示如图 6-120 所示。

（2）省、自治区、直辖市界和界标。

（3）特别行政区界，例如香港、澳门特别行政区。

（4）市、自治州、地区、盟等地级市界。

（5）县、自治县、旗、县级市界。

（6）乡、镇、国营农场、林场、牧场、盐场、养殖场界。

（7）特殊地区界。

（8）开发区、保税区界。

（9）自然、文化保护区界。

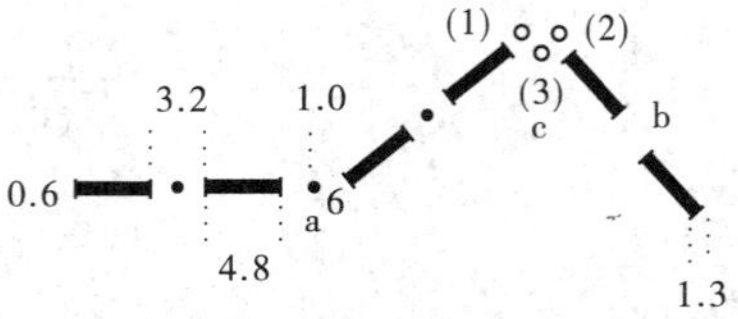

a.界桩、界碑及其编号　　b.未定界

c.同号三立的界桩、界碑及其序号

图 6-120　国界的表示

境界是在地图上表示行政区划的界线。国界，是关系到维护国家主权和领土完整以及影响国际关系的大事；国内各级境界也是国家实施行政管理，划定土地归属，影响当地人民生产、生活以及安定团结的重要界线。因此，调绘各级境界时必须慎重、仔细、准确，以防止发生错误，带来不良后果。

境界是一种在实地并不存在的线状地物，它是根据实际情况约定或规定的人为界线。这种界线有的以界桩、界碑、界牌标定，而大部分则是以地物、地貌的特殊部位为准划定，如山脊线、山谷线、河流的中心线、道路的边线等都可能作为分界的标志。因此，实地调绘境界主要是通过调查访问，并以有关资料为根据，把确认的境界位置准确地表示在调绘像片上。

国界和国内境界因其性质不同，在调绘与表示方法上又有不同的要求。

一、国界

国界是本国和邻国的领土之间的分界线。国界应根据国家正式签订的边界条约或边界议定书及附图，会同边防人员实地踏勘，在确认无疑的基础上按实地位置在图上精确表示。

调绘国界应注意以下问题和有关规定：

（1）国界通常按边界走向从东向西、由北向南顺序编号。如果一个编号只有一个界桩则称为某号单立界桩，一个编号如果有两个或者三个界桩则分别称为某号双立界桩或某号三立界桩。

（2）国界符号应连续不间断，所有界桩、界碑、界堆及转折点均应按坐标值定位，注出其编号。如果这些分界点没有坐标，则应按国家系统以像片控制点的精度测定其坐标，并尽量测注出高程；同号双立或同号三立的界桩、界碑，图上不能同时按实地位置表示时，界桩符号可不要定位点，用空心小圆圈按界桩的实地位置关系表示，并注出各自序号；各种注记不要压盖国界符号，并均应注在本国界内。

（3）国界经过地带的所有地物、地貌均应详细表示，对有特征意义的细貌部分更要详细表示。

(4)国界通过河流、湖泊、海域时,应明确表示出水域和岛屿、沙滩、礁石的归属。

(5)以山脊、山谷为界时,国界符号应不间断绘出;通过山顶、鞍部、山口等符号的中心位置必须准确描绘。

(6)国界如果以河流及线状地物为界,国界的具体位置有以下几种表示方法:

①以河流中心线或主航道线为界时,河流符号内能绘出国界符号时,国界符号在河流中心线位置或主航道线上不间断绘出,并正确表示岛屿、沙洲的归属;河流符号内表示不下国界符号时,国界符号在河流两侧不间断交错表示(即跳绘的方法,每段 3 ~4 节),岛屿、沙洲用附注标明归属。

②以共有河流或线状地物为界时,国界符号在其两侧每隔 3 ~5 cm 交错表示 3 ~4 节符号,岛屿用附注标明归属。

如图 6-121 所示,大河流中的国界表示以河流主航道线为界;小河流为共有河流,“7 -1”、“7 -2”代表国界碑编号,图中的双立界桩,即编号为 7 的两个界桩。

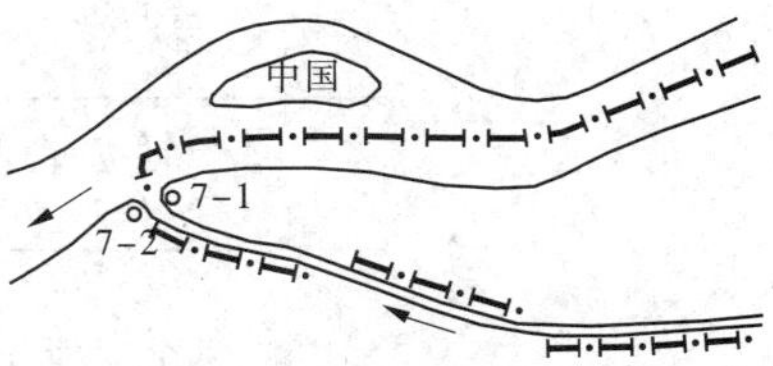

图 6-121 以河流为界的表示

③以河流或线状地物一侧为界时,国界符号在相应的一侧不间断地绘出。

二、国内各级境界

国内各级行政区划界是指省、市、县、乡等各级行政区之间的分界线和界线标志,包括:省界、自治区界、特别行政区界(特别行政区界是指根据宪法规定,在中华人民共和国行政区域范围内设立的,享有特殊法律地位、实行资本主义制度和资本主义生活方式的地方行政区域界线。特别行政区是我国为以和平方式解决历史遗留下来的香港问题、澳门问题和台湾问题而设立的特殊的地方行政区域)、直辖市界,自治州、地区、盟、地级市界,县、自治县、旗、县级市界,乡、镇、国营农场、林场、牧场、盐场、养殖场界。

特殊地区界是指不适用于上述界线表示的特殊行政地区,可用特殊地区界表示。例如,国外的克什米尔地区等用相应符号表示,并在其范围内注记名称。

开发区、保税区界是指国内如高新技术开发区、经济开发区、农业开发区、保税区等界线。自然、文化保护区界是指经国家或省级人民政府颁布的自然保护区、国家森林公园、风景旅游区以及世界自然或文化遗产(历史遗迹)等的范围界线。这是为了保护自然界生态平衡不受破坏,使珍奇稀有的动植物得以生存和发展而采取的措施。调绘时应调查核实,用相应符号准确表示,并在其范围内注记名称。

国内各级境界的表示如图 6-122 所示。

国内各级境界的划定虽不涉及国家主权和领土完整的大事,但国内各级境界的划定关系到国家实施行政管理,进行经济建设规划;关系到当地人民群众的经济利益,影响安定团结等问题。因此,调绘国内境界也不能马虎从事,不能允许出现明显的错误,以免造成不良后果。

调绘国内各级境界的方法和要求与调绘国界基本一样,但国内境界层次多、情况更为复杂,因此调绘中还应注意以下问题:

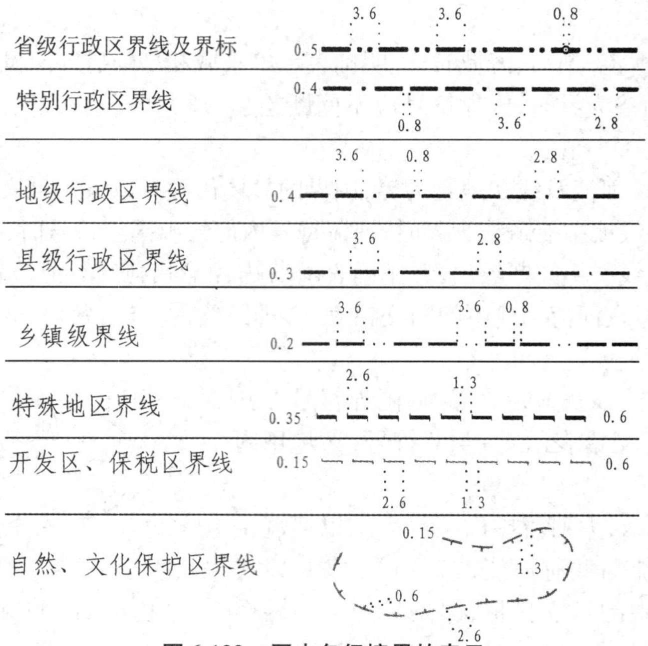

图 6-122　国内各级境界的表示

(1)国内各级行政区划界应以相应的符号准确表示,各级界桩、界标要准确表示。界标若为石碑,又有方位意义,则以纪念碑符号表示。

(2)境界以线状地物为界,不能在线状符号中心表示时,可沿两边每隔 3 ~5 cm 交错表示 3 ~4 节符号;以线状地物一侧为界时,可沿一侧每隔 3 ~5 cm 绘出 3 ~4 节符号;但在境界相交或明显拐弯点以及接近图廓或调绘面积边缘的地方,境界符号不应省略,且应实线通过,实线相交。在调绘面积线外,境界符号的两侧应分别注明不同行政区域的隶属关系,如图 6-123 所示。行政名称相同部分可省略不注,如同属 × ×省则省名称可不注。

(3)境界通往湖泊、海峡时,应在岸边和水面部分绘出一段符号,如图 6-124 中的(b)所示。

(4)湖泊、海峡为三个以上省、市、县所共有时,应在境界交会处各绘一段符号,且应以实线部分绘出交点,如图 6-124 中的(a)所示。

(5)境界通过河流、湖泊、海域时,应清楚地标明岛屿、礁石、沙洲、沙滩等的隶属关系。

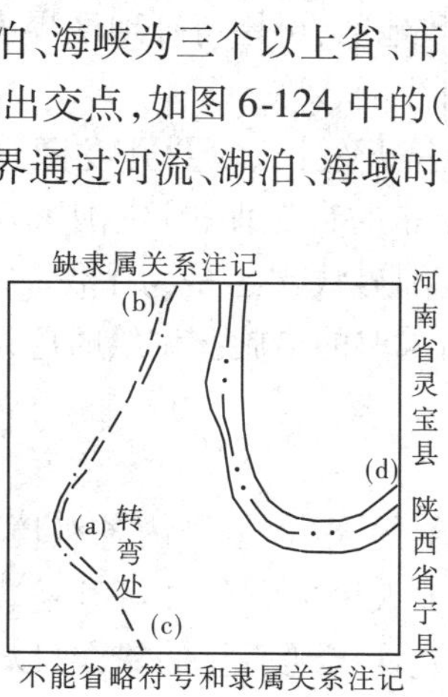

图 6-123　境界以线状地物为界时的表示

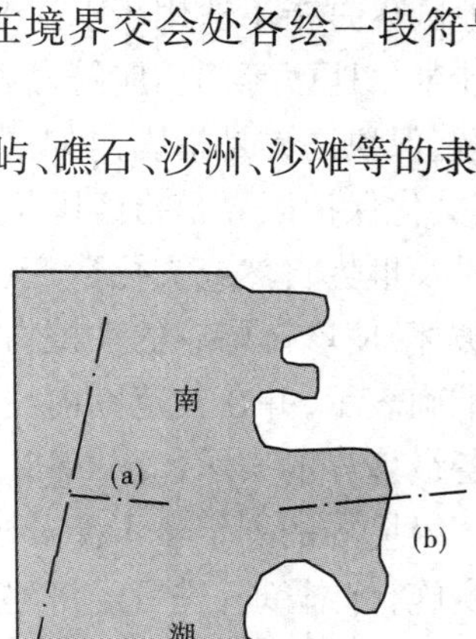

图 6-124　境界经过水面时的表示

(6)地类界、通信线和电力线不能代替境界符号,如果两种符号不能同时准确绘出,地类界移位,电力线和通信线可部分中断而境界照绘。

(7)境界通过山顶或山脊时,应观察立体准确描绘于地性线上,防止表示不合理的种种现象,如图 6-125 所示。

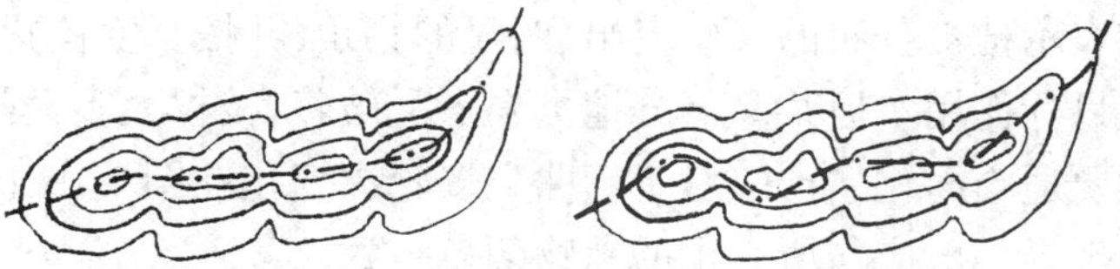

(a) 表示合理　　(b) 表示不合理

图 6-125　境界过山顶、山脊时的表示情况

(8)两级以上境界重合时,只绘高一级境界符号;但在调绘面积线外,境界符号两侧应注出各自区域的不同行政名称;行政名称相同的部分可省略不注,如同属××省则省名称可不注。

(9)直辖市内、省辖市内的区界用县界符号表示。

(10)当一个辖区内有另一个管辖区的一部分地区时,则称此地为"飞地"。"飞地"的界线用其所辖属行政单位的境界符号表示,并在其范围内加注隶属关系。例如,湖南省湘潭县内的竹山镇属湘潭市管辖,河南荥阳市内的上街区属郑州市管辖,其境界则用湘潭市和郑州市同级境界符号表示,并在其范围内加注湘潭市和郑州市。

(11)自然保护区界线,应在实地调查核实,准确描绘。

(12)山区沿自然地形分界时,应将境界线准确绘在地性线上。

第八节　植被与土质的调绘

植被是覆盖在地面的各种植物的总称,包括天然生长和人工栽培的木本植物和草本植物及水生植物和藤类植物。植被是给人类提供生活物资的主要来源;在军事上有隐蔽、障碍、取材、判定方向等作用;在经济建设中,对于发展生产、保持水土、防风固沙、调节气候、美化环境等方面都有特殊贡献。因此,应重视植被的调绘,而陆地生长的植被情况和所在地的土质情况又有着直接的关系,所以土质的调绘常常和植被一起考虑。

符号的配置应与实地植物的主次和稀密情况相适应。配置植被符号时,不要截断或压盖地类界或其他地物符号。植被范围被线状地物分割时,在各个隔开部分内,至少应配置一个符号,否则有可能误判为其他地物。

一、植被地类界的表示

地类界,指各种地物分布的范围界线。植被地类界是指不同种类的植被分布范围和轮廓特征,以地类界符号及注记表示。内业用黑色点线表示地类界;外业为了在像片上描绘方便,改用红色细实线表示。

地类界必须封闭,因为地类界是表示植被分布范围的界线,如果地类界不封闭,也就无法确定植被的分布范围。

有的植被要求绘地类界,而有的植被不需要绘地类界。要求绘出地类界的植被主要是指具有明显轮廓线的植被,即各种成片分布的植被和耕地,如树林、竹林、灌木丛、幼林、经济林、稻田、旱地、采地、经济作物地等。不需要绘地类界的植被是指分布轮廓线不明显或不能表示分布范围的植被，以及水上分布的植被，如疏林、稀疏灌木林、迹地、高草地、半荒草地、荒草地以及小面积树林、独立树丛、独立灌木丛、狭长灌木林、狭长竹林等。

地类界应着重表示植被分布的某些突出、明显的拐角，并按真实位置绘出。因为这些拐角具有一定的方位目标作用。但某些部分地类界零乱破碎，枝杈太多又影响图面清晰，掩盖了主要特征。这就要适当简化、合并，对于弯曲太多轮廓变化在图上小于 2 mm 的弯曲部分进行综合取舍。地类界一般应与所表示的地物颜色一致。

地类界与道路、河流、沟渠、陡岸、陡坎、垣栅等地面有形（实物）的线状地物符号重合时，可省略不绘；与境界、电力线、通信线等地面无形（实物）的地物符号重合时，地类界应移位绘出；与等高线重合时，可压盖等高线。

二、各种植被的调绘及表示要求

（一）稻田

稻田指种植水稻的耕地。不分常年有水和季节性有水均用此符号表示。水旱轮作地也按稻田符号表示。大面积的稻田应整列式配置符号，如图 6-126（a）所示；由道路、河流、沟渠等分割成的小片稻区，符号配置间隔可缩小为 3 mm 表示；沿沟谷分布的狭长稻田，图上宽度小于 3 mm 时，可不表示地类界。

（二）旱地

旱地指稻田以外的农作物耕种地，包括撂荒未满三年的轮歇地。符号按整列式表示，如图 6-126（b）所示。大面积的旱地可不用符号表示，在其范围内加注“旱地”注记。

稻田和旱地在图内分布面积最多的一种可不用符号表示，业务部门可以统一作出规定，并在有关资料中说明。

（三）菜地

菜地是以种植蔬菜为主的耕地。符号按整列式配置，如图 6-126（c）所示，图上面积小于 25 mm^2 和居民地内的零星菜地均不表示。粮菜轮种的耕地按旱地表示。

（四）水生作物地

水生作物地是指比较固定的以种植水生作物为主的用地，如菱角、莲藕、茭白地等。符号按整列式表示，非常年积水的水生作物地（如藕田），在图上用不固定水涯线加符号表示，如图 6-126（d）所示。图上面积大于 2 cm^2 的除表示符号外，应加注品种名称；面积小于 25 mm^2 的不表示。

（五）条田、台田

条田、台田指土壤含盐、碱成分较重地区（非盐碱地），为改造土壤，挖有排盐、排碱沟渠的地面抬高的农田。其范围用地类界表示，并加注“台田”注记。已长期种植作物的台田以相应作物符号表示，如图 6-126（e）所示。平原地区由各级灌排渠道和道路合理布局，形成便于机械化作业和灌溉排水的条状农田也用此符号表示，并加注“条田”注记。

（六）园地

园地包括经济林和经济作物地。以种植果树为主，集约经营的多年生木本和草本作物，覆盖率 >50% 或每亩株数大于合理株数 70% 的土地。

（1）经济林指以生产果品、食用油料、饮料、调料、工业原料和药材为主要目的的树木，如

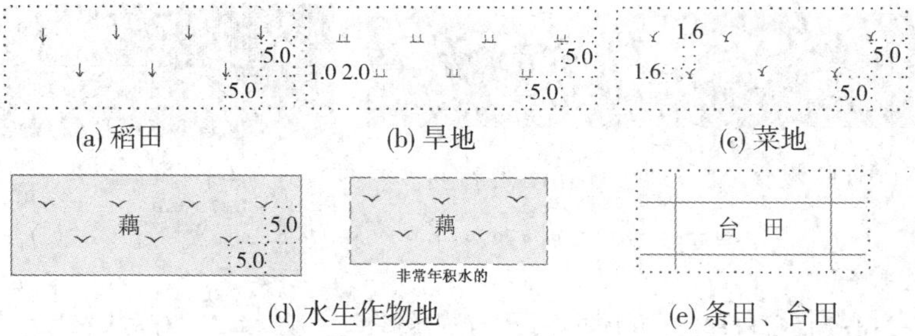

图 6-126 农作物的表示

茶园、桑园、橡胶园等。图上面积大于 25 mm^2 的经济林,用大面积经济林符号按整列式绘出;图上面积大于 50 mm^2 时,要加注相应的林木名称,如图 6-127(a)中的 a 所示;图上面积小于 25 mm^2 的经济林用图 6-127(a)中的 b 表示;成条状分布的经济林,用图 6-127(a)中的 c 表示;田间和居民地内、外的零星经济树一般不表示,在树木稀少地区选择表示。

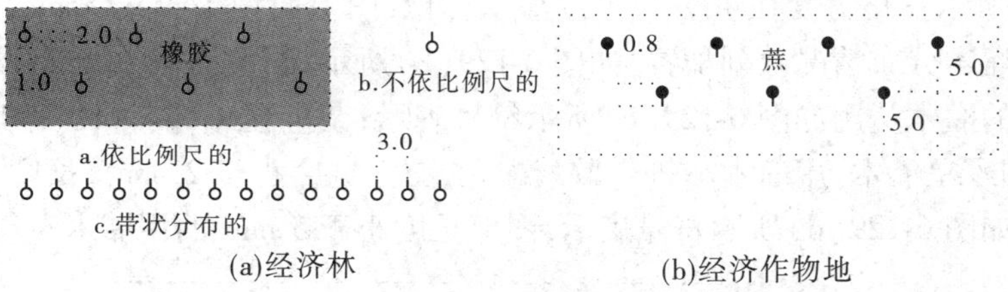

图 6-127 园地的表示

(2)经济作物地指由人工栽培、种植比较固定的多年生长植物,如甘蔗、麻类、香蕉、药材、香茅草、啤酒花等。经济作物与其他作物轮种的,不按经济作物地表示。图上面积大于 25 mm^2 的,符号按整列式配置;面积大于 50 mm^2 的应加注相应产品名称,如“橡胶”、“苹”、“桑”、“茶”、“油茶”、“蔗”、“麻”、“药”等,如图 6-127(b)所示。图上面积小于 25mm^2 的经济作物地一般不表示。

(七)成林

成林是指林木进入成熟期、郁闭期(树冠覆盖地面程度)在 0.3(不含 0.3)以上,林龄在 20 年以上的、已构成稳定的林分(树木的内部结构特征)、能影响周围环境的生物群落。成林分针叶林、阔叶林和针阔混交林。图上面积大于 25 mm^2 的成林应表示,在其范围内每隔 5 ~9 mm 散列配置针叶、阔叶或针阔混交林符号,如图 6-128(a)、(b)、(c)所示;图上面积小于 25 mm^2 的成林用小面积树林符号表示,如图 6-128(d)所示。符号的大圆表示在林地中心位置上,小圆配置在方便处;图上宽度小于 2 mm 、长度大于 5 mm 的成林用如图 6-128(e)符号表示,其长度依比例尺表示;图上长度大于 10 mm 的田间密集整齐的单行树,也用狭长林带符号表示,沿双线路的狭长林带,也可用狭长林带表示。

(八)幼林、苗圃

幼林、苗圃是指林木处于生长发育阶段,通常树龄在 20 年以下,尚未达到成熟的林分。苗圃指固定的林木育苗地。幼林、苗圃在图上面积大于 25 mm^2 时才表示,在其范围内整列式配置符号,面积大于 50 mm^2 时要加注“幼”、“苗”字。

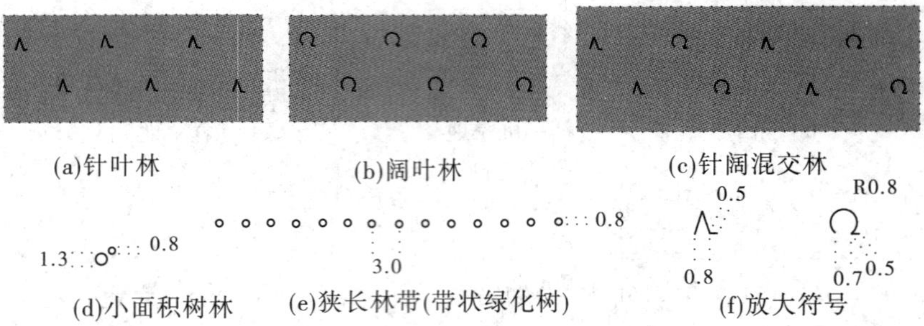

图 6-128　成林的表示

(九)灌木林

灌木林是指成片生长、无明显主干、树杈丛生的木本植物地。攀缘涯边的藤类和矮小的竹类植物亦用灌木林符号表示。

覆盖度在 40% 以上的灌木林地,图上面积大于 25 mm^2 的用密集灌木林符号散列配置,如图 6-129(a)所示。覆盖度在 40% 以下的灌木林地,图上面积大于 25 mm^2 的用稀疏灌木林符号按实地灌木分布情况散列配置,如图 6-129(b)所示;图上面积小于 25 mm^2 的灌木林和有方位意义的灌木丛用如图 6-129(c)所示符号表示;杂生在疏林、竹林、草地、盐碱地、沼泽地、沙地内的零星灌木,用灌木丛符号散列配置;图上宽度小于 2 mm 、长度大于 5 mm 的狭长灌木林用如图 6-129(d)所示符号表示,图上长度小于 5 mm 的用灌木丛符号表示。

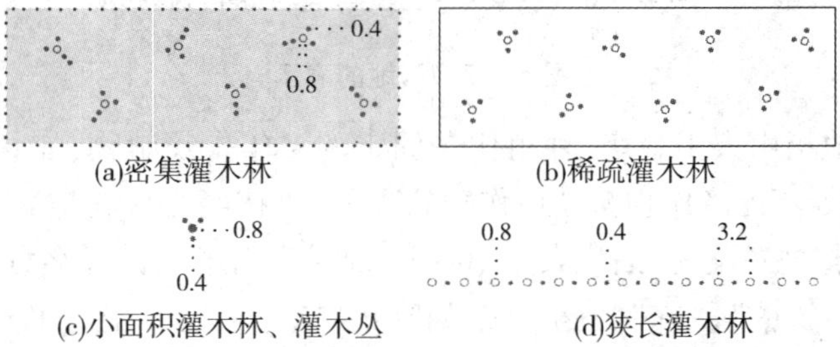

图 6-129　灌木林的表示

(十)竹林

竹林是指以生长竹子为主的林地。图上面积大于 25 mm^2 的竹地称为大面积竹林,在其范围内散列配置符号,如图 6-130(a)所示。图上面积小于 25 mm^2 的竹林或有方位意义的竹丛用如图 6-130(b)所示符号表示,图上宽度小于 2 mm 的狭长竹丛用如图 6-130(c)所示符号表示,长度依比例尺表示。天然丛生的矮小竹子,用灌木丛符号表示;成片的用灌木林符号表示。

(十一)疏林

疏林是指树木比较稀疏、郁闭度为 0.1 ~0.3 的林地。调绘疏林时不区分树的高度和种类,也不要求注记树种名称和平均树高,均按实际分布的疏密情况配置符号表示,如图 6-131(a)所示。但应注意疏林一般应与其底层的土质、其他植被配合表示。

(十二)迹地

迹地指林地采伐后或火烧后 5 年内未经更新的土地。在其范围内整列式配置符号,如图 6-131(b)所示。图上面积小于 25 mm^2 的不表示。

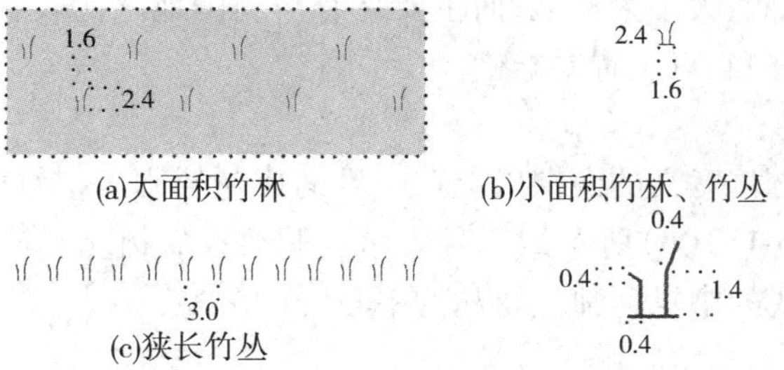

图 6-130　竹林的表示

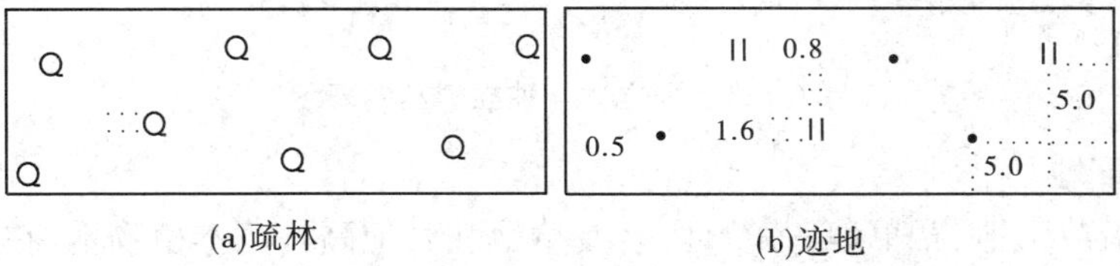

图 6-131　疏林、迹地的表示

(十三)防火带

林区、草原中为防止火灾灾情蔓延而开辟的空道。

宽度依比例尺表示,加注“防火”两字。若防火带较长,每隔 5 ~ 8 cm 注记一次。防火带在图上宽度大于 3 mm 时,还应表示等高线。

(十四)零星树木

零星树木是指杂生在灌木林、草地中或散生在田间、水边、堤旁、村落附近等处的零散树木。调绘时对于构成景观的零星树木,按实地位置选择表示。但要注意零星树木符号(0.8 mm 的小圆圈)一定不能表示过多,否则与树林相混,也会影响图面的清晰。田间和居民地内、外的零星树木一般不表示,但在树木稀少地区应选择表示。

(十五)行树

行树是指沿道路、沟渠和其他线状地物一侧或两侧成行种植的树木或灌木。符号间距可视具体情况略微放大或缩小。凡线状地物两侧的行树,描绘时应鳞错排列,如图 6-132 所示。双线表示的道路,其路边的狭长林带,也用行树符号表示。

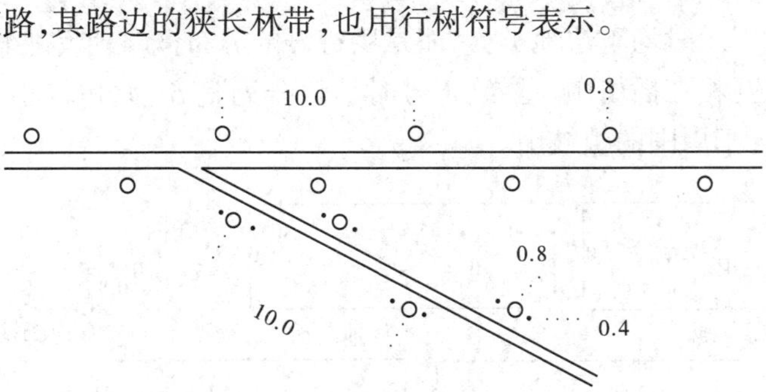

图 6-132　行树的表示

(十六)独立树

独立树是指有良好方位作用的或著名的单棵树木。按针叶、阔叶、棕树用相应的符号表示,著名的加注名称,如图 6-133(a)所示,符号线粗 0.15 mm。调绘独立树与调绘其他独立地物一样,并不以其高低、大小为标准,而主要是看与周围地区比较,是否有明显、突出的方位作用,描绘时符号的中心点位置要准确。

(十七)独立树丛

独立树丛是指有方位意义的两棵以上在一堆的成丛树木。按针叶、阔叶或针阔混交树丛及棕榈树丛用如图 6-133(b)所示的符号表示。调绘独立树丛时应注意与小面积树林相区分。描绘时符号底线的中点为独立树丛的中心。

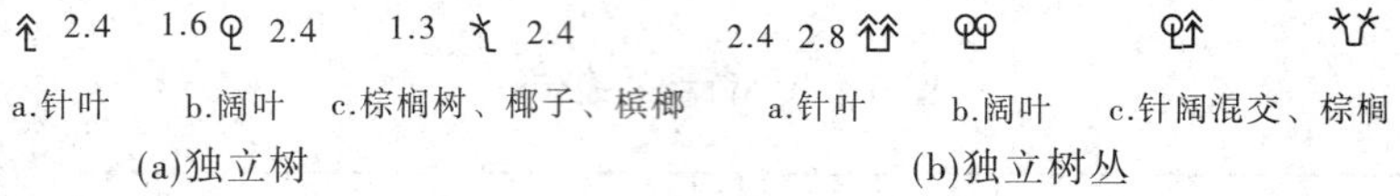

图 6-133　独立树与独立树丛的表示

(十八)高草地

高草地是指芦苇地、席草地、芒草地、芨芨草地和其他高秆草本植物地,在图上按其分布范围整列配置符号,当图上面积大于 2 cm^2 时,应加注植物名称,如"芦苇"、"席草"、"芒草"、"芨芨草"等,如图 6-134 中(a)所示。

(十九)草地

草地是指草木植物生长旺盛、覆盖率在 50% 以上的地区,如干旱地区的草原,山地、丘陵地区的草地,沼泽、湖滨地区的草甸等。草地符号按整列式绘出,如图 6-134(b)所示。草地有放牧价值,也在一定程度上反映了当地的气候和土质情况,因此调绘时应予以表示。

人工种植的绿地也用草地符号表示,并加面色,如图 6-134(c)所示。

(二十)半荒草地

半荒植物地是指草类植物生长比较稀疏,覆盖度在 20% ~50% 的草地。一般分布在山地、高山地等地区,符号按整列式配置绘出, 如图 6-134(d)所示。

(二十一)荒草地

荒草地是指植物特别稀少,其覆盖度在 5% ~20% 的土地,不包括盐碱地、沼泽地和裸土地。一般只表示位于气候特别干旱和土壤贫瘠地区,符号按整列式配置,如图 6-134(e)所示。

上述草类植被表示时均不绘地类界,而是用符号的分布概略地反映其分布范围,过渡地区两种符号也可以互相穿插使用。描绘符号时尽量排列整齐,面积较小,绘下一个符号时,不单独表示,可综合于周围的植被中。

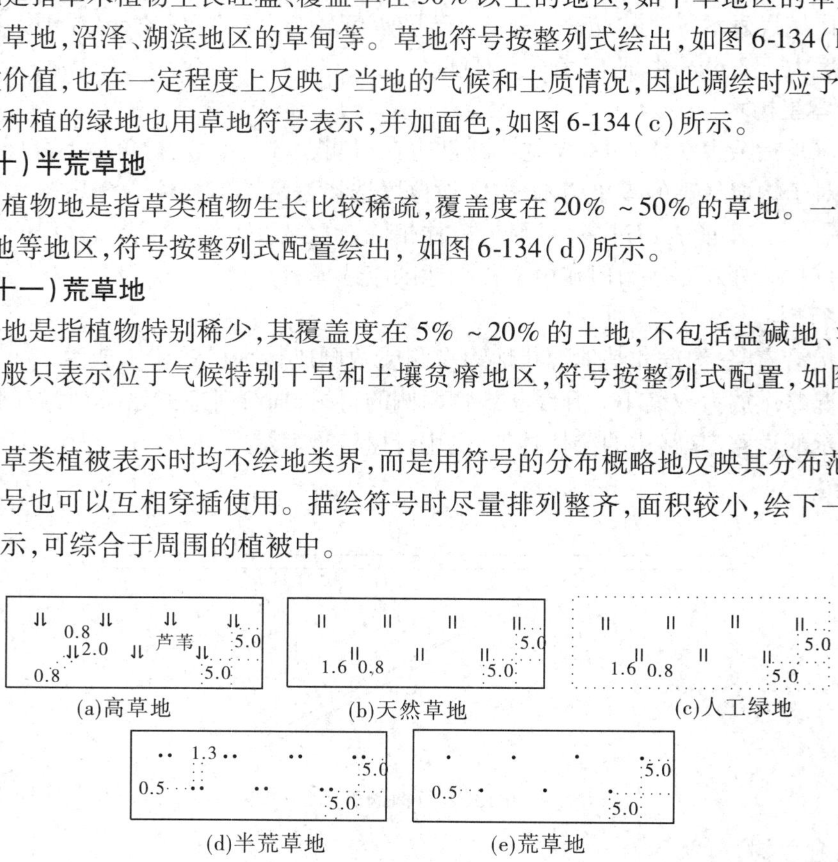

图 6-134　草地的表示

（二十二）花圃、花坛

花圃、花坛是指用来美化庭院、种植花卉的土台、花园。街道、道路旁规划的绿化岛、花坛及工厂、机关、学校内的正规花坛均用同一符号表示，符号按整列式配置，如图 6-135 所示。图上面积小于 25 mm^2 的不表示。

图 6-135　花圃、花坛的表示

三、土质的调绘

土质是指覆盖在地壳表层的土壤性质，如沙地、石块地、露岩地、盐碱地等。土壤性质则与地面上物质分布状态、地理位置、气候条件、地下水的分布及其性质有关。与国民经济建设有着密切的关系，如水利、农田规划、植树造林、水土保持等都必须考虑土质的情况；另外，各种地物的布局，如居民地、道路、水系、植被等也与土质有重要的关系。因此，调绘土质时要能正确反映其性质、位置和分布范围等各种特征。

（一）盐碱地

盐碱地是指地面盐碱聚集的地面。图上只表示不能种植作物的盐碱地，在其分布范围内散列配置符号，如图 6-136(a)所示。盐碱地上长有其他植被时，用相应植被符号配合表示。

（二）小草丘地

小草丘地是指在沼泽、草原和荒漠地区长有草类或灌木的小丘成群分布的地面。在其范围内散列配置符号，如图 6-136(b)所示。沼泽地上的草墩也用此符号表示。

（三）龟裂地

龟裂地是指黏土地表水分被强烈蒸发后而形成坚硬网状裂隙的地面，多出现于荒漠地区的低洼地段。表面土质为黏土，在干燥季节龟裂成坚硬的块状，下雨后则成一片泥泞，如图 6-137(a)所示为龟裂地景观影像。在其范围内散列配置符号，如图 6-136(c)所示。

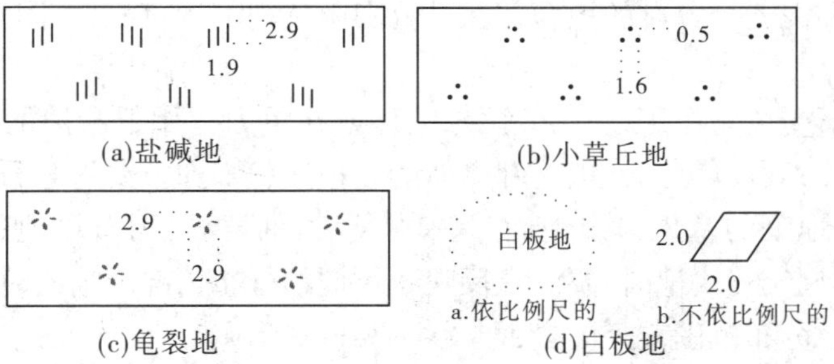

图 6-136　盐碱地、小草丘地、龟裂地和白板地的表示

（四）白板地

白板地是指土质坚硬，地面平坦，无裂隙、无植被，表面呈白色的地面。如图 6-137(b)所示为白板地景观影像。面积 9 mm^2 以上的，其分布范围用地类界表示，加注“白板地”注记，如图 6-136(d)中的 a 所示。面积 2～9 mm^2 的用图 6-136(d)中的 b 表示；图上面积小于 2 mm^2 的不表示。

（五）沙砾地

沙和砾石混合分布的沙砾地和地表几乎全为砾石覆盖的地段。在其范围内散列配置符

(a) 龟裂地　　(b) 白板地

图 6-137　龟裂地和白板地的景观影像

号。沙砾地是指基岩经长期风化和流水作用而形成的沙和砾石混合分布的地段。主要分布在离石山较近的干河床、河漫滩、河流上游沿岸、海边干出滩等地段，在航摄像片上呈灰白色影像并杂有黑斑花纹。

戈壁滩是指地表几乎全为砾石覆盖，只生长少量的稀疏耐碱草类及灌木的地段。

沙砾地和戈壁滩难以严格区分，因此均用同一符号表示，如图 6-138(a)所示。

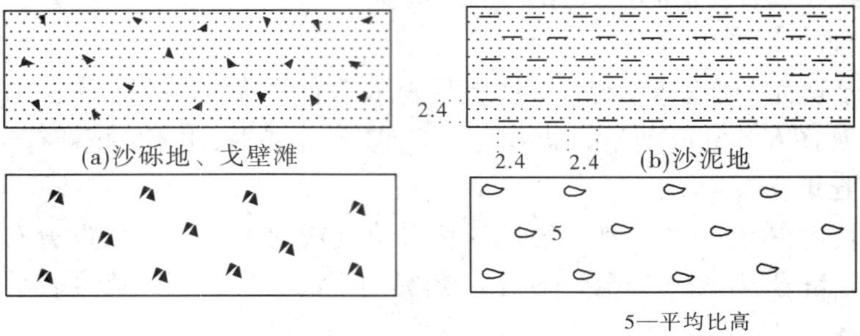

(a)沙砾地、戈壁滩　　(b)沙泥地

(c)石块地　　(d)残丘地

图 6-138　沙砾地、沙泥地、石块地和残丘地的表示

(六)沙泥地

沙泥地是指沙和泥混合分布的地面。在其范围内整列配置符号，如图 6-138(b)所示。

(七) 石块地

石块地是指岩石受风化作用破裂，经雨水搬移或在重力作用下自然散落而形成的碎石块堆积地段。在像片上可以见到像黑芝麻点似的细小点状影像。要注意石块地与露岩地的本质区别：露岩地是地下的基岩露出地面，是有"根基"的岩石；而石块地的石块是"外来"的、无根基的岩石。调绘石块地时，要注意反映石块地的分布情况。描绘时用两个棕色三角块符号为一组按实地分布范围散列配置，如图 6-138(c)所示。

(八)残丘地

残丘地是指由于风蚀或其他原因形成的成群石质(或土质)小丘。在其范围内按实地方向，用如图 6-138(d)所示符号散列配置表示(符号的圆弧一端表示迎风面)。图上面积大于 4 mm^2 且平均比高大于 2 m 的，应适当测注平均比高。能依比例尺表示的残丘地用等高线表示。

四、植被及土质符号的配合表示

植被在实地分布错综复杂，同一地区往往生长着多种植被，这就存在着植被符号的配合表示问题。

同一地段生长有多种植被时，植被符号可配置表示，植被的配合表示应能反映植被在实地的分布特征，即如实反映植被的存在情况。符号的配置应与实地植物的主次和疏密情况相一致，即某种植被较多的地方或较多的植被，可多绘符号；反之，则少绘符号，以显示其分布特征。

同一地类界内所表示的植被连同土质符号不得超过三种，此时可舍去经济价值不大或数量较小的，以突出主要的植被。

密集成林的植被（树林、竹林、灌木林等），在其范围内不再表示草地、耕地等底层植被；有方位作用的草地、耕地应单独表示，不能与上述植被配合表示。

树林中杂有竹林、灌木林，竹林、灌木林中杂有树林等情况，可用小面积符号按实际分布情况配置表示。稀疏植被、底层植被、沼泽、土质符号均可互相配合表示。

描绘植被符号时，不得截断或接触地类界和其他地物符号。当图上植被面积较大时，符号间隔可放大 1 ~3 倍。

第九节　地貌的调绘

地貌是地球表面起伏变化的自然形态。地表形态是多种多样的，有大陆、山峰、平地、冲沟、河谷、溶洞、沙丘等。地表形态以及它们的形成和发展虽然错综复杂，但简要地说，它是地球内力和外力相互作用的结果。内力是指地球的内部能量，即地球内部物质运动和相互作用所产生的能量。内力的作用主要表现为地壳运动，包括水平运动、垂直升降运动、皱折运动、断裂运动、岩浆活动和地震等。外力是指地球表面受太阳能和重力而产生的各种作用，包括风化作用、块体运动、流水、岩溶、冰川、冻融、风沙以及波浪、潮汐和海流的作用等。内力形成了地表规模较大的具有宏观性质的起伏形态；外力则对地表进行塑造加工，将隆起部分的物质剥离搬运到沉降的低地堆积起来，使地表趋于平坦。在内、外力长期作用下，地表形态变得更加丰富多彩、变化万千。

地貌形态在地形图上用等高线配以地貌符号、高程注记、比高注记表示。

用地貌符号表示的地貌是指岩峰、残丘地、陡崖、岩墙、崩崖、滑坡、冲沟、干河床、石灰岩溶斗、山洞、陡石山、梯地坎、石块地、泥石流、火山口、雪原、冰川和各种沙地等。

一、地貌以等高线的表示方法

（一）陆地等高线及其表示种类、要求

等高线是地面上高程相等的各相邻点所连成的闭合曲线。等高线分为首曲线、计曲线、间曲线、助曲线、草绘等高线。

从高程基准面起算，按基本等高距测绘的等高线，称为基本等高线。

从高程基准面起算，每隔四条首曲线（当基本等高距采用 2.5m 时，每隔三条）加粗一条的等高线，称为加粗等高线。

按二分之一基本等高距测绘的等高线，称为半距等高线。表示时可不闭合，但应表示至基本等高线间隔较小或地貌倾斜相同的地方为止。在表示小山顶、小洼地、小鞍部等地貌形态时，可缩短其实部和虚部的尺寸。

按四分之一基本等高距测绘的等高线，称为辅助等高线，表示时可不闭合。

当地貌测绘的精度不合规范要求时，用草绘等高线，其实部长可视面积大小以 5 ~ 12 mm 表示。

在等高线比较密的等倾斜地段，当两计曲线间空白小于 2 mm 时，首曲线可省略不表示。等高线遇到房屋、窑洞、公路、双线表示的河渠、冲沟、陡崖、路堤、路堑等符号时，应表示至符号边线。

单色图上等高线遇到各类注记、独立地物、植被符号时，应间断 0.2 mm；大面积的盐田、基塘区，视具体情况可不测绘等高线。等高线高程注记应分布适当，便于用图时迅速判定等高线高程，其字头朝向高处。根据地形情况图上每 100 cm^2 面积内，应有 1 ~ 3 个等高线高程注记。

雪山等高线指雪面或冰体上高程相等的各相邻点所连成的闭合曲线。分为首曲线和计曲线。

示坡线指斜坡降落的方向线，它与等高线垂直相交。一般应表示在谷地、山头、鞍部、图廓边及斜坡方向不易判读的地方。洼地的最高、最低一条等高线上也应表示示坡线。

高程点指根据 1985 国家高程基准面测定高程的地面点。高程点用 0.4 mm 的黑点表示。独立地物如宝塔、烟囱等高程均为地物基部的地面高，高程点省略，只在符号旁注记其高程。高程点注记注至 0.1 m，低于零米的高程点应在其注记前加“ - ”号。高程点注记用正等线体注出。

比高点指地物顶部至地物基部的高差。在图上用 0.4 mm 的点表示，定位在地物的顶部。对于独立地物如烟囱、宝塔等，比高点省略，只在符号旁注记其比高。比高注记用长等线体注出。比高点及注记应与所表示的地物颜色一致。

特殊高程点指具有特殊需要和意义的高程点，如洪水位、大潮潮位等处的高程点。

（二）水下等高线及其表示

海岸线以下采用 1985 国家高程基准作为高程起算面测定水下高程及等高线（无法与国家高程基准进行联测的岛屿，可采用当地平均海水面作为高程起算面）。

（1）水下高程注记以米为单位，小数用拖尾小号数字表示，实测点位在整数中心。

①水下高程（实测高程）是参照 1985 国家高程基准面，由外业实测测定海岸线以下的地面高程。实测高程用正等线体注出；低于零米（基准面）的高程点，其高程用负数注出。

②水深（转绘水深）是深度基准面（最低低潮面）向下至水下测点的深度，根据海图由内业编绘。转绘海图的水深用右斜等线体注出。

③干出高度是指从深度基准面向上至水下测点的高度。转绘海图的干出高度注记下加“—”线。

（2）水下等高线指海岸线以下高程相等的各相邻点连成的闭合曲线。水下等高线分为首曲线、计曲线及间曲线。低于零米（基准面）的等高线，其高程用负数注出。

在较宽的干出滩应表示当地多年平均海水面，并加注“平均海水面”注记。当干出滩宽度在图上小于 10 mm 时，不表示当地平均海水面线。

（3）等深线指根据深度基准面测定的深度值相等的各相邻点连成的闭合曲线。根据海图内业转绘。等深线注记用右斜等线体注出。

水下等高线及等深线需加注记（均为蓝色），注记字头指向浅水处。

二、特征地貌元素及其表示

(一)岩峰、黄土柱

岩峰是指由于水流的长期溶蚀,一部分岩体或土层被夷为洼地或平地,另一部分未溶的岩体便突出于洼地或平地,形成高耸的塔柱状岩石或柱状黄土。孤立的为孤峰;联座成群的称为峰丛(群),如图 6-139(a)所示。由多个相距较近的孤峰构成的景观称为峰林,如图 6-139(b)所示。图 6-139(c)是峰丛、峰林的航空摄影立体像对。

(a) 峰丛　　(b) 峰林　　(c) 峰丛、峰林立体像对

图 6-139　峰丛与峰林

分布范围较大和密集时的峰林,可以适当取舍,分别用孤峰或峰丛符号表示,比高择要标注,但经取舍后应能反映实地的分布特征。较大的岩峰可用等高线配合符号表示,比高测注从最高等高线起算。

黄土柱用孤峰符号表示,加注"土"字。

岩峰的岩壁十分陡峭,犹如刀削一般,高高耸立,很有方位意义。孤立的用孤峰符号表示,图 6-140 是几个有名的孤峰的地面摄影影像。成群的用峰丛符号表示,如图 6-141(a)所示。孤峰应测注比高,峰丛比高可择其最高的量注。

(a) 石灰岩　　(b) 砂岩(玉女峰)　　(c) 花岗石(天都峰)

图 6-140　几个有名的孤峰的地面摄影影像

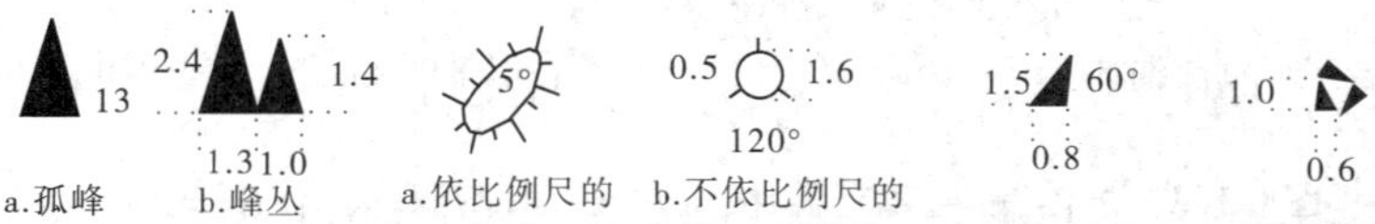

a.孤峰　b.峰丛　　a.依比例尺的　b.不依比例尺的

(a)岩峰、黄土柱　(b)土堆、贝壳堆、矿渣堆　(c)独立石　(d)石堆

图 6-141　岩峰、黄土柱、土堆、贝壳堆、矿渣堆、独立石、石堆的表示

（二）土堆、贝壳堆、矿渣堆

土堆、贝壳堆、矿渣堆是由泥土、贝壳、矿渣等堆积而成的堆积物。比高大于 1 m 的要表示，大于 2 m 的要标注比高。图上面积大于 4 mm^2 的土堆用图 6-141（b）中的 a 所示表示（沿其顶部概略轮廓表示为实线，斜坡用短线或长短线表示至坡脚）；面积小于 4 mm^2 的用如图 6-141（b）中的 b 所示表示。海边的贝壳堆、固定的矿渣堆分别加注"贝壳"、"渣"字。图 6-142 为矿渣堆地面摄影影像。

对于较大的没有明显顶部棱线和坡底轮廓且独立的堆积体，如"矸石山"，可用地类界表示其范围，内部以等高线表示，并加注名称。

(a) 土堆　(b) 贝壳堆　(c) 上缘明显的矿渣堆　(d) 尖顶矿渣堆

图 6-142　土堆、贝壳堆和矿渣堆的地面摄影影像

（三）独立石

地面上长期存在的具有方位意义的较大的独立石块，其表示如图 6-141（c）所示，应标注比高。

（四）石堆

石堆是由石块堆积而成的堆积物。比高大于 1 m 且有方位意义的石堆应表示，如图 6-141（d）所示。临时性的不表示。

（五）岩溶漏斗、黄土漏斗

岩溶漏斗是指在岩溶地区受水的溶蚀或岩层塌陷而在地面形成的漏斗或碟形的封闭洼地。面积小的用如图 6-143（a）所示符号表示（符号的点线朝东南方向，其定位点在椭圆中心）；面积大的按实际情况用陡崖和等高线配合表示，其中心仍应表示漏斗符号。

黄土漏斗也用相同符号表示，并加注"土"字。

（六）坑穴

坑穴是指地表突然凹下的部分，坑壁较陡，坑口有明显的边缘。坑深大于 1 m 的应表示，大于 2 m 的应标注深度。图上面积大于 4 mm^2 的土坑用图 6-143（b）中的 a 表示；图上面积小于 4 mm^2 的用图 6-143（b）中的 b 表示。

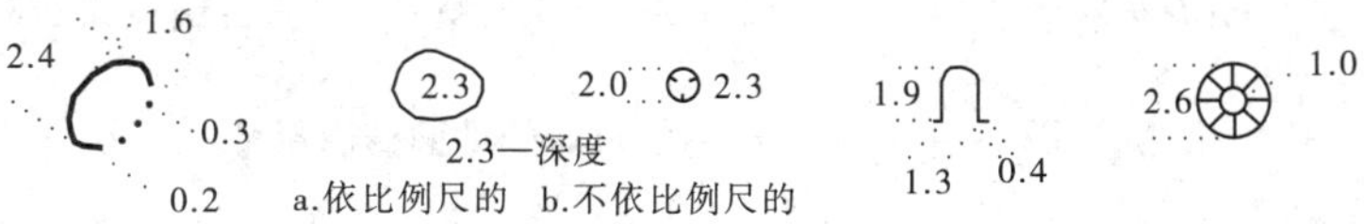

(a)岩溶、黄土漏斗　(b)坑穴　(c)山洞、溶洞　(d)火山口

图 6-143　岩溶漏斗、黄土漏斗、坑穴、山洞、溶洞、火山口的表示

（七）溶洞、山洞

溶洞是指地下水沿岩石裂隙溶蚀破坏或岩层塌陷所形成的地下洞穴。除去溶洞、隧道和以外的其他地下洞穴称为山洞。实际上溶洞也是山洞，只不过这是一种特殊类型的山洞。

山洞、溶洞绘同一符号,如图6-143(c)所示。在图上只用符号表示洞口,符号的中心点代表实地的洞口位置;山洞、溶洞在像片上的影像不易识别,因此在调绘时必须向当地群众询问,再到实地判绘。

山洞、溶洞的符号应在洞口位置上按真方向描绘。有名称的应加注名称。

(八)火山口

火山口是指火山爆发后在喷口处形成的洼地。活火山或死活山均用同一符号表示,如图6-143(d)所示。依比例尺表示的火山口可用等高线或陡崖符号表示,并在其中心位置配置火山口符号。

(九)冲沟

冲沟是地面上长期被雨水急流冲蚀而形成的大小沟壑,沟壁较陡,攀登困难。冲沟的两侧有明显的陡壁和坡折线,难以攀登。黄土高原地区,由于土质适合于冲沟发育,因此冲沟很多;有的地方,大冲沟两侧又生成许多小冲沟,形成所谓冲沟系统。这些冲沟长度可由几米到几十千米,深度可由几米到几百米,它们阻碍交通,影响工业建设,对农业生产也十分不利。因此,在地形图上必须注意表示。

冲沟在图上宽度在0.5 mm以内时,用单线表示;宽度为0.5 ~ 1.5 mm时,用双线冲沟表示;宽度在1.5 mm以上时,沟壁用陡崖符号表示;沟宽在图上大于3 mm时,应表示沟内等高线;冲沟宽度大于2 m时需测注比高,如图6-144所示。

调绘冲沟时应在立体观察下描绘,以保证冲沟边缘线、沟头、沟口及拐弯处位置准确。

冲沟密集时可适当取舍,舍去较短或坡度较缓的单线冲沟,但冲沟不能综合,取舍程度应以保持该地区的冲沟地貌特征为原则。

沟坡较缓的宽大冲沟可用等高线表示,或用符号与等高线配合表示。

(十)陡坎、陡崖

陡坎、陡崖是指形态壁立、难以攀登的陡峭崖壁或各种天然形成的坎(坡度在70°以上),分为土质和石质两种。

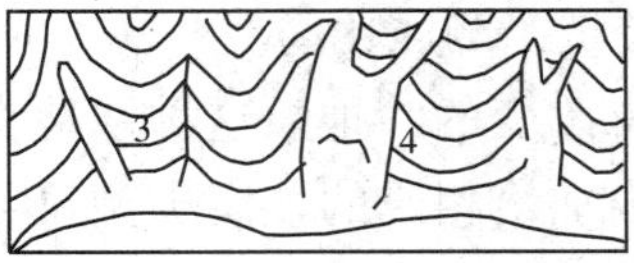

3,4—比高

图6-144　冲沟

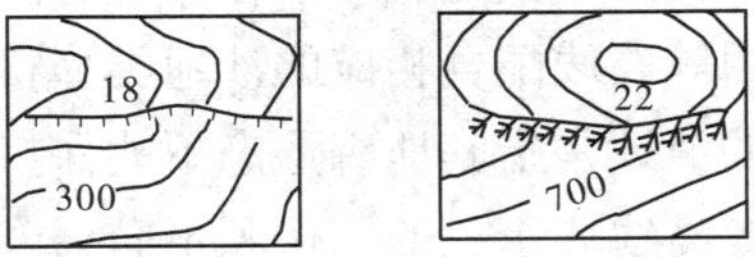

18,22—比高

(a)土质的　(b)石质的

图6-145　陡崖

图上长度大于5 mm、比高大于1 m以上的一般均应表示,凡比高大于2 m的应标注比高。陡崖符号的实线为崖壁上缘位置。土质陡崖图上水平投影宽度小于0.5 mm时,以0.5 mm短线表示;大于0.5 mm时,依比例尺用长线表示,如图6-145(a)所示。石质陡崖图上水平投影宽度小于2 mm时,以2 mm表示;大于2 mm时,依比例尺表示,如图6-140(b)所示。

(十一)露岩地、陡石山

露岩地指基岩露出地面且分布较集中的地段。图上用等高线配合散列的石块符号表示,在其边缘处适当多配置些石块符号,以示其概略范围。

陡石山是指全部或大部分岩石裸露且坡度大于70°的陡峭山岭。当石山坡度小于70°

时，用等高线配合露岩地符号表示，如图 6-146 所示。即外业只绘露岩地符号。陡石山应加注高程。较大范围的陡石山，外业可不绘符号，仅将其范围用红色实线标出，在标定的范围内加注“陡石山”说明，以后由内业在测图时根据立体模型判绘为相应符号。

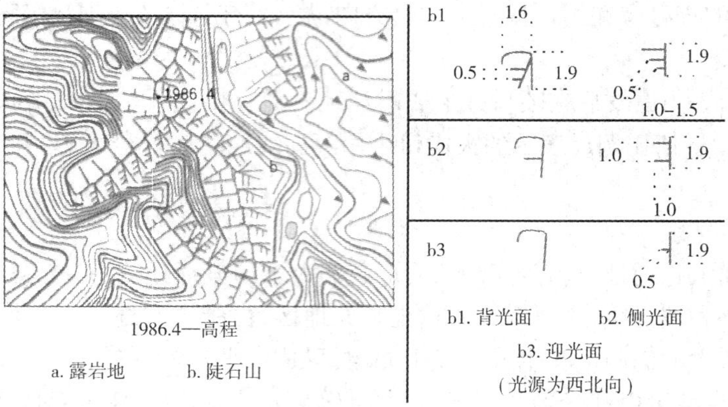

1986.4—高程

a. 露岩地　　b. 陡石山

b1. 背光面　　b2. 侧光面

b3. 迎光面

（光源为西北向）

图 6-146

（十二）岩墙

岩墙是指地壳裂隙被岩浆填充，冷却后成板状岩体，经长期剥蚀而露出地面的墙体。在图上依实地长度用如图 6-147 所示符号表示。比高在 2 m 以上的要加注比高。

（十三）沙地

沙地包括沙漠或海滨及大河、大湖岸边的各种沙质地。沙漠地貌类型很多，除按地貌形态的相对稳定性区分为固定的沙地和不固定的沙地外，根据沙漠起伏形态和走向特征又分为平沙地、灌丛沙堆、新月形沙丘及沙丘链、垄状沙丘、窝状沙丘五种。

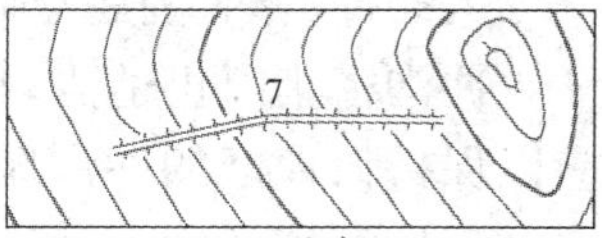

7—比高

图 6-147　岩墙的表示

固定的沙地是指其地貌形态在一段时间内能保持相对稳定不变的沙地地貌。这种沙地地貌在图上用等高线配合相应的沙地类型符号表示，并适当测注比高。

不固定的沙地是指其地貌形态不能保持稳定，经常改变的沙地。这种沙地在地形图上一般用草绘等高线表示总的起伏和走向，并在其范围内加绘相应的沙漠类型符号并适当测注比高。

无论是固定的还是不固定的沙地，一般均由内业测绘等高线和测注比高，外业调绘确定沙地类型并调绘其他地物。图上面积大于 50 cm^2 的各类沙地（除平沙地外），应加注沙地类型名称。

（1）平沙地是指沙地平坦或起伏不明显的沙地。平沙地一般分布在风力较弱和季风不强、地势低洼的地方，湖泊、沙滩、河滩上的沙地多属于平沙地。在无植被覆盖时，平沙地在航摄像片上呈白色或灰白色，纹理细密柔滑。平沙地的表示如图 6-148（a）所示。

（2）灌丛沙堆是指每个沙丘均生长沙生灌丛而又成群分布的小沙丘群体。灌丛沙堆符号配合灌木丛符号表示，如图 6-148（b）所示。

（3）新月形沙丘及沙丘链是指形状呈新月形，迎风坡凸出而平缓，背风坡凹而陡的沙丘。若干个新月形沙丘横向连接成沙丘链，其延伸方向与主导风向垂直。表示时粗点绘在迎风面上,如图 6-148(c)所示。在沙丘顶与丘间低地适当选注高程,以反映沙丘相对高度。

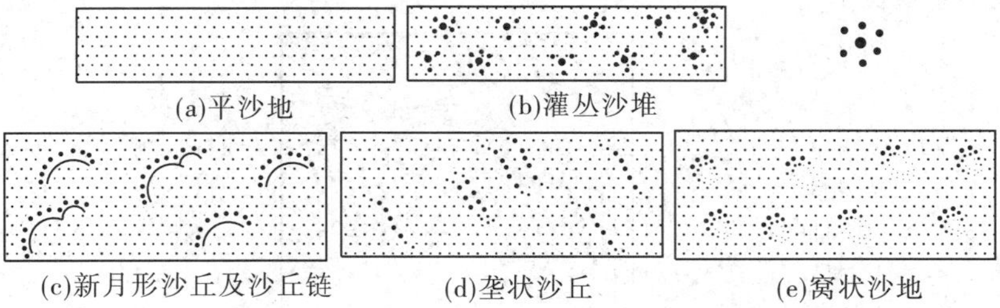

图 6-148

(4)垄状沙丘是指沙漠地区顺着主导风向延伸的堤垄状沙地,其表示如图 6-148(d)所示。

(5)窝状沙地包括沙窝地和蜂窝沙地,它们是在沙漠地区因风力作用被植被固定或半固定的密集新月形沙丘或格状沙丘形成的大片沙坑。大而稀疏的地段称为沙窝地,小而密集的地段称为蜂窝沙地,均用同一符号表示,如图 6-148(e)所示。符号中的粗点绘于迎风面上。

沙漠地区气候干燥,水源缺乏,植物稀少,交通困难,因此要十分注意水源、植被、道路以及其他地物的调绘和表示。

(十四)雪山

雪山是常年积雪的粒雪原、冰川等分布区的总称。

(1)粒雪原是雪线以上堆积有大量粒雪的地区,所谓粒雪,就是雪花经反复融冻所形成的颗粒状雪粒。用雪山等高线配合蓝点表示,如图 6-149 中的 a 所示。

(2)冰川是指沿地面倾斜方向移动的巨大可塑性冰体。冰川的上部必定有粒雪原,因此判准雪线位置,就能确定粒雪原和冰川的分界线,然后分别表示。冰川以雪山等高线表示,有名称的加注名称,如图 6-149 中的 b 所示。

(3)冰裂隙是由于冰川本身的质量、冰川的起伏和冰川各部分运动的速度不同,在冰川表面产生的裂缝。冰裂缝在像片上呈黑色的不规则条状影像,在以冰川为背景的白色底色上很容易识别,裂隙小、浅则影像发灰;裂隙大、深则影像发黑。一般可由立体观察确定。

外业调绘时,冰裂缝用蓝色实线描绘,符号两端尖细,中间略粗,符号大小和方向应与影像一致,即按实地大小以真方向表示,如图 6-149 中的 c 所示。

(4)冰陡崖是指冰川在流动过程中,由于温度、速度、地形坡度的变化以及其他原因,冰体会产生巨大的横向裂缝或冰崩,这种断裂所形成的陡坎称为冰陡崖,用如图 6-149 中的 d 所示符号表示,并加注“冰”字。

(5)冰碛是冰川运动和消融时所携带的岩石碎屑的堆积物。冰碛在像片上呈黑色点状,长条形分布,调绘时用棕色三角块和细点表示,不绘地类界,但符号配置按实地冰碛情况,用三角块和沙点表示,如图 6-149 中的 e 所示。高大的冰碛用雪山等高线配合此符号表示。

(6)冰塔是在冰川的中下段,由于冰川逐渐消融解体而形成的林立的塔形冰柱。冰塔在像片上的影像呈白色,立体镜下可以看见耸立的冰峰。一般高于 5 m 以上的应表示,冰塔丛立的地区,可进行取舍。其表示如图 6-149 中的 f 所示。

(7)冰斗湖是冰川融退后冰斗积水形成的湖泊，其表示如图 6-149 中的 g 所示。图上面积大于 1 mm^2 时才表示。

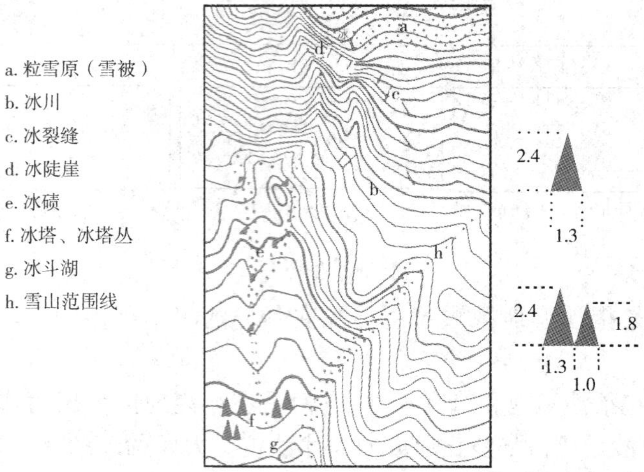

图 6-149　雪山

(8)雪线是指常年积雪的粒雪原和冰川分布区的范围线用地类界表示，是指终年积雪区域的下部界线，是雪山与非雪山的分界线。由于各地温度不同，降雪量和地形高度不同，雪线高度并不一样。其表示如图 6-149 中的 h 所示。

(十五)崩崖

沙土质或石质的山坡受风化作用，其碎屑向山坡下崩落的地段。显然坡脚下的堆积物是判断崩崖的重要特征。

崩崖也分为土质和石质两种类型，分别用相应符号表示。符号上缘实线表示崩崖上缘，若上缘是陡崖时才表示陡崖符号，如图 6-150(a)、(b)所示。崩崖图上面积小于 25 mm^2 的可不表示，面积较大时用等高线配合表示。

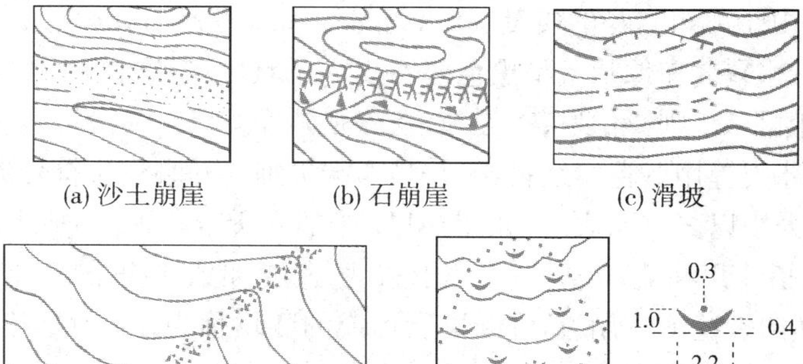

(a) 沙土崩崖　(b) 石崩崖　(c) 滑坡
(d) 泥石流　(e) 熔岩流

图 6-150　崩崖、火溶岩流、滑坡和泥石流的表示

(十六)滑坡

滑坡是指斜坡表层由于地下水和地表水的影响，在重力作用下滑动的地段，如图 6-151 为滑坡的航摄立体像对。描绘滑坡符号时，符号上缘用陡崖符号表示，范围用地类界表示，其内部的等高线(可由航测内业测)用长短不一的虚线表示，如图 6-150(d)所示。滑坡图上面积小于 25 mm^2 时可不表示。

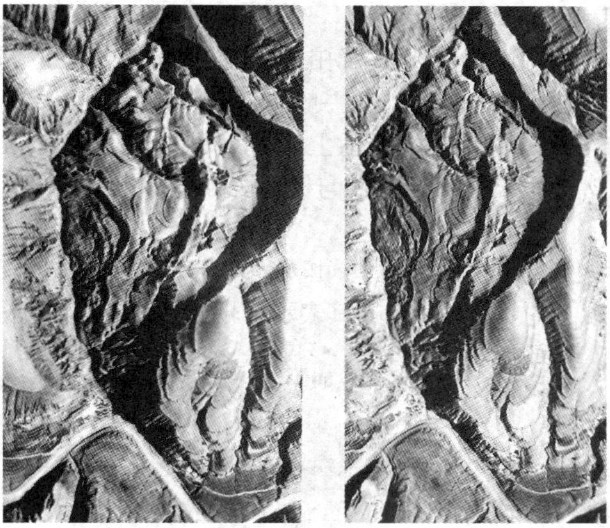

图 6-151　滑坡(立体像对)

(十七)泥石流

泥石流是指山坡大量泥沙堆积受水侵蚀突然大量坠滑而形成具有强大破坏力的特殊洪流。图上按实地分布范围用密集的三角块配以沙点表示,符号如图 6-150(d)所示。泥石流地段的地貌可用草绘等高线表示。

(十八)熔岩流

由火山口喷出的炽热而流动的岩浆,到地面冷却凝固而成的熔岩,熔岩分布的地段为熔岩流。其表示符号如图 6-150(e)所示,范围用地类界表示。

(十九)梯田坎(人工陡坎)

梯田坎是指依山坡或谷地由工人修成的坡度在 70°以上阶梯式农田的陡坎。如图 6-152(a)所示为梯田的地面摄影影像。它是山区农田的重要特征。坎高 1 m 以上的才表示,2 m 以上的应加注比高。梯田坎密集时,最高、最低一层陡坎按实地位置表示,中间各层可适当取舍。坎高不足 1 m 的大面积梯田坎为了显示其特征,可择要表示。如图 6-152(b)所示为梯田坎的表示符号,人工陡坎也用同一符号表示。

(a) 梯田地面影像

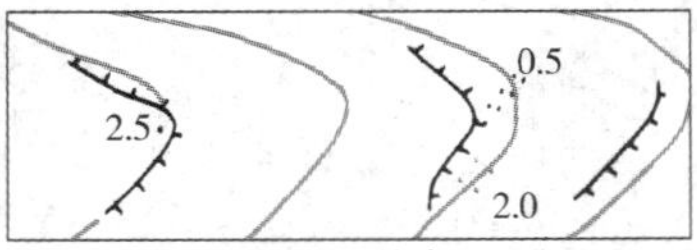

2.5——比高

(b) 梯田坎的符号表示

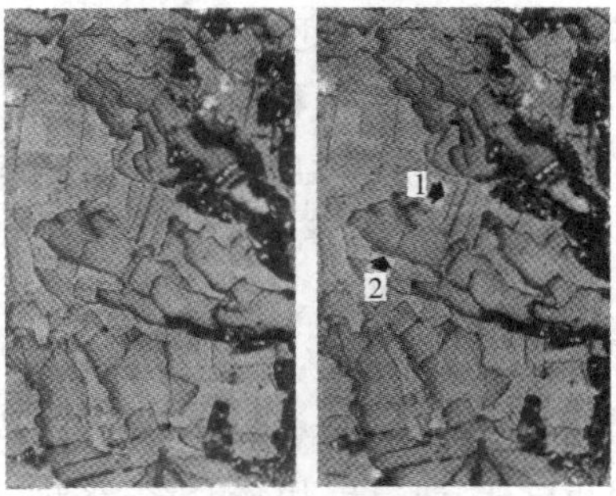

1—梯田坎；2—陡崖

(c) 梯田坎与陡岸区别(像对)

图 6-152　梯田坎

在 1∶10 000 测图中,5 m 的等高距往往不能充分显示梯田特征,因此在地形图上一般以等高线和梯田坎符号配合高程注记表示。

调绘梯田坎时应注意和陡崖相区分：梯田坎是人工地貌，有人工修建的痕迹，分布在耕地范围内。因此，如果陡坎上下都是耕地，一般应是梯田坎；陡崖是天然地貌，无人工修建的痕迹，沟池、山坡均有可能出现，但是当陡坎上下都不是耕地时，一般应是陡崖，用相应符号描绘。从图 6-152(c)立体像对可看出陡崖与梯田坎的区别。

(二十)石垄

在山坡或河滩地上用大小不同的石块，由人工堆积而形成的狭长石围。图上长度大于 5 mm，比高在 0.5 m 以上的一般均表示。其表示符号如图 6-153(a)所示。

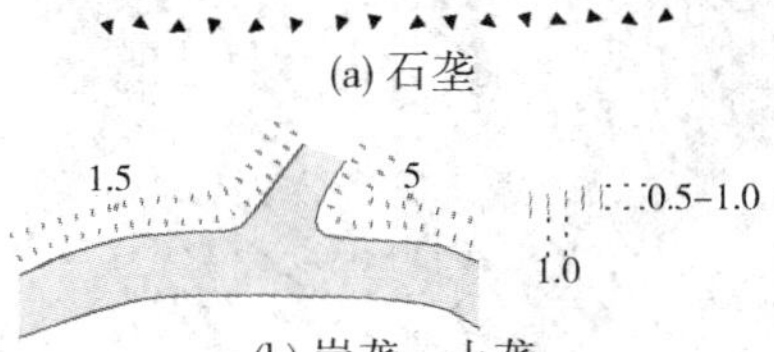

(a) 石垄

(b) 岸垄、土垄

图 6-153　石垄和岸垄、土垄的表示

(二十一)岸垄、土垄

由各种原因在河滩地或山坡上形成的，其高、宽和坡度均不规则的垄状地物。岸垄长度在图上小于 5 mm、比高小于 1 m 的不表示，比高大于 2 m 的应测比高。开挖沟渠、疏河道堆积而成的狭长土堆也用岸垄符号表示。

岸垄用 0.5 ~ 1.0 mm 的短线排列表示，岸垄坡脚宽度在图上小于 1 mm 的用单排短线符号表示，大于 1 mm 的用双排短线符号表示，符号中心线应与实地相应的中心线一致，其表示符号如图 6-153(b)所示。不在岸边的垄状地物也用此符号表示，大的岸垄可用辅助曲线表示。

第十节　地名调查和注记

地名是一定历史时期内人们对某一地域范围的共同约定的称呼。地名不仅是人们日常生活中进行交往、联系的重要工具，而且对国家的经济建设、国防建设和民族团结都有关系。因此，地名注记是地形图的主要内容之一，也是判读地形图的直接依据和大量使用的资料。地名注记的准确程度是检核地形图质量的主要标准之一。注记包括居民地名称注记、地理名称注记、说明注记和各种数字注记。

注记的名称应与当地各级政府核定的名称一致。地理名称一般应注当地常用的自然名称。居民地无自然名称时，如生产建设兵团的番号等可作为居民地名称。地理名称的调查和注记要真实、准确、无错、无漏。

一、名称调查

我国幅员广阔，民族众多，各地、各民族的语言、文字不同，叫法、写法不一；由于历史的原因，地名的变化也十分复杂。因此，地名调查是一项复杂细致的工作，在调查中必须注意方式方法，以求正确无误。

(一)地名分类

(1)居民地名称。包括城市、集镇、街道、村庄、农场、林场、茶场、牧场、工厂、矿区、事业企业单位、车站、码头等。

(2)水系名称。包括海洋、湖泊、江河、沟渠、水库、池塘、泉水、港湾、岛屿、沙洲、礁石、冰川等。

(3)山体名称。包括山脉、山岭、山峰、山隘、山坡、山谷、山洞、山冈、山梁、高地等。

(4)其他名称。独立地物名称,如大雁塔、飞仙石、五棵松;工程设施名称,如武汉长江大桥 、三门峡水电站;交通路线名称,如京广铁路 ;名胜古迹名称,如少林寺、长城;行政区划名称,如北京市、林县;土壤植被名称,如撒哈拉沙漠、野猪林;数字代号名称,如 713 所、153 医院等。

(二)地理名称调查的一般方法

1. 收集资料、分析资料

当一个测区确定之后,首先进行地名资料的收集工作。收集的内容包括各种比例尺的地形图、行政区划图、规划图、水系图、交通图、旅游图以及地名普查中的有关资料。

根据所收集的资料进行整理分析,情况清楚、位置准确的可事先标注到调绘像片的相应位置上,以便到实地核对,情况不清、位置不定的部分地名可留作调查时参考,实地问清以后再填写到相应位置上去,在字形和字义上有疑惑的,应有目的地实地查清。如“我丁”,这个地名不符合汉语地名的规律,很别扭,就应到实地查清,很可能是“窝窝顶”(山名),“对九湾”很可能就是“碓臼湾”。

在分析资料时还应搞清总名和分名、自然名称和行政名称、主名和副名、老名称和新名称,以便进行正确的选择和注记。

在分析资料时应仔细查看可能产生重要地名的地方,如高大的山头,较大的河谷、居民地,大面积的草地、森林,较长的峡谷、沟渠,较大的水库、池塘、堤坝、山寨、渡口以及远离居民地的明显突出的建筑物,以便到实地询问、补充,也可避免盲目调查,漏掉重要地名。

2. 实地调查

地名的实地调查工作,是地名调查的关键,是处理疑难问题必不可少的步骤。要做好地名调查工作,必须在现场做到问清、听懂、写对。

(1)问清。就是调查者要把问题说清楚,使调查对象能清楚地理解提问的内容,这样调查对象才可能做出正确的回答。要做到问清应注意以下问题:

①选择合适的调查对象。能否问清问题与选择调查对象有直接关系。一般来说,调查对象以年长的教师、会计和文化水平较好的长者为最好;调查对象应是在当地居住时间较长,对当地有较多了解,思想敏捷,乐于助人的群众,他们可以提供更加可靠的情况。

②询问大地名时,不仅要在现场问,还要到远一些的地方去问。因为近处的人多用小地名,不说大地名;而远处的人一般只知道大地名,不知道那里的小地名,这样在远处问大地名就容易问清楚。

③提问最好讲普通话,或者讲当地的地方话,切忌用另一地方话对当地地方话,这会造成很多错误。

④要注意提问的方法,发问时不要用容易造成误会的字,如“这里叫什么村?”对方可能顺口回答:“寻峪村”,实际名称是 “寻峪”,多余的这个“村”字则是由于发问不当造成的。正确的发问方式应当是:“那里有地名吗?”“叫什么地名?”“这个地名指的是什么?”“他代表的范围有多大?”“那个地方还有没有其他地名?”“哪个地方是主要的?”这样询问就不容

易产生误解。

⑤同一地名应多在几个地方,多找几个人寻问、核对,以保证地名调查的正确。

(2)听准。就是要准确的接收和理解被调查者回答的内容,这也是保证地名调查获得正确结果的重要方面。因为各地语音差别很大,在音、字、意上就会产生很多误解,如有的地方将“黑虎庙”念成“血虎庙”,“张公庙”念成“张光庙”,“老鸦砦”念成“老鸹砦”,“客来店”念成“怯来店”,“无梁庙”念成“五两庙”等。因此,调绘员只有熟悉和掌握地方语言的特点,了解当地地名的规律,才能听准被调查者的回答。如果大部分都听不懂,则必须请翻译帮助了。

(3)写对。即用正确的文字表示地名,因为用字不当同样会造成地名错误。

防止写错地名的较好方法是请调查对象亲手写出所问地名,特别是那些听不懂、弄不清的地名,更应让对方书写出来。

名称注记使用简化字,应按国务院公布的为准。未经批准的简化字用于地名是不允许的。在调查中必须弄清字的含义,将其转化为正确的文字进行注记。

在调查中遇到不能准确写出的文字,则要进一步询问地名的来源、演变过程;分析地名的真正含义,找出正确的地名用字。例如,“无梁庙”是指一座在建筑上比较特殊的没有主梁构造的庙宇,因此得名,这样就不会写成“五两庙”了。

地名调查中常遇到许多地方字、生僻字,这时的调绘方法是:

①找同音同义,或音、义相近的字代替。

②如果觉得不能找到合适的字代替,则应将字、音、义在片外注明,由内业定字。但要注意,注音时应以普通话读音(字典注音)为准。

3.汉语地名的命名规律

中国是世界文明古国之一,汉语地名内容丰富,种类繁多,意义深长。认识和掌握汉语地名的命名规律,对提高地名调查质量是非常必要的。汉语地名有以下命名规律:

(1)以姓氏集居命名的地名,如张家村、刘家寨、何家坝、赵家沟等;

(2)以历史人物和历史事件命名的地名,如中山县、志丹县、娘子关、将军寨等;

(3)以神话传说命名的地名,如神女峰、白鹿洞、七狼山、遇仙岩等;

(4)以吉祥如意表示良好祝愿命名的地名,如长寿县、永乐店、太平场等;

(5)以相对位置关系命名的地名,如南海、东海、河南省、山西省、湖北省、上寨等;

(6)以动植物或产品命名的地名,如牡丹江、桑树坪、蛇岛、黑羊滩、石棉县等;

(7)以地物、地貌形态特征命名的地名,如牛头山、象鼻山、马鞍山、两河口等;

(8)以序号或量词做专名的地名,如十里铺、三里湾、八公里、甲子巷等;

(9)以生产性质命名的地名,如瓦窑沟、铁匠村、油房坝、打渔湾等。

由上述情况可以看出,熟悉地名的命名规律有助于理解和正确判断地名。

4.汉语地名的分布规律

(1)地名的通名部分有显著的地区特点,例如:通名为场、坝、街、溪、坪的地名,多集中分布在云、贵、川地区;通名为集、村、庄的地名,多集中分布在冀、鲁、豫、皖一带;通名为屯、家子、甸、营子的地名,多集中分布在我国东北地区;通名为堡、铺、塬、梁、卯的地名,多集中在我国西北及黄土高原地区;通名为滨、浜、港、桥的地名,多集中分布在江、浙一带等。

(2)因为地名与人们的生产活动密切相关,因此人口密集地区地名多,人口稀少地区地名相对减少，地名所代表的范围也相对扩大。

(3)以上下、大小、前后、新老、东西南北等做专名的相关式地名集中的地方，一般都有总名或大地名。如上姑口、下姑口，总名为姑口，小李庄、大李庄，总名称为李庄。

(4)较大的地形或地域范围内，一般有大地名，这些大地名远近闻名，十分重要。如陕西省洛川附近一条较大的塬称为洛川塬，川西地区有一条沟，纵深30千米，称为八郎沟。一般情况下，范围较大的山体、沟谷、洼地、草原、平坝、河滩都有大地名存在。

(5)地名的通名部分常反映地物所处的地理环境。例如，港、湾、沱、浜、渡、溪、塘、桥等为靠水或近水的名称，坡、坳、梁、卯、岭、岗、寨、山、垄等为靠山或地势较高的名称，屿、冲、沟、坑、洼、窑等为山谷或地势较低洼的名称，坪、坝、畈、塬、滩等为平坦地区的名称。

(6)地名有能区分大小的特点。例如，海、洋、江、河、湖一般代表较大、较长的水系，海子、池、塘、水库、溪、沟等则代表较小、较短的水系，镇、街、场集、圩、铺代表较大的居民地，村、庄、屯、院子、店等代表较小的居民地。

从以上列举的情况可以看出，了解地名的分布规律和特点，能提高对地名的分析能力，避免错漏，使地名调查的结果更加可靠。

5. 地名的确定原则

(1)居民地名称。以地名办公室确定的为准，县级以上以国务院公布的正式名称为准。乡、镇所在的名称与自然名称相同时，只注乡、镇名称；如不相同时，以乡、镇名称为主，自然名称作副名注记。

居民地有两个以上通用名称时，镇以上以地名办公室确认的名称为主名，群众通用名称作为副名注出，村庄一般只注主名。

居民地是两个以上政府驻地时，只注高一级的名称。居民地的总名、分名一般均须标注，但居民地内部相关位置的名称(如前街、后街)，不能作为分名注出。总名称的位置在图上比分名应醒目些，而且字体更大些。

(2)山地名称。调绘山地名称时，应注意调绘山脉、山谷、山岭、山峰等的名称。比较著名的地貌特征点，也应调注名称。已有三角点、小三角点的点名与实地名称不一致时，仍应注记实地名称。

(3)水系名称。河流(水渠)凡有固定名称的一般均应注出，如当地的习惯称呼与水利航运部门使用的名称不一致，应以水利、航运部门沿用的名称为准，群众习惯称呼的名称作副名注出或舍去。

同一条河流不同河段的不同名称，按实际情况注出，当不能一一注出时，应优先取下游名称，其次按上、中游名称顺序选注。

湖泊、水库有名称的一般应注记，缺水地区和山区的湖泊均应注记名称；一个湖泊不同地段有不同名称时，若不能全部注出，应选取主要部分和著名的名称注记。

著名的泉和井的名称一般应注记。正在兴建的水库、渠道，如已命名的也应注出。

(4)其他地理名称。凡有重要作用的其他地理名称，如工程建筑、水利设施、森林、沙漠、草地、桥梁、渡口等均应调注。对沙漠、戈壁、草原、岛屿、名胜古迹、冰川等重要和著名的独立地物的名称均应注出。

(5)凡有损国家主权、国家领土完整，对我国各民族人民带有侮辱性，不利于民族团结，以及性质十分反动、凶恶的地名，一般不注或取注新名。

6. 少数民族地区地理名称的调查和翻译

我国是一个多民族的国家，语言、文字都十分复杂。地理名称的调查和注记概要反映本民族的特点，也要做到能为其他民族所应用。这是既关系到地形图的质量，又关系到民族之间团结的大事，必须认真对待。

少数民族地区的地理名称，翻译成汉字注记时，应按照《少数民族语地名调查和翻译通则（草案）》及民族语言分别制定的各种地名译音规则，如《维吾尔族语地名译音规则》的要求执行。

1）地名的翻译

地名的翻译以"名从主人"为原则。所谓名从主人，就是以当地民族语言的名称为准，根据当地民族的发音，翻译成具有相同读音的汉字。例如，"呼和浩特"是用汉字读音表示的蒙语，蒙语的意思是"青色的城"。

音译地名的汉字读音，一律以普通话读音为标准，尽可能采用常用汉字，不要采用容易引起误会和含意丑恶的字，如东、西、南、北、红、黑、大、小、长、短、丧、偷、杀、抢、贼、鬼等，以避免人们用汉语的意思去理解少数民族地区的地名，产生错误。

汉字音译地名要求一音一字和一词一译。一音一字是指少数民族语中的同一个语音只用同一个汉字表达，一词一译是指地名中的通名和常用词也相应地固定下来。因此，译名时先要从相应语言的地名常用词汇中，查出通名及常用词的译音。

字数较多的译名，按一词一译的原则用小圆点适当点开，例如维吾尔语地名"吾斯塘·博依·克孜勒库木"，其中"吾斯塘"是渠，"博依"是"近旁"，"克孜勒库木"是"红色沙漠"，整个意思是"渠旁的红色沙漠"。

对于某个读音不能用一个汉字表示的，可以用两个汉字连起来快读表示，快读字下方绘一横线表示快读，例如 日阿－即博。

少数民族的地理名称在音译的同时，如遇以下情况时可以例外：

（1）汉语中沿用已久的名称，可以不用译音规则，仍采用原名注记，如"二连浩特市"。

（2）某些地名的专名部分也可根据实际情况采用意译，如"青海湖"，但意译不能过多。

（3）涉及范围较广，或为各族人民在日常生活中经常接触，要求共同了解的大河、大山、大湖及重要地名的通名部分，可采用音译重复意译，即在音译之外再加上意译的汉字，例如"雅鲁藏布江"，"藏布"是藏语中"江"的译音，后面再加"江"字已是重复了，但这样的译法容易从字面上识别名称的性质。

（4）有些地名中的通名，为了照顾习惯，个别情况下，也可采用意译，如"博格多山"、"珠穆朗玛峰"，其中的"山"、"峰"是单独采用意译的。

2）调查的一般方法

进入少数民族地区调绘，开始需要经过短期培训，学习少数民族语地名调查和翻译的有关规定，学习汉语地名调查和翻译的有关规定，学习汉语拼音，学习少数民族语的日常用语，了解少数民族的风俗习惯等，还要雇请有一定文化水平的翻译，这样才能完成好地名的调查和翻译工作。

每到一地，要注意询问向导和当地居民，主要是搞清所需要地名的读音和地名的意思；然后用汉语拼音把读音准确记录下来，根据读音和地名的意思在（译音规则）相应分类中，或在规定的译音词汇表中查取译音采用的汉字，并将翻译成汉字的地名读给向导和当地居民听；如果他们认为发音准确或能听懂，则可将译出的地名注在像片上，否则应改动译音不准汉字后再行注记。

一个住地工作结束后，应找当地居民共同审查一次地名翻译，也可请高一级的翻译人员进行审校。

凡取注的少数民族与地名，都要填写“少数民族与地名调查表”，并送当地政府机关审查核定，加盖乡以上行政单位公章。“少数民族与地名调查表”填写格式见表6-5。

7. 地理名称的取舍原则

在人烟稠密、地物众多地区，地理名称过密时，一般按下列原则适当取舍：

（1）取总名，适当舍去分名、副名。

（2）取靠近主要交通线的名称，舍去离得较远的名称。

（3）取房屋较多而连成一片的地名，舍房屋较少且分散的地名。

（4）取远近著名而固定的名称，舍一般的和临时性的名称。

大面积的无人烟地区，应特别注意调查地理名称，不得遗漏。确无地理名称时，是否命名，应上报有关部门，并按其指示办理。

8. 图幅名称的确定

（1）图幅名称应选择图幅内最大的居民地的名称，在没有居民地时，可选注其他地理名称。

（2）同一测区内，不得有相同的图名。

（3）如果图幅内确无名称，可只注图幅编号，或以图幅内最高地及其高程作为图名，如556.8高地。

（4）如该图幅已有新中国成立后的出版图，则图名应与其一致。当发生重大变动须更改图名时，应报有关主管部门批准。

二、注记

在像片调绘中，除通过调查得到准确的地名外，还要保证高质量的将这些地名注记在调绘像片上，使内业成图获得清楚准确的地名调查资料。在地形图上，地理名称的主要和次要是通过名称注记字体及字的大小来区分的。实际作业时，因为外业调绘片一般不直接用于成图，因此名称注记的字体可以任意选择。

注记包括地理名称注记、说明注记和各种数字注记等。地图中所使用的汉语文字用符合国家通用语言文字的规范和标准。图内使用的地方字应在附注内注明其汉语拼音和读音，如地方字“身小”音lao（涝）。

（一）名称注记的要求

（1）地名注记的密度要适当。从用图需要出发，在不影响图面清晰的前提下，各种地理名称应尽可能详细注出，这是基本原则。因此，对于地名稀少的地区，凡属可靠的地名，一般均须注出；对于地名分布密集的地区又要进行适当取舍，以保证不超过图面可能容纳的限度，这种限度一般为2 cm，注记一个地名为最密的界线即超过这一密度就无法保证图面清晰。

地名过密时取舍的原则是：取总名，舍分名；取闻名的，舍一般的；取较大的，舍较小的；取比较固定的，舍易于改变的；取离主要交通线近的，舍较远的。

表 6-5　少数民族与地名调查表

图幅编号 H－44－33－(11)

编号	像片编号	名称类别	少数民族语名称				汉字译名	来源	采用译名	备注
			语别	原文	意义	汉语拼音字母记音(注)				
1	1－3	居民点	维 塔吉克	维吾尔文 无文字	石堡垒 不明	Taxkhorgan# Warshid	塔什库尔干 瓦尔希德	惯用 自译	塔什库尔干	用作副名
2	1－7	沙漠	维	维吾尔文	大黑沙漠	Qong kharaqd1#	琼喀喇洁尔 大哈喇俊 喀喇朱 喀喇取力 哈喇俊	邮电局草图 县图(1) 县图(2) 邮电局资料 1:1 000 000 图	琼喀喇却勒	资料不统一另译
3	2－12	沟	蒙	蒙文	喇嘛的沟	Lamiinguu#	拉敏高	旧 1:1 000 000 图	喇嘛沟	
4	3－25	居民点	蒙	蒙文	角落里的庙	Bulangsum#	布伦庙 布龙庙 补龙庙	旧 1:1 000 000 图 中国地图集 现势图	补龙庙	
5	4－31	居民点	蒙	蒙文	许多河	Golmuud	格尔木 噶尔穆 噶尔木 噶尔穆	青海民政厅行政区划图 当地运输站横牌 当地运输站直牌 当地百货公司名	格尔木	

调查人　　　　年　月　日　　　　　　　　　证明机关(盖章)　　　　　　年　月　日

注:本栏照当地语音记录,如当地语音同汉语拼音词汇表中的相同或接近,照词汇表中的标音填写,并加"#"符号。

(2)地名注记不能相互矛盾。例如,同一条河上一段与下一段的名称音同字异,同一居民地或同一地区在相邻的调绘片上出现不同的名称等,常使内业不知谁是谁非而无法处理。

(3)地名注记应分清主次。在地形图上,地理名称的主要和次要是通过名称注记字体及字的大小来区分的。实际作业时,因为外业调绘像片一般不直接用于成图,因此名称注记的字体可以任意选择(在图式所列的字体范围内),但字的大小应明显区分。总名的字应比分名的大,正名的字应比副名的大。镇以上居民地名称,包括县、市以上的城市为一级;镇以下居民地名称(不包括镇),国有农场、乡政府所在地,主要的集、圩、场等为一级;其他村庄分为大村庄和小村庄;高一级居民地名称用字应比低一级居民地名称用字大,逐级有所区分。

自治州、地区、盟、省辖市驻地,应在其驻地名称下画一横线,以示区分;同时驻有两级以上政府机构的居民地,名称的字体大小按高一级注出。

(4)地名注记应选择恰当的位置和字列。一切名称注记的位置,必须达到指示明确,便于阅读,同时要注意反映物体的形态特征和分布范围。

注记字列分水平字列、垂直字列、雁行字列和屈曲字列:

水平字列——由左至右,各字中心连成一直线,且平行于南图廓;

垂直字列——由上至下,各字中心连成一直线,且垂直于南图廓;

雁行字列——各字中心的连线斜交于南图廓,与被注地物走向平行,但字向垂直于南图廓,如山脉名称、河流名称等。当地物延伸方向与南图廓成45°和45°以下倾斜时,由左至右注记;成45°以上倾斜时,由上至下注记,字序如图6-154所示。

屈曲字列——各字字边垂直或平行于线状地物,依线状的弯曲排成字列,如街道名称注记、说明注记等。

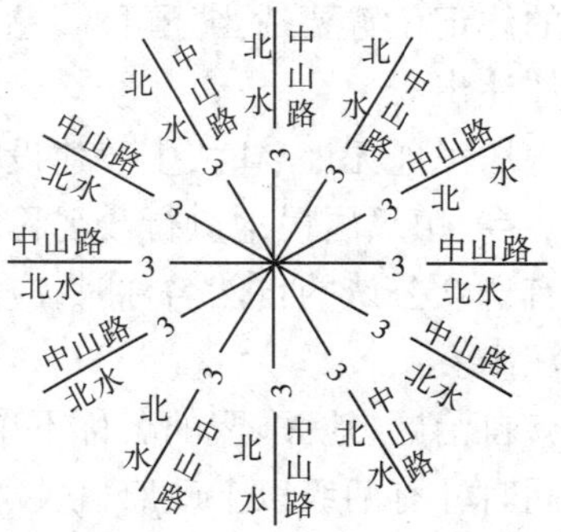

图6-154 注记字列

(5)名称注记不得压盖重要地物,不得压盖线状地物的明显拐弯点、交叉点,以及村庄的进出口。因此,在地物复杂的地区,名称注记位置必须仔细选择,才能取得较好的注记效果。

(6)名称注记时,字与字之间的间隔不超过字的5倍,且间隔应相等,字体大小要一致,结构要紧密、连贯,以免内业产生误解。

(7)地名注记时,注记字体应正规。注记字体要力求工整、清晰,不使人误认;特殊时可以独立使用的偏旁字和容易被误认的字,注记时更要注意。如“栏”容易写成“木兰”;“干”、“千”如果书写不正规就很难分辨,或造成错误。

(8)注记字体大小与间隔和字头指向。注记字大以毫米为单位。字级级差为0.25 mm;数字字体大小在2.0 mm以下者其级差为0.2 mm。

图上地物密集、名称注记过多时,字体大小可缩小一级至二级。注记列有二级以上字大或字大区间的,按地物的重要性和该地物在图上范围的大小选择字大。

注记的字隔是一列注记各字间的间隔,分下列三种:

接近字隔——各字间间隔为0~0.5 mm。

普通字隔——各字间间隔为1.0~3.0 mm。

隔离字隔——各字间间隔为字体大小的2～5倍。

注记字隔的选择是按该注记所指地物面积或长度大小而定的。各种字隔在同一注记的各字中均应相等。为便于读图，一般最大字隔不超过字体大小的5倍。地物延伸较长时，在图上可重复注记名称。

注记字向一般为字头朝北图廓直立，但街道名称、公路等级其字向按图6-152所示，以免内业注记及用图时产生误解。

(9)地名注记应注意颜色的区分。在航测外业的调绘像片上最好按以下分类，选用颜色进行地名注记：地貌名称用棕色，水系名称用蓝色，植被用绿色，调绘像片外的特殊说明注记用红色，其他名称注记用黑色。

(二)居民地名称注记

居民地名称注记一般采用接近字隔、水平字列或垂直字列注出，必要时也可用雁行字列，其注记位置次序选择按图6-155所示。注记不能遮盖道路交叉处、居民地出入口及其他主要地物。散列式的居民地或居民地范围较大时，可用普通字隔或隔离字隔注出。

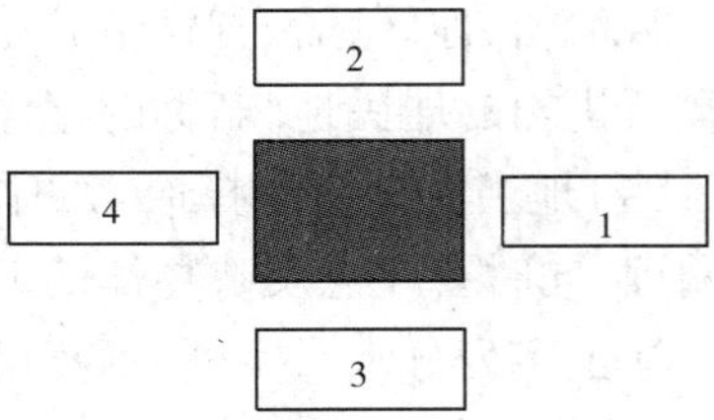

图6-155　注记位置次序

有总名的居民地，其总名、分名一般均应注出。总名的注记位置要适当、醒目。总名用比分名大两级的同字体注出。

居民地无地名时，生产建设兵团的番号等可作为居民地名称。

乡、镇级居民地以行政名称作为正名注出，其名称应与各级政府核定的标准名称一致；当有群众公认的自然名称时，应作为副名用比正名小二级的同字体在正名下方或右方加括号注出。

自治区、地区、盟的名称不单注，以驻地名称和驻地等级的字体字大注出。当城镇居民地同时驻有两级以上政府机关时，有名称相同的，按高一级的字体字大注出；名称不同的，分别用相应字体大小同时注出。

县级以上居民地名称采用等线体字，乡、镇、国有农场等名称采用中等线体字。乡、镇以上居民地的名称应以全名注出。

乡、镇以上居民地名称选做图名时，其注记不再加大。

村委会所在的村庄用中等线体字注记，其他村庄按主次和面积大小选用字大。村庄居民地一般注记自然名称。

村庄名称作图名时，其注记字体大小按原规定尺寸加大0.5 mm。

村庄居民地的副名一般不注，但比较著名的应注出。

(三)说明注记

一种是指工厂、学校、矿区等企事业单位的名称，街道和特殊地区的名称及庙宇、桥梁等专有名称。名称说明注记按地物等级和面积大小选用字体大小。特殊地区名称和自然保护区也用细等线体字注出。

另一种是指地物的属性注记，如桃、油茶、香蕉等各种经济林作物的品种注记，瀑布、砾石、平均海水面、油、散热、微波、水质等各种特殊情况说明注记，以及各种大面积土质、植被在采用注记形式表示时的说明注记，均用0.2 mm细等线体注出，一般与相应地物符号颜色一致。

(四)地理名称注记

地理名称注记包括水系名称、地貌名称和其他地理名称。地理名称一般注当地常用的自然名称。

1. 水系名称

海、海湾、海港、江、河、湖、沟渠、水库等名称,按自然形状排列注出,依其面积大小和长度选择字体大小,但江、河名称的字体大小上游和支流不能大于下游和主流。名称一般注在河流、湖泊的内部,当内部不能容纳时,可注在方便一侧。较长的河流每隔 15 ~ 20 cm 重复注记名称,河流水道被沙洲分成若干条,则名称应注在干流中(一般在水道最宽处,且避免将一列注记中的某一字注在沙洲上)。

2. 地貌名称

(1)山、山梁、峁、高地、山隘等名称。按山体大小和著名情况选用字体大小。外业调绘时应在比较著名的名称下画一红线,以供内业区别。

山名和峁名一般采用水平字列,接近字隔,注在山顶的右侧或上方,应避免遮盖山顶特征地形。当山顶有高程点时,高程注在山顶左侧。当一个山名包括几个山顶时,则可用隔离字隔注在相应位置上。

(2)洼地、草地、沙地、沙漠、谷地、干河床、干湖、岛屿、沙滩、沙角、沙洲等其他地理名称。字体大小等级按面积大小选择注出,名称一般注在物体的内部或适当位置上。

当一组名称注记不能显示范围时(如较长的河流、较大的山脉),应分段注记。当同一名称的地物被分割在两张以上调绘片上时,应在不同的调绘片上分别注出名称。

(五)各种数字注记

(1)高程点注记、水库容量、时令月份、特殊高程点(如 1963 年 7 月洪水位高程是 19.4 m)用正等线体注记。

①流速、时令河和时令湖的有水月份、水深注记颜色为蓝色,内业符号色值为 C100。

②等高线高程注记颜色为棕色,内业符号色值为 M40Y100K30。

③实测水深用正等线体注记,转绘海图的水深用右斜等线体字蓝色注出,内业符号色值为 C100。

④高程点、特殊高程点注记颜色为黑色,内业符号色值为 K100。

(2)比高、坑穴、深度用长等线体注记。

①陆地自然地物的比高注记颜色为棕色,内业符号色值为 M40Y100K30。

②水系地物的比高注记颜色为蓝色,内业符号色值为 C100。

③人工要素的比高注记颜色为黑色,内业符号色值为 K100。

(3)里程碑的公里数、界碑编号等用右斜等线体注记。

(4)公路技术等级和编号用正等线字体注出,圈一般大于字体大小 0.6 mm。

数字注记必须真实可靠,实地量测或询问。有的数据可以直接用皮尺、杆尺、钢卷尺量取,有的数据则需要用简单的测量方法量测和推算,但必须反对随便估计的不负责任的态度,属于通行月份、有水月份、居住月份等应询问有关单位和当地群众。

当地物、地貌、比高或深度大于 2 m 时,需适当测注。3 m 以下的注至 0.1 m,3 m 以上的注至整米。立体法成图时,一般由内业量注,但立体影像不清时,仍由外业量注。像片平面图测图时,全部比高由外业量注。

各种注记不得随意采用简化字，对地方上沿用的方言字和普通字典上查不到的罕见字，应在图历表中和调绘面积线外注明读音和汉语拼音。

第十一节　补测、清绘、接边

一、补测

根据像片上明显地物的影像，采用判读、量测或交会的方法，确定需要补测地物及地貌元素在像片上的位置。

需要补测的地物及地貌元素主要是指像片上没有影像新增的，由于形状较小在像片上看不到实际影像的，以及被云影、阴影、雪影遮盖的等。

一般情况下都可以采用下面将要介绍的几种简单方法进行补测，但如果云影、阴影、雪影或新增地物在像片上的面积大于4 cm^2，或面积虽小于4 cm^2，且涉及山头、鞍部、谷地等重要地貌，则应该按常规测图或单张像片测图的方法补测。

补测精度：规范规定，采用单张像片测图，或利用单张像片补测和补调像片上无影像的地物、地貌元素时，对四周明显地物相关位置的移位差不得超过图上0.75 mm，困难地区也不能超过图上1.0 mm。

（一）简易补测方法

1. 判读法

判读法，即根据四周明显地物的影像直接判定所需补测地物在像片上的准确位置，如图6-156所示，根据河流、田埂直接可以判定通信线转折点的位置，其他地物的中心点、轮廓点都可以按照这种方法判定。

2. 比较法

比较法，是指用比较地物之间的相互关系，直接确定需补测地物在像片上的位置的方法。如图6-157所示，机耕路旁新建了一座独立房屋，这座独立房屋基本上是在左右两座独立房屋的中间，又处于左边居民地房屋轮廓线的延长线上，方向与机耕路方向一致。因此，根据上述关系，用目估的方法就可以直接在像片上确定新增独立房屋的位置和方向；然后根据独立房屋的大小，依像片比例尺缩小后补绘在像片上。

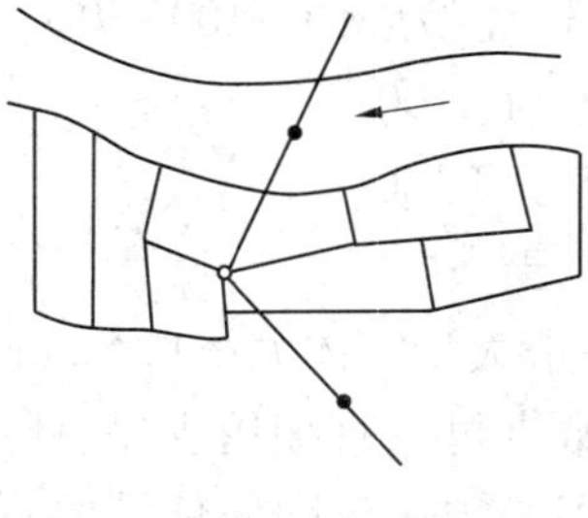

图6-156　判读法补测

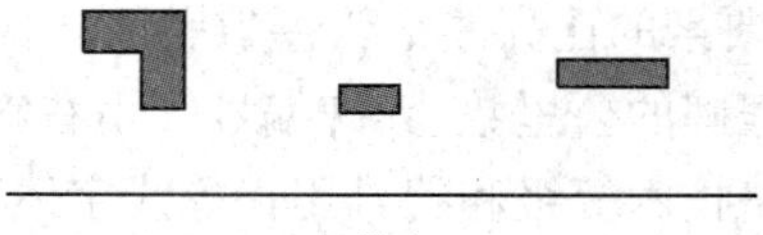

图6-157　比较法补测

3. 截距法

截距法：如图6-158所示，要补绘通信线转折点 P，此时先在旁边土堤上选取一点 A，使 A 点在独立树与 P 电联线的延长线上；量取 $D1$，在像片上确定 A 点，再量取 $D2$、$D3$，根据像

片比例尺则可确定 *P* 点在像片上的准确位置。

4. 距离交会法

距离交会法：如图 6-159 所示，要补绘新增烟囱在像片上的位置，此时可分别量取道路交叉点、独立房屋至烟囱的距离 *D*1、*D*2，并将其化算为像片上的长度；然后以距离交会的方法即可确定烟囱在像片上的位置。

5. 坐标法

坐标法：如图 6-160 所示，要补绘新增房屋（*A*）的图形，此时可分别量取 *D*1、*D*2，再量取新增房屋的长度、宽度；然后将这些距离和长度依像片比例尺换算为像片上的长度，用坐标展点的方法在像片上展出新增房屋的轮廓图形。为了检查展点是否正确，可再量取原有房屋（*K*）至新增房屋（*A*）某一个房角的距离，如 *D*4、*D*3 进行检查。

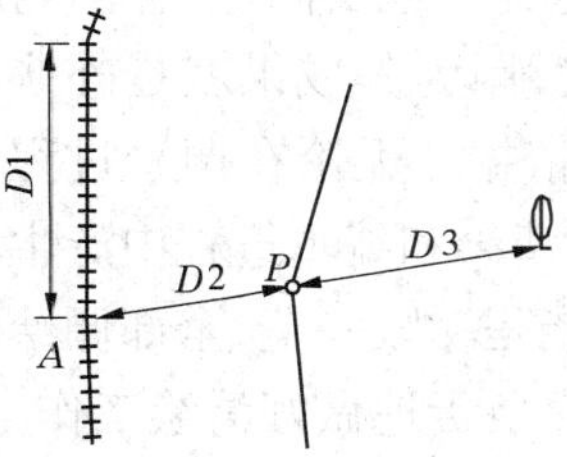

图 6-158　截距法补测

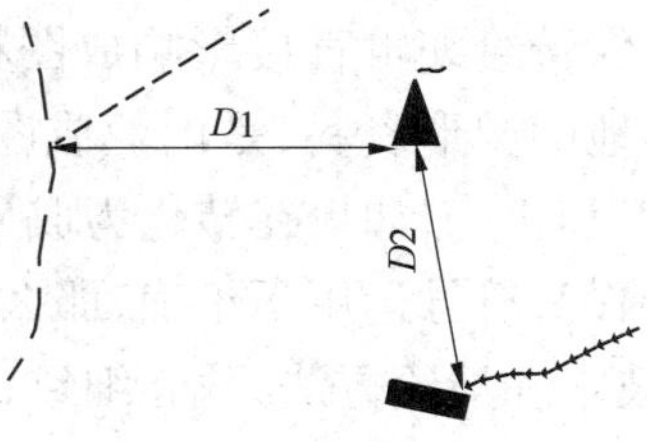

图 6-159　距离交会法补测

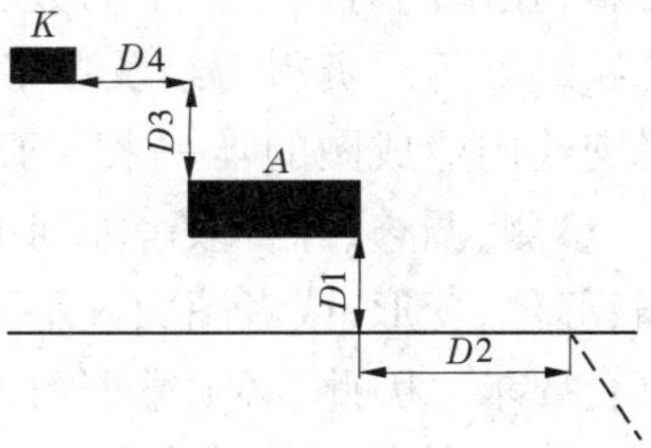

图 6-160　坐标法补测

（二）补测中应注意的问题

新增地物以及其他需要补测的地物、地貌，因为像片上没有影像，补测时如果不注意就可能产生移动变形，不能满足成图精度的要求，因此补测中还要注意以下问题：

（1）注意地物的中心位置。不依比例尺表示的独立地物都是以中心点为准，线状地物都是以中心线为准，补测时必须注意距离要量到中心点或中心线位置上。因为地物边缘到中心位置都有一定距离，例如公路、水渠的边线不是地物的中心线；水塔、烟囱外围边缘上的点到中心位置还有一段距离，如果把这些边线或边缘上的点当做中心线或中心点描绘，实际上已经产生了移位。

另外，准确地量距和求算像片比例尺都是应该注意的问题。

（2）注意地物的方向。除垂直于南图廓线描绘的独立地物符号外，在外测其他地物时要特别注意地物的方向，因为描时方向不好控制，容易绘错。因此，地物经过补测绘好以后，应对照周围地物，比较它们之间的方向是否与实地一致，进行检查。

（3）注意地物的形状和大小。对于依比例尺表示的地物，补测时还要注意其形状和大小，否则会使地物变形失真。因此，补测地物时必须首先准确判定或测定地物外轮廓的转折点，然后补测其他地物点。例如，补测一个新建的工厂，首先应准确判定或测定工厂的围墙铁丝网以及外围建筑物的主要转折点以控制其范围；内部的厂房、宿舍和其他建筑物就可根据其形状、大小以及相关位置进行插绘。

补测线状地物，应注意转折点的准确位置。补测盘山水渠，可首先补测水渠绕过山谷和山脊的准确位置，然后在立体模型上根据水渠走向进行描绘。如果不能准确判定渠道位置，应概略绘出水渠位置，然后在主要转弯点测注渠底高程，由内业在成图过程中修正。对新增水库水涯线位置的确定也可按上述方法处理。

(4)注意表示补测地物的附属建筑物。在补测地物时,对有的地物如公路、水渠,不光注意表示地物本身,而且要注意表示其附属建筑物和附属设施,否则不仅会造成地物遗漏,而且还会产生与周围地物不协调甚至矛盾的问题。如水渠通过山脊而没有沟堑,公路跨过河流而没有桥梁,这些问题内业无法处理。因此,在补测这些地物时要注意表示桥梁、涵洞、路堑、路提、沟堑、渡槽、倒虹吸管等附属建筑物和附属设施。

(5)无论用什么方法补测地物,都必须尽可能利用附近其他地物影像进行检查,以防止可能发生的错误,并确保补测地物的精度。

二、清绘及数字影像转绘编辑

清绘是指在调绘像片上直接进行着墨整饰。数字影像转绘编辑是指利用外业调绘的原始资料,在室内对照电脑中的数字影像,利用相应软件功能进行地类符号及注记、补测内容的转绘编辑等。资料清绘及数字影像转绘编辑直接影响成图精度,因为其成果就是外业调绘提交给内业成图的唯一来自于实地的图形资料,是内业成图的依据。无论在调绘过程中判读、量测、调查、综合取舍如何准确和正确,如果在转化为成果的清绘和编辑过程中产生了遗漏、移位、变形,或者图面表示不清楚,符号运用不正确,那么只能是功败一笔,全部调绘仍不符合要求。因此,必须掌握清绘技术和清绘方法,耐心细致、认真负责地做好清绘工作。

(一)清绘的一般要求

(1)调绘的内容应及时清绘,当天调绘的内容最好当天清绘或第二天清绘,这样才能做到记得清、绘得快,清绘的内容更加可靠。如果有特殊困难,清绘时间距调绘时间最多不超过3 d。

(2)正确运用图式符号,描绘时基本上按图式规定的尺寸大小描绘,但全部线划均应较图式规定略粗一些。

由于蓝色在像片清绘时不易区分,因此图式上的蓝色符号和注记均改用绿色,但水涯线改用黑色,水域部分的染色仍用蓝色。

(3)各地物符号之间的关系要交代清楚,符号之间至少要有0.2 mm的间隔,各种说明注记必须清楚、明确,整个图面必须清晰易读。

(4)在清绘中要做倒不遗漏、不移位、不变形,并随时进行自我检查。

(二)清绘的方法

1.清绘前的准备工作

清绘前的准备工作包括清绘工具的准备和考虑好清绘计划。

根据需要修磨好小笔尖、小圆规等绘图工具;根据业务部门的规定,准备好退色或不退色的各色清绘墨水;准备好其他需要的清绘工具,如玻璃棒、脱脂棉、水盂、洗笔水、立体镜等。

清绘前还应根据调绘像片的着铅情况和透明纸记录的调绘内容,概略地回顾一下调绘时的全部情景,做到心中有数,并根据地物的难易程度和自己清绘习惯考虑好清绘计划。

2.清绘的顺序

(1)按调绘路线清绘,就是沿着调绘路线一块一块地清绘,一块内容全部清绘完以后再清绘另外一块。在清绘中应参照像片上着铅的痕迹和透明纸上调绘的内容,边回忆、边着墨。清绘的顺序一般是:独立地物、居民地、水系、道路、地貌、地类界、名称注记、植被,最后普染水域、高等级公路、植被。这种清绘方法的优点是便于回忆,容易打开思路,避免地物遗漏,适用于地物比较复杂的地区;缺点是需较多的更换颜色。

(2)按地物分类清绘:即清绘时将某一类地物全部清绘完后再按顺序清绘另一类地物,直到全部内容清绘完。地物清绘的顺序仍然和第一种方法所列的顺序一样。

(3)按颜色分类清绘:清绘时顺次暗黑色、绿色、棕色、红色清绘各种符号和注记,最后用淡蓝色普染水域。

按地物、颜色清绘方法的优点是,系统性强,连续清绘一种地物或一个颜色的地物,用色、用笔都比较方便,适用于地物分布较简单的地区;缺点是不便于回忆,不注意时容易遗漏地形元素。

3. 检查

不论采用哪一种方法清绘,都应该做到边清绘、边检查;绘完一块检查一块,绘完一片检查一片。检查的方法有:根据调绘路线回忆检查,利用透明纸记录的内容对照检查,根据调绘像片上着铅的痕迹反光查看,用立体境观察立体模型配合检查等。检查中如果发现有遗漏或者有怀疑的地方,必须到实地核对,及时纠正差错,在此基础上还必须进行全面的自我复查,以确保质量。

三、接边

接边就是通过对照检查,核实修改,使调绘面积线两侧的调绘内容严密衔接、协调一致,与实际情况相吻合,在图面上也不产生任何矛盾。

按作业范围不同调绘接边可分为小组内部和外部接边、图幅内部和外部接边。

按作业时间不同调绘接边又可分为同期作业接边、与已成图幅接边和自由图边。

由于不同时间、不同作业员进行调绘,以及其他种种原因,调绘接边往往产生很多矛盾,如道路不接或者错位;道路的等级不一致或注记不一致;一边是稻田,另一边是旱地;一边有通信线,另一边无相应的通信线;同一水库或河流出现两个不同的名称等。这些矛盾给内业成图带来困难。因此,对调绘接边问题要认真负责,加强自我检查和相互检查;在接边中产生的问题一定要查明原因,妥善处理,以保证接边无误。

(一)同期作业的调绘接边

同期作业的调绘片必须在实地处理好接边问题;发现矛盾,立即在野外实地检查,以避免将问题带到内业成图过程中去,造成更大损失。

实地接边包括内部接边和外部接边。内部接边由本人或小组内部人员处理,外部接边的时间和地点由接边双方根据实际情况协商。无论内部接边或外部接边,接边时应注意以下问题:

(1)相接于调绘面积线上的地物要做到位置、形状、宽度基本一致,完全衔接,不能互相错开,更不能你有我无。

(2)道路、境界的等级、位置、注记要一致。

(3)陡坎、冲沟、路堤、沟堑等要合理衔接,比高的注记应不产生矛盾。

(4)河流、沟渠水库、湖泊应衔接并一致。

(5)地类界和植被应衔接一致,相应的植被注记应不产生矛盾。

(6)电力线、通信线、管道,在接边处不论有无转折点,均应在调绘面积线外判刺一个点位，以便于接边。接边时可从相邻像片上互相转绘接边点，各自连成直线。此时，对于山地、丘陵地，由于投影差的影响，共同接边的直线仍然不能吻合这一问题可由内业处理。经内业清除投影差后，接边的衔接、吻合问题可以得到解决。

(7)图幅外部接边完成后应签注接边说明，如“已与邻幅接边”。同时，还要签注接边者、检查者姓名，接边的日期，以示负责。

(二)与已成图幅接边

图边拼接，原则上只适用于相同比例尺的图幅之间；不同比例尺测图，一般不考虑图边拼接问题。与已成图幅接边可利用已成图幅在上交资料时保存的抄边片进行接边，接边方法与同期作业调绘接边一样，但应注意以下问题：

(1)接边说明中应写“与××年测图抄边片已接边。”

(2)接边时，如接合差不大于图上1 mm，个别不大于1.5 mm，仅在新测图幅的调绘片上进行改正。

(3)接边时如果发现原调绘片有较大的错误或遗漏，则应利用本幅像片补调或补测，把衔接关系交代清楚，注明改动和补测的情况，迅速向内业成图单位反映，以便及时改正。

(三)自由图边

自由图边是指以前和现在都没有进行相同比例尺测绘的图边。调绘自由图边，除保证成图满幅外，还应调绘出图廓线4 mm以上，以保证与以后测图的图幅接边。

自由图边暂时没有接边工作，但需要进行抄边，并将抄边片作为成果资料随同图幅的其他资料一起上交。

抄边：就是利用调绘余片按影像并要求与原调绘片完全一致地抄绘图边。首先在余片上用红色直线尽可能准确地绘出图廓线，并在图廓线内10 mm、外4 mm的位置绘出抄边范围线，然后对照原图绘片，将抄边范围内的调绘内容全部转绘到抄边片上。在抄边片上还应转刺并整饰图边附近的全部控制点，同时在像片背面准确地抄写控制点相应的坐标和高程数据，以便相邻图幅今后作业时应用。所有抄边内容都要严格检查，并签注抄边者、检查者姓名和抄边、检查的日期，以示负责。

第十二节　影像地图的调绘与控制测量

影像地图就是底图保留着影像的地形图。它是在正射影像上叠加等高线和必要的线划符号及注记，这样的地形图就是影像地图。

一、影像地图的作用

影像地图与所使用的线划地形图相比较有以下优点：

(1)影像地图具有与线划图相同的精度(地形图的平面位置精度更高)，但比线划图有丰富得多的信息内容。图底上留下的影像在很大程度上可以弥补由于调绘时人工取舍不当而损失的内容；也可以适应成图后随时变化的情况，增补需要的内容，便于地图的修测。

(2)直观、形象，立体感强，地形碎部详细完整，便于对地面目标进行阅读和分析。

(3)由于地形图上有投影影像，许多地形元素可以直接从影像上获取，这就可以相当地压缩线划符号的表示，减少外业调绘和绘图工作量，降低成本，缩短成图周期。

影像地图因为有上述许多优点，有资料表明，它是用途更广的地形图品种。有的国家甚至规定，全国都要有影像地图。有的专家认为，正射影像图既可作为未成图区的地图代用品，还可作为具有多种用途的图件，传统的成图方法已被数字正射投影所取代。

当然，线划图在航测中的作用和地位还不能过于贬低，不过可以预料。尽管正射影像图与线划图在适合其特定用途之外，两者均会得到应用，但因数字正射影像图(DOM)制作费用越来越低，已得到广泛应用。

二、外业调绘与控制测量

(一)外业调绘

影像地图是以影像为主反映地表元素特征的图种，简要的地图符号和注记只是用来帮助判别影像的类型与性质，因此为编制影像地图进行外业调绘时，应注意以下表示原则：

(1)为了便于读图。一般内容的表示方法尽可能与线划地形图取得一致，但根据影像特征可以适当改变。

(2)充分利用像片影像的直观性，凡影像能清楚显示，容易识别的要素，一般不用符号表示。

(3)影像虽能显示清楚，但不易辨别其性质，或容易与别的物体相混时，应适当加以说明注记或用符号表示，如树种、道路等级、水塘等。

(4)没有影像或影像无法显示清楚的元素，必须用注记或线划符号表示，如各种地理名称、各类控制点、电力线、通信线、各级境界、主要管道、河流流向、窑洞、水井、路堤、路堑、矿井井口、山洞等。

(5)影像色调能清晰反映地表元素的分布范围时，可不绘地类界，只是在影像基础上加绘符号或进行注记，以表示不同种类的植被和土质。

(6)因为根据影像特征，可以正确判定方位；从相关地物的分布情况能在实地迅速找到自己所处的位置；对没有经济价值和政治意义的方位物可不单独表示，如旧碉堡、独立灌木丛、独立竹丛、独立树等。

(7)影像地图以影像表示的要素，一般以航空摄影时间为准。为满足某专业的特殊要求而制作的影像地图可以适当增加专门符号，但须经过有关测绘主管部门的批准。

(二)控制测量

平坦地区外业控制测量是为了给内业测图及编制影像图提供已知控制点；在所建立的立体模型上进行测图和微分纠正实现正射投影，并用纠正后所得的正射影像作为影像图图底。因此，外业控制测量的目的是为内业建立与地面相似的立体模型提供绝对定向控制点，其布点要求与施测方法和立测法相同。

第十三节　室内外综合判调法

航摄像片室内外综合判调法，是指航测外业调绘作业时采用室内判绘和野外补调相结合的一种调绘方法。它根据航摄像片上的信息，在室内采用一定的手段(立体观察、影像识别、资料分析等)判绘出相应的地形元素，而对室内判绘过程中有疑问的或无法判绘的地形元素，到实地进行补调，从而获得正确的调绘成果。

以前航测外业一直采用全野外的调绘方法，像片调绘工作是由作业员到野外，将现场的地物、地貌元素与航摄像片对照，进行判读、调查和绘注，而且还要求“三清”、“四到”。这种方法作业时，人员流动、分散，劳动强度大、效率低，成图周期长，不便于生产管理，也没有充分利用航摄像片和其他资料提供的信息，不适应目前生产发展的形势。由生产情况和大量试验证明，室内外综合判调法是改善航外调绘工作的有效途径之一。

一、室内外综合判调法的作业过程

室内外综合判调法一般可按图 6-161 所示的内容和程序进行。

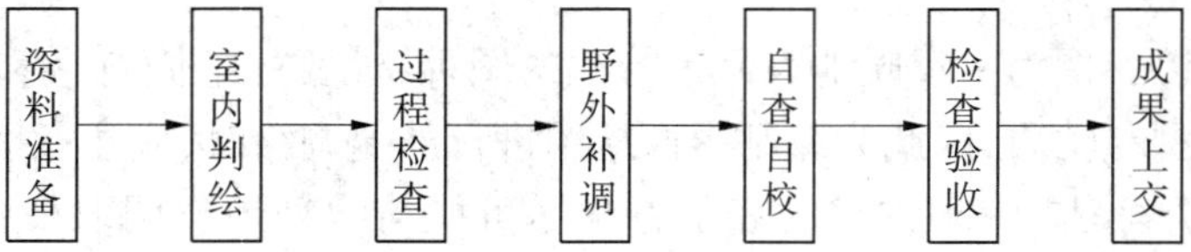

图 6-161　室内外综合判调法的内容和程序

(一)资料准备与测区踏勘

为了提高室内外判绘的正确率和指导野外补调工作，应向作业人员提供下列资料：①技术设计书和踏勘报告。②测区内典型地形元素的判读样片。③收集到的可利用的各种专业资料和图件。以上资料主要是由测区踏勘取得，因此进行有目的、有计划的测区踏勘是综合判调法取得所需要资料和图件的重要方法。

测区踏勘就是派人到将要进行测绘生产的地区调查、了解、收集与测绘生产有关的情况和资料。踏勘前应对作业区的航空像片在室内进行影像抽样分析，其目的是对具有测区特点的地形元素以及多次出现而难以判读的影像作出标记，以便通过测区踏勘查明内容，制成样片，供作业时参考。抽样分析的图幅要具有代表性，其图幅数要求不得少于该测区总图幅数的 5%。

测区踏勘时应到特殊影像的实地，了解该影像表达的地物的特点，并作文字描述，概括判读要领，必要时可拍摄地物的地面像片。

测区踏勘时应注意了解测区概貌，收集测区内有关的资料，如各种比例尺地形图、林相图、交通图、电力图、水利图、行政区划图、旅游图、农林规划图、地名录等，同时对这些资料提出使用意见。

测区踏勘后应及时编写踏勘报告，根据测区情况对判调工作提出具体意见。

另外，在资料准备工作中，还应注意收集与室内判绘有重要关系的典型样片图集，这种图集与调绘样片不同，它全面地列出了某一地区范围内的主要地物、地貌在航摄像片上的成像情况，并有详细的分类。这种图集不仅有航摄像片还有地面像片，并附有相应的说明和分析，对室内判绘很有指导意义。

(二)室内判绘

室内判绘就是在室内依据地形元素在航摄像片上的成像规律，充分利用影像特征，判读样片，典型样片图集以及其他参考资料，通过直接观察或立体观察，认真识别，逻辑推理，综合分析，正确判绘出各种地形元素。

进行室内判绘应注意以下问题：

(1)判绘前应结合作业图幅的具体内容,详细分析所提供的各种资料和判读样片,熟悉和掌握作业图幅内各种地形元素的影像特征。

(2)室内判绘过程中,对于有把握确认的地形元素,按有关技术规定进行综合取舍,直接清绘在判绘像片上;对难以辨认或有疑问的影像,作为判读疑点,做出相应标记,以便野外补调和查对。

(3)作业人员对已完成的室内判绘成果必须进行全面自查或互查。

(三)过程检查

过程检查是整个室内外综合判调过程中的一个检查环节。过程检查一般由专职检查人员负责。它的作用主要是检查作业人员由于不习惯性、疏忽大意或其他原因产生的判绘中的错误,以便提高室内判绘中的质量。

过程检查主要的检查内容包括判绘的正确性、符号应用的准确性、综和取舍的合理性等内容。对查出的问题,能在室内处理的,应由作业人员重新判读,并认真修改。室内无法处理的,判读疑点应注意标出,以便野外补调时查证。当查出的差、错、漏数量占被检查部分可判地物地貌元素总数的10%以上时,该图幅应退回作业者重新判绘。

(四)野外补调

野外补调主要是补充室内判绘的不足,用各种有效的方法对室内判绘的结果、疑点以及不能在室内判绘的内容进行查证和补充。野外补调的内容包括:

(1)影像上未显示出的地形元素和各种注记;

(2)室内判绘所标出的判读疑点以及所需查证的内容;

(3)隐蔽地区内的地形元素;

(4)应补调的新增或减少的重要地物。

野外补调的内容和发现的差、错、漏,必须在测区内及时补绘和修改。经野外补调后的成果质量应达到规范、图式及有关技术设计书的要求。

(五)自查自校

自查自校是保证成果质量的重要环节。在野外补调之后,作业人员更熟悉实地情况,会有许多新的认识;同时对野外补绘和修改的内容需要从图面上再进行一次全面的检查和修改。例如:某元素修改后,别的类似情况是否存在?某元素修改后与其他元素的关系是否交代清楚?片与片、幅与幅的调绘边是否接好?各项整饰是否齐全?等等。总之,在野外补调后,作业人员必须在室内对自己综合判调的图幅进行一次全面的自我检查,以提高成果质量。

(六)检查验收

检查验收的内容、方法、要求与一般作业情况相同。

(七)成果上交

应按规范规定的内容上交成果。

二、室内外综合判调法的优缺点

(一)优点

(1)充分利用各种现存的资料和航摄像片提供的丰富信息,减少了野外工作量,缩短了野外工作时间和成图周期。

与全野外调绘相比较，室内外综合判调法最大限度地发挥了各种资料在调绘工作中的作用，用资料提供的信息代替了野外工作。因此，减轻了野外工作人员的劳动强度，缩短了野外工作时间和成图周期。据统计，用综合判调法调绘，室内工作时间约为70%，野外工作时间为30%，提高作业效率20%。

(2)改善了作业条件，提高了工日利用率。

全野外调绘工作受气候影响大，工作流动、分散。采用室内外综合判调法，由于减少了大量野外工作，就有条件将季节性生产变为全年作业，在时间安排上将野外补调放在有利的季节进行，避开雨季、酷暑、严寒等不利的气候条件；同时分散、流动的全野外工作性质，也变为比较集中、比较安定的半室内半野外工作方式，从而大大提高了工效，改善了作业条件。

(3)有利于组织生产，加强管理。

由于作业人员和技术管理人员大部分时间都在基地集中进行生产，使生产方式初步形成了固定的企业生产性质，改变了流动、分散时难以掌握指挥的状况，因此有利于加强计划性生产，有利于对技术、质量、财务以及职工的技术培训、思想教育等，实施有效的管理措施。

(4)有利于促进航测技术的发展。

室内外综合判调法，要求提高作业人员室内判绘的技术水平，并不断研究新的室内判绘的各种技术，这就必然会推动航测技术向前发展，突破本专业原有工作范围，更好地为其他专业部门服务。

(二)缺点

(1)根据目前的技术水平及摄影材料的质量情况，室内判绘的准确率还不高，平均准确率大约为85%。因此，野外补绘、检查的工作量还占有较大的比例，影响整体作业效率的提高。

(2)工作过程比较琐碎。因为一些地形元素经过室内判绘着墨整饰以后，还要进行野外检查、补调，修改时要擦掉原来清绘的内容重绘，这不仅增加清绘工作量，而且也影响图面清绘质量，工作时也感到很不方便。

三、室内外综合判调法应具备的条件

(一)航摄资料

(1)为了给室内判绘提供足够的像片影像信息，保证航摄像片具有足够的地面分辨率，尽可能使地面上各种目标在像片上成像清晰，航摄像片比例尺应满足表6-6的规定。

表6-6　航摄像片比例尺允许值

成图比例尺	航摄比例尺		备注
	一般不小于	最小不得小于	
1:5 000	1:15 000	1:20 000	荒漠地区可适当放宽
1:10 000	1:25 000	1:32 000	荒漠地区可适当放宽

(2)为了保证室内判绘和野外补绘的质量，减少野外补绘的工作量，要求航摄像片的现势性要好。摄影时间距作业时间的年限一般不超过表6-7的规定。

(二)作业人员

室内外综合判调作业方法涉及知识面较宽，技术操作较复杂，为了保证作业质量，对从事室内外综合判调的作业人员有以下要求：

(1)作业人员必须掌握航测基本知识，并且有一定的全野外调绘工作经验，熟悉自然界地表各种地物，立体观察效应要好。

(2)劳动态度好，工作责任心强。

表 6-7 摄影时间距作业时间的年限允许值

地物密集的平坦地区		丘陵、山地(农村)	人烟稀少地区
城市	农村		
1 年	不超过 2 年	不超过 3 年	不超过 5 年

(3)经过室内判绘技术的专门培训，室内判读正确率达到 90% 以上，并经考核合格。

航摄资料不满足规定比例尺和摄影年限的要求，作业人员不具备应有的条件，或地物过于隐蔽的地区，均不宜采用综合判调法作业。

复习题

1. 试述像片调绘的基本作业程序。
2. 像片调绘在实际作业中应注意哪些问题？
3. 调绘居民地时应着重表示哪些特征？
4. 房屋在航摄像片上具有哪些特征？如何根据影像特征去判定房屋和街道的位置？
5. 什么是独立房屋？不依比例尺、半依比例尺、依比例尺表示的独立房屋是按什么标准划分的？
6. 调绘独立房屋应注意哪些问题？
7. 什么是街区式居民地？调绘街区式居民地的一般方法是什么？
8. 街区式居民地的外形特征包括哪些基本内容和规定？
9. 街区式居民地的类形特征包括哪些基本内容和规定？
10. 街区式居民地的方位特征和地貌特征包括哪些基本内容和规定？
11. 什么是散列式居民地？调绘散列式居民地时，对独立房屋的综合取舍有哪些要求？
12. 什么是集团式居民地？集团式居民地如何表示？
13. 窑洞式居民地的居住形式有哪几种？
14. 窑洞在航摄像片上有哪些判读特征？
15. 调绘地面上的窑洞和地面下的窑洞有哪些规定与要求？
16. 试述蒙古包的判读特征和表示方法。
17. 请绘出棚房、菜窖(包括温室、花房)的图式符号，并就其调绘要求加以说明。
18. 在表示道路与居民地之间的关系时有哪些要求？
19. 房屋位于河、湖内，或部分伸入水面，或紧靠河、湖岸边时，应如何表示？
20. 在表示居民地与垣栅之间的关系时有哪些要求？
21. 房屋在堤上、堤坡、堤脚时应如何表示？
22. 永久性测量控制点的调绘工作，实际作业时是怎样完成的？

23. 什么是独立地物？试述在航摄像片上根据影像特征判读独立地物的基本方法。

24. 调绘独立地物的基本要求是什么？

25. 试述在实际作业中灵活选用独立地物符号的基本方法。

26. 应用独立地物符号表示独立地物时应注意哪些问题？

27. 试根据地形图图式将常用的独立地物符号调绘三次。

28. 道路共分几种？试述在航摄像片上根据影像和其他特征判读道路的一般方法。

29. 调绘道路有哪些基本要求？

30. 什么是单线铁路、复线铁路、电气化铁路、窄轨铁路、轻便铁路？

31. 当双线铁路中途分开成两条单线铁路时应如何表示？

32. 当两条单线铁路相通，彼此平行而不能各自绘出符号时应如何表示？

33. 什么是缆车道、架空索道？试述相应图式符号并说明其表示方法。

34. 什么是高速公路、普通公路、等外公路、机耕路？它们之间如何区分？在表示中有什么要求或须注意的问题？

35. 什么是乡村路？调绘时应注意哪些问题？

36. 调绘小路时有哪些取舍原则？

37. 什么是时令路、无定路、内部道路？调绘中有哪些要求？

38. 试述火车站各种地物的调绘及表示方法。

39. 试述涵洞、隧道的调绘及其表示方法。

40. 调绘路堤、路堑有哪些要求？

41. 调绘道路时应注意哪些问题？

42. 处理道路与堤的关系有哪些原则？

43. 试述根据航摄像片的影像和其他特征判读管线与垣栅的基本方法。

44. 试述管线调绘的一般方法和取舍原则。

45. 调绘电力线、通信线和管道时应分别注意哪些问题？

46. 调绘城墙时有哪些要求？

47. 调绘围墙时有哪些要求？

48. 调绘栏栅、铁丝网、篱笆时有哪些要求？

49. 调绘堤时有哪些要求？

50. 试述境界的分级规定及其一般调绘方法。

51. 调绘国界有什么重要意义？应注意哪些问题？有哪些规定？

52. 调绘国内各级境界有什么重要作用？调绘中有哪些规定？应注意哪些问题？

53. 什么是水系？水系在国民经济建设中有什么重要作用？

54. 试述根据航摄像片影像和其他特征判读水系元素的基本方法。

55. 调绘水系的基本要求是什么？

56. 什么是水涯线？河流、湖泊、水库、池塘、沟渠、时令河、时令湖的水涯线如何确定？

57. 试述河流、湖泊分级表示的方法和要求。

58. 试述时令河、湖分级表示的方法和要求。

59. 试述池塘的表示方法和要求。

60. 试述水库及其附属元素分类表示的方法和要求。

61. 什么是消失河段、地下河段？绘图说明其表示方法和要求。
62. 试述沟渠分级表示的方法和要求。
63. 什么是干沟？调绘干沟有哪些要求？
64. 调绘水井、泉、贮水池、水窖有哪些要求？
65. 什么是坎儿井？调绘坎儿井有什么要求？
66. 什么是沼泽地？调绘沼泽地有哪些要求？
67. 什么是海岸线？海岸线的位置如何表示？
68. 什么是干出滩？干出滩有哪几种类型？
69. 绘图说明各种干出滩的表示方法和要求。
70. 绘图说明水产养殖场的表示方法和要求。
71. 什么是明礁、暗礁、干出礁？绘图说明它们的表示方法和要求。
72. 绘图说明瀑布、跌水的表示方法和要求。
73. 什么是石滩？绘图说明石滩的表示方法。
74. 调绘水文站有哪些要求？
75. 什么是有滩陡岸、无滩陡岸？调绘有滩陡岸和无滩陡岸应注意哪些问题？
76. 试述根据航摄像片的影像和其他特征判读桥梁的一般方法。
77. 绘图说明各种车行桥梁的表示方法和要求。
78. 绘图说明各种人行桥的表示方法和要求。
79. 绘图说明渡口、徒涉场的表示方法和要求。
80. 绘图说明水闸的表示方法和要求。
81. 什么是拦水坝、滚水坝？绘图说明拦水坝、滚水坝的表示方法和要求。
82. 绘图说明输水槽的表示方法和要求。
83. 绘图说明加固岸、防波堤的表示方法和要求。
84. 绘图说明顺岸式码头、趸船码头、堤坝式码头的表示方法和要求。
85. 绘图说明航行标志、灯塔、信号台的表示方法和要求。
86. 调绘水系或表示水系与其他地物关系时应注意哪些问题？
87. 简要叙述千变万化的地貌形态是怎样形成的？它们对国民经济建设有什么影响？
88. 举例说明航测调绘中所指的地貌元素具有哪些特征？
89. 试述根据航摄像片影像和其他特征判读地貌和土质元素的一般方法。
90. 调绘干河床、干湖有哪些要求？冲沟有哪些特征？与干河床有什么区别？
91. 绘图说明冲沟的表示方法和要求。在调绘冲沟时应注意哪些问题？
92. 绘图说明泥石流和火山口的表示方法与要求。
93. 什么是陡崖、崩崖、滑坡？绘图说明其各自的表示方法和要求。
94. 绘图说明独立石、土堆、坑穴的表示方法和要求。
95. 什么是山洞、溶洞、石灰岩溶洞？绘图说明它们的表示方法和要求。
96. 什么是岩峰？绘图说明岩峰的表示方法和要求。
97. 在调绘梯田坎和山隘时应注意哪些要求与规定？
98. 什么是陡石山？表示陡石山时有哪些要求和规定？
99. 什么是露岩地？绘图说明露岩地的表示方法和要求。

100. 什么是石块地？石块地与露岩地有什么区别？绘图说明石块地的表示方法和要求。

101. 什么是沙砾地、戈壁滩？绘图说明沙砾地、戈壁滩的表示方法。

102. 什么是盐碱地？绘图说明盐碱地的表示方法和要求。

103. 什么是小草丘地？绘图说明小草丘地的表示方法和要求。

104. 试述残丘地的成因及其分布形态，并绘图说明其表示方法。

105. 沙地地貌是怎样形成的？

106. 什么是固定沙地和不固定沙地？它们在表示方法上有什么不同？

107. 什么是平沙地？试述平沙地在航摄像片上的影像特征及其表示方法。

108. 什么是多小丘沙地？试述多小丘沙地在航摄像片上的影像特征及其表示方法。

109. 什么是波状沙地、新月形沙地？试述波状沙地、新月形沙地在航摄像片上的影像特征及其表示方法。

110. 什么是多垄沙地？试述多垄沙地在航摄像片上的影像特征及其表示方法。

111. 什么是窝状沙地？试述窝状沙地在航摄像片上的影像特征及其表示方法。

112. 调绘大面积沙地时应注意哪些问题？

113. 什么是雪山、雪线、粒雪原、冰川？外业调绘粒雪原和冰川时应如何表示？

114. 什么是冰裂缝、冰陡崖？外业调绘时如何表示？

115. 什么是冰碛、冰塔？外业调绘时如何表示？

116. 外业调绘雪山时应注意哪些问题？

117. 什么是植被？植被在经济建设和国防建设中有什么重要作用？

118. 试述根据航摄像片影像和其他特征判读植被的基本方法与应注意的问题。

119. 什么是地类界？调绘地类界应注意哪些问题？

120. 什么是树林？调绘树林有哪些规定和要求？什么是幼林、苗圃？绘图说明其表示方法。

121. 实地确定树林与非树林的界线和树的平均高度有哪几种方法？

122. 什么是疏林？绘图说明疏林的表示方法和要求。

123. 什么是小面积树林、狭长树林？绘图说明小面积树林和狭长树林的表示方法与要求。

124. 调绘散树应注意哪些问题？

125. 什么是独立树、独立树丛？它们分别与散树、小面积树林有什么区别？绘图说明独立树和独立树丛的表示方法。

126. 绘图说明竹林、独立竹丛、狭长竹林的表示方法和要求。

127. 绘图说明灌木林、独立灌木丛、狭长灌木林的表示方法和要求。

128. 什么是经济林？绘图说明经济林的表示方法和要求，并说明零星经济林和狭长经济林的表示方法。

129. 绘图说明草地、芦苇地、半荒植物地、植物稀少地的表示方法和要求。

130. 什么是经济作物地？绘图说明经济作物地的表示方法和要求。

131. 什么是水生经济作物地？绘图说明水生经济作物地的表示方法和要求。

132. 绘图说明水稻田、草地、菜地的表示方法和要求。

133. 植被符号的混合表示应遵守哪些原则？
134. 试述地理名称的一般分类方法。
135. 试述调查地理名称的一般方法,以及在调查中应注意的问题。
136. 试述汉语地名一般的命名规律和分布归律。
137. 试述地理名称的确定原则。
138. 试述少数民族地区地名翻译的原则和要求。
139. 试述少数民族地区地名调查的一般方法。
140. 地理名称的注记有哪些基本要求？
141. 除地名注记以外的各种文字和数字注记有哪些基本要求？
142. 哪些地物须在调绘时进行补测？补测的一般可采用哪几种方法？
143. 举例说明如何应用判读法、比较法、截距法、距离交会法、坐标法补测地物？
144. 调绘中补测地物时应注意哪些问题？
145. 像片清绘一般有哪些要求？试述像片清绘的一般方法和程序。
146. 什么是调绘接边？有哪几种调绘接边？
147. 试述同期作业调绘接边时应注意的问题。
148. 试述与已成图幅接边的方法和应注意的问题。
149. 什么是抄边？抄边有哪些规定和要求？
150. 什么是影像地图？与线划地形图比较,影像地图有哪些优点？
151. 编制影像地图对外业控制测量有哪些要求？
152. 什么是室内外综合判调法？试以框图表示室内外综合判调法的作业过程。
153. 采用室内外综合判调法应向作业人员提供哪些资料和设备？
154. 进行室内判绘应注意哪些问题？
155. 采用室内判绘时,为什么要进行过程检查？过程检查主要检查哪些内容？
156. 在采用室内外综合判调法进行作业时,野外补调工作有哪些内容？
157. 自查自校是在什么情况下进行的？它的作用是什么？
158. 室内外综合判调法有哪些主要的优缺点？采用室内外综合判调法应具备哪些条件？

第七章　大比例尺航空摄影测量外业

第一节　概　述

大比例尺地形图是开发能源、交通、水利建设、农业基本建设、重点工程建设、城市建设等用于规划、设计以及施工管理的重要基础资料。随着我国工程建设规模扩大和科学性的提高,对大比例尺地形图的数量和质量有更高的要求。

大比例尺航测成图主要是指用航测方法测制 1∶500、1∶1 000、1∶2 000 等比例尺较大的地形、地籍图。

以前,大比例尺地形图都是用常规白纸测图方法测绘,由于劳动强度大、工效低、成图周期长,不能满足经济建设的急需。随着航空摄影、航测技术的进步,航测成图精度的提高,航测成图方法在大比例尺地形图测图这一领域得到了广泛应用和发展,并以其成本低、速度快、精度高的优点迅速占领测绘市场。1988 年我国首次正式颁发了《1∶500　1∶1 000　1∶2 000地形图航空摄影测量外业规范》,2008 年对该规范又进行了重新修订。这标志着我国航测大比例测图已进入了法式化、正规化的阶段。

实践证明,利用航测技术测制大比例尺地形图是行之有效的途径,大比例尺航测成图已经成为航测成图的主要内容。

航测大比例尺测图与 1∶10 000 航测成图相比较同属于航测成图范围,仅是比例尺大小不同。因此,它们在成图理论(包括摄影、控制测量、纠正、加密、立体测图原理和方法)、成图方法(包括控制测量方法、像片调绘和清绘方法、正射影像图制作、立体像对定向测图等方法)、成图过程、使用的各种仪器设备等方面基本相同。但是,大比例尺航测成图由于比例尺较大,而且大都是为了某项建设的需要而测制的地形图,因此在测图精度、内容和地物表示方法等方面又有许多不同的要求。因此,掌握这些不同的要求是测制大比例尺航测地形图的关键。

大比例尺航测成图和大比例尺常规方法测图最终都是获取地形图。因此,在进行航外测量时,对测图基础、规格方面的要求与相应比例尺常规方法测图的要求也是相同的,如坐标系统、高程系统、投影方式的规定,地形图分幅、编号方法,地形类别划分的标准,基本等高距的选用,对高程注记点密度和对地形图精度的要求,对基础控制点的密度要求等。

一、大比例尺地形图的规格

(一)坐标系统、高程系统和投影

1. 坐标系统、高程系统

(1)坐标系统通常采用国家统一的高斯平面坐标系,如“1954 北京坐标系”或“1980 西安坐标系”,亦可采用独立坐标系。城市地形图一般采用以通过城市中心的某一子午线为中央子午线的任意带高斯平面坐标系,称为城市独立坐标系。当工程建设范围比较小时,也

可采用把测区作为平面看待的假定平面直角坐标系。

高程系统一般使用“1956 年黄海高程系”或“1985 国家高程基准”，当采用其他高程系统时，尽量与 1985 年国家高程基准联测。但也有一些地方高程系统，如上海及其临近地区即采用“吴淞高程系”，广东地区采用“珠江高程系”等。各高程系统之间只需加减一个常数即可进行换算。

地形图采用的坐标系和高程基准在南图廓外的左下方用文字说明。

2. 投影

平面控制采用高斯－克吕格投影，按 3°分带计算平面直角坐标。当对控制网有特殊要求时，可以采用任意经度作为中央子午线的独立坐标系统，投影面亦可采用当地平均高程面。

（二）地形图的分幅及编号

（1）1∶500～1∶2 000 比例尺地形图分幅一般采用正方形或矩形，其规格为 50 cm×50 cm 或 40 cm×50 cm。根据需要，也可以采用其他规格的分幅；1∶2 000 地形图也可以采用经纬度统一分幅。

（2）图幅编号的方法：地形图编号一般采用图廓西南角坐标公里数编号法，也可选用流水编号法或行列编号法等。采用图廓西南角坐标公里数编号法时，*X* 坐标在前，*Y* 坐标在后，中间加短线连接。1∶500 地形图取至 0. 01 km（如 10. 40～21. 75），1∶1 000、1∶2 000 地形图取至 0. 1 km（如 10. 0～21. 0）。带状测区或小面积测区，可按测区统一顺序进行编号。

（三）基本等高距

等高距根据地形类别和用图的需要，按表 7-1 的规定选用。

一幅图内只采用一种基本等高距，当基本等高距不能显示地貌特征时，应加绘半距等高线。平坦地区，根据用图需要，也可以不绘等高线，只用高程点注记表示。

表 7-1　基本等高距　（单位：m）

比例尺	平地	丘陵地	山地	高山地
1∶500	0. 5	1. 0（0. 5）	1. 0	1. 0
1∶1 000	0. 5（1. 0）	1. 0	1. 0	2. 0
1∶2 000	1. 0（0. 5）	1. 0	2. 0（2. 5）	2. 0（2. 5）

注：括号内的等高距依用图需要选用，下同。

（四）高程注记点密度

高程注记点一般选在明显地物点或地形点上，依据地形类别及地物点和地形点的多少，其密度为图上每 100 cm^2 内 5～20 个。

（五）地形图符号及注记

执行《国家基本比例尺地图图式第 1 部分：1∶500　1∶1 000　1∶2 000 地形图图式》（GB/T 20257. 1—2007）的规定。

二、大比例尺地形图的精度

（一）地物点的平面位置中误差

图上地物点对最近野外平面控制点或平高控制点的平面位置中误差不得大于表 7-2 的规定。

表 7-2　平面位置中误差　（单位:mm）

项目	平地、丘陵地	山地、高山地
地物点	0.6	0.8

（二）高程注记点和等高线的高程中误差

地形图上高程注记点和等高线对最近高程控制点的高程中误差不得大于表 7-3 的规定。

1∶500 地形图高山地的地面坡度在 40°以上。1∶1 000 地形图高山地，1∶2 000 地形图山地、高山地在图上不能直接找到位置的地方，衡量等高线高程精度可采用式(1-1)计算。

表 7-3　高程中误差　（单位:m）

项目	1∶500				1∶1 000				1∶2 000			
地形类别	平地	丘陵地	山地	高山地	平地	丘陵地	山地	高山地	平地	丘陵地	山地	高山地
注记点中误差	0.2	0.4 (0.2)	0.5	0.7	0.2 (0.4)	0.5	0.7	1.5	0.4 (0.2)	0.5	1.2	1.5
等高线中误差	0.25	0.5 (0.25)	0.7	1.0	0.25 (0.5)	0.7	1.0	2.0	0.5 (0.25)	0.7	1.5	2.0

（三）困难地区的精度要求

困难地区（如林区、阴影覆盖隐蔽区等）的平面和高程中误差可按表 7-2 和表 7-3 放宽 1/2。

地物点的最大误差规定为中误差的两倍值。

大比例尺航测成图同中小比例尺测图一样，分为立测法成图和综合法成图。其成图的作业过程与 1∶10 000 比例尺航测成图过程完全相同。可参看第一章第一节，这里不再赘述。

GB/T 20257.1—2007 和相应比例尺的地形图图式是进行大比例尺航测外业测图的主要依据。为保持规范和图式自身的系统性和完整性，大比例尺测图规范和图式与 1∶10 000 测图规范和图式有许多内容相同。因此，在学习 1∶10 000比例尺航测成图的基础上，不难理解和掌握大比例尺航测成图的规定与要求。下面将分别叙述大比例尺航测外业测图的作业程序、作业方法和作业要求。

第二节　大比例尺航测外业像片控制测量

大比例尺航外控制测量同 1∶5 000、1∶10 000 航外控制测量一样，一方面要用地形测量中控制测量的方法去测定控制点的平面坐标和高程，另一方面又要求这些控制点满足像片条件。但由于比例尺不同,大比例尺航外控制测量与1:5 000、1:10 000航外控制测量也有许多不同的技术要求,在工作中要注意执行相应比例尺规范中的规定。下面分述大比例尺航外控制测量的特点和不同的技术要求。

一、对老图资料的要求

老图是进行大比例尺航外控制测量必不可少的基础资料,它是了解测区情况、划分地形类别、确定成图方法、制定航摄计划、编写技术设计书、进行控制设计的重要依据,因此应尽量收集施测年代较近、精度可靠、比例尺较大的老图,最好是1:5 000或1:10 000地形图。因为这些图的坐标系统、高程系统和投影带选择均与大比例尺测图一致,比例尺比较适中,所以应用于制定航摄计划、进行控制设计比较方便可靠。

二、高级地形控制测量(基础控制测量)

可作为首级像片控制测量的起闭点称为基础控制点,在国家等级控制点的基础上进一步加密高级地形控制点的测量工作称为基础控制测量。平面基础控制点包括国家等级三角点、精密导线点、E级以上GPS点、5″级以上的导线点,高程基础控制点包括国家等级水准点和等外水准点。

基础控制点是联测像片控制点的基础,也是大比例尺航测成图的基础,直接影响成图的数学精度。所以,基础控制测量是大比例尺航测成图过程中一项十分重要的工作。

目前,我国国家等级大地点的密度只能满足测制1:10 000比例尺地形图的需要,并且由于管理不善,破坏十分严重,因此远远不能满足大比例尺测图的需要。在进行大比例尺地形图测图之前都必须加密基础控制点。规范规定大比例尺地形图测图,测区内平面基础控制点密度应满足每四幅图面积内至少有一个点,以GPS方法测量时,按照其布网情况测区内均匀布设三个已知控制点,高程基础控制点密度应满足2~4 km至少有一个点。如果基础控制点不能保证上述要求,在联测像片控制点时必然增加导线长度、边数,增加发展次数,从而降低成图精度。另外,如果用图单位对测图精度要求较高,也应进一步增加基础控制点密度。

对于采用独立坐标系的小测区,可布设5″级导线网作为像片平面控制测量的基础。

基础控制点应以满足并方便于像片控制点联测为准均匀布设,点位设计可在老图上进行。点位确定以后可根据需要埋石。点名可按测区排列顺序编号,也可采用附近的地理名称。

基础控制测量可根据测区地形情况和起算点数量与分布情况,采用GPS定位、光电测距导线等方法测定点的平面位置;采用等外水准、光电测距高程导线测定点高程。基础控制点的布设与观测中的各项要求应遵守相应规范中的有关规定。

(一)选点与埋石

5″级基础控制点的点位选定应按照技术设计书所规定的具体布设方案进行。点位确定以后可根据需要埋石,一般不造标。点名可按测区排列顺序编号,也可采用附近的地理名称。

5″级基础控制点的标石埋设规格应符合规范规定。

(二)平面控制测量

1. GPS定位测量

GPS定位模式选择、GPS控制网布设方案、布网形式、选点要求、观测与计算的技术要求等参见第三章内容,这里不再赘述。

2. 光电测距导线测量

(1)光电测距导线点的布设形式,可布设成附合导线、结点导线或导线网。导线支路线在等级点之间、等级点与结点之间、结点与结点之间应尽量布设成直伸状。导线相邻边应尽量相等。

(2)光电测距导线测量的主要技术要求如表7-4所示。

表7-4 光电测距导线测量的主要技术要求

测角中误差	平均边长(图上)(mm)	边数	方位角闭合差	导线全长相对闭合差	水平角测回数	
					DJ2	DJ6
5″	1 000 500 300	8 12 18	$10''\sqrt{n}$	1/20 000 1/15 000 1/14 000	2	6

注:n 为转折角个数。

(3)结点至起始点之间的允许边数为表7-4中规定边数的0.7倍,结点与结点之间的允许边数为表7-4中规定边数的0.5倍。

(4)在每次使用之前,应根据需要及仪器的实际情况,对光电测距仪及其主要附件进行检验。

(5)光电测距导线的作业要求如下:

①要求所用光电测距仪的标称精度为1 km的测距中误差不大于10 mm;

②测距工作要求在大气稳定、合成像清晰的条件下进行;

③在测距过程中,当遇到大气湍流影响严重时,应停止观测;

④斜距测回数应不少于二测回,一测回至少应读两次数,两次读数较差小于1 cm时,取平均值作为该测回值;

⑤斜距单程测回间较差一般不大于15 mm;

⑥每边测定一次气象数据,温度读数读至1 ℃,气压读数读至1 mm汞高;

⑦一般用三联脚架法施测。

3. 水平角观测

(1)水平角观测一般采用全圆方向观测法。方向数多于三个时须归零,多于七个时须分组。每组方向数应尽量相同,并采用同一起始方向。观测各测回之间度盘应变换位置180°/n(n 为测回数)。

(2)水平角的观测限差应不超过表7-5的规定。

(3)观测结果中 $2c$ 的变动范围或测回差超限时,允许重测超限方向,重测时应联测同一起始方向。归零差、起始方向的 $2c$ 变动范围超限或测回中重测方向数超过总方向数的1/3时,该测回重测。重测测回数超过总测回数1/2或因闭合差超限而重测时,该测站应全部重测。

(4)测站点、照准点的偏心距大于测站至最近观测点距离的1/80 000时,应在水平方向内进行归心改正。测定归心元素时,偏心距应量至毫米,偏心角量至15′。三个方向投影的示误三角形边长或两个方向两次投影示误四边形的对角线长度应不大于5 mm。

表 7-5　水平角的观测限差

限差类别	仪器等级	
	DJ2	DJ6
半测回归零差	12″	24″
2c 的变动范围	18″	36″
各测回同一方向的较差	12″	24″
三角形闭合差	15″	15″

(5)平差计算取位按表 7-6 的规定执行。

表 7-6　平差计算取位

观测方向值	各项改正数	对数或函数	坐标计算	最后坐标	坐标方位角
1″	1″	6 位	0.001 m	0.01 m	1″

(6)外业观测资料的限差检验。

导线(网)测量的测角中误差 m_β 依下式计算：

$$m_\beta = \pm \sqrt{\sum_{i=1}^{n} (f_\beta^i f_\beta^i / n_\beta^i) / n}$$

式中　m_β——测角中误差,(″)；

f_β——附合导线或闭合环的方位角闭合差,(″)；

n_β——计算 f_β 的测站数；

n——附合导线和闭合环的个数；

计算方位角条件闭合差限差的公式为：

$$W_{方} \leqslant 10'' \sqrt{n}$$

式中　$W_{方}$——方位角条件闭合差,(″)；

n——传递方位角个数。

(三)高程控制测量

1. 等外水准测量

作为基础控制测量的等外水准路线,应起闭于国家等级水准点。

(1)等外水准测量一般采用单程观测法,支线水准应采用往返观测或单程双测的方法施测。

(2)等外水准测量的施测精度及规格应按表 7-7 的规定执行。当平地、丘陵地采用 1 m 以上等高距测图时,路线总长可适当放长。

(3)等外水准测量的观测工作一般应间歇在固定的标志上。如不可能应间歇在打入地下的三个木桩上。两间歇点间歇前后的高差之差不大于 6 mm 时,可以继续往前观测。

(4)等外水准测量的观测限差应小于表 7-8 的规定。

表 7-7　等外水准测量的施测精度及规格

地形类别	路线全长(km)			附合路线或闭合路线高程闭合差(mm)	仪器至标尺距离(m)
	附合	单结点	支线		
平地、丘陵地	12	9	3	$30\sqrt{L}$	100
山地	20	15	6	$45\sqrt{L}$	

注：L 为路线长，km，小于 1 km 按 1 km 计。

表 7-8　等外水准测量的观测限差

同一标尺黑红面高差之差(mm)	同一站两高差之差(mm)	一站之前后视距差(m)	前后视距差总和(m)	视线离开障碍物距离(m)
4	6	20	100	0.2

2. 三角高程导线测量

根据实际情况，在丘陵地、山地和高山地可以采用三角高程测量的方法确定 5″级基础控制点高程。三角高程导线的起闭点应为不低于四等的水准点或不低于四等水准联测过的平面基础控制点。

(1)三角高程路线测量的精度及规格应按照表 7-9 的规定执行。

表 7-9　三角高程路线测量的精度及规格

平均边长(km)	边长(条)		路线全长高程闭合差(m)	往返测高差较差(m)	垂直角测回数(中丝法)		各测回垂直角较差及同一测站指标差较差	
	等高距(m)							
	1.0	2.0			DJ2	DJ6	DJ2	DJ6
0.5	30	40	$0.05\sqrt{\sum_{i=1}^{n}(S_iS_t)}$	$0.1S$	2	4	15″	25″
1.0	15	30						
2.0	4	15						

注：S 为路线长，km，小于 1 km 按 1 km 计。

(2)若以结点形式敷设路线时，要求结点至起始点之间的允许边数为表 7-4 中规定边数的 0.7 倍；结点与结点之间的允许边数为表 7-4 中规定边数的 0.5 倍。

(3)各方向观测时的照准位置应记在手簿中。由不同方向观测同一点时应照准同一位置，如遇到特殊情况，可另选择照准位置，但必须在手簿中以图示说明。

(4)觇标高和仪器高均用钢尺量测二次，读至 5 mm，较差不大于 1 cm，高标时较差不得大于 2 cm。

(5)垂直角的观测一般宜在目标清晰、大气稳定时进行。当方向数较多时，可分组进行观测。当通视条件较差时，也可分别对每一方向进行连续观测。

3. 光电测距高程导线测量

(1)光电测距高程导线可以代替等外水准测量。光电测距高程导线起闭点应为不低于四等水准点或不低于四等水准联测过的平面基础控制点。

(2)光电测距高程导线的布设可以布设成附合导线、结点导线或导线网等形式。光电测距高程导线可以单独施测,也可以与光电测距平面导线同时施测。

(3)光电测距高程导线的测量精度及规格应遵守表 7-10 的规定。

表 7-10　电光测距高程导线的测量精度及规格

平均边长(m)	边数(条) 等高距			路线全长高程闭合差(mm)	往返测高差较差(m)	垂直角测回数(中丝法)		各测回垂直角较差及同一方向指标差较差	
	0.5 m	1.0 m	2.0 m			DJ2	DJ6	DJ2	DJ6
300	18	40	60	$24\sqrt{n}$					
500	12	20	30	$30\sqrt{n}$	$0.2S$	2	4	15″	25″
1 000		8	20	$70\sqrt{n}$					

注:S 为边长,km;n 为边数。

(4)光电测距高程导线测量的作业要求。

按要求除完成测距工作外,在施测光电测距高程导线时,还应按以下规定执行:

①垂直角必须直返觇;

②视线最好选在地面覆盖物相同的地段,避免通过热体上空,且应离开地面或障碍物 1.3 m 以上;

③仪器高和觇标高量至毫米;

④若使用 DJ6 仪器测定天顶距(或垂直角)时,应先测定垂直度盘偏心,并在观测结果中加以改正。

三、对航摄资料的要求及检查

(一)飞行质量要求与检查

大比例尺航摄成图对航摄资料的要求与 1∶10 000 测图大部分相同,但应注意以下问题。

1. 像片重叠

(1)航向重叠度一般为 60% ~65%,个别最大不应超过 75%,最小不应小于 56%。当个别像对的航向重叠度虽然小于 56%,但大于 53%,且其相邻像对的航向重叠度不小于 58%,能确保测图定向点和测绘工作边距像片边缘不少于 1.5 cm 时,可视为合格。

对低空航摄像片航向重叠度要求一般为 60% ~80%,最小不应小于 53%。

沿图幅中心线和沿旁向两相邻图幅公共图廓线敷设航线,要求实现一张像片覆盖一幅图和一张像片覆盖四幅图时,航向重叠度可加大到 80% ~90%。

(2)相邻航线旁向重叠度一般为 30% ~35%,个别最小不应小于 13%。按图幅中心线和沿旁向两相邻图幅公共图廓线敷设航线时,至少要保证图廓线距像片边缘不少于1.5 cm。

对低空航摄像片旁向重叠度要求一般为 15% ~60%,最小不应小于 8%。

(3)像片重叠度计算如下:

$$p_X = p'_X + (1 - p'_X)\Delta h/H$$

$$q_Y = q'_Y + (1 - q'_Y)\Delta h/H$$

式中　p'_X、q'_Y——航摄像片的航向、旁向标准重叠度(%);

Δh——相对于摄影基准面的高差,m;

H——摄影时飞机相对于基准面的航高，m。

(4)像片重叠度检查方法。将相邻两张像片按其中心附近 2 cm 范围的地物重叠后，再将重叠百分尺的末端置于第二张像片的边缘，读取第一张像片边缘在重叠百分尺上的分划值，此值即为像片的航向重叠度。如摄区为山地或高层建筑物密集的城市，则按相邻像片主点连线附近 1 cm 范围内的地物重叠后，再将一张像片边缘的直线影像转绘到相邻像片上形成的曲线，用重叠百分尺量取该曲线到像片边缘的最小分划值，即为最小航向重叠度。

检查相邻航线像片旁向重叠度时，将相邻像片旁向重叠中线附近 1 cm 范围内的地物重叠后，再按上述检查航向重叠度相同的方法，用重叠百分尺量取像片的旁向重叠度。

2. 像片倾斜角

像片倾斜角一般不大于 2°，个别最大不大于 4°。

像片倾斜角是否符合要求应对其进行检查，一般根据像片边缘或角隅上圆水准气泡影像偏离其中心的程度进行检查，尤其要注意检查整条航线相邻像片上水准气泡偏离其中心的方向和位置是否有明显的移动。无水准气泡记录的像片，可在已有的地形图上选择若干明显地物点作为控制点，用摄影测量方法进行测量检查。

对低空航摄像片倾斜角一般不大于 5°，最大不大于 12°，出现超过 8°的片数不多于总数的 10%。特别困难地区一般不大于 8°，最大不超过 15°，出现超过 10°的片数不多于总数的 10%。

3. 像片旋偏角

(1)航摄比例小于 1∶7 000、相对航高大于 1 200 m 时，旋偏角一般不大于 6°，最大不超过 8°。

(2)航摄比例小于 1∶3 500、大于或等于 1∶7 000 时，旋偏角一般不大于 8°，最大不超过 10°。

(3)航摄比例大于或等于 1∶3 500 时，旋偏角一般不大于 10° ，最大不超过 12°。

(4)采用数字测图时，在确保重叠度满足要求的前提下，旋偏角可在上述规定的基础上，相应放宽 2°执行。

(5)在一条航线上达到或接近最大旋偏角的像片数不应超过 3 片，且不应连续；在一个摄区内出现最大旋偏角的像片数不应超过摄区像片总数的 4%。

(6)对低空航摄像片旋偏角一般不大于 15°，在确保航向及旁向重叠满足要求的前提下，个别最大不超过 30°。在同条航线上旋偏角超过 20°的像片数不应超过 3 片，超过 15°旋偏角的像片数不得超过分区像片总数的 10%。

对像片旋偏角的检查，首先在两相邻像片上各自标出主点位置，然后按主点附近地物将两张像片重合，并将两主点相互转刺，在两张像片上分别绘出两主点连线和航向框标间连线所形成的夹角，用量角器量测两个夹角的角度值，其中较大的一个夹角即为旋偏角。

4. 航线弯曲度

航线弯曲度规定不大于 3%。

航线弯曲度检查：平坦地区按像片索引图检查，有起伏的地区按每条航线分别镶辑检查。用直尺量测航线两端像主点之间直线的长度和偏离该直线的垂距，利用公式计算航线弯曲度。

5. 航高保持

(1)同一条航线上航高差不大于 20 m,最大航高与最小航高之差不应大于 30 m。

低空航摄时同一条航线上相邻像片的航高差不应大于 30 m,最大航高与最小航高之差不应大于 50 m。

(2)航高分区内实际航高与设计航高之差不应大于 50 m;当相对航高大于 1 000 m 时,实际航高与设计航高之差不应大于设计航高的 5%。

航高差检查步骤如下:

①在已有地形图及其相应立体像对相邻像片重叠中线附近,分别量取相应地物点之间的长度,求得相邻像片间的比例尺之差,再计算得相邻像片的航高差。

②将像片按航线和分区镶辑,在已有地形图上和像片上分别量取相应地物之间的长度,按地面最高处和最低处分别求得各像片的最大比例尺和最小比例尺,然后取中数求得相对于摄影基准面的实际比例尺。根据比例尺按航线和分区分别算出同航线上的最大航高和最小航高之差和分区的实际航高与设计航高之差。

航摄分区平均高度平面(基准面)的高度计算:

$$h_{基} = \frac{h_{高平均} + h_{低平均}}{2}$$

式中 $h_{基}$——平均高度平面(基准面)的高度,m;

$h_{高平均}$——分区内具有代表性的高点的平均高程,m,$h_{高平均} = \frac{\sum_1^n h_{高}}{n}$;

$h_{低平均}$——分区内具有代表性的低点的平均高程,m,$h_{低平均} = \frac{\sum_1^n h_{低}}{n}$。

$$H = m - f$$
$$H_0 = H + h_{基}$$

式中 H——摄影时飞机相对于基准面的航高,m;

H_0——摄影时飞机的海拔高度,m;

f——航摄仪主距,mm;

m——航摄比例尺分母。

6. 摄区、分区、图廓覆盖要求

(1)摄区边界覆盖要求:航向覆盖超出摄区边界线不少于一条基线。旁向覆盖不少于像幅的 50%,最少不少于 30%;按图幅中心线和沿旁向两相邻图幅公共图廓线敷设航线时,旁向覆盖超出摄区边界线(图廓线)最少不少于像幅的 12%。

摄影基线和航线间隔计算:

$$\begin{cases} b_X = L_X(1 - p_X) \\ d_Y = L_Y(1 - q_Y) \end{cases}$$

$$\begin{cases} B_X = b_X m \\ D_Y = d_Y m \end{cases}$$

式中 b_X、d_Y——像片上的摄影基线长度、航线间隔宽度,mm;

B_X、D_Y——实地上的摄影基线长度、航线间隔宽度,m;

L_X、L_Y——像幅长度、宽度,mm;

p_X、q_Y——像片航向和旁向重叠度(%);

m ——航摄比例尺分母。

(2)分区覆盖要求:相邻分区间如航线方向一致,旁向正常接飞,航向各自超出分区界线一条基线。航线方向不同时,航向各自超出分区界线一条基线,旁向超出分区界线一般不少于像幅的30%,最少不少于15%;按图幅中心线和沿旁向两相邻图幅公共图廓线敷设航线时,旁向覆盖超出分区边界线最少不少于像幅的12%。

(3)图廓覆盖要求:由于摄区边界线与分区界线一般与图廓线重合,对覆盖的要求同上。

(4)摄区、分区、图廓覆盖检查:将像片按重叠镶辑,对照航摄设计图上所标出的图廓、分区和摄区的边界及其附近的同名地物,确定所摄像片的覆盖情况。

7.按图幅中心线和旁向两相邻图幅公共图廓线敷设航线的飞行质量

(1)实际航迹偏离图幅中心线一般不应大于旁向图廓边长的1/5,偏离旁向两相邻图幅公共图廓线一般不应大于航线间隔的1/5(相当于旁向图廓边长的2/5)。当实际航迹偏离超过上述限值但其旁向覆盖仍能保证图廓线距像片边缘不少于1.5 cm时,可视为合格。

(2)要求一张像片覆盖一幅图和一张像片覆盖四幅图时,中心片的选择要保证图廓线距像片边缘一般不少于2.5 cm,最少不少于1.5 cm。航线首末两端过渡片的像主点应位于图廓线(或摄区边界线)之外,过渡片与中心片应能构成正常重叠的立体像对。

(3)加大航向重叠摄影(80%~90%),其像片倾斜角和旋偏角的测定,以抽片后配成立体像对的中心片和过渡片为准,要求与上述规定相同。

(4)敷设航线检查:将像片分航线按重叠镶辑,对照航线设计图上标出的图幅中心线或公共图廓线,把每张像片的主点转标到图上的相应位置,量测出实际航迹线相对于图幅中心线或公共图廓线的偏离值。

8.控制航线(构架航线)

(1)位于摄区周边的控制航线,要保证其像主点落在摄区边界线上或边界线之外,两端要超出摄区边界线四条基线。

(2)位于摄区内部加密分区间的控制航线,要保证其像主点落在所跨乘的加密分区界线两侧测图航线半条基线的范围内,两端要超出分区界线四条基线。

(3)控制航线间的交叉衔接处,要保证有不少于四条基线的相互重叠。

(4)控制航线的摄影比例尺应比测图航线的摄影比例尺大25%左右,应有不少于80%的航向重叠度,要保证隔号像片能构成正常重叠的立体像对。

(5)控制航线检查:根据所摄像片的覆盖情况检查控制航线的摄影比例尺;检查控制航线的像片重叠度;将控制航线像片按重叠镶辑后,检查控制航线的覆盖情况;检查航摄相对漏洞和航摄绝对漏洞。

9.漏洞补摄与重摄

(1)摄影过程中出现的相对漏洞和绝对漏洞应及时补摄。

(2)漏洞补摄应按原设计要求进行。

(3)对不影响内业加密模型连接的相对漏洞,可只在漏洞处补摄,补摄航线的长度应超出漏洞之外一条基线。

(4)在敷设控制航线的摄区,补摄航线两端应超出控制航线外一条基线。

(5)控制航线如其本身出现局部的相对漏洞或有其他缺陷(如云影、脱膜、斑痕等),在不影响整条航线内业加密选点和模型连接的情况下可不补摄。当需要补摄时,应整条航线重摄。

(6)采用 GPS 辅助"空三"航摄的控制航线,由于相机脉冲输出装置故障引起的时标信号丢失,在一条航线上连续不超过三片时,不必补摄;当控制航线上出现 GPS 摄站丢失时,整条航线应重摄。

(二)航摄像片比例尺的选择

航摄像片比例尺的选择实际上是航摄像片与地形图之间的放大倍数问题,它存在着成图精度与经济效益之间的矛盾。像片比例尺小,摄影经费和测图工作量可减少,但实地分辨率降低,成图精度难以保证,必然要用高精度布点方案去弥补,造成另一方面的条件限制。像片比例尺加大,自然会得出相反的结论。因此,航摄比例尺应根据大比例尺航测成图的特点,结合摄区的地形条件,在确保测图精度的前提下,本着有利于缩短成图周期、降低成本、提高测绘综合效益的原则在表 7-11 规定的范围内选择。特殊情况下,经用户和航摄单位双方商定,可适当改变表 7-11 规定的航摄比例尺。

表 7-11　航摄比例尺

测图比例尺	航摄比例尺
1∶500	1∶2 000～1∶3 500
1∶1 000	1∶3 500～1∶7 000
1∶2 000	1∶7 000～1∶14 000

(三)航摄分区的划分及航线敷设

1. 划分航摄分区应遵循的原则

(1)分区界线应与测图的图廓线相一致。

(2)当航摄比例尺小于 1∶7 000 时,分区内的地形高差不应大于 1/4 相对航高(以分区的平均高度平面为摄影基准面的航高);当航摄比例尺大于或等于 1∶7 000 时,分区内的地形高差不应大于 1/6 相对航高。分区内的地形高差为:

$$(\Delta h) = h_{高平均} - h_{低平均}$$

在地形高差符合上条规定的前提下,分区跨度应尽量划大。特殊情况下,经用户认可,分区界线可以破图廓划分。

2. 航摄分区摄影基准面高度的确定

分区摄影基准面的高度,以分区内具有代表性的高点平均高程 $h_{高平均}$ 与低点平均高程 $h_{低平均}$ 之和的 1/2 求得。

3. 航线方向和航线敷设方法

(1)通常情况下航线应按东西向直线飞行;特定条件下亦可根据地形走向与专业测绘的需要,按南北向或沿线路、河流、海岸、境界等任意方向飞行。

(2)为适应大比例尺航测测图放大作业的特殊性,从航摄像片的最佳覆盖和简化方便测图作业考虑:当 $m_{像}/m_{图}=3\sim3.5$ 时,航线应按图幅中心线敷设;当 $m_{像}/m_{图}=6\sim7$ 时,航线应按旁向两相邻图幅的公共图廓线敷设。

(3)按专业测绘的要求和特殊的地形条件敷设航线。

(4)按常规方法敷设航线,航线应平行于图廓线。位于摄区边缘的航线应敷设在外缘图廓线上或图廓线外。

(5)水域、海区常规敷设航线时,应尽可能避免像主点落水,要确保所有岛屿的覆盖完整,并能构成正常重叠的立体像对。

(6)根据用户的设计要求,敷设控制航线(亦称构架航线)。

(四)航摄季节和航摄时间的选择

航摄季节应选择本摄区最有利的气象条件,并尽可能地避免或减少地表植被和其他覆盖物(如积雪、洪水、沙尘等)对摄影与测图的不良影响,确保航摄像片能够真实地显现地面细部。

选择航摄时间,既要保证具有充足的光照度,又要避免过大的阴影,一般根据摄区的太阳高度角和阴影倍数按表 7-12 选定。

表 7-12　太阳高度角和阴影倍数

地形类别	太阳高度角	阴影倍数
平地	>20	<3
丘陵地和小城镇	>30	<2
山地和中等城市	≥45	≤1
高差特大的陡峭山区和高层建筑物密集的大城市	限在当地正午前后 1 h 内摄影	<1

四、地面标志的布设

参看本书第三章相关内容。

五、像片控制点的布设基本要求

(一)控制点布设的一般规定

大比例尺航测成图与 1∶10 000 航测成图控制点布设的要求基本相同,这里不再重复。作业时应严格执行相应规范的规定。

若按图廓线划分测区范围,位于自由图边、待成图边,以及其他方法成图的图边控制点,一律布设在图廓线外,确保成图满幅。若按需要的范围划分测区,则以保证用图范围为准。

(二)像控点刺点

选择刺点目标主要是为了保证野外像片控制点的判点和刺点的精度,大比例尺航外控制测量应以判点为主、刺点为辅。

判点是指无须在像片上刺孔,或仅以刺孔为参考,而主要根据点位说明和点位略图来确定像片控制点在像片上的位置,在实地和像片影像图形较好的情况下,判点比刺点精度高。

六、像片控制点的布点方案

（一）全野外布点

在测区面积较小，用图部门对成图精度要求较高或特殊情况下，大比例尺航测成图较多地采用全野外布点方案。

1. 综合法成图全野外布点

当测区地势平坦或用图单位对高程精度要求较高时一般采用综合法成图，但传统的内业单张像片纠正获取影像图的作业方法，生产单位已不用，被正射影像的制作方法所替代，其全野外布点方案也被立测法的布点方案取代。

2. 立测法成图全野外布点

立体测图时应在每一个立体像对布设四个平高点，为了提高立体像对的定向精度，当成图比例尺大于航摄比例尺4倍时，还应在两个主点附近各加布一个平高点。

由于航测内业加密控制点时，平面精度一般优于高程精度，因此在平地或丘陵地选择布点方案时，常常是平面控制点采用非全野外布点方案，高程控制点采用全野外布点方案。如果采用这种分别布设的方案，则图7-1中的平高控制点应改为高程控制点。

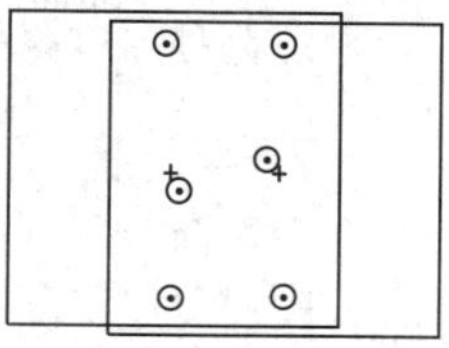

图7-1　立测法布点

在采用全野外布点方案时，控制点在像片上的位置，除满足一般规定外，还必须满足下列要求：点位离开通过像主点且垂直于方位线的直线不大于1 cm，困难时个别点可不大于1.5 cm。若一张像片（两个立体像对）覆盖一幅图，四个基本定向点，应选在尽量靠近图廓线的位置上，一般离图廓点、图廓线应不大于1 cm。

（二）非全野外布点

1. 航线网布点

航线网布点时的要求如下：

（1）航线网电算加密时，应按航线分段布点，每段布6个点（6点法），如图7-2所示。

（2）航线首末端上、下两控制点尽量位于通过像主点且垂直于方位线的直线上，困难时互相偏离一般不大于半条基线。上、下一对点应布在同一立体像对内，首末端控制点之间间隔基线数应符合规范要求，见表7-13。

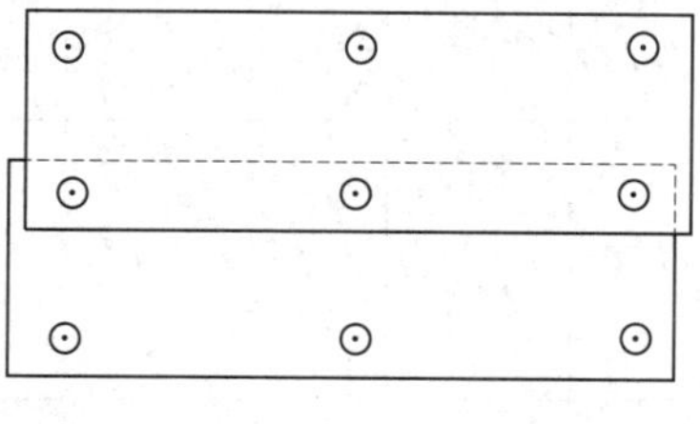

图7-2　航线网布点

（3）航线中间两控制点一般应布设在首末控制点的中线上，困难时可向两侧偏离1条基线左右，并力求其中一个点在中线上，尽量避免两控制点同时向中线同侧偏离，若出现同侧偏离，最大不得超过1条基线。

2. 区域网布点

区域网布点时的要求如下：

（1）为限制误差积累，提高加密精度，无论是平面或平高区域网，其航线跨度，控制点间隔基线数一般不超过表7-14的规定。

采用低空航空摄影像片资料进行区域网布点时，可参照《低空数字航空摄影测量外业规范》(CH/Z 3004—2010)执行。

表 7-13　航线网布点首末端点间的间隔基线数

比例尺分母	类别	1∶500				1∶1 000				1∶2 000			
		平地	丘陵地	山地	高山地	平地	丘陵地	山地	高山地	平地	丘陵地	山地	高山地
2 000	平面	全野外	全野外	14	14								
	高程			10	12								
2 500	平面	全野外	全野外	12	12								
	高程			6	8								
3 000	平面	全野外	全野外	10	10								
	高程			全野外	8								
4 000	平面					10	10	14	14				
	高程					全野外	8	12	20				
6 000	平面					6	6	10	10				
	高程					全野外	全野外	8	8				
8 000	平面									10	10	14	14
	高程									全野外	全野外	10	16
10 000	平面									8	8	12	12
	高程									全野外	全野外	6	12
12 000	平面									6	6	10	10
	高程									全野外	全野外	全野外	10

注:基线 b 取65 cm 计算,1∶500 焦距取304 mm 、1∶1 000 焦距取210 mm(航摄比例尺1∶3 000 以上)和153 mm(航摄比例尺 1∶3 000 以下)、1∶2 000 焦距取 153 mm 进行计算。

(2)由于大比例尺航测成图精度要求高,尤其是高程精度要求更高,因此规范规定,1∶500地形图测图平地、丘陵地形采用平高全野外布点,1∶1 000、1∶2 000 地形图测图平地应采用高程全野外布点,不能采用内业加密的方法布点。

表 7-14　区域网航线数和控制点间基线数

项目	1∶500	1∶1 000	1∶2 000
航线数(条)	4 ~ 5	4 ~ 6	2 ~ 4
平高控制点间基线数	4 ~ 5	6 ~ 7	2 ~ 4
高程控制点间基线数	5 ~ 6	6 ~ 10	4 ~ 6

(3)由于航测内业平面加密精度较高,当区域网仅用于加密平面控制点时,可沿周边步设6个或8个平高点,如图7-3所示。

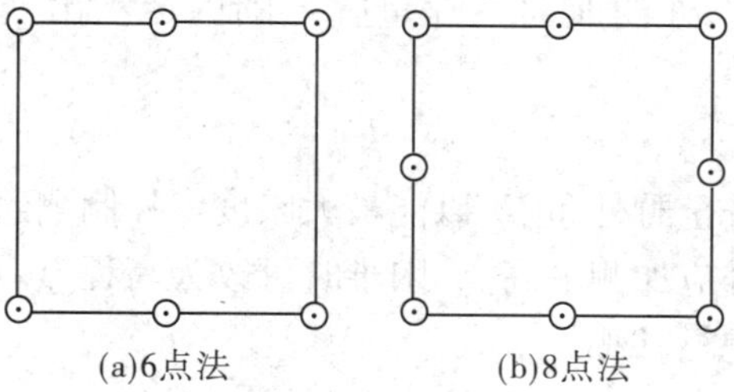

图 7-3　区域网布点 6 点法和 8 点法

(4)当区域网用于加密平高控制点时,沿周边布设6个或8个平高点,高程控制点按航线布设,对其跨度规定为:1∶2 000成图时,航线方向间隔4~6条基线(见图7-4);1∶500、1∶1 000成图的定向点高程最好采用全野外布点,若采用内业加密,其跨度为2~4条基线。

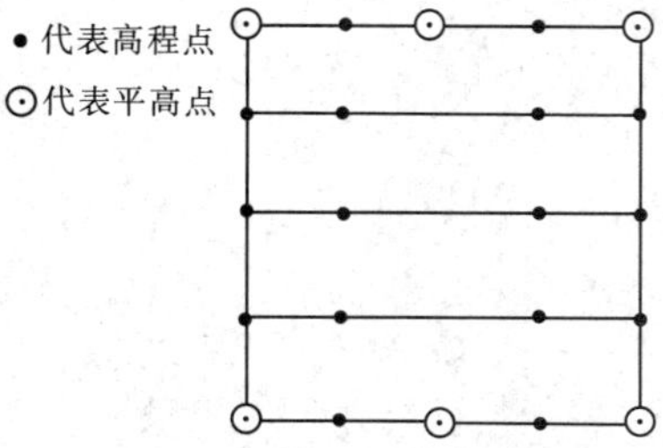

图 7-4　区域网高程点的布设

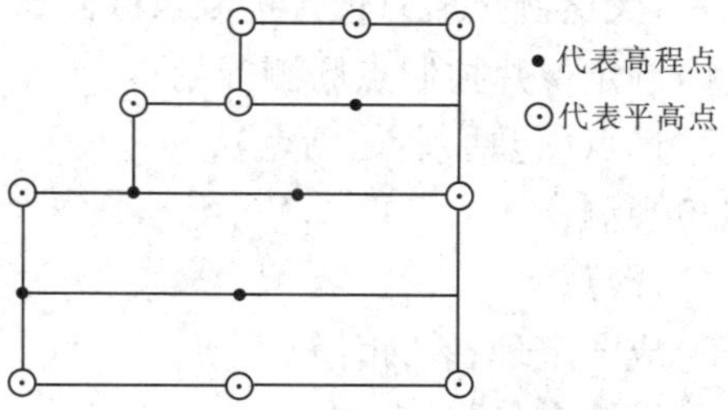

图 7-5　不规则区域网布点

(5)大比例尺测图,测区的形状往往根据用图单位的需要而定,有时也受地形等条件限制,这时也可采用不规则区域网布点,如图7-5所示。一般在凸出处布平高点,凹进处布高程点;当凹角点与凸角点之间距离超过两条基线时,在凹角处也应布设平高点。

区域网布点时,其控制点在像片上和航线内的具体点位要求与航线网布点要求相同。

(三)特殊情况下的布点原则

1. 航摄区域接合处的布点

像控点应布设在航线重叠接合处,邻区尽量公用。不能满足公用要求时,应分别布点。

2. 航向重叠不够的布点

航向重叠度小于53%,存在航摄漏洞时,应分别布点,漏洞处应采用常规测量方法补测。

3. 旁向重叠不够的布点

旁向重叠部分小于15%时,应分别布点。重叠部分大于1 cm,影像清晰,范围内无重要地物,可在重叠部分内加测 2 ~ 3 个高程点,影响不清楚或重叠度小于 1 cm,重叠不足部分应采用常规测量方法补测。

4. 像主点和标准点位落水的布点

(1)点位落水时(像主点或标准点位处于水域内,或被云影、阴影、雪影等覆盖,或无明显地物),落水范围的大小和位置不影响立体模型连接时,可按正常航线布点。

(2)像主点 2 cm 范围内选不出明显目标,或航向三片重叠范围内选不出连接点时,落水像对应全部野外布点。

(3)定向点的标准位置附近为落水区,在离开方位线 4 cm(23 cm×23 cm 像幅)或 2.5 cm(18 cm×18 cm 像幅)以外的航向三片重叠范围内选不出连接点,落水像对应全野外布点。

5. 水滨和岛屿的布点

水滨和岛屿地区,应按全野外布点,以能最大限度地控制测绘面积为原则。超过控制点连线 1 cm 以外的陆地部分应加测平高点,困难时可改为高程点。用航测方法难以保证精度时,可采用常规测图方法进行补测。

七、像片控制点联测

大比例尺航外像片控制点联测,其作业内容、程序、方法和 1∶10 000 航测外业基本相同,但由于比例尺增大,精度要求提高,具体的作业规定和各项限差均有很大区别,作业时必须执行相应规范的规定,以确保成图精度。

(一)大比例尺航外像片控制点联测作业内容和程序

(1)制定像片控制点联测计划;

(2)选点(包括判点、刺点);

(3)观测;

(4)计算;

(5)成图整理,装订计算手簿;

(6)控制像片整饰;

(7)检查验收;

(8)上交成果。

(二)大比例尺航外控制进行像片控制点联测时应注意的问题

(1)对所收集的基础控制成果、老图、航摄像片及其他航摄资料按照规范要求进行检查,以确定其可靠程度和使用价值,并确定相应的补救措施。

(2)当采用布设地面标志进行摄影时,像片控制点联测计划和观测均应提早在航摄前进行,以确保摄影工作进行和不因地面标志遭到破坏而影响像片控制点观测。

(3)在像片上选布像片控制点时,应满足布点方案的要求,满足像片控制点在像片上的点位条件和刺点目标的要求,同时也要考虑观测的可能或补救方法。

将像片控制点从像片转标到老图上,结合老图上已标出的基础控制点和地形条件、通视情况以及规范对各种观测图形的具体要求,考虑每一个像片控制点的平面和高程的联测方法,这就是像片控制点联测计划。最后将计划按规定的符号绘制成图,称为像片控制点联测计划图。计划图可直接用于实地选点和观测。具体要求按《1∶500 1∶1 000 1∶2 000 地形图航空摄影测量外业规范》(GB/T 7931—2008)执行。

(4)测定像片控制点的平面坐标,通常采用 GPS、电磁波测距导线、支导线、引点等形式。导线分为光电测距导线和钢尺量距导线(已很少用,本书不再赘述)两种。布设导线时,应分别执行规范规定的各项要求。基础控制点时,导线不得超过三次符合。

(三)像控点的平面测量

1. GPS 测量

具体内容详见第三章。GPS 测量的步骤如下:

(1)布设 GPS 网;

(2)GPS 外业观测:采用静态相对定位和 RTK,目前主要采用 RTK 定位;

(3)数据处理及网平差;

(4)技术总结报告编写及内容;

(5)提交成果。

2. 光电测距附合导线、支导线、引点

(1)光电测距附合导线和支导线的技术要求不应超过表 7-15 的规定。

表 7-15 电光测距附合导线和支导线的技术要求

导线类别	路线全长(km)	边数	测站	水平角测回数		测角中误差	方位角闭合差	导线相对闭合差
				DJ2	DJ6			
附合导线	7	9	单程一测回	1	2	≤ ±15″	$\leq \pm 30\sqrt{n}$	≤1/8 000
支导线	1	3	往返测或单程两测回	1	2			

注:n 为测站数。

①当光电测距导线小于表 7-15 规定的 1/3 时,其绝对闭合差不应大于图上 0.3 mm。

②测距往返较差应满足 $3(a+bD)$。

③支导线不得再发展。

(2)引点的要求:

①引点应作为一次发展次数,引点不得再发展。

②本点应联测两个已知方向,水平角观测一测回,距离应往返测或单程二测回,两次观测距离较差不得超过 $3(a+bD)$。

③本点至引点的距离不得超过 800 m。

(四)像片控制点的高程测量

高程控制点和平高控制点的高程测定,一般采用测图水准进行联测、光电测距高程导线、三角高程导线、独立交会高程点、GPS 模拟高程等方法。测图水准可以和光电测距高程导线、三角高程导线交替使用。高程路线一般不用闭和环。按结点布设高程路线时,结点与起闭点间路线长可为表 7-16 附合路线全长的 3/4。

采用 GPS 模拟高程时,为求得 GPS 网点的高程,GPS 网中应联测分布均匀,密度适当的若干个高程点,联测点的精度应不低于四等水准的精度,联测的高程点平原地区联测点不应少于 5 个点,丘陵和山地高程联测点应按测区特征。适当增加其点数不宜少于 10 个点,并应均匀分布于网中。GPS 网高程中误差，相对于邻近等级控制点的高程中误差不应大于等高距的 1/10。

(1)测图水准，主要用于高差不大的地区，起闭于水准点、经水准联测的三角点或等外水准点。采用水准标尺单面一次读数，读记至厘米。水准仪的 i 角应不大于 20″，观测时仪器应尽量安置在前后标尺的中央，仪器至标尺的距离不超过 200 m。路线全长和闭合差应不超过表 7-16 的规定。

表 7-16　像片控制点高程测量的规定

等高距(m)	附合路线全长(km)			高程闭合差(m)	独立交会高程点	
	测图水准	光电测距高程导线	三角高程导线		交会边长(km)	高程较差(m)
0.5	5	5		0.2		
1.0	20	20	8	0.4	2	0.3
2.0(2.5)		30	20	0.8	2	0.5

(2)光电测距高程导线，垂直角必须对向观测，直返觇高差较差应不大于 0.4S m(S 以千米为单位，300 m 以内按 300 m 计算)；附合路线全长和高程闭合差应不超过表 7-16 的规定。

(3)三角高程导线，一般用于山地和高山地，垂直角必须对向观测，直返觇高差较差应不大于 0.4S m(S 以千米为单位，300 m 以内按 300 m 计算)；附合路线全长和高程闭合差应不超过表 7-16的规定。

(4)独立交会高程点，一般用于 1 m 或 2 m 等高距的地区，采用三个单觇高程平均值，交会边长和高程较差应不超过表 7-16 的规定。

八、像片控制点的观测、记簿与计算

(1)像片控制点水平角和垂直角观测的各项限差不应超过表 7-17 的规定。

(2)光电测距高程导线和引点的垂直角观测采用中丝二测回或三丝一测回，一次读数。

表 7-17　像片控制点水平角和垂直角观测的各项限差

项目	限差名称	限差	
		DJ2	DJ6
水平角观测	半测回归零差	15″	24″
	两个半测回同一方向较差	20″	36″
	各测回同一方向较差	—	24″
	三角形闭合差	50	50
垂直角	测回垂直角较差	24″	
	同一测站指标差之差	24″	

像片控制点的观测、记簿、计算、成果整理，以及控制像片的正、反面整饰等项要求与 1∶10 000测图基本相同，可按规范规定执行。

第三节　大比例尺航摄像片及回放纸图调绘

一、大比例尺航测调绘

（一）大比例尺航摄像片调绘

大比例尺航测像片调绘无论作业程序、调绘内容、调绘方法、调绘要求以及图式符号的运用等，许多都与1∶10 000航外像片调绘相同，因此不必再重复详细叙述。但大比例尺航测像片调绘，由于成图比例尺较大，精度要求高，调绘所用的像片比例尺较大，影像表现较细，地物清楚易判，因此调绘内容更丰富，调绘方法更加灵活多样，图式符号的种类更多，调绘的精度要求更高。这些就是航测大比例尺像片调绘的特点。

由于摄影比例尺较小，大比例尺航测像片调绘一般采用放大像片作业。调绘像片放大倍数视地物复杂程度而定：地物复杂地区应放大至接近于成图比例尺；地物简单地区，调绘像片比例尺可适当小一些，但不能小于成图比例尺的1.5倍。

1. 像片调绘方法

大比例尺航测像片调绘可根据实际情况灵活采用以下两种方法：

（1）全要素调绘（先外后内）。即外业应在调绘像片上清绘出全部调绘要素的符号。但调绘时可采用先野外判调、后室内清绘或先室内判绘而后野外检查，再室内修改的方法。这种方法与1∶10 000航外调绘方法基本相同，也是大比例尺航外调绘经常采用的方法。

（2）定性调绘。即外业只调绘地物的种类、性质并作必要的说明注记，一般不绘地物范围（轮廓）符号；内业测图时可在立体模型下测定地物的形状及其准确位置并将其表示成图式符号。

定性调绘主要是利用了像片比例尺大、地物影像较清楚的特点，由内业在立体模型下判绘地物，从而使地物的位置和形状更准确，地物在图面上的精度更高，同时也减少了外业像片清绘的工作量。因此，这种调绘方法在大比例尺航测调绘中得到越来越广泛的应用。例如，外业调绘居民地时，只须在房屋影像上注出房屋的种类、性质、楼层数及进行房檐改正，而房屋符号的描绘，包括投影误差改正均可由内业在立体模型下完成。又如，调绘陡岸，外业只须在调绘像片上注出陡岸符号、在图式上的编号及相应的性质（土质或石质），内业即可在立体模型下进行正确的测绘。其他地物也可仿此进行调绘。

定性调绘时应注意以下问题：

（1）线状地物的起止点、转折处、等级变换处在外业调绘片上应标注清楚，否则内业无法准确判断。

（2）调绘像片影像不清或无影像的地物、新增地物、地理名称等，外业必须调绘清楚。因为这些地物及名称在内业室内是无法判断的，只有外业通过实地调查或补测才能准确表示。

2. 调绘应符合的一般规定

（1）调绘必须判读准确，描绘清楚，图式符号运用恰当，各种注记准确无误。

（2）像片调绘通常采用隔号像片，为使调绘面积界线避开复杂地形，个别可以出现连号。调绘面积界线，全野外布点应是像片控制点的连线，非全野外布点应是像片重叠部分的中线。如果偏离，均不应大于控制像片上 1 cm。界线不宜分割重要工业设施和密集居民地，也不宜顺沿线状地物和压盖点状地物。界线统一规定右下为直线，左上为曲线，调绘面积界线用蓝色，自由图边、与已成图接边界线用红色；线外须注明接边图号。调绘面积不得产生漏洞。自由图边应调绘出图外 6 mm。调绘面积的划分及整饰要求参见本书第五章第五节的相关内容。

(3)像片调绘可以采取先野外判读调查，后室内清绘的方法；也可采取先室内判读、清绘，后野外检核和调查，再室内修改和补充清绘的方法。不论采取哪种方法，对像片上各种明显的、依比例尺表示的地物，可只作性质、数量说明，其位置、形状以内业立体模型为准，调绘片应分色清绘。

(4)影像模糊地物、被影像或阴影遮盖的地物，可在调绘像片上进行补调，补调方法可采用以明显地物点为起始点的交会法或截距法，补调的地物应在调绘像片上标明与明显地物点相关的距离。需补的地物较多时，应把范围圈出并加注说明，待内业成图后再用全站仪或 RTK 进行补测。

航摄后拆除的建筑物，应在像片上用红色"×"划去，范围较大时应加说明。

(5)建筑物的投影差改正，当采用立测法成图时一般由内业处理。

(6)路堤、路堑、陡坎、斜坡、陡岸和梯田坎等，当其图上长度大于 10 mm 和比高大于 0.5 m(2 m 等高距)时须表示，当比高大于 1 个等高距时须适当量注比高。

(二)回放纸图的调绘

对于回放纸图的调绘，在前面中小比例调绘形式中已经叙述过，但这里需要强调的是，大比例尺航测成图在测图精度、内容和地物表示方法等方面的要求更高，内容更细。

1. 为保证数学精度的检查、补绘

用仪器(全站仪、皮尺、水准仪、GPS - RTK 等)对线划图的平面、高程精度进行检核，应注意测图比例尺的改变对精度的要求也发生了变化，具体按照《1:500　1:1 000　1:2 000 地形图航空摄影测量外业规范》(GB/T 7931—2008)执行。

2. 为保证地理精度的调绘

地理方面的调绘应系统地对地物、地貌要素进行定性调绘，做到图面清晰易懂。重点要注意如下方面，但不限于此：

(1)居民地和垣栅。房屋的结构和房屋层数的标注，房屋有房檐的要调注改正数。妥善处理围墙与房(檐)的关系。

(2)交通及附属设施。各级道路的等级、宽度、编号、铺面材料，铁路及其附属设施和公路地附属设施等均是调绘的重点，需按图式要求表示。

(3)管线及附属设施。输电线、配电线、通信线等走向、起讫点要逐一交代清楚，变压器、变电室及各类检修井、污水箅子、消火栓等要调绘清楚。

(4)水系及附属设施。河流、湖泊、水库、池塘、水渠等的水涯线均以摄影时的影像为准。河流、水渠要标明流向。水井应量取井深，井深注记到 0.1 m，每幅图多于 3 个水井时，应量测 3 个井深，少于 3 个应该实量。

(5)地貌及植被。对乱掘地可不调绘，以内业采集为准。对陡坎外业适当标注比高。内业测绘时要注明坎上、坎下高程。经济类作物，要配置相应符号和注记。旱地不需要配置符号。

(6)注记。是地形图的重要内容之一。要求对各种名称注记,准确注出,不能随意简化。当一个院落(单位)挂几个牌名时,要调查其主要名称(业主名称)予以标注。

(7)图名的调绘。每幅图要标注图名和图号,图名应选取图幅内较大或较重要的单位、村庄。当单位、村庄很大,跨越几幅图时,应在图名后按由西向东、由北向南的顺序用圆括号和阿拉伯数字注记图名序号。图内没有较大单位、村庄,图名比较难选时,可以只标注图号,并且全测区的图名不得重复。

(8)其他。对于内业采集数据的差、错、漏,外业调绘能处理的一定要处理清楚。对于新增地物、地貌要实测补绘。

利用纸图调绘与像片调绘相比较应注意其区别和特点:图纸比例尺一致,地物补测精度可靠,以线画符号及高程注记表示地物、地貌元素,判读需要一定的识图基础,调绘采用正式符号,野外工作量减小,具有较强的目的性,节省材料费用开支。

(三)数字影像调绘

数字影像调绘方法同1∶10 000的。

二、调绘时补测地物的方法

(一)简易补测法

当需要补测的地物较少,且周围的明显地物较多时,可采用第六章第十一节中所介绍的几种简易补测方法对地物进行补测。但大比例尺测图精度要求较高,补测点到明显地物点之间的距离必须实地丈量,且应精确求出像片比例尺,以确保补测点点位准确。

如果补测的内容较多,补测范围地形起伏较大,采用简易补测法很难满足精度要求,在这种情况下应采用下面介绍的平板仪补测法和极坐标法进行补测。

(二)常规测量补测法

常规测量补测法是指在内业已测出的图面上用常规地形测量的方法补测地物点。其具体作业方法如下:

(1)外业调绘时在补测地物范围内选刺出补测时所需要的测站点、定向点、检查点,并在调绘像片上进行编号,同时在实地作出相应标志。

(2)内业测图时将上述点位准确标示在图面上。

(3)外业用内业测出的图纸,并根据图纸上标定的点位用常规地形测量的方法将需要补测的地物点测绘到图纸上。

用这种方法补测地物精度可靠,但需要两次航测外业,工作量较大。

(三)极坐标和坐标法

极坐标和坐标法是在外业调绘之后,将需要补测的地物点用极坐标或测定的坐标详细记录在"补测地物表"中;内业测图时根据外业提供的数据再用极坐标法或坐标将补测的地物点展绘到图上或计算机屏幕上。其具体作业如下:

(1)像片上选刺出测站点、定向点并进行编号。

(2)在测站点上安置全站仪,以选定的定向点为零方向,测出每个地物点到零方向的水平角及地物点至测站点的距离,并将数据详细记录"补测地物表"中。

(3)在"地物补测表"中绘出补测地物略图,作为内业补绘地物时参考。

个别测不到的地物点也可用距离交会法确定地物点的位置，所量测的数据可记录在“地物补测表”的略图上。每个测站填写一份“地物补测表”，经上级部门检查后随调绘成果一起上交。“地物补测表”的格式见表 7-18。

表 7-18　地物补测表

<table>
<tr><td colspan="2">图号</td><td colspan="3"></td><td>像片号</td><td></td><td>补测地物略图</td></tr>
<tr><td colspan="2">测站点编码</td><td colspan="5"></td><td rowspan="5"></td></tr>
<tr><td colspan="2">测站点
刺点说明</td><td colspan="5"></td></tr>
<tr><td colspan="2">定向点编号</td><td colspan="5"></td></tr>
<tr><td colspan="2">定向点
刺点说明</td><td colspan="5"></td></tr>
<tr><td colspan="7">补测地物点</td></tr>
<tr><td rowspan="2">编号</td><td rowspan="2">水平
角</td><td rowspan="2">垂直
角</td><td rowspan="2">距离
（平距）</td><td colspan="3">坐标</td><td>说明</td></tr>
<tr><td>纵坐标 X</td><td>横坐标 Y</td><td>高程 H</td><td></td></tr>
<tr><td></td><td></td><td></td><td></td><td></td><td></td><td></td><td></td></tr>
<tr><td></td><td></td><td></td><td></td><td></td><td></td><td></td><td></td></tr>
<tr><td></td><td></td><td></td><td></td><td></td><td></td><td></td><td></td></tr>
</table>

这种补测方法的优点是精度高、工作量小，且只需一次外业；但这种补测方法缺少检核条件，实际测定时应多利用测站之间的补测点作为公共测点（即在相邻两测站上均需观测的点），进行检核。

（四）GPS 方法测定

采用 RTK 进行实地测量，野外绘制草图，室内展点、编辑。

三、调绘时投影差的改正

高于或低于纠正起始面的物体，由于受像片中心投影性质的影响，在纠正起始面上存在着由高差引起的投影误差；当投影误差大于图上 0.2 mm 时，将对成图精度产生影响，应进行改正。

根据这项规定，在大比例尺像片图测图像片上，大部分建筑物和其他高出地面的物体都要进行投影差改正。这项工作十分繁重，也是大比例尺像片图测图工作一大特点，必须认真细致对待。

一般情况下，建筑物底部高程与纠正起始面高程相差很小，只需要把建筑物顶部影像改正到建筑物附近的地面上即可，这时可沿建筑物底部影像描绘，即实现了投影差改正。如果建筑物底部影像一部分被其他地物影像遮盖，这时可以底部能看见的某一条边为依据，将建筑物顶部图形平移到正确位置。但图面上房屋轮廓线是以墙基为准的，因此当房檐宽大于图上 0.2 mm 时，应加房檐宽度改正，房檐宽度可量取滴水线与墙基之间的距离。

如果地物或建筑物不能根据其底部影像描绘，则应按投影差公式逐点计算投影差改正值，像片图上地物投影差改正值 δ_h 的计算公式：

$$\delta_h = \frac{\Delta h}{H} r$$

式中 H——像片纠正起始面的相对航高，m；

Δh——地物点相对于纠正起始面的高差，m；

r——图上地物点到像底点的向径，mm。

按公式计算每一建筑物顶部角点的投影差改正值，沿以底点为中心至该点的向径方向逐点进行改正。建筑物高度数据由外业量测，并首先测定建筑物底部的高程，从而求算其与纠正起始面的高差。以保证投影差计算精度。内业应提供：像底点位置，纠正起始面的高程和纠正起始面的相对航高。也可以应用立体量测仪在室内量测。经过投影差改正的角点连接成相应的建筑物边线后，还应根据外业量测的屋檐宽度分别改正至建筑物底部的轮廓线。

四、各类地形元素的调绘

（一）测量控制点的调绘

测量控制点是指三角点、GPS 点、水准点及其他埋石的控制点，均应按规范规定进行表示。对于三角点、埋石点不论目标明显与否，无论是综合法或立测法成图，调绘片上一律不表示，均可在进行控制测量或测图过程中，实地核查其损坏情况的基础上，根据相应的坐标值内业展绘；当三角点和埋石点设在不依比例尺表示的土堆上时，调绘片上仍应表示。对于国家等级水准点须准确调注。

测量控制点与独立地物（如烟囱、水塔）重合时，如果是依比例尺表示的独立地物，且其平面图形内能容纳控制点符号，则可在独立地物符号内按真实位置绘出控制点符号，并按规定注记地物和测量控制点符号，如水塔（测校）。此时，相应的地物说明符号则省略不绘。如果独立地物符号内不能容纳控制点符号，则只绘独立地物符号，此时应注记控制点名称和类别，如测校（三角点）。

（二）居民地及其设施的调绘

与 1:10 000 测图比较，居民地调绘主要有以下区别。

1. 表示情况及分类的区别

1:10 000 测图将居民地划分为街区式、散列式、集团式等几种类型，同时又将独立房屋按不依比例尺、半依比例尺、依比例尺三种规格分别表示；而大比例尺航测调绘不再有上述区分，所有居民地基本上全部要求按实际情况描绘。每一幢房屋均单独表示。对于连接在一起的房屋也要求绘出分割线。

大比例尺航测调绘根据我国具体情况和用图需要将居民地划分为一般房屋、简单房屋、特种房屋、建筑中房屋、破坏房屋、棚房、窑洞、蒙古包等类型，分别以规定符号进行表示。一般房屋是指以钢筋混凝土为主要建筑材料的坚固房屋和以砖（石）木为主要材料建筑的普通房屋（分为砼、混、砖、石、木等几种）。简单房屋是指以木、竹、土坯、秫秸为材料建造的简易房屋。特种房屋是指需永久保留的有纪念意义的房屋。上述其他几种类型房屋的定义和要求基本上和 1:10 000 测图相同。调绘时应按相应比例尺图式规定进行表示。

2. 综合取舍的区别

1:500、1:1 000 比例尺航测调绘不仅房屋一般不能综合，应逐个调绘，而且不同层数、不同建筑材料和结构性质应标注，主要房屋和附加房物要求分割表示，临时性的建筑物可舍去。描绘房屋以墙基为准。当屋檐宽度大于图上 0.2 mm 时，应在像片的相应处注明其实量宽度（量注至厘米），供内业进行屋檐宽度改正。城镇内的老居民区，房屋毗连、庭院套递、分割较难时，也不允许成片合并，这时应根据房屋的形式、走向、屋脊高低、前后不齐等情况进行分割表示。结构复杂的复合式楼房，外业要调绘群房的外围轮廓和主体建筑与裙房的分割线。前者用实线，后者用虚线。

1∶500、1∶1 000 调绘时除绘出房屋轮廓线外，一般还要加建筑材料和房屋楼层数注记。1∶2 000 调绘时房屋一般不注建筑材料和房屋层数，房屋可适当综合取舍；符号仍应在轮廓线内加绘面色表示，但也可根据需要按前一种办法表示。房屋轮廓凸凹在图上小于 0.4 mm，简单房屋小于 0.6 mm 时，可用直线连接。宽度在 1 m 以下的次要巷道可不表示。图上 6 mm 平方以下的天井、庭院可进行综合。

城区的主要街道边线以路沿线绘出，次要街道及港道一般以各类地物自然形成的边线表示。

具有特殊建筑结构的房屋，如建有地下室的房屋、吊楼、飘楼、廊房、柱廊（长廊、回廊）、架空房屋及建筑物间的悬空建筑（骑楼）等，均应按图式规定的符号详细表示。

3. 房屋附属物和附属设施表示

机关单位各种铁门、木门借以竖立的墩柱（墩），大门的顶盖，院门，各种建筑物、构筑物的支柱（架、墩），大建筑物门前突出的门廊及台阶，建在房屋外面的楼梯、台阶，大比例尺航测调绘时均须按规定表示，要注意绘出上楼梯和台阶的方向。

大比例尺航测成图居民地及其部分附属设施、附属建筑物的表示方法如图 7-6 所示，其测图比例尺为 1∶1 000。图中包括一般房屋和简单房屋两种类型，房屋轮廓线内“砼”、“砖”、“土”、“木”表示建筑材料性质；数字注记表示楼层数。房屋轮廓线外的数字注记为高程注记。此外，居民地内还有廊房、台阶、室外楼梯、围墙及地下建筑物出入口等地物。

4. 垣栅的表示

城墙应区分为长城、砖石城墙及土城墙，围墙应区分为砖、石及混凝土墙、土墙分别表示。

长城、砖石城墙按城基轮廓依比例尺表示，并将外侧轮廓线向内绘成成垛形式。城楼、城门按实际情况以相应符号表示。城墙上的房屋、亭、碉楼、台阶等按规定表示。土城墙的宽度应依比例尺表示。

一般围墙的宽度在 1∶500、1∶1 000 调绘时依比例尺表示，若宽度小于图上 0.5 mm，不依比例尺表示。1∶2 000 调绘时围墙宽度，一般用不依比例尺符号表示。

栅栏、护拦、篱笆、活树篱笆、铁丝网，其调绘方法和要求与 1∶10 000 测图基本相同，但应注意其符号的细化。

5. 工矿企业建筑物和公共设施（独立地物调绘）的表示区别

1∶10 000 测图中许多不依比例尺表示的独立地物，在大比例尺测图中成为依比例尺表示的地物；描绘时应以细实线表示独立地物基部的外轮廓，中间配置相应的地物符号，如图 7-7所示。

有些地物突出高大，应以等高线表示其形状特征，并在顶部配置独立地物符号。如图 7-8所示为独立坟的表示方法。

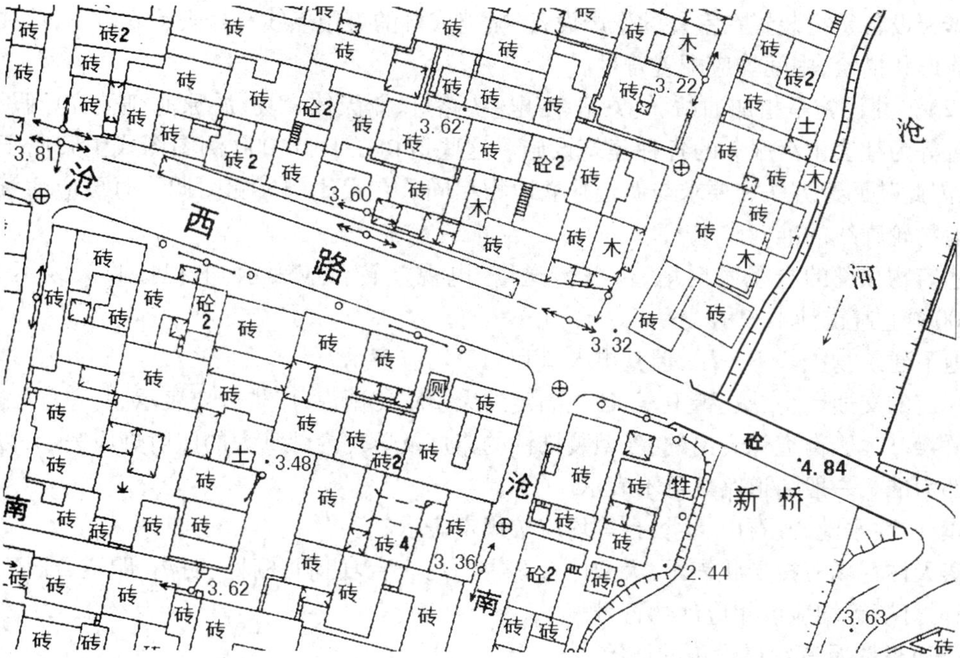

图 7-6　城镇居民地

有些地物比较集中不能逐个表示，一般应以点线表示其范围，中间配置相应独立地物符号，并注记地物数量。如图 7-9 所示，“15”指坟的个数。

对实地有些建筑物、构筑物，图式中无相应规定符号，也不便归类表示，可实绘该物体的地面几何图形，并加注专名。

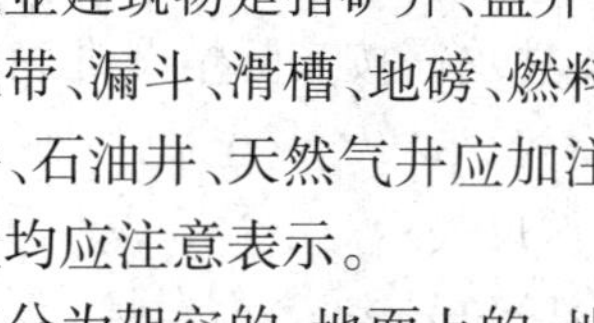

图 7-7　独立地物的表示

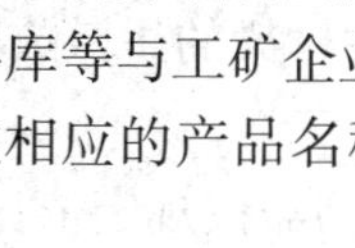

图 7-8　独立大坟

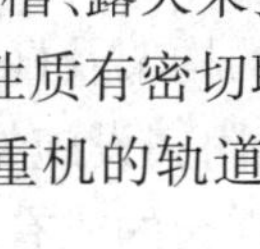

图 7-9　坟群

（1）工矿企业建筑物是指矿井、盐井、石油井、钻孔、探井、探槽、露天采掘场、乱掘地、起重机、吊车、传送带、漏斗、滑槽、地磅、燃料库等与工矿企业生产性质有密切联系的建筑物。

开采的矿井、石油井、天然气井应加注相应的产品名称。起重机的轨道线、吊车的轨道及端部柱架位置均应注意表示。

传送带应区分为架空的、地面上的、地面下的三种情况进行表示。1∶2 000 地形图上，漏斗只测外形轮廓，不绘漏斗符号，但应加注“漏斗”二字。滑槽是指利用天然地形将物体从高处滑落到低处的槽口，描绘时应注意符号中的斜线应指向低处。

地磅是指直接安装在地面下用以测定大型物体或质量特别大的物体质量的一种衡器，设在露天场所的应绘出范围线。

变电室（所）是指小型的配电场所。设在房屋内的，绘房屋轮廓线，中间配置符号；露天的依实际情况用相应地物符号（如围墙）表示其范围，然后加注名称。不依比例尺表示的只绘变电室符号。

露天设备是指装置在室外的生产设备，毗连成群的可用点线符号表示其范围；单独的应按实际形状描绘，中间均应配置符号。

(2)公共设施是指加油站、气象站、变电室、路灯、露天体育场、游泳池、喷水池、假石山、垃圾台等为社会生活服务的各种建筑设施。这些地物在1∶10 000 测图图式中归属于独立地物，因此其调绘方法和要求与调绘独立地物相同。在大比例尺测图调绘时更应注意中心点或地物轮廓线的准确表示。

建筑物顶部的电视发射塔、微波传送塔、电视差转台应表示，电视接收天线不表示。1∶2 000图上避雷针不表示。

地下建筑物一般不表示，但其出入口和天窗均应表示。

固定的交通岗亭、墩、警卫亭、独立固定的大型宣传橱窗、广告牌要表示。

桥梁、广场、街道等突出的、新型装饰性的路灯及单位内部高大的照射灯应表示，以灯杆的根部为准。一般街道路灯可不表示。

旗杆、喷水池、假石山、垃圾台等均应按规定表示。

露天体育场应按形状表示，大型体育场内的司令台、门洞、棚栏、明沟、跑道、球场、绿化带、照射灯塔等均应以相应地物符号表示。

(三)道路及其附属设施的调绘

调绘道路要求位置准确，等级分明，线路曲直和交叉位置的形式反映真实，与其他地形要素的关系明确，注记齐全。这些与1∶10 000 测图基本相同。但大比例尺航测调绘内容更多、更复杂，要求更高。与1∶10 000 测图比较主要有以下区别：

(1)调绘道路时要求正确表示道路附属设施的结构和关系，正确处理道路的相交关系，以及道路与其他要素的关系。如车站内的各种建筑物和附属设施，路堤、路堑、涵洞、隧道、桥梁、挡土墙、明硐、里程碑等，它们的形状、位置以及和道路的关系应正确处理并齐全、准确表示；道路跨越沟谷、河流以及道路与道路在同一平面内相交或立体相交都要按图式要求正确表示。

图7-10 表示铁路与部分附属建筑物之间的关系。

图7-11 表示1∶2 000 图上桥梁关系。

(2)1∶2 000 测图调绘时，铁路采用不依比例尺符号表示；1∶500、1∶1 000 测图调绘时则按轨道宽度依比例尺双线描绘；不区分单线、复线，均按实际情况表示。电气化铁路的电杆、铁塔，架空索道的构架及杆柱，各种桥梁的桥墩或支柱均需按实际情况准确表示。

火车站及其附属设施如下：

站台：不论露天的或有雨棚的均需按规定依比例尺表示。

天桥：主题部分依比例尺表示，两端的阶梯用台阶符号表示。

地道：出入口用地下建筑物地表出入口符号表示。

色灯信号机：应区分为高柱和矮柱两种情况按规定符号表示。

站线：按实际情况描绘铁路符号。

水鹤、车挡、转车盘：均以依比例尺和不依比例尺两种情况按规定表示。

(3)公路的路面宽、路基宽以及等外公路的路面宽均按规范规定符号依比例尺描绘，并注记铺面材料性质。高速公路、国道、公路应调注行政等级编码、编号和名称。高速公路的配套设施(如两侧的隔离带、护拦、排水沟、绿化带、铁丝网等)应表示。收费站绘出范围，加

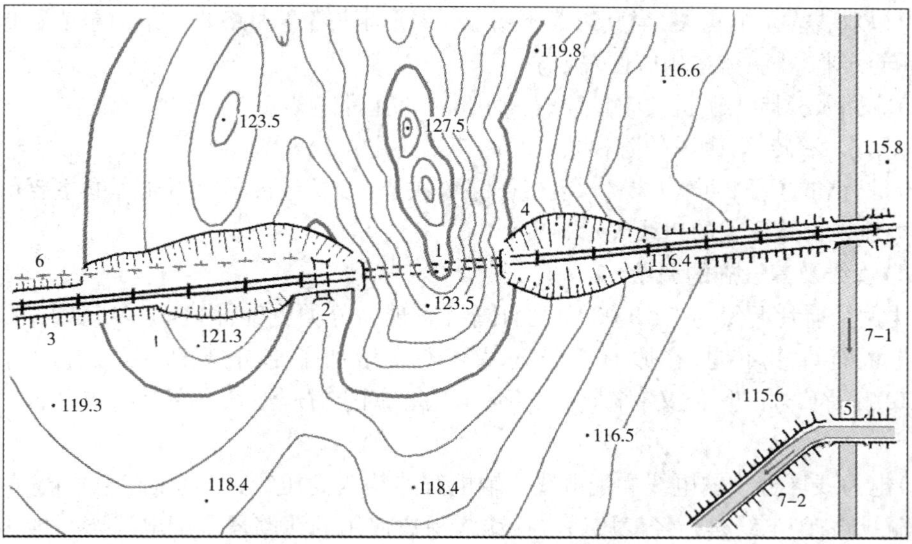

1—隧道；2—涵洞；3—路堤；4—路堑；5—输水槽；6—排水沟；7－1—无堤的；7－2—有堤的

图 7-10　铁路与部分附属建筑物之间的关系

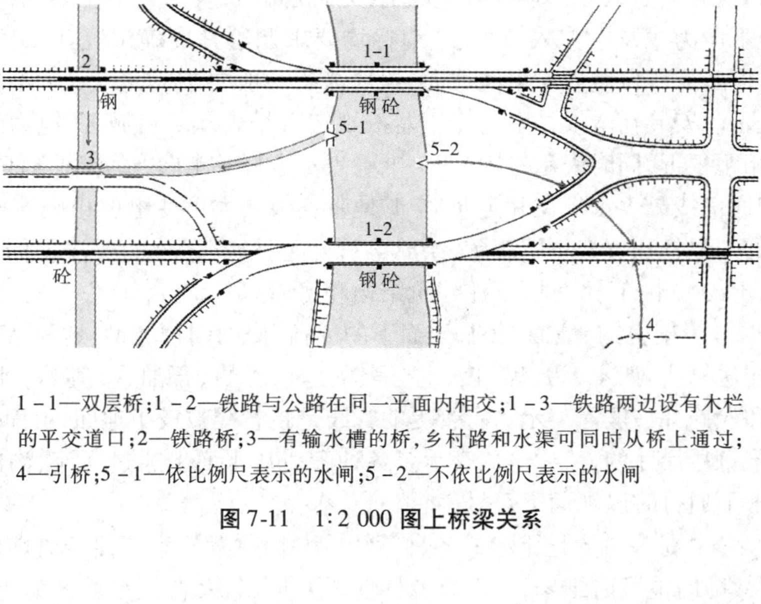

1－1—双层桥；1－2—铁路与公路在同一平面内相交；1－3—铁路两边设有木栏的平交道口；2—铁路桥；3—有输水槽的桥，乡村路和水渠可同时从桥上通过；4—引桥；5－1—依比例尺表示的水闸；5－2—不依比例尺表示的水闸

图 7-11　1∶2 000 图上桥梁关系

注记。

（4）道路通过居民地不宜中断，应按真实位置绘出。公路进入城区时，公路符号以街道线代替。城区街道应将固定性的安全岛、人行道、绿化带和街心花园绘出。

（5）铁路、公路、等外公路、机耕路和城区主要街道的中心，在图上每隔 10～15 cm 应测注高程注记点，主要道路交叉口及转折处也应测注高程（立测法成图由内业测注）。

（6）机耕路的路面宽依比例尺表示。乡村路的路面宽度大于 2 m 时依比例尺表示，小于 2 m 时不依比例尺表示；依比例尺表示的机耕路和乡村路，其符号依据光线法则，虚线部分绘在光辉部，实线绘在暗影部。机耕路、乡村路的路边一般不规则，宽窄变化较大，调绘时应以中等宽度为准整齐描绘。

(7)以双线表示的道路,当其边线不明显时,须调注路宽和路的一条边至明显地物点的距离,量至分米,并注记在相应位置处。

(8)小路及公园工矿机关学校和居民小区内部道路应表示。

(9)用水泥、砖、石砌成的阶梯式人行路应以规定符号表示。

(10)城镇的主要街道边线,以街区线表示;次要街道(包括小镇不通车的主要街巷),一般以各类地物自然形成的边线表示。

(四)管线及其设施的调绘

大比例尺航片调绘与1:10 000测图比较,表现为分类更细,内容更多,要求更高;在表示方法上也有许多不同,在原有符号的基础上又增加了部分新的符号;有的符号虽与1:10 000测图符号相近,但又有微小的差别。因此,调绘时应注意掌握其特点及各种符号的区分。

(1)电力线区分为输电线和配电线。输电线路均为高压线,即电压高于1 kV的远距离电力传输线路;配电线是指经变压后直接输入用户使用的线路段。配电线路一般为低压线(主要为220 V、380 V)。高压线与低压线实地调绘时可根据瓷瓶、杆型、挡距等特征进行区分。

永久性的高压线、低压线、通信线(包括长期固定的电话线、广播线、有线电视线路和宽带网线)均应以规定符号表示。同一杆上架有多种线路时,表示其中主要的线路。电杆、电线架、铁塔、地下电力线及电缆入口处、电缆标均要求调绘其准确位置并以相应符号表示。电线入地符号应紧靠杆位垂直于电线方向,入地箭头一般向东或向南。大型铁塔的基部形状依比例尺表示。安装在电线杆上的变压器按规定符号表示。在城区,电力线或通信线与道沿线并行,相距很近,同时表示有困难时,准确表示点杆及走向,道沿线与杆位断开。居民地内电力线和通信线只表示杆位和走向,空旷地带连线。大型变电站(所)外围的电杆只表示到围墙,内部的电杆和支架可不表示,绘放电符号定性,有名称的要注名称。小型的变电室在房屋影像上绘放电符号定性,不注建筑结构和房屋。

(2)管道区分为架空的、地面上的、地面下的、有管堤的四种类型,地面及架空管线均需表示,并注记输送物质,如水、污、煤、热、电、信、氧、氢、乙炔、石油、排渣等。地下管线不表示,但其入口和检修井一般需表示。有管堤的管线是指管线敷设于地面,上面修筑土堤保护管道,图上大于符号尺寸的,依比例尺表示。各种管线从水面上通过河流、沟渠时以架空的符号表示,从水下通过时以地面下符号表示。

(3)地下检修井是指进入地下检修各种管线的井筒位置。为了便于对埋设在地下的各种管线在发生故障时能及时维修,因而有各种性质的检修井,特别是城区尤为复杂,如上水井、污水井、雨水井、煤气井、热力井、电信井、电力井、工业井、石油井等、均以规定符号表示其位置和性质。但重点表示主管道上和铺装路面上的检修井。

城市街道及内部道路旁边的污水箅子,室外地上和地下的消火栓,大型突出的各式阀门,室外饮水、供水龙头,均应按规定符号表示。

(五)水系及其附属设施的调绘

大比例尺航测成图,在水系范围需调绘的内容增多,但大多数水体及附属设施、水利设施所规定的概念和调绘方法没有变化,在学习1:10 000航测调绘的基础上不难理解和掌握。

大比例尺航测成图,调绘水系和附属设施应注意以下问题:

(1)河流、湖泊、水库的水涯线一般绘在摄影时的水位处,若摄影时间为枯水期,可在实地刺出一常水位点,由内业描绘水涯线;若摄影时间为洪水期,则应提供常水位高程,并由外业实测水涯线及被淹地段的地物地貌。池塘的水涯线一般也以摄影时的水位为准,当水位线与岸边线在图上的距离小于1 mm时,水涯线绘在岸边线位置上。水渠、贮水池的水涯线符号以坎沿为准。

海岸线是平均大潮高潮的痕迹所形成的水陆分界线。海岸线一般按摄影时的影像描绘。高水界是河流及湖泊历年最高水位的平均水位线,按用图部门的需要表示。潮汐川受潮流影响地段的水涯线按海岸线符号表示。

(2)河流、沟渠、干沟的分级应注意实地宽度的变化,正确区分单线河与双线河。例如,1:500、1:1 000、1:2 000、1:10 000同样都规定:河流宽度在图上大于0.5 mm时依比例尺用双线表示,小于0.5 mm时用单线表示。但在比例尺不同的情况下,它们的实地宽度分别为0.25 m、0.5 m、1 m、5 m,可见相差甚大。沟渠宽度在图上大于1 mm(1:2 000地形图上大于0.5 mm)的用双线依比例尺表示,小于1 mm(1:2 000地形图上小于0.5 mm)的用单线表示。

(3)水渠测注渠边和渠底高程。堤坝测注顶部和坡脚高程。时令河测注河床高程。泉、井测注出水口或井台高程,并根据需要注记井台至水面的深度。河流、湖泊水位点高程视用图需要测定。以上高程当由全能法成图时,由内业测注。

(4)有堤的水渠,当堤高出地面0.5 m以上时,按有堤岸沟渠符号表示。如果堤的内侧有两层且能通行时,用双面堤符号表示;否则,用单面堤符号表示。堤坡及堤顶宽度均依比例尺表示。

(5)注意以下新增加的调绘内容或与1:10 000调绘有明显区别的内容:

地下灌区及出水口:指把水渠修筑于地下,水从出水口流出地面供灌溉的渠道,应按规定进行调绘。

岸滩、水中滩:指江河、湖泊中常水位以下的浅滩地段。水浅时露出地面,水深时淹没在水中。图上按实地范围用相应符号表示。

护岸:指经人工修整及加固的岸体。区分为斜坡式(坡度在70°以下)、直立式(坡度在70°以上),以及加固的和未加固的各种情况,以相应符号表示。

防洪墙:指河岸边用以防洪的挡水建筑物,分别以斜坡式、直立式、有栏杆的几种情况进行表示。

倒虹管:进、出水口按实际情况表示。

水库:大比例尺航测调绘没有单独列出水库的表示方法。调绘时水涯线按常水位绘出,堤坝按拦水坝要求和符号表示,溢洪道按人工沟渠处理,出水孔可用水闸符号表示。

水闸:应区分为不依比例尺和依比例尺、能走人和不能走人、能通车和不能通车各种情况分别以相应符号表示。跨河道的水闸房屋,以房屋符号表示。闸门在房内的,在房屋内配置闸门符号。

防波堤:应区分为斜坡式、直立式、石垅式三种类型,分别以相应符号表示。

过河缆:指在河上架设钢缆,悬挂吊斗,可来回移动,供测定流速、水深及取样用的设备。调绘时按规定符号表示。

沉船:区分为露出水面的和淹没在水下的两种情况,分别用相应符号表示。

急流:指河面上流速明显增大的水流,须按规定表示。

旋涡:不同流速的水流在河面上所形成的快速旋转的涡状水团,应按相应符号表示。

人行桥:桥面宽在 2 m 以上的按依比例尺符号表示,小于 2 m 的按不依比例尺符号表示。

跳墩:指可跨步过河的石墩,以规定符号表示。

铁索桥、亭桥、级面桥以及渡口、漫水路面、徒涉场:均应按规定表示。

各种车行桥(包括输水槽):均应按实际情况调绘桥墩、支柱或支架位置。同时应注意表示引桥、斜坡、装饰路灯等其他附属建筑物和附属设施。

公路桥:应区分为一般桥、有人行道桥和有输水槽桥三种类型分别表示。无论公路桥或铁路桥均应加注桥梁建筑材料性质。

其他水系及其附属设施元素:如湖泊、池塘、消失河段、地下河段、时令河、湖、石滩、瀑布、有滩陡岸、无滩陡岸、土堤、滚水坝、码头、水文站、停泊场、各类航行标志、水井、泉、坎儿井、沼泽、盐田、台田以及与海岸有关的各类要素,基本上与 1:10 000 测图调绘相同,应按相应图式规定表示,但应注意符号规格和形状变化。

(六)境界的调绘

境界的分类、分级,调绘方法和要求,图式符号的形状,均可参照 1:10 000 航测调绘的有关内容,但应注意符号规格的变化。

(七)地貌的调绘

不能用等高线反映的天然或人工地貌元素,应按图式规定调绘于像片上。密集的居民地内一般不绘等高线,以高程注记点表示地势,当高程注记与比高注记不易区分时,应在比高数字前加“+”号。

一般的地貌和土质元素如土堆、坑穴、陡坎、梯田坎、山洞、喀斯特漏斗、陡崖、崩崖、滑坡、冲沟、干河床、干湖盆、陡石山、露岩地、石块地、沙地、沙砾地、戈壁滩、盐碱地、小草丘地、龟裂地,在 1:10 000 航测调绘内容中已有详细介绍,可参照有关内容阅读。但大比例尺地形图上对细微地貌表示更详细,在调绘中应引起足够的重视。有些地貌元素在 1:10 000 地形图上是不表示的,而在大比例尺地形图上则要求表示。所以,在大比例尺测图调绘中除注意实地尺寸规定外,还应注意新增加的内容和符号。

独立石:在大比例尺测图中并不强调其方位作用,即无论有无方位作用均用同一符号表示。不依比例尺表示的独立石以规定的符号描绘,图上能依比例尺表示的各种形状的巨石应用与其投影形态相近似的符号描绘。

石碓:指山坡上或田野中堆聚在一起的天然岩石。小面积的用不依比例尺符号表示;图上面积较大时,应实测范围线,中间加绘符号。天然的巨石堆,按实际形状表示。

陡坎、斜坡:指各种天然形成和人工修筑的坎、坡。坡度大于 70°时用陡坎符号表示,小于 70°时用斜坡符号表示,斜坡在图上投影宽度小于 2 mm 时以陡坎表示。斜坡和陡坡均要求区分为加固的和未加固的两种情况分别以相应的符号表示。

梯田坎坡顶与坡脚间的投影宽度在图上大于 2 mm 时,宽度依比例尺表示。1:2 000 比例尺测图梯田坎过密,两坎间距在图上小于 8 mm 时,可适当取舍。

冲沟:大比例尺测图时冲沟不再分级,一般均依比例尺表示,较宽的冲沟加绘短齿符号,不单独表示单线冲沟。

地裂缝:指地表塌陷所形成的地面缝穴。地裂缝按实地情况分别用不依比例尺和依比例尺符号表示,并适当量注裂缝深度。不依比例尺表示的地裂缝还应适当量注裂缝宽度。

大比例尺测图调绘中不再有火山口、熔岩流、雪山地区的各种调绘元素,这是因为这样的地区一般不会进行大比例尺测图。

(八)植被与土质的调绘

对于大面积的成片分布的植被,调绘时可在像片内用红色文字作简注说明;整张调绘片如为同一类别的植被(或土质),也可在片边加注统一说明。

地类界与地面上有实物的线状符号(如道路、陡坎等)重合,或接近平行且间隔小于图上 2 mm 时,地类界省略不绘。当与境界、管线符号重合时,地类界符号移位 0.2 mm 绘出。

树林、竹林、灌木林须量注摄影时的平均高度,以供内业立体测图改正树高测绘等高线。当不同地段具有不同的平均树高时,应分别量注。密集的高草地段也须调注平均草高,以上高度量注至分米。

大比例尺测图植被调绘的内容包括林地(即树林、幼林、防护林带)、防火带、苗圃、散树、独立树、行树、疏林、竹林、独立竹丛、狭长竹林、灌木林、独立灌木丛、狭长灌木林、芦苇地、花圃、草地、湿草地、半荒植物地、植物稀少地、经济林、经济作物地、水生经济作物地、耕地(即水稻田、旱地、菜地)诸元素。与 1:10 000 测图调绘比较虽然基本一致,但在调绘内容和具体要求方面仍有以下区别,应注意掌握这些特征:

(1)由于测图比例尺增大,各类调绘元素的符号增大,描绘应注意符号尺寸的变化。

(2)大比例尺测图调绘不再表示独立树丛和小面积树林,实际上这两种元素在图上所占的面积已经可以用林地表示了。

(3)独立树区分为阔叶、针叶、果树、椰子、棕榈、槟榔等,分别用相应符号表示。

(4)花圃是大比例尺测图调绘中新增加的元素。花圃是指种植花草、花木的地面。街道、道路旁规划的绿化岛、花坛及厂矿企业、机关学校等内部的正规花圃均用花圃符号表示。

湿草地:指潮湿有水地段的草地,以规定符号表示。

耕地:包括水稻田、草地、菜地。大比例尺测图要求表示耕地内的田埂,因为田埂与准确计算土地面积有关。耕地内的田埂用规定符号表示。田埂宽度在图上大于 1 mm 时以双线依比例尺表示,小于 1 mm 时用单线不依比例尺表示。

植被的生长及对地表的覆盖程度主要由土质决定,调绘植被时应注意与土质符号的配合,如露岩地、石块地、沙砾地(戈壁滩)、盐碱地、小草丘地、龟裂地等。

沙地:大比例尺测图只有一种沙地符号,这里所指的沙地只表示其性质,不区分其形态,因此没有沙地类型的划分。沙地的地貌形态用等高线加绘沙地符号表示。这一点与 1:10 000测图的表示方法有很大的区别。

(九)地理名称调查和注记

有关像片调绘中的地理名称、注记、清绘、接边等项内容与 1:10 000 测图调绘中所介绍的有关内容基本相同。作业中只要依据相应比例尺规范,参照本教材有关内容阅读,便不难掌握。但应注意在地理名称的取舍和注记、图名标注等方面有一些区别:

大比例尺测图调绘除一般的地理名称须按规范规定调注外,要求更多的调注街道、工矿企业、机关学校、医院等单位名称。水系、山脉等地理名称,只调注远近知名的统一固定名称，当称呼不统一时，一般不注记。

书写字体要求笔划规整、清晰易认。同等级的名称，字体大小应一致；同一名称的字隔应等距，相间最大不超过两个字隔；不同名称的字组间隔应区分明确，不得相连和相交；同一名称不应被双线线状地物分割。当用同一名称不能概括大面积或延伸较长的地区地貌时，应以同一名称分多组注记。

大比例尺地形图的图幅名称应选择该图幅内著名的地理名称。同一测区内不得有相同的图名，如图幅内确无名称，可只注图幅编号。

五、调绘像片整饰

调绘像片的整饰，应按下列规定执行：

(1)图幅编号注于调绘片上方，像片号注于调绘片右上角。

(2)调绘面积界线用蓝色，自由图边、与已成图接边界限用红色。

(3)接边线右下边为直线，左上边为曲线。线外须注明接边图号。

(4)调绘内容整饰按图式符号规定执行，但须分色清绘：地物要素及注记用黑色，地貌要素及注记用棕色，水系要素及注记用蓝色，植被及地类界用绿色，屋檐宽度注记用红色。

(5)调绘者、检查者均须签名。

六、图边拼接、成果上交和检查验收

(一)图边拼接

图边拼接一般只在相同比例尺的相邻图幅间进行。欲拼接的图边应在离开测区前严密接好，并须经检查，自由图边除应保证成图满幅外，还应测绘出图廓线外 6 mm，并须经第二人实地检查。

(1)地形图图边拼接的接合差不应大于表 7-2、表 7-3 规定的平面、高程中误差的 $2\sqrt{2}$ 倍。小于限差时应平均配赋，但应保持地物、地貌相互位置和走向的正确性。超过限差时，应到实地检查纠正。

(2)与已出版图接边。当接边较差小于上一条的规定时，只改新图，如大于上述限差时，应认真检查，确认新图无误，则以新图为准，对不接合部分在两幅图的图历表内和原图上分别注明。

(3)各类地物的拼接，不得改变其真实形状及相关位置，直线地物应从离图廓线最近的转折点处进行拼接。地貌拼接不得产生变形。

(二)成果上交

上交的成果须经上级业务主管部门进行检查验收后，方能供下一工序使用。上交的成果必须准确、清楚、齐全。

1. 上交成果资料的项目

(1)立测法成图应上交资料如下：①控制像片；②调绘像片，像片图；③图历表；④观测手簿；⑤计算手簿；⑥检查验收意见书。

(2)电算加密的成果。应以每一个布点区域为单位整理，随该区域左上角的图幅上交。上交项目包括：控制像片、观测手簿、计算手簿。控制点成果及控制点分布略图等，均填在每个布点区域的左上角图幅的图历表内。其他图幅只填写本图幅的控制点成果及控制点联测略图。

2. 计算手簿装订顺序

(1)封面(电算加密图幅以每一布点区域为单位整理);

(2)目录;

(3)控制点点位联测略图;

(4)起始点成果;

(5)坐标换带计算;

(6)归心计算;

(7)控制点成果;

(8)方位角边长反算;

(9)GPS 网形计算;

(10)光电测距导线计算;

(11)支导线计算;

(12)图根水准路线计算;

(13)高程导线计算;

(14)封底。

5″级基础控制点及等外水准成果单独整理上交。

(三)检查验收

检查验收的目的主要是保证测绘成果成图符合现行规范、图式和技术设计书的要求,确保成果成图质量,满足用图单位需要。具体要求和做法按有关规定执行。

第四节　1:500、1:1 000、1:2 000 固定比例尺像片图测图

一、地貌测绘

由航外控制测量,按全野外或非全野外布点方案测定一定数量的像片控制点,经内业加密、纠正,制作像片图等工序提供带影像的像片图底;像片图底的比例尺等于成图比例尺;用这样的图底直接在外业测图,称为固定比例尺像片图测图。

1:500、1:1 000、1:2 000 固定比例尺像片图测图与 1:10 000 固定比例尺像片图测图,在测图原理、内容程序和方法方面基本相同,其测图过程已在第一章第一节中用框图表示。但精度要求更高,具体作业要求和限差规定更严,因此应严格执行相应规范的有关规定,以确保成图质量。现就作业应注意的问题叙述如下。

(一)像片图质量检查

对像片图的质量除按规定检查图廓大小、尺寸、控制点间距外,应注意检查影像质量和图廓边像片影像的接边质量;注意检查图号、像片号、纠正起始面的高程和相对航高是否齐全、正确;像底点的位置是否刺出。像片图底的质量是影响成图质量的重要因素,给出纠正起始面的高程、相对航高和像底点位置是为了进行投影差改正。

(二)测站点的布设

测站点的布设位置应满足测绘等高线、高程注记点和补测地物的要求。测站点应选在

地势较高，通视条件好，有利于直接测定碎部点的地方。如果利用像片图上的明显地物点作为测站点，明显地物点相对于纠正起始面的投影差不能大于图上 0.2 mm，否则应先改正投影差，投影差的计算和改正方法参看第一章。

测站点的密度应视地形复杂程度，根据实际作业需要和规范规定的测站点到碎部点的最大视距确定；如通视情况较好的地区，设测站点到碎部点的最大视距为 D，则测站点与测站点之间的平均距离可按公式 $S = 2D \times 0.7$ 进行估算。

在地形复杂，通视情况差的地方，则应在上述密度基础上适当增加测站点，以保证测图为原则。

像片图上的各类控制点可以作为测站点。在明显地物点较多的地区应尽量用明显地物点作为测站点。在地物稀少时也可以用图解交会方法确定测站点的平面位置，此时交会边长不得大于图上 150 mm，交会角应为 30° ~ 150°，交会精度应满足规范规定。

由于图解后方交会精度较低，因此 1∶500、1∶1 000 比例尺测图不得使用。

以控制点为起点的图解支导线，允许一条边，并应尽量取得检查条件，以保成果可靠。

测站点的高程测定：平地一般采用测图水准；在地物稀少地区如果用光电测距导线加密测站点，可同时施测高程。测站点如果是由图解交会测定，其高程也可用所观测的垂直角和相应的交会边长按独立交会高程计算。图解交会三角高程，起算点应为测图水准以上的高程控制点，交会边长不得大于图上 150 mm，图解支导线三角高程，高差须往返测定。

其他技术和精度要求应按规范规定执行。

（三）碎部测图

固定比例尺像片图碎部测图，无论是 1∶10 000 或大比例尺测图，主要是指高程注记点和等高线的规定，也包括新增地物和航摄漏洞的补测，一般地物用调绘方法解决。

与平板仪测图相似，可依据图上相距 100 mm 以上的控制点或经投影差改正后的明显地物点标定图版方向，标板后必须用其他方向检查。

碎部点就是指地貌特征点和地物的中心点、轮廓点。碎部点的平面位置可以按有关规定用视距或量距以极坐标法测定，也可以在明显地物点上刺点。碎部点高程可用水准仪施测，也可用其他精度允许的方法施测。碎部点到测站点的视距或量距长度，以及其他作业要求按规范执行。

碎部点的密度，应视地形情况而定。控制地貌形态的碎部点，应保证勾绘等高线有充分的依据。因此，在地貌形态碎部的情况下，碎部点就应该多一些；反之，在地势平坦、地貌形态比较完整的地区，碎部点就可以少一些。

在平坦地区测绘等高线时，不能简单地依据碎部点高程进行内插，而应根据地貌形态的实际情况，在允许的高程变动范围内（即不与碎部点高程发生矛盾），适当调整等高线位置，使等高线能真实地表现地貌形态。因为平坦地区等高线不多，高程变化不大；而碎部点高程又存在着较大的误差，如果简单地依据高程内插，反而会使等高线不协调，使地貌形态失真。

水准仪测图：平坦地区，明显地物点较多，可以采用水准仪测图方法。

碎部点选在明显地物点上，以像片影像确定碎部点的平面位置。将水准仪安置在测站上，对准每一个碎部点上所立的标尺读数，计算碎部点的高程，然后勾绘等高线，这种方法称为水准仪测图。采用这种方法时，立尺者须带小像片在实地刺点，同时应注意立尺者的刺点编号应与测站上的观测记录编号保持一致。

平板仪配合水准仪测图：在明显地物稀少的平坦地区可采用平板仪配合水准仪的测图方法。

在测站上安置平板仪，根据控制点或明显地物点标定图板方位，用极坐标法确定每一个碎部点的平面位置。在平板仪附近安置水准仪，根据测站点高程，以单站形式直接测定碎部点高程，并在图板上相应碎部点位置上注出，供勾绘等高线之用。

用截距法补测碎部点：采用明显地物点测图时，往往出现在局部范围内找不到明显地物点的情况，给测图带来麻烦，此时可用截距法补测碎部点。

如图 7-12 所示为截距补测原理。此时在 *A* 点安置仪器，瞄准 1 点，同时固定仪器照准方向；沿仪器照准方向，指挥标尺在碎部点 2 立尺，读取 *A* 到 2 的水平距离 *D*，将距离 *D* 依像片比例尺换算为像片图上的长度，然后在像片图上，以 *A* 为起点，沿 *A* 到 1 的方向截取碎部点 2。同理，也可以确定碎部点 4 和 6，高程仍用水准法测定。

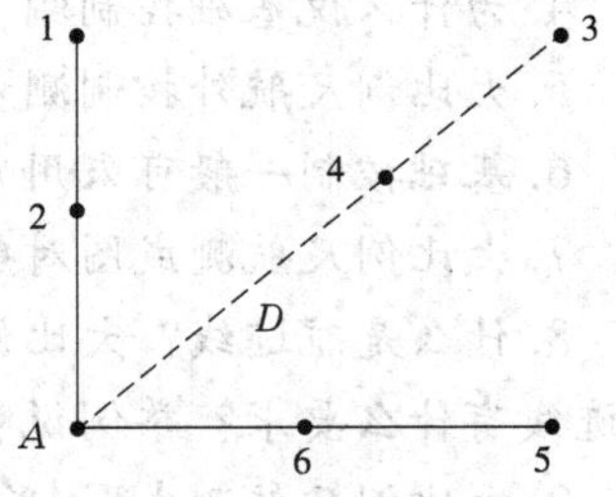

A—测站点；1，3，5—明显地物点（地角）；2，4，6—需要补测的碎部点

图 7-12 截距补测原理

像片图测图应补测的内容包括：①影像模糊的地物；②被影像或阴影遮盖的地物；③航摄时的水淹、云影地段；④不满幅的自由图边；⑤新增地物。

上述情况一般均采用平板仪测图方法进行补测，个别地物可根据明显地物点用量距交会的方法确定，不允许用目估判定的方法。

（四）高程注记点

在清绘原图的图面上，保留高程注记的控制点和碎部点，称为高程注记点。为用图方便，能迅速、准确判定图上的重要部位的高程，规范规定在地形图上必须测定一定数量的高程注记点。在平坦地区，如果用图单位同意，对于大比例尺地形图，也可以只测高程注记点，不测等高线。

凡地形特征点均可作为高程注记点，但应首先保证控制点、方位物、主要道路和主要街道中央及交叉口、大型桥梁的桥头、较大单位的大门口、主要堤坝顶部、大楼基角重要部位有高程注记点。

依据地形类别、地物点和地形点的多少，高程注记点的密度可在每 100 cm^2 范围内选择 5 ~ 20 个。平地、丘陵地以及地物、地形点较多的地区，高程注记点应多一些；山地、高山地以及地物、地形点较少的地区，高程注记点则偏少一些。

少数地物点的位置如果与附近地面形态不一致，则该点的高程注记允许与等高线发生矛盾。当基本等高距为 0.5 m 时，高程注记点的高程注记到厘米，其余情况注记至分米。

二、像片调绘

请参照本章第三节“大比例尺航测像片调绘”。

三、原图清绘与接边

请参照第六章第十一节“补测、清绘、接边”，并按规范、图式有关规定执行。

复习题

1. 大比例尺航测成图与1:10 000航测成图比较，有哪些联系和区别？

2. 大比例尺航外控制测量与相应比例尺平板仪测图控制测量相区别的主要特征是什么？

3. 什么是基础控制测量？作为大比例尺航外控制测量的基础控制点有哪几种？

4. 为什么说基础控制测量是大比例尺航外控制测量的重要工作内容？

5. 大比例尺航外控制测量对基础控制点的分布密度有什么要求？

6. 基础控制一般可采用哪些方法测定？平差计算工作有哪些原则性规定？

7. 大比例尺航测成图对航摄像片比例尺的选择有哪些要求？

8. 什么是航迹线？大比例尺航测成图，采用一张像片成一幅图的方法，进行航摄时，对航迹线有什么要求？举例说明航迹线位置的设计方法。

9. 大比例尺航测成图，采用一张像片成一幅图的方法，对航摄像片的航向重叠度和旁向重叠度有什么要求？

10. 大比例尺航测成图在步设地面标志时应注意哪些问题？

11. 什么叫以"判点为主，刺点为辅"？

12. 大比例尺航测成图采用综合法全野外布点方案时，对控制点的步设有哪些要求？

13. 大比例尺航测成图采用全能法全野外布点方案时，对控制点的步设有哪些要求？

14. 绘图说明大比例尺航测成图采用航线网或区域网布点的各项要求。

15. 试述大比例尺航测成图，航外像片控制点联测的主要作业方法和规定？

16. 大比例尺航外像片调绘有哪些主要特点？使用纸图调绘有何特点？

17. 什么是定性调绘？定性绘图时应注意哪些问题？

18. 大比例尺航测成图，外业补测地物一般采用哪几种方法？当采用建议补测法补测地物时，有什么更严格的要求？

19. 试述极坐标法的具体作业方法和要求。

20. 大比例尺航外像片调绘如何改正地物投影差？什么情况下应考虑房檐宽度改正？

21. 试述大比例尺航外测量控制点的调绘和表示方法。

22. 绘图说明大比例尺航外像片调绘中，独立地物的各种表示方法。

23. 绘图说明大比例尺航外居民地调绘与1:10 000测图调绘比较，有哪些不同的要求和规定？

24. 试述大比例尺航外测绘工矿企业建筑物中公共设施各种地物的要求和规定。

25. 与1:10 000测图比较，大比例尺航测成图调绘道路及其附属设施有哪些区别？

26. 试述大比例尺航测成图调绘管线和垣栅的方法与主要规定。

27. 大比例尺航测成图调绘水系及其附属设施应注意哪些问题？

28. 试述大比例尺航测成图调绘地貌和土质元素，与1:10 000测图比较有哪些不同的要求和规定？

29. 大比例尺航测成图植被，与1:10 000测图比较，在调绘内容和具体要求方面有哪些区别？

30. 1∶500、1∶1 000、1∶2 000 固定比例尺像片图测图，对像片图的质量检查应注意哪些问题？

31. 1∶500、1∶1 000、1∶2 000 固定比例尺像片图测图，对测站点的步设及测定有哪些要求和规定？

32. 试述 1∶500、1∶1 000、1∶2 000 固定比例尺像片图测图，测绘地貌的一般方法和作业程序。

33. 绘图说明用截距法补测碎部点的作业方法。

第八章　航外测量工作的实施

第一节　测绘院的管理机构

外业测绘院的管理机构，是由外业生产的特点和需要决定的。因此，管理机构的设置反映了以下特点：

(1)院、分院、作业组，既是各级生产组织，又是生产行政的管理组织。

(2)各级生产行政领导人统一管理本单位的生产行政工作，并直接向上一级负责。

(3)各级生产行政管理单位，根据需要和可能，配备一定数量的职能人员；上一级的职能人员或机构只能对下一级的职能机构和人员进行业务指导，不能直接下达命令和指示。

(4)各级生产行政管理层次实行逐级负责，一般不用越级指挥。

一、管理机构的组织形式

外业测绘院是各省(区)测绘局和其他行业测绘机关内部的基本生产单位，根据外业队伍人数的多少和工作的方便，外业测绘院管理机构的组织形式一般如下。

院部：设正、副院长，党委书记，总工程师(或主任工程师)各一人。

职能科室：一般设置政工科、办公室、生产科、检查科、财务设备科等，在院长领导下开展工作。

分院：院部下面可设若干个分院队，每个分院设正、副分院长，党支部书记各 1 人，根据具体情况分院应设置检查员 2 ~ 4 人，管理人员 1 人。

小组：每个分院根据生产情况可划分为若干个生产作业小组，作业组设组长 1 人。

二、管理机构的职能

(1)院长的职责：全面负责全院的生产、行政工作，具体组织执行党委对测绘生产、技术、财务、生活等重大问题的决定；根据局下达的任务指示调配生产组织，编制实施计划，对分院或小组下达生产任务，进行生产调度，保证生产技术经济指标的全面完成。

(2)党委书记的职责：主要是管好党的工作，宣传、贯彻、执行党的路线、方针、政策；组织党委讨论并决定全院计划、生产、技术、人事、财务、生活等重大问题。

(3)生产科的职能：具体负责全院的测绘生产技术设计工作，生产计划的编制与组织实施，处理日常生产中出现的技术业务问题。

(4)总工程师(主任工程师)的职责：直接领导生产科、检查科和科研等工作。

(5)检查科的职能：代表本院对测绘成果、成图进行质量检查与验收；监督技术规范、图式、设计书和有关技术规定在生产中的执行，保证成果成图质量符合要求。

(6)财务设备科的职能：负责全院的经济核算，流动资金计划编制，产品成本和其他财务管理工作；负责生产物资和生活物资的供应工作。

(7)政工科:负责全院的人事、保卫、共青团、工会以及职工教育等项工作。

(8)办公室:协助院长处理日常行政事务工作,领导管理员、打字员、义务人员、司机等有关人员的工作。

(9)分院的职能:是院以下的独立生产组织机构。分院长全面负责分院的生产技术和行政管理工作,直属院长领导。分院党支部对本单位的生产行政工作起监督保证作用,检查员、管理员、财务员、司机等,协助分院长工作;负责技术检查与指导、财务管理、生产和生活物资供应等工作。

(10)作业组:是外业测绘院最基层的直接从事生产的单位,也是最基层的管理环节;作业组组长既是直接生产的参加者,又是全组工作的组织者和指挥者;作业组应保证完成分院下达的各项生产任务。搞好作业组管理是实现全院计划任务完成的重要保证。

第二节　测绘院航测外业的生产技术工作

一、资料的收集和分析

资料种类包括航摄资料、大地成果资料、旧图和其他可供利用的图表资料等。

按本教材前面章节所讲的方法和要求对各种资料进行检查和分析,确定其使用价值,为编写技术设计书提供依据。

二、踏勘测区

踏勘测区就是直接派人到将要进行测绘生产的地区调查、了解、收集与测绘生产有关的情况和资料。

踏勘测区是测绘生产前必不可少的一项工作,其目的在于通过深入细致的调查研究,取得测区情况的正确、客观的第一手资料,从而组织好测绘生产的合理实施。因此,踏勘测区的内容包括下列各项:

(1)测区行政区划。应查明测区的行政规属,行政中心的所在地,以及各级境界的划分情况,并收集有关资料,为技术设计和作业时的调绘工作提供参考;也便于与当地政府联系工作。

(2)气象、气候资料。包括气温、降雨、风、雪、雾、冻土深度等情况和数据,这些资料可以为安排野外生产计划提供依据。

(3)测区已有成果成图情况及测量标志的完好情况。应了解本部门或其他测量部门在测区内进行过测绘工作的成果成图情况、资料种类、范围、等级、精度及利用价值,以免造成重复和浪费,还必须调查标志的完好情况,以便考虑补救的措施。

(4)居民及居民地。应了解测区内居民的民族种类、人口、风俗习惯、语言文字等情况;了解居民地及其他地理名称的命名规律;调查居民地的类型、分布特点、建筑形式等,以便解决如何正确表示居民地,确定综合取舍原则等问题。

(5)特殊地物、新增地物情况的调查。指规范图式不明确或没考虑到的当地比较突出需要表示的地物;航摄后新增加的地物,调查这些地物的情况,以便在技术设计时考虑应采取什么相应措施。

(6)交通运输情况。应调查了解测区内各种道路的等级、分布、质量、通行能力等情况，以便在技术设计时确定主要道路的具体等级，以及道路网在图上的取舍原则；同时也为安排出测、运输、迁站、小组活动等提供依据。

(7)水系、水文情况。应调查了解测区内河流、湖泊、水库、沟渠等水系的分布、特征，以及附属建筑物等情况；同时应收集和测定河宽、水深、流速、水位等水文资料，为技术设计时确定水系表示的原则和特殊问题的处理提供可靠的数据与情况。

(8)土壤、植被情况。要特别注意调查沙地、戈壁、盐碱地、沼泽地以及各种植被的分布情况，分布特点；同时要弄清植被的种类、平均高度、密度等生长情况，这些对选取作业方法、配备器材装备、计算工作量都有影响。

(9)地貌情况。了解测区内主要地貌的类型，平均概略高程，一般比高、坡度，人工地貌和自然地貌的分布和特征等情况，以便解决成图方法及如何运用等高线和各种地貌符号正确显示地貌特征的问题。

(10)典型样片的调绘及实地摄影。选取各种类型元素的典型航摄像片在野外进行实地调绘工作，用样图来说明各种元素的表示方法、综合取舍的原则，以便指导生产。

对于有典型意义的特殊地形元素，应进行实地摄影，用图像说明它们的具体特征。

(11)其他情况。还应了解测区内劳动力、交通工具、向导、翻译的雇请情况，木材、砂石、材料、主副食品的供应情况，治安、卫生情况等。总之，要达到全面了解测区情况，为解决生产、技术的各种问题提供全面可靠的资料

测区踏勘的方法：一般是先收集分析现有的资料，如现有的老图、像片等；然后拟定踏勘计划，计划应包括参加人员、踏勘时间、路线、目的和重点等；按照踏勘计划到实地踏勘。主要采用的方法是：实地观察，通过直接观察可以获得许多第一手材料；向当地群众、政府机关和有关部门询问了解各方面情况，同时收集有关资料。

编写踏勘报告书：这是踏勘区的最后一道工作，这时应将看到、了解到的情况和收集到的资料进行分析和概括，编写成系统的、全面的、层次清楚、符合设计需要的文字报告材料。

报告书应包括下列内容：测区范围，地理概括，交通运输，居民及居民地，气候，地区作业困难类别，其他情况，建议（包括对作业装备，劳动防护装备，材料采购，运输问题，出测、收测时间及作业日数，对部及中队部的设置地点等提出建议性质的意见）。

三、编写技术设计书

为了保证测绘工作的合理安排，达到成果成图的优质、高产、低消耗，航外测量要求施测前必须进行精心设计，编写技术设计书。

编写技术设计书的主要依据如下：

(1)上级下达的执行测绘任务的正式文件；

(2)现行的相应的规范、图式；

(3)作业区已有的成果成图资料；

(4)测区踏勘报告书；

(5)测绘工作统一作业定额，材料消耗定额；

(6)装备标准和设备现状。

在编写技术设计书时主要应注意选择最佳方案，且内容明确，文字精练；规范、图式已有

明确规定的，一般不要重复。

技术设计书包括以下主要内容：

(1)设计的目的和范围

①上级下达任务的文号和其他文件根据；

②完成此项任务的政治、经济意义；

③测区地理位置、面积及测图比例尺。

(2)测区的自然地理概括，按测区踏勘报告书内容简要编写。

(3)测区已有的成果成图资料。主要报告三角测量、GPS测量、水准测量、航摄、旧图等成果资料情况，应分别说明这些资料的收集情况、质量情况以及三角点、高等级GPS点、水准点等标志在实地的完好情况，对这些资料利用的可能性和利用方案。

为了使介绍更清楚，应绘制“测区已有成果资料图”，如三角点、GPS点、水准点分布图，航摄像片覆盖情况图等。

(4)技术设计方案。是技术设计书的主要部分，也是实际作业时的作业依据之一；是根据测区实际情况、资料情况、内外业生产情况以及任务情况等综合权衡后制定出来的。

技术设计方案应有以下内容：

①确定航测成图方法、布点方案，以及像片布点要求和规定。

②提出各类控制点的平面、高程的加密方案、限差、计算方法和各项要求。

③对确定采用的成图方法，提出表示地貌的基本等高距以及描绘等高线的各项要求。

④对像主点落水，航摄相对漏洞和绝对漏洞，航区结合处，像片重叠过大或过小，滨水地区，隐蔽地区等特殊问题提出处理方法。

⑤如果技术设计中提出的处理方法，在规范没有相应规定时，应详细写出作业过程、限差规定和精度估算的结果。

⑥像片调绘：应说明各类地形元素应该执行的表示方法和有关规定，如某些地物具体应该执行的综合取舍原则；道路等级的划分原则；图式中没有规定的独立地物如何借用图式符号等。此项叙述不应该是规范图式的重复，而需重点针对本测区容易混淆和被忽视以及本测区出现的特殊地形元素或情况，加以突出的叙述，使规范、图式与本测区的具体情况相结合，恰当地处理好各种调绘问题。必要时应作出典型调绘样本，使作业时做到符号统一、综合取舍程度统一。

(5)绘制设计图。设计图是设计书的重要组成部分，一般应标绘以下内容：

①高等级控制点的位置、等级和图形。

②需加密的控制点和等外水准路线的布设及联测方案。

③像片控制点的概略位置。

④成图方法、调绘和控制的困难类别。

⑤测区范围和周围的成图、接边情况。

⑥图号、像片号，航线、航区结合情况。

⑦主要城镇、交通干线、主要水系和境界。

以上内容可根据情况分开或合并绘制，比例尺大小也要根据内容多少而定，以表示清楚易读为原则。

(6)编制计划表格如下：

①工作量综合表。测区的全部工作量按“测绘生产统一定额”中的项目编制“工作量综合表”,全年应按时完成规定的工作量。

②外业时间利用表。根据踏勘所提供的材料,提出外业每月所能利用的时间,编制“外业时间利用表”。这是计算院、分院、作业组应担负多少生产任务的依据之一。

③生产进度计划表。根据上级和用户对测图期限的要求,综合外业生产的实际情况,编制生产进度计划表。

④主要设备、物资表。根据设计的工作量,按“材料消耗定额和装备标准”编制需要的“主要设备、物资表”。

(7)成果成图资料的检查验收和上交。设计书中必须明确规定,检查验收方式、数量和检查的主要项目,规定上交资料的项目、名称。

第三节 测绘院航测外业的工作内容

一、工作内容和作业程序

(1)领取资料、检查分析资料、像片编号。

(2)标绘三角点、水准点和图廓线。可根据坐标和点之记在旧图上标绘。同时根据旧图在像片上转标三角点、水准点和图廓线。

(3)在像片上初步选取像片控制点。

(4)拟定像片控制点联测计划并绘制联测计划图。

(5)划分调绘面积。

(6)其他准备工作:①领取仪器、器材。②按规范要求对仪器进行检验校正。③拟定外业工作计划(内容包括作业组驻地、搬家日期、工作项目、生产进度等)。④拟定图幅接边计划并与邻组签订接边合同,确定接边的时间、地点等。

(7)像片控制点联测:①实地选点和像片刺点。②控制点的观测和记簿。③控制点的计算。④控制成果的整理(包括观测手簿的整理和计算手簿的整理、装订)。⑤控制像片的整饰。

(8)调绘:包括像片调绘和清绘;回放纸图的调绘、矢量化转绘编辑;内部接边和自我检查。

(9)图副接边:包括调绘和控制接边,自由图边抄边。

(10)自查自检。

二、填写图历表

图历表是反映成图过程的主要资料,是随地形原图长期保存的地图档案。在成图过程中,它是供内业查取数据,了解质量情况和处理问题的依据;成图后是地图修测、再版和考查问题的重要参考资料。因此,填写图历表应如实反映作业中的主要情况,在填写各项内容时要求简明扼要,整齐全面,字体正规,数字正确,确保无误。

图历表填写的内容和方法简要说明如下:

(1)各工序特殊事项和重大问题记载。应填写需要加以说明的重要问题。

（2）基本资料。这一页的内容要求填写等高距、成图方法、坐标系统和高程基准、图幅元素和各成图工序的负责单位及工作时间。成图工序暂时只填航空摄影、控制测量、航测外业三项内容，单位填院一级全称。

（3）航空摄影工作。这一页内容主要从航摄鉴定表上抄录。摄区略图应根据本幅航线分布情况标绘，并注明各航线及首末像片编号。

（4）高级地形控制。包括大地点分布略图和大地点成果表两部分，凡本幅图内有标志完好的三角点、D 级以上 GPS 点、水准点均应填绘。

（5）航测外业。

作业的技术依据、作业方法和主要情况的概述，应写明：

①采用的规范、图式和技术设计书等技术文件的全称，出版机关和出版时间。

②成图方法和布点方案。

③施测控制点采用的仪器类型，平面坐标和高程施测的方法及精度。

④新增地物、航摄漏洞等所采用的补救措施，大地点密度不足所采取的解决办法。

⑤调绘的主要情况，例如调绘像片的像幅大小、比例尺，是软片还是裱板片；清绘使用哪些颜色，能否退色；地名、境界的来源和确定的依据、矢量化转绘编辑软件等。

像片的平面控制和高程控制。

①控制点分布略图应按实际布点方案进行标绘，并列出图例和说明。

②控制点成果表应抄录本幅图内全部控制点的坐标、高程和刺点片号；如果刺点片号或成果不在本幅，应注明抄自哪一幅、哪一片。

调绘或测图：略图和图例应标明本图幅成图方法和作业人员的分工情况，并标明行政隶属。图幅接边按实际情况填写。

居民地、河流及其他自然物体名称变动表：应填写与原旧图（指国家测绘局、总参测绘局正式出版图）有变动的地理名称，并填写变动的依据。

对航测外业工作的质量评定及其结论：这一部分应由检查验收人员填写。填写时应切实按照质量评定标准，作出包括主要优缺点在内的合理评语，同时应指出成果中存在的较大问题及处理情况。最后按控制、调绘或测图、图幅总评分别作出评定结论。

第四节　航测生产检查验收工作和技术总结

一、检查验收工作

测绘成果成图的检查验收，应以现行规范图式和技术设计书为准则，按照“测绘产品检查验收规定”进行。

检查验收基本上是实际作业过程的反转，即：实际作业时是以规范、图式和有关技术规定为依据去获取测绘成果成图；检查验收则是查看所获取的测绘成果成图是否符合规范、图式和有关技术规定的要求；最后根据检查的情况对测绘成果成图的质量作出正确的评价，代表上一级组织接收这些测绘成果，提供给下一工序或用图单位使用。

作为检查验收人员要有很强的责任心，丰富的作业经验和发现、分析问题的能力，并要掌握成果成图质量的评定标准。

（一）测绘产品检查验收常用术语

单位产品：为实施抽样检验的需要而划分的基本单位。例如：大地测量产品中以“点”或“测段”为单位的各等级三角点、导线点、GPS 点、水准测段等；摄影测量与遥感测绘产品中以“幅”为单位的各种比例尺地形图、影像平面图等。

检验批：为实施抽样检验而汇集起来的单位产品。

样本单位：从批中抽取的用于检验的单位产品。

样本：从批中抽取的用于检验的单位产品的全体。

质量特性：满足用户要求和使用目的的产品质量特点，将其与测绘产品结合起来，可以归纳为技术性能、技术指标、外观整饰等质量特点。

权：单位产品的各质量特性在整个单位产品质量中所占的比重。

随即抽样：从包含 N 个个体的总体中抽取 n 个个体，抽样时，使构成总体的单位产品都以相同的概率包括在样本中。

详查：对样本进行的全面检查。

概查：对样本以外的、影响产品质量的重要质量特性和带倾向性问题所作的检查。

过程检查：在作业组（人员）自查互查的基础上，按相应的技术标准、技术设计书和有关的规定，对作业组生产的产品所进行的全面检查。

最终检查：在过程检查的基础上，生产单位对作业组生产的产品所进行的再一次全面检查。

验收：为判断受检批能否被接收而进行的检验。

（二）检查、验收的基本规定

（1）对测绘产品实行二级检查一级验收制度：

①测绘生产单位对产品质量实行过程检查和最终检查。过程检查由分院检查人员承担，最终检查是由生产单位的质量管理机构负责实施。

在确保产品质量的前提下，生产单位可结合本单位的实际情况，参照产品的质量特性制定出“测绘产品最终检查实施细则”（其内业详查比例不能低于表 8-1 的规定），并报上级主管部门批准后执行。生产单位应按合同或计划实施测绘产品交验，经最终检查后，应以书面向委托生产单位或任务下达部门申请验收，并提交最终检查报告。

表 8-1　测绘产品验收中的详查比例

产品名称	单位	详查比例（%）	产品名称	单位	详查比例（%）
导线测量	节	10	航空摄影	张	100
水准测量	测段	10	航测外业	幅	10
电磁波测距	边	10	航测原图	幅	10
GPS 测量	点	10	影像平面图	幅	10
影像地图	幅	10			

②验收工作由任务的委托单位组织实施，或由该单位委托具有检验资格的检验机构验收。

验收工作应在测绘产品经最终检查后进行。验收单位应根据本规定的有关内容和不低于表8-1的比例对被验收产品进行检查,其余部分作概查。

③详查样本的组成。根据详查比例(见表8-1),按随机抽样的方法从检验批中抽取。

④各级检查、验收工作必须独立进行,不得省略或代替。

⑤作业组对完成的产品必须切实做到自查互检,把各类缺陷消灭在作业过程中。

⑥生产单位的行政领导及总工程师必须对本单位的产品的技术设计质量负责,各级检验人员应对其所检验的产品质量负责,生产人员对其所完成产品的作业质量负责。

(2)检查、验收的依据:

有关的测绘任务书、合同书或委托检查验收文件,有关法规和技术标准,技术设计书和有关技术规定等。

(3)产品检验后的处理:

①检查中发现有不符合技术标准、技术设计书或其他有关技术规定的产品时,应及时提出处理意见,交被检单位进行改正。当问题较多或性质较严重时,可将部分或全部产品退回被检单位,令其重新检查和处理,然后进行检查,直到检查合格。

②经验收判为合格的批,被检单位要对验收中发现的问题进行处理;经验收判为不合格的批,要将检验批全部退回被检单位,令其重新检查和处理,然后重新申请验收。

③当检查、验收人员与被检单位(或人员)在质量问题的处理上有分歧时,属检查中的,由生产单位总工程师裁定;属验收中的,由生产单位上级质量管理机构裁定。凡委托验收中生产中的分歧可报各省、市、自治区测绘主管部门的质量管理机构裁定。

(4)产品最终检查后,生产单位按《测绘产品质量评定标准》(CH 1003—1995)评定产品质量,验收单位予以核定。

(5)检查、验收人员应认真做好检查、验收记录,并将记录随产品移交,供分级存档。

(6)最终检查和验收工作完成后,生产单位和验收单位应按规定,分别编写检查报告和验收报告。检查报告经生产单位领导审核后,随产品一并提交验收。验收报告经验收单位主管领导审核(委托验收的报告送委托单位领导审核)后,随产品归档,并送生产单位一份。

(三)单位产品的质量特性

1. 水准测量产品质量特性及相应权的划分

一级质量特性包括选点、埋石、观测、验算等四项,其权重分别为0.20、0.30、0.30、0.20。其分别包含的二级质量特性为:

(1)选点。水准路线布设及点位密度的合理性,水准点位置选择的合理性,路线图绘制的正确性。

(2)埋石。标石的类型和质量情况,标石的埋设及外部修饰情况,点之记内容的齐全、正确性,托管手续的齐备性。

(3)观测。仪器、标尺的检验项目、方法、精度和资料的完整性,作业期间的仪器、标尺检校情况,计量检定情况;观测方法、时间,收测、检测和往返测,上、下午的重站情况,成果取舍和重测情况;手工的记录和注记,观测中的各项误差,电子记簿的记录程序正确性和输出格式的标准化程度;对已有水准点和水准路线的联测和接测方法的正确性。

(4)验算。外业验算项目齐全性,计算方法的正确性,计算结果与限差的符合情况,上交资料的齐全性。

2. 电磁波测距产品质量特性及相应权的划分

一级质量特性包括观测、验算，其权重分别为 0.60、0.40。分别包含的二级质量特性为：

(1)观测。仪器、仪表的检验项目齐全性，检验方法和精度情况以及资料的完整性，计量检定情况；观测条件的选择、光段分配的合理性，气象元素的测定及其精度情况；记录的清晰、完整性，测回数及各项误差的符合情况，成果的取舍和重测的合理性；测距边两端点高差的测定方法正确性及精度情况；归心元素的测定方法正确性以及测定时间和投影偏差情况。

(2)验算。外业验算项目齐全性，计算方法的正确性，计算结果与限差的符合情况，上交资料的齐全性。

当考虑控制点的选、埋时，其质量特性与大地测量的相关内容一致。一级质量特性的权重按以下划分：选点 0.2、造(埋)0.2、观测 0.4、验算 0.2。

3. GPS 测量产品质量特性及相应权的划分

一级质量特性包括选点、埋石、观测、验算四项，其权重分别为 0.20、0.20、0.40、0.20。分别包含的二级质量特性为：

(1)选点。GPS 网布设的合理性，点位选择的合理性，环视图绘制的齐全、正确性。

(2)埋石。标石的类型和质量情况，标石的埋设及外部修饰情况，点之记内容的齐全、正确性。

(3)观测。接收设备、气象及其他仪器的检验项目齐全性，检验方法正确性和检验的时间、精度情况以及资料的完整性，计量检定情况；GPS 点的水准联测情况；气象元素和归心元素的测定以及天线高的量取的正确性；观测手簿的记录和注记的清晰完整性，成果的补测、重测及数据删除的合理性；卫星高度角、有效观测卫星总数、时段中任一卫星有效观测时间、观测时段数、时段长度、数据采样间隔、卫星观测值象限分布、PDOP 值等情况。

(4)验算。数据处理软件的正确性，处理过程的合理性；验算项目的齐全性，计算方法的正确性；计算结果与限差的符合情况；上交资料的完整性。

4. 航空摄影产品质量的特性的划分(航摄复制品质量的特性划分同航空摄影)

一级质量特性包括飞行质量、影像质量、附件质量。分别包含二级质量特性为：

(1)飞行质量。像片重叠度、像片倾斜角、旋转角、航迹、航线弯曲度、最大和最小之间航高差、图廓保证、最大曝光时间、底片压平。

(2)影像质量。最大密度、最小密度、平均速度、反差、灰度、清晰度、分辨率、光学框标影像、外观质量。

(3)附件质量。像片索引图和航摄鉴定表的完整性、正确性。

5. 航测外业质量特性及相应权重的划分

一级质量特性包括控制测量、像片调绘(或回放线划图调绘)，其权重 ρ 分别为 0.40、0.60。分别包含的二级质量特性为：

(1)控制测量。布点质量、数学精度、仪器检校、计量检定情况、整饰质量、附件质量。

(2)调绘。地理精度、整饰质量。

6. 航测内业

1)航测原图质量特性的划分

一级质量特性包括数学精度、地理精度、整饰质量、附件质量。分别包含的二级质量特性为：

(1)数学精度。地物点平面位置精度、高程精度、数学基础精度。

(2)地理精度。各要素的正确性，地理要素的协调性，注记和符号的正确性，综合取舍质量。

(3)整饰精度。符号、线划质量，注记质量，图廓外整饰要素质量。

(4)附件质量。手簿和图例簿质量。

2)影像图质量特性的划分

一级质量特性包括数学精度、整饰质量、影像质量、附件质量。分别包含的二级质量特性为：

(1)数学精度。地形元素的平面位置精度，数学基础精度，影像图(正射影像图、镶嵌影像图)作业精度。

(2)整饰质量。注记质量，图廓外整饰要素质量。

(3)影像质量。最大密度、最小密度、平均密度、反差、灰度、清晰度、分辨率、外观质量。

(4)附件质量，手簿和图例簿质量。

(四)检查验收报告的填写

1.检查报告的主要内容

检查报告的主要内容包括：任务概要，检查工作概况(包括仪器设备和人员组成情况)，检查的技术依据，主要质量问题及处理情况，对遗留问题的处理意见，质量统计和检查结论。

2.验收报告的主要内容

验收报告的主要内容包括：验收工作概况(包括仪器设备和人员组成情况)，验收的技术依据，验收中发现主要问题及处理意见，质量统计(含与生产单位检查报告中质量统计的变化及其原因)，验收结论，其他意见和建议。

3.检查和验收报告封面、副封面格式

参见《测绘产品检查验收规定》(CH 1002—1995)中的图1～图4。

二、航测测绘质量评定标准

(一)质量评定的基本规定

(1)产品质量，实行优级品、良级品、合格品、不合格品评定制。

(2)产品质量由生产单位评定，验收单位负责核定。

(二)质量评定标准

1.缺陷扣分标准

(1)重缺陷的缺陷值：12(w/s)分(航空摄影产品、地图集整体质量重缺陷值为12分)。

(2)轻缺陷的缺陷值：1(w/s)分(航空摄影产品、地图集整体质量重缺陷值为1分)

其中：w为单位产品的定额工天，s为单位产品的平均困难类别定额工天(参照《测绘生产成本费用定额》)。

2.单位产品质量评定

采用百分制表征单位产品的质量水平。

采用缺陷扣分法和加权平均法计算单位产品得分。

1）单位产品质量评分方法

对一级质量特性分权的测绘产品规定：

（1）一级质量特性得分预置为100分，根据产品质量评定缺陷扣分标准，对该一级质量特性中出现的缺陷逐个扣分，即得到 a 值：

$$a = 100 - \{ \sum_{t=1}^{m_1} [12/(w/s)] + \sum_{t=1}^{m_2} [1/(w/s)] \}$$

式中 a——单位产品某一级质量得分；

m_1——相应一级质量特性重缺陷个数；

m_2——相应一级质量特性轻缺陷个数；

w/s——缺陷值调整系数。

（2）若单位产品的任一 a 值均大于60，单位产品得分则按下式计算：

$$N = a_1 p_1 + a_2 p_2 + \cdots + a_n p_n = \sum_{t=1}^{n} a_i p_i$$

式中 N——单位产品得分；

p——相应质量特性的权；

n——单位产品一级质量特性个数。

2）单位产品质量等级的划分标准

（1）若单位产品中出现一个严重缺陷，则该单位产品计为不合格品。

（2）若单位产品中有一个 a 值小于60分，则该单位产品计为不合格品。

（3）质量等级标准：优级品 $N=90 \sim 100$ 分，良级品 $N=75 \sim 89$ 分，合格品 $N=60 \sim 74$ 分，不合格品 $N=0 \sim 59$ 分。

（三）单位产品的缺陷分类

测绘产品的缺陷分为严重缺陷、重缺陷、轻缺陷三类。

1. 航空摄影的缺陷分类

严重缺陷包括：

（1）飞行质量中二级质量特性某项严重超限，致使下一工序无法作业，如模型无法连接、仪器无法量测等。

（2）影像质量中二级质量特性某项严重超限，致使重要地形要素损失或一般地形要素大面积损失，严重影响成图质量。

重缺陷包括：

（1）飞行质量和影像质量二级质量特性某项超限，下一工序仍可使用。

（2）外观质量差（即黄迹、划痕、折裂、药膜脱落等），严重影响影像质量。

（3）上交资料不完整。

轻缺陷：不属于前两类缺陷的其他问题为轻缺陷。

2. 控制测量的缺陷分类

严重缺陷包括：

（1）伪造成果。

（2）主要测量误差超限：①平面：交会点平面移位差，各种图形的角度闭合差，网、点的闭合差，重合点较差，导线方位角闭合差，全长相对误差；②高程：等外水准路线闭合差、经纬仪高程导线闭合差、三角高程导线闭合差、交会点高程较差。

(3)使用超限的首级控制测量成果,或原始数据错致使无法作业。

(4)仪器未经计量检定或经检定不符合要求。

(5)其他极严重的差、错、漏。

重缺陷包括:

(1)像片控制点的布设不符合规范或设计书要求。

(2)控制点的刺点误差大于规范要求。

(3)控制点的发展次数超限。

(4)控制点的各项边长、角度或总长大于限差的4/5。

(5)仪器检验不符合规范要求。

(6)其他严重的差、错、漏。

测绘产品的轻缺陷:是指不属于前两类缺陷的其他问题(下列各种产品规定同样)。

3. 像片调绘的缺陷分类

严重缺陷包括:

(1)国界、界桩、界碑及其注记错漏。

(2)能明显判定的县(大于1:25 000比例尺地形图)或县以上(小于1:10 000比例尺地形图)境界错漏达图上9 cm。

(3)一级河流、山脉等漏绘或名称注错。

(4)1:500、1:1 000、1:2 000比例尺地形图乡或乡以上地名错漏,1:5 000、1:10 000比例尺地形图县或县以上地名错漏,小于1:10 000比例尺地形图县以上地名错漏。

(5)一般注记错漏超过整幅图的15%。

(6)其他极严重的差、错、漏。

重缺陷包括:

(1)标石完整的等级三角点、军控点、水准点错漏,大于1:5 000比例尺地形图上城市Ⅰ、Ⅱ级控制点错漏;

(2)二级河流、山脉等名称错漏3处;

(3)图幅间未接边或像片间未接边;

(4)正规楼房层次注错3处;

(5)有方位意义的重要独立地物漏绘1处或一般独立地物漏绘3处;

(6)双线道路(铁路、公路、简易公路)或双线水系等级明显错误;

(7)漏绘、错绘双线道路或水系超过图上3 cm,双线桥梁及其附属建筑物超过2处;

(8)漏绘、错绘居民地面积超过图上1 m^2;

(9)漏绘、错绘高压输电线、通信线、电力线或垣栅超过图上10 cm;

(10)一般地名错漏超过整幅图的5%,乡或乡以上的地名错、漏;

(11)各级境界错漏超过图上2 cm;

(12)能明显判定的管线转折点错漏3处;

(13)居民地综合变形较大、主次道路不清,造成较大失真;

(14)高程注记密度不符合相应要求;

(15)其他严重的差、错、漏。

4. 综合法测图的缺陷分类

严重缺陷包括：

(1)图名、图号注记同时错漏或2处以上经纬度注记错漏。

(2)内业加密点、地物点对最近野外控制点的平面位置中误差超限内业加密点、高程注记点或等高线对最近野外控制点的高程中误差超限。

(3)使用超限的控制成果或原始数据错致使无法作业。

(4)图廓点、控制点展绘超限致使下一工序无法作业。

(5)内业加密绝对定向后,定向点残差超限。

(6)影像质量中二级质量特性某项超限致使重要地形要素损失或一般地形要素大面积损失,严重影响成图质量。

(7)单张像片测图中,比例尺测定不合规定,投影差的计算和改正错。严重影响成图精度。

(8)前述控制和调绘所列严重缺陷。

重缺陷包括：

(1)测站点密度低于规范要求；

(2)内业加密绝对定向后,多余控制点的不符值、公共点的较差超限；

(3)影像质量中二级质量特性超限；

(4)图幅间、像片间整条边接边超限；

(5)漏绘、多绘山头或洼地达一组等高线；

(6)地物、地貌表示不能真实显示地理特征；

(7)前述控制和调绘所列重缺陷。

(四)产品质量检查实例

例:对某测区1:10 000航测外业产品进行验收,抽取其中一幅进行质量检查,该幅图定额工天为:像片联测15 d,像片调绘38 d,检查步骤如下。

(1)控制测量：

①缺陷划分。按照《测绘产品检查验收规定》(CH 1002—1995)中所列质量特性对某控制点的成果资料作逐项检查,查出问题按《测绘产品质量评定标准》(CH 1003—1995)进行缺陷划分,检查结果有3个轻缺陷。

②计算调整值。$w=15$,$s=13$由《测绘生产成本费用定额》查出$w/s=15/13$。

③计算扣分值。

根据标准规定,该控制点扣分值为：

3个轻缺陷　　$3\times[1/(w/s)]=3\times[1/15/13]=2.6$(分)

④控制测量得分:$100-2.6=97.4$(分)。

⑤如果一幅图内有几个控制点,则取其平均值,该幅图内假设仅一个点。

(2)像片调绘：

①缺陷划分。方法同控制测量。检查结果有2个重缺陷,8个轻缺陷。

②计算调整值。$w=38$,$s=30$由《测绘生产成本费用定额》查出$w/s=38/30$。

③计算扣分值。

根据标准规定,该控制点扣分值为：

2 个重缺陷　　　$2 \times [12/(w/s)] = 2 \times [12/38/30] = 18.9$(分)

8 个轻缺陷　　　$8 \times [1/(w/s)] = 8 \times [1/38/30] = 6.3$(分)

④像片调绘得分:$100 - 18.9 - 6.3 = 74.8$(分)。

(3)图幅质量评定:按《测绘产品检查验收规定》(CH 1002—1995)控制测量和像片调绘权的划分(分别为0.4和0.6),对该幅图的外业质量进行加权平均按(标准)中公式计算:

$$\sum \alpha_i \rho_i = 97.4 \times 0.4 + 74.8 \times 0.6 = 83.8(分)$$

该图幅最终得分是83.8分。

(4)填写产品质量检查统计表:根据抽样检验的结果情况,填写产品质量检查统计表,检查人员、处理者、检校人员必须签名,以示其责。

三、航测技术总结

(一)总结编写的基本规定

1. 编写航测技术总结

编写航测技术总结,是在测绘任务完成后,对技术设计书和技术标准执行情况,技术方案、作业方法、新技术的应用,成果质量和主要问题的处理等进行分析研究、认真总结,并作出客观的评价与说明,以便用户或下一工序的合理使用,有利于提高生产技术和理论水平,更好地指导今后的航测外业生产工作。航测外业技术总结是与测绘成果有直接关系的技术性文件,是永久保存的重要技术档案。

2. 技术总结分项目技术总结和专业技术总结

项目技术总结是指一个测绘项目在其成果验收合格后,对整个项目所作的技术总结,由承担项目的生产管理部门负责编写。专业技术总结是指项目中各主要测绘专业所完成的测绘成果,在最终检查合格后,分别撰写的技术总结,由生产单位负责编写。小的项目可将两个总结合并,由承担任务的生产管理部门负责编写。

技术总结经单位主要技术负责人审核签字后,随测绘成果、技术设计书和验收(检查)报告一并上缴和归档。

3. 编写的依据

编写的依据包括:上级下达任务的文件或合同书,技术设计书、有关法规和技术标准,有关专业的技术总结,测绘产品的检查、验收报告,其他有关文件和材料等内容。

4. 编写的要求

(1)内容真实、完整、齐全。对技术方案、作业方法和成果质量应作出客观的分析和评价。对应用的新技术、新方法、新材料和生产的新品种要认真细致地加以总结。

(2)文字要简明扼要,公式、数据和图表应准确,名词、术语、符号、代号和计量单位等均应与有关法规和标准一致。

(3)项目名称应与相应的技术设计书、验收(检查)报告一致。幅面统一采用A4纸,封面格式参照《测绘技术总结编写规定》(CH/T 1001—2005)执行。

(二)项目技术总结的主要内容

1. 概述部分

概述部分包括:任务的名称、来源、目的,作业区概况,任务内容和工作量;生产单位名称,生产起止时间,任务安排,组织概况和完成情况;采用的基准、系统、投影方法和起算数据的来源与质量情况;利用已有资料情况等内容。

2. 技术部分

(1)作业技术依据包括使用标准、法规和有关技术文件等。

(2)仪器、主要设备与工具的使用及其检查情况。

(3)作业方法,执行技术设计书和技术标准的情况,特殊问题的处理,推广应用新技术、新方法、新材料的经验教训。

(4)对新产品项目要按工序总结生产中执行技术设计书和技术标准的情况,特别对发生的主要技术问题,采取的措施及其效果等,要详细地总结,并对今后生产提出改进意见。

(5)保证和提高质量的主要措施,成果质量和精度的统计、分析和评价,存在重大问题及处理意见。

(6)对设计方案、作业方法和技术指标等的改进意见和建议。

(7)作业定额、实际作业工天和作业率的统计。

3. 附图、附表

附图、附表包括:作业区任务概况图,利用已有资料清单,成果质量统计表,上交测绘成果清单,其他。

(三)专业技术总结的主要内容

1. 航测外业

(1)概述包括:任务来源、目的,摄影比例尺,成图比例尺,生产单位,生产起止日期,生产安排情况;测区地理位置、面积、行政隶属,自然地理特征,交通情况和困难类别等;作业技术依据,采用的同应、坐标系、高程系和等高距;计划与实际完成工作量的比较,作业率的统计等内容。

(2)已有资料利用情况包括:航摄资料的来源,仪器的类型及其主要技术数据,像片的质量和利用情况;其他资料的来源、等级、质量和利用情况;资料中存在的主要问题和处理方法等内容。

(3)作业方法、质量和有关技术数据。

控制测量方面:

①像片控制点的布设方案,刺点影像。

②基础控制点和像片控制点测定的仪器、方法、扩展次数及各种误差。

③检查方法和质量情况。

调绘与综合法测图:

①调绘的比例尺和质量,调绘的方法。

②新增地物、地貌及云影、阴影地区的补测方法和质量。

③综合法测绘地貌的方法和质量。

④地理调查和地名译音的情况。

⑤检查方法和质量情况。

新技术、新方法的采用及其效果。

(4)技术结论:①对本测区成果质量、设计方案、作业方法等的评价。②重大遗留问题的处理意见。

(5)经验、教训和建议。

(6)附图、附表包括的内容有:测区地形类别及质量评定图,利用已有资料清单,控制点分布略图,精度统计表,上交测绘成果清单等。

2.航测内业

(1)概述(同航测外业)。

(2)利用已有资料情况:

①摄影资料的来源,仪器的类型及其主要技术数据。

②对外业控制点和调绘成果进行分析。

③对其他资料的来源、质量和利用情况。

④资料中存在的主要问题和处理方法。

(3)作业方法、质量和有关技术数据。

解析空中三角测量方面应说明:加密方法,刺点影像,使用仪器等情况;加密点的精度及其接边情况。

正射影像图的编制方面应说明:断面数据点采集的密度、扫描缝隙长度等有关技术参数、仪器类型,软件种类,影像质量及精度情况;成图精度和图幅接边精度等情况。

航测原图的测绘和编制方面应说明:采用的方法和使用的仪器;成图的质量和精度;与已知图的接边情况。

新技术、新方法、新材料的采用及其效果必须说明;作业中出现的主要问题和处理方法也必须指明。

(4)技术结论应包括的主要内容有:对本测区成果质量、设计方案、作业方法等的评价;重大遗留问题的处理意见等。

(5)经验、教训和建议。

(6)附图、附表主要包括的内容:测区图幅结合表,航测内业成图方法及质量评定图,利用已有资料清单,精度统计表,野外检测统计表,上交测绘成果清单等。

四、上交成果

上交成果应填写在“各工序上交资料表”中。

航测外业上交的成果项目有:

(1)控制像片。

(2)调绘(测图)像片或像片图、调绘底图、调绘数字成果、接边成果。

(3)各种观测手簿。

(4)计算手簿、控制成果表。

(5)图历表(簿)。

(6)自由图边的抄边资料。

(7)少数民族语地理名称调查表。

(8)检查验收报告。

(9)技术总结报告。

复习题

1. 什么是测区踏勘？踏勘测区时应调查了解或收集资料的范围有哪些方面？
2. 编写技术设计书的主要依据是什么？
3. 编写技术设计书应包括哪些主要内容？
4. 试述航测外业队作业组的工作内容和作业程序。
5. 简要说明图历表应填写的内容和方法。
6. 试述检查验收工作的组织方法和一般要求。
7. 试述检查验收的内容和方法。
8. 试述编写航外技术总结的主要内容和方法。

参考文献

[1] 王之卓. 摄影测量原理[M]. 北京:测绘出版社,1979.
[2] 李德仁,郑肇葆. 解析摄影测量学[M]. 北京:测绘出版社,1992.
[3] 张祖勋,张剑清. 数字摄影测量学[M]. 武汉: 武汉测绘科技大学出版社,1996.
[4] 李德仁,周月琴,金为铣. 摄影测量与遥感概论[M]. 北京:测绘出版社,2001.
[5] 国家测绘局职业技能鉴定指导中心. 航空摄影测量[M]. 哈尔滨:哈尔滨地图出版社,2002.
[6] 孙家炳. 遥感原理与应用[M]. 武汉:武汉大学出版社,2003.
[7] 赵仲华. 航空摄影测量外业[M]. 北京:测绘出版社,1994.
[8] 仇肇悦,李军,郭宏俊. 遥感应用技术[M]. 武汉:武汉测绘科技大学出版社,1998.
[9] 李世林,宋英华. 大比例尺地形图绘制[M]. 北京:测绘出版社,1987.
[10] 潘时祥. 像片判绘[M]. 北京:解放军出版社,1990.
[11] 李德仁. GPS 用于摄影测量与遥感[M]. 北京:测绘出版社,1996.
[12] 袁修孝. GPS 辅助空中三角测量原理及应用[M]. 北京:测绘出版社,2001.
[13] 高成法. GPS 测量[M]. 北京:人民交通出版社,2001.
[14] 徐绍铨,张华海,杨志强,等. GPS 测量原理及其应用[M]. 武汉:武汉大学出版社,2003.
[15] 符锌砂. 公路航空摄影测量与遥感[M]. 北京:人民交通出版社,2003.
[16] 中华人民共和国国土资源部. DZ/T 0203—1999 航空遥感摄影技术规程[S]. 北京:中国标准出版社,1999.
[17] 北京市测绘设计研究院. CJJ 73—97 全球卫星定位系统城市测量技术规程[S]. 北京:中国建筑工业出版社,1997.
[18] 中华人民共和国国家技术监督局. GB/T 13977—92 1:5 000 1:10 000 地形图航空摄影测量外业规范[S]. 北京:中国标准出版社,1993.
[19] 国家标准化委员会. GB/T 20257. 2—2006 国家基本比例尺地图图式第 2 部分:1:5 000 1:10 000 地形图图式[S]. 北京:中国标准出版社,2006.
[20] 北京市测绘设计研究院. CJJ 8—99 城市测量规范[S]. 北京:中国建筑工业出版社,1999.
[21] 中国国家标准化管理委员会. GB/T 6962—2005 1:500 1:1 000 1:2 000 地形图航空摄影规范[S]. 北京:中国标准出版社,2005.
[22] 中国国家标准化管理委员会. GB/T 7931—2008 1:500 1:1 000 1:2 000 地形图航空摄影规范[S]. 北京:中国标准出版社,2008.
[23] 中国国家标准化管理委员会. GB/T 20257. 1—2007 国家基本比例尺地图图式第 1 部分:1:500 1:1 000 1:2 000 地形图图式[S]. 北京:中国标准出版社,2007.